拜德雅
Paideia

自然的弃儿：

现代人生存启示录

[法] 米歇尔·翁弗雷（Michel Onfray） 著

缪羽龙 译

長江出版傳媒 | 长江文艺出版社

超越“我”和“你”，以一种宇宙的方式体验。[1]

——尼采，《遗作残篇》（*Fragments posthumes*）*O.C.* V 11 (7).

[1] 德语原文: Über “mich” und “dich” hinaus! Kosmisch empfinden!（超越“我”和“你”！以一种宇宙的方式体验！）。参见《批判全集》第二卷，第 341 页（KGW，2.341）或者《批判研究集》第九卷，第 443 页（KSA，9.443）。——译者注

目录

前 言

死亡：宇宙将让我们重聚

我父亲是在我臂弯里死去的，就在降临节之夜开始 20 分钟后。他直直地躺着，像被闪电击中的橡树，被命运敲打，他似乎接受了这个命运，但又完全拒绝倒下。我把他抱在手里，把他从他突然离开的大地连根拔起，捧着他就像埃涅阿斯（Énée）捧着他父亲离开特洛伊。然后，我把他放下靠墙坐着，直到确定他已一去不返，才将他整个身子放在地上，就像把他放在虚无这张床上，他似乎已经回到了虚无，只是他对此一无所知。

几秒钟的时间，我便失去了我的父亲。我曾如此频繁地担心的事情就这样降临到我面前。每当我到澳大利亚或印度，到日本或美国，到南美或北非去开会，我总是在想他可能会在我不在的时候死去。于是我带着恐惧幻想某一天听到他的死讯不得不从老远坐飞机赶回去。现在，他就这样死了，就在那儿，在我身旁，在我的臂弯里，让我独自面对。他趁我在场，匆匆离去，把世界留给了我。

我父亲长时间都是一个老男孩，很晚还是这样，直到 38 岁生下我。因此，我 10 岁时，他 48 岁；我 20 岁时，他 58 岁。也就是说，在跟我同龄的孩子和青少年眼里，他是一个老先生，以至于在寄宿学校，我的同伴们偶尔还误以为他是我的爷爷。赞同其他人的这种看法，认为他是我的爷爷而不是我的父亲，那是对父亲的背叛；如果不赞同，便是一个*老到的孩子*——就像在残忍的环境中长大、变得像水里的一条食人鱼一样的孩子会这么说。拥有一个年长的父亲，年少的时候就应该面对诸如此类的恶意；慢慢地，我们就知道，拥有一个年长的父亲是运气，是一个礼物。那时我们会发现，自己拥有一个睿智的父亲，他举止泰然、沉稳安静，褪去了青葱岁月的矫揉造作，真实，而不再受云雀镜子的诱骗，在社会上到处炫耀。

那时候，现代的父亲们有着自己的时尚，他们跟自己的孩子穿同样的服饰（运动短裤或篮球鞋，花色衬衫或运动服），跟自己的孩子一样说着不着边际的话，跟自己的孩子没大没小、称兄道弟、打打闹闹、沆瀣一气，还有一些父亲无精打采、永远长不大、幼稚无比……而我父亲过着自己的生活，不想迎合他们的生活方式，当我理解了这一切，我就成了父亲的儿子。我真走运，有这样一位父亲，他好像是为成为自己的孩子的孩子而生的。

我父亲有工作服和星期天的衣服。他从不被时尚弄得疲于奔命：工作服的蓝，随着时间而变淡的鼠皮缎子的光泽和气味，鸭舌帽，长裤，短上装，与他眼睛的颜色相协调。星期天的整套行头简单而适度：长裤，短上装，靴子，V领羊毛套衫，领带。工作日，为了工作，带一个怀表；星期天，带一个手表。在“所有的日子”[1]里，都能闻到他身上携带的农场的气味、收获时节的幸福的香气，除了播种的季节。星期天是臭美的时候，在厨房的洗碗槽——我们家没有浴室——里刮过胡子后，他会简单地抹上古龙香水。

父亲通过树立榜样而不是故弄玄虚的说教，在不知不觉中，以这样的方式教会我，他所生活于其中的时间是维吉尔的时间：工作的时间和休憩的时间。流行的时间、现代的时间、被挤压的时间、急迫的时间、匆忙的时间、速度的时间、缺乏耐心的时间、做事虎头蛇尾的时间对他来说是陌生无觉的，我的父亲活着一种与田园诗（Bucolique）同时代的时间，田间劳作和蜜蜂的时间，季节和动物的时间，播种和收割的时间，出生和死亡的时间，婴孩闪亮登场和祖辈消亡的时间。

---

[1] 法语原文“le tous les jours”是个短语，表示“日常”的意思，作者在这里打上引号，可能是强调它的字面意思，就是“所有的日子”。——译者注

没有什么能够扯断他与这种时间的关系，在这种时间中，古老之物比某些活着的同样的东西有着更优先的位置。对于他的父母和祖父母，他没有拜物教信徒（fetichist）式的和哭哭啼啼的祭拜仪式，但是，当真的要他说说翁弗雷老爹的时候，大家都能感受到他提起他父亲时重新拾起的过去的确实可信的话语，一种沉甸甸的、强健的、有力的话语，一种与某个特定时代同时代的话语，在那个时代，词语拥有意义，一种接受了布道所馈赠的价值、所说之物有着律法的力量的话语。在我孩童之时寡言少语的父亲却教会了我如何领会言中之意。

他同时与异教的和基督教的生活保持着一种直接的关系。之所以与基督教的生活保持着直接的关系是因为他是在天主教的教义中被教养长大的，因为他曾在他父母喜结连理的教堂做辅弥撒，这个教堂也是他在其中受洗、在其中结婚、安葬他父亲，然后安葬他母亲的地方，是我弟弟和我自己受洗的地方，是我和我弟弟，就像他和他弟弟，吃圣餐的地方，是他安葬他弟弟的地方，是他走向婚姻的殿堂，参加朋友、家人、邻居葬礼的地方，也是他自己被安葬的地方，并且也是我将不再在那里的地方，因为，哎，因为基督教全体教会合一运动（l'oecuménisme）有很多限制。当我学习教理问答并由于时代的特许而不得不用彩色的铅笔图画教会历史的风景画之时，是他给我讲述东方三王的故事，讲述他们怎样受到流星的指引，讲述耶稣基督在牲口棚里、在牛和驴旁边诞生的故事，讲述圣家逃往埃及的故事，对无辜者的大屠杀（le Massacre des Innocents）[1]，在提比哩亚海（le lac de Tibériade）里

---

[1]　见《圣经·马太福音》第二章，大希律王为了将耶稣扼杀在襁褓之中，发动了屠杀全城两岁以内男婴的残忍之举。《圣经》上说：耶稣诞生后，东方三王去往耶稣出生的伯利恒朝拜。犹太人希律王在耶路撒冷见到这三位，问他们去何处，他们答说去伯利恒拜见犹太人真主。希律王很怕这个真主长大后要夺走他的王位，于是下令将伯利恒城内外所有两岁以下的男婴统统杀死，以除后患。犹太王派遣军队先到伯利恒挨户调查婴儿出生的户口，然后下令处置。——译者注

神奇捕鱼[1]、圣徒的故事、犹大的背叛、最后的晚餐、一定会啼鸣三遍的公鸡、用长矛刺穿耶稣的肋部的罗马人，等等。

但是，他从不参加周日的弥撒，他从未做过告解（他没有任何要供认的罪），我从未看见过他领圣体。我模糊地记得他做过午夜弥撒，但这个记忆也是相当遥远了，而且次数也是屈指可数并且时间很短。相反，他从不缺席棕枝主日弥撒（messe des Rameaux）[2]。这个有着异教渊源的基督教的仪式有着自己的仪制，我很喜欢这一点。我们知道，耶稣受难伊始，回到耶路撒冷的耶稣受到无数人的热烈欢迎，他们用热情、力量和棕榈枝欢迎他的到来，棕榈枝也因此成了耶稣超越死亡的胜利的象征。在逃往埃及之时，婴儿耶稣就是吃圣家（la Sainte Famille）从棕榈树上采摘的椰枣而得到滋养的。棕榈树作为接受和欢迎的象征可追溯到一个异教的仪式，一个庆祝草木复苏、帮助植物丰产的仪式。基督教的棕枝主日恢复了这个许诺丰收的异教节日。父亲带回一束受赐福的黄杨枝。在离地中海地区比较远的地方，黄杨枝取代了棕榈叶：因为棕榈叶在冬天依然葱绿，它象征着永生的希望。他掰下一两根枝条，把其中一根放在十字架的木头和基督的身体造型之间，另一根放在圣克里斯托弗像章旁边的两份个人履历里。

我父亲从来不会过分虔诚、毫无分析能力、轻信、循规蹈矩。他之所以喜欢天主教——至少在我看来是这样——是因为它是他的国王的宗教，是哺育他成长的奶妈（笛卡尔语），尽管我父亲既没有国王也没有奶妈。对他来说，正是基督教把人跟人联结在一起——

[1]　这个故事在《马太福音》和《马可福音》中都有记载。见《马太福音》4:18-4:20：耶稣在加利利海（Galilée，也就是提比哩亚海）边行走，看见弟兄二人，就是那称呼彼得的西门和他兄弟安得烈，在海里撒网；他们本是打鱼的。耶稣对他们说："来，跟从我！我要叫你们得人如得鱼一样。"他们就立刻舍了网，跟从了他。这个捕鱼有点像姜太公钓鱼，捕的不是鱼，而是人。——译者注

[2]　棕枝主日也译为"圣枝主日"或"主进圣城日"。《圣经·新约》记载，耶稣"受难"前不久，骑驴最后一次进耶路撒冷城。据称，当时群众手执棕枝踊跃欢迎耶稣。为表纪念，此日教堂多以棕枝为装饰，有时教徒也手持棕枝绕教堂一周。教会规定在复活节前一周的星期日举行。——译者注

而我父亲在他的一生中从来没有干过任何与他人分裂的事情。基督教是对和平、谅解、善意、睦邻友好、宽恕、善行、温和、仁慈等的承诺，他践行着所有这些美德，而不知道它们的对立面为何物。

我父亲是耶稣眼里的基督徒，一个属于渺小而卑微事物的人，不是保罗眼里的基督徒，一个属于刀剑和梵蒂冈（Vatican）的人。我母亲则相反，她热爱罗马教皇，她曾把一幅教皇约翰二十三世（Jean XXIII）的画像装上相框，供奉在一张家具上。我父亲从来不会操这样的心。他践行着福音书的美德，而不关心罗马教会。在他生命的最后几年，他不再去参加棕枝主日弥撒，也不再在心爱的人墓前摆放黄杨枝了——也许在他那颗尘世的心中，他感到黄杨枝迟早总要枯萎的。

他身上有明显的异教主义色彩，他与自然的关系，就像地震与地震仪的关系。他知道许多谚语格言，这些谚语格言是几千年民间经验的智慧结晶。他对任何构成自然之字母表的东西都不陌生：月光的颜色，环绕着月亮的晕圈的明亮，暴风雨到来之前的臭氧的香味，从闪电到隆隆雷声之间的心算的距离，暴风雨的信号器——燕子——的飞翔高度，它们迁徙之前在电线上聚集，第一批花朵的飘零，春天的抵达，月亮的晦朔轮转，上弦月和下弦月的区别，冉冉升起的月亮和渐渐西沉的月亮的区别，每一片云朵的承诺，等待着飞雪的斜坡上集聚的白雪，树木上的苔藓的方向，公鸡报晓的时辰，还有星辰。

我记得有一天晚上，他叫我来到门槛边，向我描绘天空：大熊星座、小熊星座、大战车星座、小战车星座，这是北斗七星，那是狐狸座，它嘴里叼着一只鹅，这个位置是一条飞鱼，那个位置是一只鸽子。此外，他还教我什么是时间和绵延，什么是永恒和无限，通过向我讲解某些特别遥远的星星，它们在几十亿年前发出的光直到现在才抵达我们，而它们可能在几百万年前就陨灭了。

因此发现时间的浩瀚和我们生命的渺小也就认识了崇高，而发现了崇高，也就会向往崇高并希望在崇高之中有一席之地。一言以蔽之，通过这样的方式，我父亲给我提供了一种最高质量的精神训练，使我找到我在宇宙中、在世界中、在自然里并因此在人群之中的准确位置。向着苍穹攀登（Monter au ciel），这个用于教理问答的表达方法，因此也可以以异教的、内在的[1]方式来理解，用一个非常恰当的词语来说：哲学的方式。对于那些懂得凝望苍穹的人来说，缀满星星的天空提供了一种智慧的教导：消失就是显现（s'y perdre, c'est se trouver）。

北极星在这种智慧的教导中扮演着重要的角色。我父亲，这个除了过有道德的生活外从来不会给人上道德课的人，教会我这颗星是第一个起来，最后一个躺下，她永远准确无误地指示着北方，在很多情况下，当某人迷路了，只要看看她就够了，因为她指引我们朝哪个方向走，从而拯救了我们。这是父亲给我上的一堂天文学课，确实，也是一堂哲学课，更是一堂智慧的课程。他深知我们缺乏一个实存的基准点，使人能够过上这样的生活，这种生活配得上生命这个名字，他给了还是孩童的我一副脊梁，让我展开我的存在。

我父亲和我还有过一个跟北极星有关的故事。我在 8 岁还是 9 岁的时候，有一次在田里帮父亲种土豆，他用锄头挖了许多有规则的坑，我则把土豆放到坑里面，偶尔也会放到坑边。他弯着腰，双腿直立，有规则地前进，就像一台调校良好、上了润滑油的机器；而我，勉强地在地上拖着我的筐子。他寡言少语，而我则一直说个不停，他因此也会偶尔温柔地指责我一下。许多百灵鸟在我们头顶唱歌，她们唱得筋疲力尽了，有时候就会从空中落下来。

一架飞机在碧空中留下一道痕迹；我就问父亲，要去哪里才能搞到一张免费的机票。这个问题是荒唐的，因为那时候家里连买最基本的必需品的钱都匮乏，并且对于一个父亲是农业工人，母亲是

[1] 法语原文为“immenant”，是相对于超越 (transcendent) 和彼岸而言的，亦可译为“世内的”。——译者注

清洁女工的孩子来说，我有一天能够实现这个欲望的社会学可能性小之又小——更别提给我父亲的这个身体一个欲望[1]了，因为他从来都没有表现出有任何欲望。他一无所有，因此也拥有一切。既然拥有一切，那还有什么必要觊觎别的东西？所以在父亲节送礼物就会迎面碰到这种禁欲主义：送一本书？他不会阅读。送一张唱片？他不听音乐。送条围巾？他从来不戴。送条领带？他已经有一条了。送瓶葡萄酒或者香槟？他不喝酒。送几支雪茄？他喜欢自己卷烟，唯一的乐趣就是周日抽几支玉米纸卷的吉坦（Gitane）香烟和在节日里抽一支小雪茄（cigarillo）。没有钱上餐馆、影院、剧院，也从不休假，如果休假，也是为了去另外一个农场工作。

我父亲没有回避我的问题，而是回答道"在北极。"我不记得我当时的反应了。也许很惊讶，但肯定问了"为什么"——他是不会回答这个问题的——我记不太清了。几年后的1981年，他刚刚到60岁，经医生诊断患有真心痛，接着开的药方是冠状动脉双重搭桥。在医院的病房里，我忽略了保持沉默的明智技艺，跟他说话，就像22年来一直如此。我向他重新提起这个问题，我问他是否还记得他的回答；他反复说道"是的，当然记得，是北极……"我很确定地问为什么——然后得到了一个典型的回答，"我也不知道……就是这样……"

20年之后，很庆幸我的父亲能活到这个年纪，我向他提议去北极旅行庆祝他80岁。也去接近接近我们的北极星。从来没有离开过村庄、从来没有坐过飞机、从来没有离开过我母亲超过一天的他，接受了我的提议。我们去了那里。我们见到了北极、北极熊、冰川、伊努伊特人（Inuit）、月球的地质，拥有所有可能颜色的水——从绿松石色到天青石色，从灰色到黑色，从绿色到紫色，我们吃了生的海豹肉，我们嘴里沾满了新鲜的血，他和我一样狼吞虎咽地吃下

[1] 这里作者玩了一个小小的语言游戏，把 donner corps à ce désir（实现这个欲望，其字面意思是：给这个欲望一个身体）拆开，变成了下半句的 donner un désir à ce corps de mon père（给我父亲的这个身体一个欲望）。——译者注

肝脏，把这只搁浅了的动物的眼睛切成两半以便吮吸眼球的晶状体，吃了熏制的鲑鱼，干干的，挂在屋外，咀嚼过逆戟鲸的皮，我们还笑过许多次围在篝火旁的牙齿掉光了的伊努伊特人，我们见过一条鲸鱼（cétacé）掠过水面，但不是蓝鲸（baleine）[1]，当鸟儿慢悠悠地滑翔的时候，我们差点摸到它们了，它们就在我们头顶叫唤。在《北极的美学》（*Esthétique du pôle Nord*）这本小书里，我记述了这个故事。

一开始，我父亲有点失望，他没有看到他可能期待的东西：冰做的雪屋让位给了有着像寓言中的触角的木屋；皮筏艇和划桨手被机动船取代了；雪橇犬被大型的 4×4 越野车和轰隆隆的四轮摩托车取代了；地球变暖使那里一到夏天就冰川融化，不断来来往往的机动车辆弄得到处尘土飞扬；神话传说中的伊努伊特人不见了，取而代之的是喜欢吃糖、肥胖、牙齿脱落、嗜爱可乐、抽烟、在来访者的行李中搜寻大麻——我没有这个东西，我只带了一瓶庆祝生日的伊甘酒——的伊努伊特人。熟悉动物、石头和死者的魂灵的巫师不复存在，取而代之的是食用圣体饼的福音传教士。

北方找不着北了[2]。当我正为组织了这次旅行而后悔不已时，看着远处一座冰山，在一座小山丘上，面对着蓝得近乎黑色的海水，我想起了叔本华[3]的话：欲望是永远得不到满足的。对于我的“为什么”的问题，我父亲已经成功地给我提供了回答。还在他年轻的时候，在他那人畜同住一室的农业工人房里，冬天冷得水槽里的水都结冰了，他却在读保罗-艾米尔·维克多（Paul-Émile Victor）[4]。对于我父亲来说，斯堪的纳维亚的名字就意味着家族

---

[1] cétacé 和 baleine 都可以译为鲸鱼，但是前者比后者外延要大，前者包括海豚（le dauphin）、抹香鲸（cachalot）和蓝鲸（baleine）等。——译者注

[2] 法语原文是 Le Nord avait perdu le nord。作者在这里玩了个文字游戏。所以此处译文也用中文的一个俗语来翻译之。——译者注

[3] 亚瑟·叔本华（1788—1860），德国著名哲学家，西方哲学史上公开反对理性主义的第一人，开创了非理性主义哲学的先河，也是唯意志论的创始人和主要代表之一，认为生命意志是主宰世界运作的力量。——译者注

[4] 保罗-艾米尔·维克多（1907—1995），法国人类学家和两极探险家。——译者注

世系与维京人在诺曼底的土地上上千年的共存，所以事实上我可以想象，这个极北地区，这个众源之源、世系的世系对于父亲有怎样的异域情调。

但是，如果说我父亲因为没有看到他想看的东西而一时失望不已，他也看到了他没有预料到的东西。有一天运气不好，一头熊出现了，使我们无法离开我们的小屋，那个为我们作向导的伊努伊特人，阿塔塔（Atata）（伊努伊特语中的爸爸）就开始给我们讲述他们民族的神话。他把手伸进一个用海豹皮做的袋子里，拿出一根用动物的神经制成的细绳，随意地串着他先前放在桌子上的哺乳动物的骨头，一边给我们讲故事。他把神话和与他的生命和他的村庄有关的趣闻逸事混合在一起。他用自己的语言讲述，与他一起工作的两个海员将之翻译成英语，我们再翻译成法语。

阿塔塔有着一张被寒冷和阳光弄皱的脸，光滑、扁平，只有他的眼睛把它从水平方向上分开，阿塔塔是村庄的长辈、老者，阿塔塔是半萨满半牧羊人，两个海员的导师，他说话的时候有点颤抖，停止说话的时候，声音中带着呜咽，接着就是沉默，像永恒那样绵延的沉默，直到他用拳头敲击着桌子，然后擦干他的眼泪。这个有着粗犷个性的古稀老人，对比他年纪还大的我的父亲总是投以对待老者该有的目光，有天晚上，在一个岛上，乱石之中一堆柴火旁边，他不知道从哪里搬来一张椅，为了我父亲能够坐一下，阿塔塔此举让一群人全部惊呆了。伊努伊特语和英语之间的摆渡者沉默了。一段长时间的沉默笼罩着这间熊用手掌一击就能推倒的木制小屋。

牙口不好的伊努伊特人给出了解释：老人重提了一个恐怖的故事。在冷战期间，当美国和苏联正考虑发动一场核战争的时候，北极是一个战略区域。此外，格陵兰岛的一个基地使得美国人能够运送他们的武器到北极——一个由原子弹装备的轰炸机甚至还曾在那里因登陆操作失败而沉到冰下面去了，一起沉下去的还有它携带的致命武器。

在这个时期，为了占领最北地区，美国人还流放了很多伊努伊特部落到那里，他们带着家庭、妻子和孩子、老人，带着他们打猎和捕鱼的简陋工具，他们的海豹皮小艇，他们的狗和雪橇离开居住地。根本不考虑这样一个事实，那就是在纬度最高的北极，冰也最厚，因此根本无法穿透冰层来捕鱼。伊努伊特人又再次出发往南迁移，为的是不至于饿死或者必死无疑，因为海豹给了他们一切：他们的吃、住（海豹的肠子可以用作防风玻璃）、穿（兽皮用它们的筋缝制）、行（动物的皮可以包装海豹皮小艇）。

当美国人察知伊努伊特人向相反方向迁移的时候，他们又一次把他们赶往北方。再一次，他们带着家庭、妻子和孩子、老人，带着他们打猎和捕鱼的简陋工具，他们的海豹皮小艇，他们的狗和雪橇迁徙。但是，为了阻止这个民族再一次回到他们比较靠南狩猎和捕鱼的地方，美国军队杀死了他们的狗，用木桩刺穿它们。半个世纪后，正是讲起他们的狗被屠杀的时候，阿塔塔老泪纵横。

我父亲没有看到他打算看的，却看到了他意想不到的事情：那就是一个民族、一种文明、一个世界的终结的故事。阿塔塔与大海和狗的关系就像父亲与大地和马的关系。这些人从来没有跟自然分开过，他们深知，在大自然中他们就是一个部分，他们的智慧全部来自这种不言自明的关系。阿塔塔为那些被木桩刑杀死的狗而哭泣，就像我记得我曾听过我父亲讲述一匹他心爱的并且一起劳作的马（好像是那匹“俏丫头”？）如何由于心脏病突发在田里突然死去，那时他大为动容竟至于流下眼泪。

这一刻把阿塔塔和父亲联系在一起。从那以后，直到旅行结束，这个伊努伊特人和这个诺曼人（Normand）相互微笑、相互凝视、相互谈话，他们虽然言语上不能相互理解，但是都知道，真正的理解根本不在乎词句、音声和话语。极北地区的人的世界和维京人（Viking）的世界是唯一的也是相同的世界。我见证了两人之间的渗透和共生，他们都是智慧之人，都知道他们只是辽阔宇宙的微小部分，这样的知将知者带入崇高之境。这种教导像其他教导一样我都曾领受过，不再有更多的效果。几天后，我父亲和阿塔塔乘坐一条弱不禁风的小船重登邻近的一个小岛。我在岸边休息。看着他们再次走进雾中，在雾中隐没了身影，我感觉这次旅行对我父亲来说就是一次渡过冥河（Styx）的旅行。他们被浓雾吞没，化为虚无，消失不见。

父亲去世的那天晚上，我们正在尚布瓦（Chambois）我的房子的烟囱里烤板栗。父亲喝了点苹果酒。晚餐结束后接着喝了一杯香槟酒。我正陪着父亲，然后他表示想要回家。我帮他拉上他的大衣拉链，调整好他的围巾——他刚刚做了一个膝盖的手术，刚刚好些了，手术虽然顺利，但也让他筋疲力尽。我们踏上了去往他的房子的路。也就几米的路。我们从教堂的门厅前经过。教堂很小，有死者的纪念碑。再爬上一条小巷，我父亲出生的房子就在这条街上。1921 年 1 月 29 日，他在厨房的一张桌子上诞生了。

走到这个地方的中央，父亲停下来。我扶着他的臂膀。他并不需要我扶着走。他对我说："我要擤下鼻涕。"他就用他的大块方巾擤了鼻涕。他小呼了一口气，然后又呼了一下，再呼了一下。他把毛巾放进口袋。就在此时，我抬眼仰望天空，寻找北极星。天空是红棕色的，混合着夜晚的黑色和街灯的橙色，一种丑陋的颜色，难以名状，它把宇宙的美淹没在人类文明的电器照明之苍白中。我对父亲说：今天晚上我们看不到我们的北极星了。他回答道：不，今天晚上，天空被盖住了……然后就站着去世了；我把他放下，让他平躺在虚无之中；他美丽的蓝眼睛定定地看着天空。再过两个月他就 89 岁了。我并不相信灵魂不朽，也不相信他去了天堂。

我不相信任何宗教的说法，它要我们相信死亡是不存在的，相信虚无吞没了一切但生命会继续。我也不相信任何或多或少类似于灵魂转世、生死轮回之类的东西；不相信死后有某种信号。但我相信他曾生活过、曾体验过，相信这个晚上，此时此刻，此情此景，父亲给我传递了一种遗产。他把我引入正直而不是旁门左道，引入笔直的大道而不是九曲回环之路，引入自然的教导而不是文化的漫游，引入直立的生活，引入充盈的话语，引入一种真正的智慧的财富。他给了我一种无名的力量，一种承担义务而不是发号施令的力量。

父亲下葬的那天，12 月的雨水敲打着村庄。那天是工作日，教堂里挤满了人。人们在教堂外面的小广场上休息，冒着雨水，两个祭司，父亲的朋友，在作祭礼，一个是在天主教派边做工边传教的祭司（prêtre-ouvrier），他赞扬了劳动者的粗粝的生活，并向从事身体的艰辛劳作的人致敬；另一个是多明我会的祭司，他随即说到沉思的力量、精神的强力、知性工作的尊严，当然也少不了富有教益、带领人们通向正直生活的经文的诵读。

在他出生的村庄，也是我出生的村庄的小墓地里，我独自一人坐在他坟边。在那里，在离他的兄弟不远的地方，他与他的父母重新聚在了一起。亲戚朋友们都返回了我的住所。过去的五十年里，我变得越来越好，我把这一切都归功于他；不断向上所缺乏的东西，他给予了我方法。这就是他的遗产：一种宁静的力量、一种冷静的果断、一种柔和的强力、一种坚固的孤独。而传下来的东西也结出了果实。当然，本书是我写就的一本书，为我自己而写，为赞美这份遗产而写。然而，那个教养我的人也在其中占有一席之地。尽管宇宙无边无际，但我们却围绕这个中心展开了一段时间，然后便迅速烟消云散。死亡将在虚无之中让我们再次联合。

坎城（Caen），抵抗运动广场（place de la Résistance）
2014 年 8 月 8 日，星期五
玛丽－克劳德（Marie-Claude）去世一周年纪念日

引 言

一种唯物主义的存在学

本书是我的第一本书。迄今为止我已就许许多多主题写过八十多本书：伦理、美学、生命伦理、政治、爱情、宗教、心理分析、美食，当然，还有俳句、诗学散文、游记、十来本讨论当代艺术的著作、一些时事专栏的作品、好几卷享乐主义者的日记，还有一大堆历史编纂——十几本大部头的哲学反历史著作。但是，本书是我的第一本书，对此我印象深刻。

当然，必须说所有这些书最终都归结到这本，就像河流终有一天要流入大海。同样不得不提及的是我父亲的死，这是我生命中的主要事件，它把我的生命切成两半——我在此不想谈及紧接着的我妻子的死，它突然而至，使已被切成两半的生命毫无用处又飘摇不定。

站在父亲尚未掩盖的墓前，面对着放在家族墓室混凝土上的棺材（尸体就放在这大地上，在那里它融化、分解、腐烂，我为尸体要经历的这段时间感到抱歉），我看上去肯定正好体现了那个愚蠢的短语“做他的哀悼（放弃希望）”[1]。铺床、购物、洗碗、散步、做家务、做饭。是的。但是，做他的哀悼（放弃希望）！我们绝不放弃希望，我们要活下去，因为必须这样，因为失去老父亲乃是物之秩序中的事。或者，由于懦弱，当死去的是一个非常年轻的伴侣，我们经过反复思量，在事务中找到了秩序后而没能勇敢地在公正的虚无那里与她相聚。因此，我们继续生活，就像一只被砍断脖子的

[1] 法语原文是 faire son deuil，其字面意思为做他的哀悼，而通常的意思就是放弃计划、放弃希望，这里作者用了双关。——译者注

小鸡，出于习惯，出于反射，而继续奔跑。我们机械地活下去；无力说不我们就说是；我们得过且过；当另一个人的肉身在腐烂，我们的肉身在成长，我们为这种成长而自责，因为构成我们肉身的东西看起来微不足道、不值一提、毫无价值。

每个人都尽其所能，每个人的处境也不尽相同，几日大的乳儿的死也好、耄耋之年的人的死也罢，还有陌生人的死、祖父的死、儿童的死、邻居的死、自杀或谋杀、事故或长期的疾病，我们热爱的人或我们不那么热爱的人、我们所熟知的人或我们很少见到的人，每一种情况都不一样。同样，死亡突然降临的生命时刻也各不相同：有人 10 岁时父亲死了，有人 20 岁时 8 天大的孩子死了，有人 65 岁时 40 岁的孩子死了，有人在 15 岁这个生命的门槛上被死亡抛下而不知所措，人过了一定的年纪又有衰老的父母就必然会认识到死亡。

如果我们试图过一种哲思的生活，那么我们所爱的人的死亡，就成为一种特殊类型的经验，因为这种死亡检验着我们在这个主题上的所思之物，这个主题成为一种客体，我们的客体。作为他人的死而到来的死变成这样的人的死，用扬克列维奇[1]（Jankélévitch）的范畴来说，即第二人称的死：你死——还有第一人称的死：我死，或第三人称的死，比较疏远的第三人的死：他死。如果我们不信仰上帝，不读福音书从而确信：虽然肉体死亡了，不死的灵魂将幸存下来并认识永恒的生活，那么沉思柏拉图的《斐多篇》将不再对我们起任何作用。大家可能都读过古代哲人的斯多葛式的安慰并熟知他们的论点：死亡关涉每个人，为之闷闷不乐是毫无用处的，死亡是不可避免的，拒绝它是多此一举，死亡首先是一种表象，对之我们应该比对本质的真理更有支配力，没完没了地谈论一个人的命运是无济于事的，忧郁不会因此而减轻。大家可能都知道，伊壁鸠鲁跟我们谈起死亡，说死亡什么也不是，因为我们存在时死亡不存在，

[1] 弗拉基米尔·扬克列维奇（1903—1985），法国当代著名哲学家，著有《恶意识》、《死亡》、《宽恕》等。——译者注

而当死亡存在时我们不再能知觉它，我们发现伊壁鸠鲁谈论的只是第一人称的死。但其他人称的死呢？伊壁鸠鲁提到了父亲的死吗？没有。伊壁鸠鲁主义者卢克莱修作过一个回应：物质意义上的腐朽没什么好怕的，作为一个组合物我们死亡了，但是我们却作为原子而继续存在。知道我们死后以蒲公英的形式继续存在有什么用呢？我们重新翻开蒙田的《散文集》和那些有名的书页，我们重新找到西塞罗，“进行哲思就是练习死亡”，同意。但是，我们可曾学会这个本质上可以说只真正发生一次的事情？我们记得叔本华对于个体的死亡说过安慰的话，他说个体的死是为类的永恒性这一特点付出的代价。思考这种我们嘲讽为霉运的东西的可能性不会给我们任何安慰，因为它关涉的正是我们！我们想起尼采，他相信问题已解决，他带我们领略超人的恒星般的毅力，深信相同者的永恒轮回有一天会使他复活，以同样的生命形式过着同样的生活，并且是无限轮回，但是等待这种几万年的循环是漫长的，人们有时间感到厌烦。同样，我们要谈到扬克列维奇，他用500页的篇幅把我们挽留在这个主题上，然后总结说，关于死亡我们无法说出什么，总有一天我们会经历，或也许会经历，或很可能不会。

哲学在这个主题上似乎缺乏真正有效的安慰。哲学中有很多修辞，有许多诡辩，有美妙的思辨，也有一连串带着彼岸世界之力量的安慰性虚构，但是在这个门槛内，身体有着理性所不知道的理性！当然，我们可以在某些地方发现一些有用的想法，但是没有人能够刚单膝跪地马上又恢复站立的姿势。除非……

除非我们从这样的原则出发，即死是一种遗产，消逝者把他所曾是（ce qu’il fut）遗留下来，并且，当我们有机会拥有一个父亲和伴侣，他们出于善良曾兢兢于在俗的圣洁，我们只能向他们致以唯一的敬意：根据他们的原则而生活，遵循他们对所爱的人所做的事，他们曾生存在他们的存在之慷慨中，我们要重拾这种生存能力，不要让它死去，就像在一次战役之后我们重新升起掉在地上的旗帜，要在他们不存在的目光下行动，要通过体现他们的品德、通过赞许他们给人温情的方式对他们保持坚贞。

把灾难转化为坚贞，这正是本书所主张的。它采用由五边形组成的五角星形式——五个部分，每部分五章。第 1 部分：“时间：逝者如斯”——我对维吉尔式的时间的拷问，这是我父亲的时间，平静安详的时间，它涉及重新发现在完全的宁静之中的栖居；第 2 部分：“生命：超越善恶”——反思作为力的生命，这种力超越善恶，我们服从这种力，直到死亡，在死亡中这种力才有所改变；第 3 部分：“动物：不一样的他我”——我将思考达尔文理论的后果，他认为人和动物之间没有本质上的区别，而只有程度上的差异；第 4 部分：“宇宙：清扫星空”——我将对宇宙进行沉思，它作为智慧之内在且异教的谱系学场所，使自我与自我，并因此与他者能够相遇；最后，第 5 部分：“崇高：体验辽阔”——我邀请大家进入崇高之境，它源自对具体的世界景观的关注和操心与我们敏锐意识的狭小之间的张力，明知我们的意识不是伟大之物，但又觉得它无所不能。

第 1 部分

时间：逝者如斯

时间　如果不考虑超验的面向（我以前一直偏爱经验的面向），我当然可以提出一种时间的定义，但是这又有何益？在“香槟1921：追忆逝去的时光”（第1章）中，我更倾向于从追忆逝去的时间出发，比如1921年我父亲出生时的一瓶香槟，最后要表明绝不会有逝去的时间。我们以为它逝去了，但是我们可能重新发现它，我们要从追忆开始并且要记住，我们更多地是通过一种感官的智力、一种情感的记忆、一种能够唤起诗人的通感和交感的横向反思，而不是通过纯粹大脑和概念的方式通向逝去的时间，这就够了。

柏格森[1]是伟大的，毋庸置疑，但柏格森主义者普鲁斯特更加伟大，因为他以浪漫的方式叙述了逝去的时间，然后重新发现了它，而不是像一个体制哲学家那样将其肢解。哲学只有不被学科的某个专业人士所践行才能如此伟大。巴什拉的《瞬间的直觉》（*L'Intuition de l'instant*）是伟大的，千真万确，但在我眼里更伟大的是他从一种关于谷仓的诗学或者从关于地下室、烛光的摇曳或一个烤鸡的神圣香气的现象学出发对时间所作的论述。

在“雕琢自然：灵魂的农事诗”（第2章）中，我不是从时间课题的作者们所提供的定义出发探讨时间，而是通过回忆来发现时间。童年的时间：森林中的戏耍、树林中的小木屋、田野中的独自漫步、在秋天单色苍穹下的道路上闲逛、在洗衣服的水里玩耍泼溅、徒手抓小鳗鱼等。少年的时间：它让我这样的男孩子，一个嗜书如命的人，能够通过观察父亲在菜园中的劳作而学会了什么叫工作。从来没有哪种方法论教程像这样不用教授就学得这么好。这些东西的时间：整齐而惬意的小径，画有清晰图画的黑板，成畦的蔬菜，美好的地方散发芬芳的植物气息，还有这些植物的花朵。

精心劳作的滋味已经以这种方式传递给我了。令人浮想联翩的还有小葱的强烈气味，草莓的强烈气味——这气味有一天改变了我

[1]　亨利·柏格森（1859—1941），法国哲学家，曾获诺贝尔文学奖。他反对科学和哲学中的机械论，心理学上的决定论，提倡直觉和完整的生命体验。——译者注

的味觉（在《美食的理性》[*La Raison gourmande*]的前言中我已叙述过这种经验），炎热的夏日白昼将尽之时，美国石竹的浓烈香味，等待下雨时泥土的气息，有一天在撒哈拉重新找回的沙漠的香气，或者有一次在巴西体验到的暴风雨后的丛林的芳香。自然对我而言曾经是第一文化，我花了很长时间才分清文化中不好的东西和好的东西，前者使我们与自然疏远，后者把我们重新带回自然。

许多书都通过宣称向我们描述世界而企图从世界获取经济利益。三本宗教的基本典籍每一本都企图废除其他书而成为唯一。这三本书产生了无数评论它们的书，这些著作对理解真实世界毫无用处。一个花园就是一座图书馆，但却很少有图书馆能成为花园。看着一个园丁日复一日地劳作，有时候我们从中获得的东西远远多于阅读没完没了的哲学书。书籍只有当其教育我们如何超越自我、提升我们的头脑、离开卷帙之网而注视世界的细处（世界等待着我们的操心）之时，才是伟大的。

我的父亲在他的花园里服从大自然的节奏。他知悉家谱的时间。他生活着，从不忧心当下的时间，这种当下的时间是与过去和未来相分离的瞬间的时间，是死的时间，它不来自任何记忆，也不准备任何未来，它是从混沌中拔出的瞬间之碎片的虚无主义者的时间，它是由机械重塑的时间，它制造虚拟之物并将其作为唯一的现实向我们呈现，它是替代世界的银幕的去物质化的时间，它是与田野时间相对立的都市时间，这种时间没有生命、没有汁液、没有气味……

对维吉尔式时间的遗忘是我们时代的虚无主义的原因和后果。无视自然的循环，对季节运转浑然不知，只生活于城市的混凝土和沥青、钢筋和玻璃之中，从未见过牧场、田野、灌木丛、森林、矮树林、葡萄园、草地、小河，这无异于已经生活在水泥的墓穴里，这个墓穴迟早有一天会接受一具对世界毫无知觉的尸体。如果我们看到的是一个充满污染环境的发动机，充满电灯，充满隐蔽的电波，充满监控视频，充满柏油街道，充满动物排泄物的人行道的世界，到那时，我们如何在宇宙中、在自然中、在生命中、在我们的生活中找到自己的位置？不与世界建立一种异于对象世界中的对象的关系，就不可能走出虚无主义。

茨冈民族，这个有着口语传统的民族、大自然的民族、宁静的民族、四季循环的民族，他们有宇宙感——至少对于那些仍在抵抗显现为文明的东西，换句话说，对在混凝土中深居简出的人来说是这样。在“流浪的民族：明天之后，明天将成昨天”（第3章）中，我研究这个对宁静和部落依然感兴趣的民族。他们与刺猬交谈，刺猬与他们一应一答。他们没有基督教徒的那种遭受天谴的意识，他们无视原罪，因此他们不屈从于生产本位主义的劳作的命令。茨冈人依据星辰的时间而不依据计时器的时间而生活。

他们自然的生活简直是对非茨冈罗马尼亚人残缺生活的侮辱。因为，忠于传统、抵抗基督教化的那些人在这个化石民族中取得了胜利，他们展现了我们定居前曾是的样子：居无定所的人，移动的部族，春天赶路冬天搭帐篷过冬的民族。他们也展示出，有那么几千年，我们更喜欢坐在火堆前沉思，而不是把时间浪费在公共交通上，更喜欢与以之为食的牲口生活在一起，而不是远离那些我们工业化地屠宰并食用其味同嚼蜡的肉的牲口。

就像菜园一样，平原上的茨冈人的帐篷对我来说永远是智慧的忠告。对这个民族的居所的指控就是对我们不再拥有并后悔失去的东西——自由——的指控。对他们永久的迫害，直至纳粹的毒气室，这说明了正是自诩为文明的人才经常与野蛮为伍，而被文明人称为野蛮的却常常是一种文明。它的密码，文明人已丧失殆尽——这跟我们已经丢失了苏美尔人或阿卡迪人、赫梯人或纳巴泰人废墟中的文明密码完全一样。

在“自然的节律：在时间之外”（第4章）中，我提出这样的假设，时间无非就是存在于存在之物的每个细小部分里。所有存在之物皆来自坠落的星星在其自身中所带有的一种韵律：黑耀岩和蕨类植物，金凤蝶和银杏，蛆虫和牛虻，狮子和绵羊，长颈鹿和战斗的公牛，或者金字塔中发现的小麦（它四千年之后还能发芽，如果有发芽所需的条件），或者从生到死整个 80 年只开一次花的棕榈树，当然，还有人类，他们携带着内在的时钟，这个时钟被宇宙以非凡的力量上了发条。

最后，在“永恒轮回：享乐主义的反时间”（第 5 章）中，我考察了时间的缩短产生的影响，从古罗马一直到 19 世纪发动机的发明：马的脚步的时间。制造虚拟时间的机器（电话、广播、电视、视频）的出现已经杀死了这种宇宙时间并生产出一种死的时间，也就是我们的虚无主义的时间。我们凝固于瞬间的生命已经与过去和未来隔断了联系。为了不成为虚无之中的一个虚无的死点，我们必须发明一种享乐主义的反时间，以便给我们创造自由，换句话说，对尼采不忠的尼采式的忠告。我们必须在我们的生命中并为我们的生命选择我们希望见到的永恒轮回的东西。

因此，物质性的人类心灵在自身中承载着对绵延的回忆，这种绵延在善恶的彼岸展开。当然，真正的绵延是不能被感知的，它在文化上被衡量。我们的身体看见它而浑然不觉；我们的文明度量它，以使将其关进笼子、制服它、驯化它。我们身上有一种以肉体的形式铭写的绵延，它展示出我们肯定熟悉的我们身上永久的宇宙节律，而文明就是把这种绵延转化为可测量的，并因此可租借的时间的方式。时间就是经验地（posteriori）折叠进所有有形态之物中的先验的恒星之力。它是物质的速率。这种速率容易受到变异的多样性的影响。这些变异正是有生命者和生命的定义。

1

香槟 1921：追忆逝去的时光

谈到时间，如果我说它是“物质的速度”，如果在这样一个事实之上我加上一个理论的定义，从理论上加以考察，这个事实就是：时间由于其流动的、流逝的、飞逝的、消逝的、逃逸的、短暂的、转瞬即逝的特点使思想陷入窘境，那只是在试图抓住抓不住的东西的各种各样的尝试中又贡献了一种相似的尝试。因此，赫拉克利特的“河流”，柏拉图的“不动的永恒的运动形式”，斯多葛学派的“伴随这世界的运动的间歇”，亚里士多德的“根据前和后的运动之数”，柏罗丁[1]的“持续之中的一的形象”，伊壁鸠鲁学派的“诸偶然之偶然”，贝克莱[2]的“前后相续的观念系列（série d’idées）”，康德的“感性的先天形式”，克尔凯郭尔[3]的“特殊时刻的无穷接续”，柏格森的“萦绕着反思意识的空间的幻影”，萨特的“虚无化的诸维度”，都谈到时间但远没有穷尽时间的问题。

只要哲学家一谈起时间，他就会被迫要么在由诸观点组成的历史中增加一个定义，要么便是就以下观点发表一通议论，比如时间不存在、我们不谈论它的时候知道它存在而一旦追问它的时候又不能再说出任何东西、时间归结为当前（présent）——因为过去和未来只有当前化才存在、经由真正的绵延而发现的时间之不存在、一种关于时间的理论的不可能性——因为这种不可能性深深地印刻在

[1] 柏罗丁（公元205—公元270），也译为普罗提诺，新柏拉图主义奠基人，生于埃及。233年拜亚历山大城的安漠尼乌斯为师学习哲学，曾参加罗马远征军，其目的是前往印度研习东方哲学。此后定居罗马，从事教学与写作。他的学说融汇了毕达哥拉斯和柏拉图的思想以及东方神秘主义，视“太一”为万物之源，人生的最高目的就是复返太一，与之合一。其思想对中世纪神学及哲学，尤其是基督教教义有很大影响。——译者注

[2] 乔治·贝克莱（1685—1753），18世纪英国著名哲学家，近代经验主义的主要代表人物之一。——译者注

[3] 索伦·奥贝·克尔凯郭尔（1813—1855），丹麦哲学家、新教神学家、作家，被视为存在主义的先驱。——译者注

时间性之中、时间有欠缺的纯洁性——它是永恒因此也是神圣性的低级形式。时间是蛇消失于草丛的刹那。

我已从阅读中得知，许多思想家已经就时间问题思考和书写过。通常他们的表述很好，直觉也说得过去，有时候抒情的迸发也偶尔在以下问题上蒙蔽了理智（bon sens）的思索，比如过去不再存在，将来尚未存在，因此不再存在和尚未存在之物是不存在的，除非在瞬间之中，瞬间自身浓缩着这种神奇的炼金术，因为瞬间不是一个点，而是绵延自身，是一种头尾相接的神奇造物，头部在时间之前，尾部在时间之后。当然，当前自身也要受到时间的限制，好像它无非就是一个转瞬即逝的瞬间，未来向过去的变形在其中展开，因为所有过去都是以完成了的未来出现的。为了使“未来”经由“当前”这架粉碎机而成为“过去”，就必须要有从存在到虚无的隐形转换器。

我不想以概念的方式，本体的方式，而是想以一种唯名论的方法开始我对时间的研究。我想要的是某种逝去的时间，而不是逝去的时间本身[1]。或许我不想追忆属于我们两个人的时间，此处或别处，在真实的空间里，在用生命丈量过的地点，在那被裁剪的绵延中，这绵延镶嵌在两个人的合二为一的记忆的大理石中，或许我不想追忆这样的时间，那么我就还不曾看见我爱人的离世。遥远的青年时期，养育生命所占据的时间，日常温情的悠悠时间，以至疼痛的时间、漫长疾病的时间、艰难困苦的时间、临终的时间、死亡的时间、哀悼的时间。这些时间所发生的时间可能某一天会到来；目前还太早。

我选择了我父亲出生的那个时间：1921年。在哲学上，这一年阿兰[2]发表了《战神玛斯或被审判的战争》（*Mars ou la guerre jugée*），

[1]　这里的原文是 un temps perdu 和 le temps perdu，作者玩了个文字游戏，但与一般的不定冠词和定冠词的用法有别，这里的 un 实际上表示“一种”，表达了特殊性；而 le 在这里不是定冠词，而是因为 temps 本身一般都带 le，所以译成时间本身，表示普遍性的时间。——译者注

[2]　阿兰（1868—1951），原名埃米尔－奥古斯特·夏蒂埃（Émile-Auguste Chartier），法国哲学家、记者、散文家和哲学教授，近距离见证了第一次世界大战的暴行之后，于1921年发表了著名的小册子《战神玛斯或被审判的战争》。——译者注

维特根斯坦[1]出版了《逻辑哲学论》(*Tractatus logico-philosophicus*)。这一年是福莱[2]（Fauré）的《第二号钢琴五重奏》面世的一年，也是韦伯恩（Webern）的《六首艺术歌曲》（*Six lieder*）面世的一年；是瓦洛东[3]（Vallotton）完成他的《水边熟睡的裸女》(*Femme nue dormant au bord de l'eau*) 的一年，也是杜尚完成他的现成品《为什么不打喷嚏》（*Why not sneeze*）的一年；是圣桑（Saint-Saens）去世的一年，也是达达沙龙（Dada Salon）在巴黎的一年；是马塞尔·普鲁斯特的《索多玛与戈摩尔》（*Sodome et Gomorrhe*）出版的一年，也是乔伊斯即将完成《尤利西斯》的一年；是希特勒掌权成为纳粹党首领的一年。这是布尔什维主义胜利的一年，也是实施新经济政策和美国向贫血的俄国列宁主义者们提供援助的一年；是萨科（Sacco）和万泽蒂（Vanzetti）[4]被判刑的一年，也是另一个尚不知名的无政府主义者贝尼托·墨索里尼为这两个无政府主义者辩护的一年；是弗洛伊德的《群体心理学和自我的分析》（*Psychologie des masses et analyse du moi*）出版的一年，也是他的《梦和心灵感应》（*Reve et telepathie*）发表的一年；换句话说：这是一个世界终结的一年，也是另一个世界开始的一年。1914—1918 年的战争催生出一个废除旧时代的时代：1921 年，虚无主义就像墨水一样在犹太—基督教文明的纸张上蔓延。

我渴望重新发现这个我不认识的时间：1921 年，尽管对那个年

---

[1] 路德维希·约瑟夫·约翰·维特根斯坦（1889—1951），犹太人，出生于奥地利维也纳省，是 20 世纪最有影响力的哲学家之一，其研究领域主要在数学哲学、精神哲学和语言哲学等方面，曾师从英国著名作家、哲学家罗素。——译者注

[2] 加布里埃尔·福莱（1845—1924），法国著名音乐家，代表作有《普罗米修斯》等。——译者注

[3] 菲利克斯·瓦洛东（1865—1925），法国画家，纳比画派的成员，代表作有《欧罗巴被劫》等。——译者注

[4] 美国在 1920 年代镇压工人运动时制造的一桩假案。1919 年开始的经济危机使美国国内阶级矛盾激化，罢工浪潮席卷全国。1920 年 5 月 5 日，警察指控积极参加工人运动的意大利移民、制鞋工人萨科和卖鱼小贩万泽蒂为波士顿地区一桩抢劫杀人案主犯并予以逮捕。在提出足以证明自己无罪的充分证据后，他们仍被判处死刑，此事在全世界范围内引起了巨大的抗议浪潮。——译者注

代而言我是个孩子，不管从哪种意义上说。从我父亲的出生日期可以看出，他父亲是经过恰当考虑才怀上他的。他的父亲是个马蹄铁匠，第一次世界大战期间服役于与104步兵军团比较熟悉的13重骑兵团。他在东欧战场上中毒气后返回，1916年5月在意大利的一场战役中被授予军事奖章，“1918年7月29日重新进入法国前线”，1919年3月14日退伍，他的军人证上这么说。他是在认识了这场战争以后考虑要生这个孩子——也就是我父亲。这场战争是我们时代醉生梦死的虚无主义的魁首。我常常被告知，只要一颗没长眼睛的弹片，一颗朝我祖父方向飞去的不起眼的子弹，都有可能要了他的命，当然，那样的话，也就要了我父亲的命，以此类推也就要了我的命。在这十几年中，曾有成千上亿颗炮弹划过这个时代的黑暗的天空，无数生命被夺去，另一些幸存下来，这些幸存者生养的生命继续盲目地送命，这些生命对于这个狂暴地分配着存在和虚无的偶然来说是无辜的。

将近一个世纪后我再次来到这里，在法国的东部，在离这片吃饱了士兵的鲜血、由人的肉体滋养、浸透了战士们因痛苦而发出的低沉呻吟的土地不远的地方。因此，我出生于世要归功于一次奇怪的偶然。还有另一次偶然，它使得在支配我到来的精子之战中，为了唯一一个生命——我的生命——能够胜出，同样有很多生命死去。偶然实际上造就了规律，因此我就是沿着一系列不可思议但恰到好处的运气而前进的。因此，在这个使本可能永远不会发生的潜在性得以发生的偶然事件中，上帝实际上插不上手。

2012年伊始，我跟我的朋友米歇尔·古拉德（Michel Guillard）在香槟区（Champagne），他是我1990年认识的一个朋友，那个时期他正管理着他与让-保罗·考夫曼（Jean-Paul Kauffmann）共同创办的《波尔多爱好者》（*L'Amateur de bordeaux*）杂志。那时候我们可能喝了太多酒，而且也很晚了。他表达了自己的心愿，希望我能够为把香槟区的风景归入联合国教科文组织（l' Unesco）作出贡献。

我们游览过那些酒窖，并充满感情地看过洞壁上的那些粗糙的雕刻，它们讲述着刻在白垩岩中的人的故事，它们保存着记忆并把这份记忆一直传递给我们的后辈。简朴的画像，色情的素描，消失已久的对身体的命名或昵称，日期，在虚无吞噬他们的肉体之前留在他们生命中心灵的抓痕，这些岩石上的雕刻也回响着这样的记述，记录着那著名的第一次世界大战轰炸期间大地上的生活。就像被活埋了一样，人们生活在离战役中死在空旷之地的人不远的地方，在他们的另一边，直到人们来到那些死者最后逗留的大地之上。

生活在地下的香槟人就像拉斯科人一样，保留了这些痕迹。但他们也保护了另一种记忆，那就是成千上万桶红酒，它们在阴凉处，远离光线，不被现代生活的机械时代所破坏，给时间设下了陷阱。要追忆过去的时间，没有任何地方比这里更充满魔力，在一个酒窖里，如果哪个人知道怎样品味红酒的灵魂，那么他就走进了重新发现的时间。比起一个只言说而不暗示，只在一个平面上承载记忆而不邀请我们的身体去发现它的图书馆，酒窖意味着更多，酒窖聚集、涵容、保护着历史，无论是宏大的历史还是细小的历史，两者都凝缩进了一种原子般的仿像（les simulacres atomiques）中，这些仿像物把以灵魂的形式——或者说以光晕 (aura) 的形式，如果你愿意——保留在杯中的事物的躯体释放出来。一桶酒就是一盏阿拉丁神灯，你得知道怎么爱抚它。

米歇尔·古拉德把我带到唐·培里侬（Dom Pérignon）酒侯（domaine），在那里把我引荐给那个地方的主人理查德·乔弗瓦（Richard Geoffroy）。他高贵、优雅、训练有素、有教养，他的谈吐有着巴洛克风格，就像伟大世纪（Grand Siècle）中一名杰出的耶稣会士，讳莫如深。当然，他也说话，但必须仔细听，发现他的言下之意、弦外之音、言外之意，就像光透过水晶浇灌着红酒，显露出他长袍上的红宝石。我后来理解了，这个尽管理智却也喜爱感官享受，或者尽管喜爱感官享受却也理智的人，对词语是不信任的，词语歪曲事物，疏离真实之物，因为真实之物一旦被命名就逃之夭夭了。他让我想起巴尔塔沙·葛拉西安 (Balthasar Gracian，1601—1658)，一些西班牙巴洛克风格大作的作者：他的《英雄》（*Le Heros*），用理论的方式探讨了难以名状的东西和命运，完美的英雄主义和精致的品味，伟大和向上的天性中的超凡脱俗；《政治家》（*L' Homme de cour*）写的是同样的东西，带着知识和才华，以精美而丰满的方式，带着正确的意图，伟大的深邃的人物，超凡脱俗者之超凡脱俗，上等的品味和高度的勇气；当然还有《智慧书》（*L' Homme universel*），讨论精神和灵魂的伟大，目光犀利而难以穿透的人，反应灵敏随机应变的性格，凡事皆有风格的博学智慧之人。这样的人谈话之时必深思熟虑，特别是在提出建议的时候，当他为了付诸行动而拒绝说话的时候，就会充分的权衡利弊。

行动，对乔弗瓦来说，就是制造这神奇的红酒，给它身体和生命，灵和肉。思考它并创造它、意愿它、制造它、发明它、想象它、孕育它。面对（envisage）它，换言之，从词源学上讲，就是给它一种面貌（visage）。设想它、论证和反思它、猜测它、评估它、欲求它、祝福它、构思它、提升它，就像建筑家建造一座建筑或者父母养育他们的孩子，给予它伟大和高度。思考它，以笛卡尔的方式。制作它。如果冒昧地用联觉的方式，我会说：书写它。

我在《美食的理性》中写到过唐·培里侬。我相信，时代的精神集中在一种风格上，并且，作为同一个时代的产品，我们发现，在一瓶红酒和一幅画中，在一件家具和一曲音乐中，在一本小说和一本哲学书中，在一幢建筑和一件发明中，在一首诗和一本烹饪书中，有一个有原则的集群，一种对现实的同样的抨击角度，一种对同一时期的相似的参与。同在一个时代的人们会出现在每个分散的部分之中。在构成同一个仿像的所有原子之间存在某种对应。这个仿像凝结了同时代的微粒。

因此，唐·培里侬，严格意义上的路易十四（Louis XIV,

1638—1715）的同时代人，同样也是吕利（Lully）、华多（Watteau）和维瓦尔第（Vivaldi）这几个以欢乐、喜气、轻快、升华而非超验为艺术特征的艺术家的同时代人。他也跟牛顿分享同一个世纪。牛顿革命性地改变了那时人们看待世界的看法：基督教的神话让步于物理学，科学确定了物质与光之间的同一性，他把现实世界归结为通过引力体系维持关系的微粒，他思考宇宙并且使人类发现，他们所处的位置不再是天使居住的苍穹，而是处于充满彗星和恒星，充满火流星和行星的以太之中，这个行星体遵循同一种异教的能量。

牛顿专注于掉落的苹果；唐·培里侬专注于来自大地的葡萄。前者把宇宙放入公式之中；后者把宇宙放入酒桶之中。有人说，本笃会做了件大善事，他们创造了一种方法，使大家能够把压力保留在一个不会爆炸的木桶之中。被驯服的红酒气泡在那个时代的绘画中得到重现：西蒙·吕替奇（Simon Luttichuys）、昂得利克·安迪森（Hendrik Andriessen）、西蒙·贺纳·德·圣–安德烈（Simon Renard de Saint-André）都画虚空（vanités），卡雷尔·迪雅尔丹（Karel Dujardin）还画了幅寓言画，名叫“泡沫人”（*Homo bulla*）。人就是一个泡沫，像泡沫一样易碎，像泡沫一样易逝，像泡沫一样短暂。图画细节处的黑点道出了一切，水果的斑点、有点枯萎的花瓣、桌子边缘斜放着的刀、烟圈、倒置的沙漏、运动着的挂钟、美丽的地毯上放着的不起眼的表、像飞翔的灵魂一样轻盈的蝴蝶、精雕细刻的玻璃制品、有缺口的浅口酒杯、骷髅头，这一切都在向愿意看见并因此而愿意聆听和理解的人述说着：生命是易碎的、非常易碎、极度易碎。生命就是一个气泡，除此无他。

作为气泡，在每一杯中，香槟都守护着它生于其中的那个世纪的记忆，这也是莱布尼茨[1]的没有门也没有窗的单子的世纪；它回味着斯宾诺莎式（spinoziste）的独一无二的本体的多种多样的变体；

---

[1] 戈特弗里德·威廉·莱布尼茨（1646—1716），德国哲学家、数学家。他多才多艺，被誉为17世纪的亚里士多德。——译者注

它集中了伦勃朗的明暗，通过这种明暗，在冲破模糊的虚无的光之泡沫中，主题绽放出来；它唤回维米尔[1]的清澈，从珍珠的反光，到一个女人的耳朵，再到她的窗户，在这些事物中，抑或在一个由吹制玻璃精制而成的长颈瓶的边缘上的明亮的细密画中，他把稍纵即逝的明亮囚禁在这种清澈里，而吹制玻璃中则凝固着……泡沫。

但是，除了这个绝对的红酒中的绝对，或者在绝对的红酒中的绝对之外，香槟也综合了相对——一个年代的相对，一个时代的相对，一种气候的相对，一个季节的相对，还有人类劳作的相对，种类繁多的葡萄苗的相对，装配方法的诞生的相对。它混合了整个世界的时间、地质的时间、自然的时间、寰宇的时间（l' univers）、宇宙的世界（du cosmos），当然还有我们中的每个人的时间，他的美好和糟糕的记忆，他的童年和少年，他的青葱岁月和成年时光，还有更多，以过去的时间形式发生着作用。它述说着改头换面了的和消失不见的诸现在，按照永恒在幸存者的灵魂中保留这些现在的样子。我已经和米歇尔・古拉德、理查德・乔弗瓦商定，将来的某一天要带着一瓶唐・培里侬 1921 去探寻那些逝去的时光。

这一天到来了。我父亲在降临节的晚上去世了。他的葬礼湮没在狂风骤雨之中。几天之后，开始下雪了。在我父亲出生，也是我出生的村庄的小墓场里，我望着我的村庄和我的小墓场，当然，大雪早已覆盖了一切。只有一条匿名的足迹在白茫茫中留下一条孤零零的踪迹，它通向父亲的坟墓。我回忆起这个时刻的白色：白色的墓场、白色的坟茔、白色的天空、我的白色灵魂。那个十二月的早间，准确说是 13 日，我到达香槟区的时候，我的心流着白色的血，还有……一切都是白色的！

我与父亲的少许灵魂重聚，下火车的时候，我双膝跪地用膝盖在地上滑动，就像下葬那天我跪着用膝盖滑动到他墓前，我的一只

[1] 约翰内斯・维米尔（1632—1675），荷兰著名的风俗画家，被视为“荷兰小画派”的代表画家。——译者注

脚深深陷进旁边的一个墓冢的软土中，我相信它会把我吞没。在香槟区，土壤被冻住了。在通往埃佩尔奈（Epernay）的路上，一切都是白色的：堤坝上的草的绿色是白色的，树干和树枝的红棕色是白色的，冬天的灰色天空是白色的，屋顶上的瓦片的红褐色和锈红色是白色的，车辆、物体、事物都是白色的，那个苍白的早上是白色的，在那个早上，我冒险去到那里，为了与我父亲消逝的灵魂相遇。然而，几乎每天都在我灵魂之中飞来飞去的却是四个月前去世的爱人的灵魂。在公园小水池的冰面上，我相信我看到了一副真的面容，因为它萦绕着我的心灵。

在酩悦香槟（Moët & Chandon）的大厦，我遇到了邓尼斯・摩拉（Denis Mollat），我的一个朋友，波尔多的一个书商，他熟知所有的红酒，我在材料方面的所有知识都归功于他。我还碰到了弗朗兹-奥利维埃・吉斯贝尔（Franz-Olivier Giesbert），他的穿着无可挑剔，戴奥真尼斯的气质下隐藏着大花花公子。组织这次相聚的米歇尔・古拉德有着炯炯有神的目光，作为耶稣会修道士，他深知他将要犯下不同寻常的饕餮之罪。我们再遇理查德・乔弗瓦——仪式的主持，唐・培里侬的总酿酒师，还有酩悦香槟的总酿酒师博诺华・古埃（Benoit Gouez）。这个异教的最后的晚餐（La Cène）在房子的议事厅里举行，一个有着战略性意义的地点，这个地方的布置有种神话气息。外面，公园被白色覆盖。一棵古老的大树由钢索拉扯着，像是罩上了雾凇。

10 点 05 分。品尝美味的理想时间，如果人们相信专家所言。在这个时辰，身体处于更加良好的状态，可以更好地欣赏、感知、品味。低血糖发作着，胃口从微粒的最深处浮现出来，原子等待着它们的贡品并撩拨着肉体，以便使它听命于即将发生的一切。上午的这个白色时辰，酒桶在等待着。在沉睡中生生不息或者说在生生不息中沉睡的红酒，即将要揭开面纱了，就像人们从睡眠中醒来，不急不忙地期待一种存在。一位液态的公主。

米歇尔・古拉德，一个专业的牙科医生，已准备好发言。我此前一直期待一种恰到好处的沉默，以便为宁静创造条件，米歇尔也表示赞同，但是，通过一段简短的陈述——这个陈述因为有幻灯片的锦上添花而显得特别美好——他还是没能阻止自己打破少许这异教的神秘。至少，参加这个聚会让我了解到，我的视觉拥有百万的神经连接，其中 20 万神经连接属于体觉（即管理身体在世界上存在这样的身体感觉），10 万属于听觉，5 千属于嗅觉，1 万属于味觉。换句话说，人化的过程使我们看到这种动物能力得以施展，却阻碍了感受（sentir）和品味的能力。因此，文明使我们一直所是的动物非自然化（或去自然化［dénaturé］）了，为的是把我们转化为世界的观看者，而其代价是我们感知世界和品味世界的能力变得糟糕透顶。从此我们与真实世界就越来越疏离，而满足于享受我们从世界中所制造的图像的乐趣。

当我跟米歇尔·古拉德说，谈论爱情的更好方式可能不是讨论妇科学，他曾笑过我。我重复下我的原话：因为它提供给我们的信息只能提醒我们，我们已变成多么非自然的动物了，这是维尔高尔[1]（Vercors）的一个表述，它更多地与《大海的沉默》（*Silence de la mer*）这本书相关。品尝一瓶综合了令人难以置信的数量众多的文化工序并且代表着工艺和反自然（antinature）的顶峰的香槟酒，就是悖谬性地向最精通视觉的身体呈递用来感受和品味的香槟！谈起这几瓶要品尝的酒，理查德·乔弗瓦坚决赞同不要言说、谈论、分析它们，而是要聆听它们。不要讲述它们，而是要与它们相遇。在两个小时美好的品尝过程中，他近乎沉默。他的沉默与一个佛教僧人拒绝谈论世界而怡然自得地活在其中有着同样的说服力。

因此，品尝过程的细节就托付给博诺华·古埃。他告诉我，他是我过去在卡昂（Caen）上哲学课时的一个学生的哥哥。我们刚品完一瓶唐·培里侬 1921，他吐露说，这个时代剩下的几瓶稀罕的唐·培

［1］ 维尔高尔（1902—1991），原名让·马塞尔·布鲁勒（Jean Marcel Bruller），法国作家和插图画家。——译者注

里侬已经进入了历史，由于它们是传承下来的稀罕之物，我们必须把它们保存好。理查德·乔弗瓦还让我们见识了一瓶有神话般色彩的酒，这是从多丽丝·杜克（Doris Duke）1930年代藏品的一个拍卖会上买下的，她是美国烟草公司的继承人，于1993年去世。接着，我们品尝了几瓶酩悦香槟。为了避免直接走进“1921年”，理查德·乔弗瓦和博诺华·古埃有一个精致的想法，他们提出一条由我生命中的象征性日子构成的隐秘路线。令人感动的创举。

我们因此逐步地发现了这条路线的密码。第一道品尝：2006年，创办阿尔让丹人民品酒大学(Université populaire du goût d'Argentan)；第二道品尝：2002年，创办卡昂人民大学；第三道品尝：1983年，我作为哲学教授进入国家教育系统的时期；第四道品尝：1959年，我出生的年头。第五道品尝：1921年，这是众所周知的年份。一部香槟的传记。我不想品味“2013年”的一个日子，那一年我的爱人去世——一瓶不再存在的酒。对于香槟来说，一个过去的时间既不是现在也不是将来。“2013年”在2014年春天将变成一瓶酒：因而，曾在的还会到来（ce qui fut sera）。

红酒的过去使其能够从可能性的条件走向其存在；它的现在使其能够从它的此在走向它的发散；它的未来使其能够从它的形变走向它的死亡。因此，一瓶酒的生命复制了一个人的生命，甚至可以说：复制了一个存在的生命，一个生命体的生命——从潜在性到虚无化，经过存在的不同等级。酒的过去首先总括了使现在得以可能的极遥远的过去：一种地质学的过去，带着大地的形成，土壤之下的自然，然后是土壤。岩浆冷却之后形成的火山岩——花岗岩；化石的堆积和岩石剥蚀物产生的沉积岩——石灰岩、砂岩、卵石、黏土、泥灰岩、砂砾；对火山岩和沉积岩挤压而形成的变质岩——页岩、片麻岩。喝一杯红酒，就是吞下石头的原子，口留余香。

接着，还有大地的过去。融化在原始森林之上的原始森林，层层累积的分解了的动物尸体，几百万年中一个季节接一个季节的叶子的腐化，还有动物的排泄物，在无比漫长的时间中亿兆条蚯蚓的挖掘，暴雨、无尽的洪水和太阳的炙烤，这种水与火的交融，还有冰霜的覆盖，亦有原子的分裂、破碎、连接、组合、分解、重组，产生了一种高贵的物质。陶土的土地，石灰质的土地，腐殖质的土地，沙质的土地，还有所有这些土地的混合。喝一瓶红酒，就是喝下大地的原子，口留余香。

因此，在香槟酒的杯子里，我们重新寻回最古老的中生代化石的记忆，钙化了并且变成了梦幻般的固体的小动物尸体，这些钙化的尸体保持着水份。在这一风景的过去中，我们能看到轻盈而多孔的白垩岩，易碎而容易吸水的泥灰岩，肥沃而易于塑形的黏土，干燥和粉状的沙土。由于这些土质面积都比较大，历经风、阳光和雨水的洗礼，与自然不断交互作用，这个风景的整体就产生了这个最佳时期的特异性。我们从这个地质而来，我们从这个原生态的水出发，在成为红酒的品味者之前，我们曾经是软体动物——品味红酒能把我引领到只有人脑能够理解的时代之前的那些时代。我们曾经是泥土和黏土，被气息激活。

香槟的杯子同样聚集着气候的过去：人们曾经见识过的最古老的时代的气候，同样也有最切近的时代的气候。没有人类的时代，火山的时代，海平面上升的时代，岩浆喷发的火的时代，吉尔伽美什（Gilgamesh）大洪水的神话般的时代，诺亚（Noé）和他的方舟的时代，冰川时代，最初的人类的历史时代——所有这些精细微妙的时代的时间。对石头的记忆，对土地的记忆，对水的记忆和对火的记忆。同样也有对最切近的年岁的记忆，在那一年中，葡萄从地下世界、从土壤之中、从这些风物之中、从气候之中汲取营养：雨水或者干旱，阳光或者风，冰霜或者湿润。喝一杯红酒，就是喝下雨水和阳光、白雪和冰霜的原子，口留余香。

终于，人类出现了，并且想到了驯化石头和土地、风和阳光、葡萄藤和葡萄串。农人的劳作包含了种植者和浇水者、除草人和中耕犁、嫁者和修剪者、葡萄酒酿造者和葡萄种植者的时间——这种时间定义和命名着维吉尔式的过去（passé virgilien）。大地之子们深知大地的言语，他们更多地倾听而不是言说；这些沉默寡言的人比那些喋喋不休的人更懂得大地。他们激活了自己，同时也激活了工匠的时间，他们就像手工匠人一样：修剪，把小葡萄藤系在支架上，使葡萄藤立起来，把葡萄藤绑在架子上，减除赘芽，把不好的枝节剪掉，看护葡萄藤，直到采摘葡萄。喝一杯红酒，就是喝下农人的劳作的原子，口留余香。

葡萄一旦被挤压了，就必须把它们汇集起来。黑皮诺和莫尼耶皮诺（pinot meunier）是黑葡萄；霞多丽（chardonnay）是白葡萄。由于数量极有限，白葡萄亦如此，有些人则使用阿芭尼（l'arbane）、小梅利耶（le petit meslier）、白皮诺和灰皮诺。黑皮诺与石灰岩形成对位法；莫尼耶则与泥岩形成对位法。黑皮诺葡萄苗赋予酒的结构、酒的形体、酒的力量，还有红色果子的芳香；莫尼耶赋予柔顺和水果滋味，还有圆融。霞多丽，花朵时常带有柑橘或矿物的香味，使我们能够体察到一种陈酿的味道。

在这台琴键简单的管风琴上，总酿酒师设计了这个葡萄酒庄园的全部葡萄酒，他赋予了词源意义上的智力的时间：收集的智力，建立关系的智力，力量之游戏的智力，对位逻辑的智力，配酒的智力——正如人们所说的四重奏或传说中的香水。因此，一个人的智力的过去在一瓶酒中重现，与其他过去并驾齐驱——地质学的过去、大地的过去、风物的过去、气候的过去、维吉尔式的过去。喝一杯红酒，就是喝下将葡萄布置得井井有条的智力原子，口留余香。

这个过去变成现在。先有潜在的酒，实存着（existe）的酒，接着是存在着（est）的酒，可能存在的酒。因此，红酒的现在是对红酒的此在和消失之间、它进入世界而在场和从世界中抹除之间的游戏的命名。红酒之此在的现在规定着红酒被喝的可能性——酿酒和贮藏的良好条件，酒窖的出口的良好条件，酒窖的入口的良好条件，从外面进入酒窖的良好条件，这个入口就像某种类型的子宫，存在从那里产生，充满力量的东西从那里真正地生成，还有侍酒之时温度的良好条件：这一切对酒的诞生都有功劳。

氧化是对酒的一种暴力。就像离开母腹的液体世界时每个人都要承受的创伤一样。在那个世界中，清晰性不是光，声音不是嘈杂，皮肤的碰触不是热和潮湿的，而是冷和干燥的。在这个世界中，世界不会把在世界中真实存在的暴力（a violence d'être vraiment au monde）强加给世界的一个庇护所。打开的瓶塞使世界进入酒中，也使酒进入世界。此前分离的彼此又坦荡荡地连接在一起了。世界将把红酒言说出来；红酒亦将把世界言说出来。或者不会。这个在世存在的现在经由与此在的关系而前进：它把诸种生命混合在一起，它把外部注入内部，也把内部注入外部。

把外部注入内部可能会扼杀红酒，也可能会使它壮美，使它崇高。它将把红酒展露，并把过去的时间——地质学的时间、气候的时间、工匠的时间等——所产生的东西言说出来。崇高化在炼金术的意义上将或多或少地成功。把内部注入外部揭示了一个隐藏的、秘密的、鲜为人知的、自治的、独立的世界，它言说着一种主体性，它述说着一种独一无二的建造。正是在酒的内部和世界的外部的这种交织中，对一个世界的品味和发现才得以实行。当人们从一瓶香槟酒出发去追忆过去的时间，如果人们要进入一段重新发现的时间，那么重逢正是发生在这个缝隙之中。或者重逢失败。那里涉及当前化的现在，它把存在允诺给存在，如果存在应当存在的话。

品味活动的当下作为精神活动起作用。以哲学实践的方式。这些方式使得它在西方古典时代的哲学家那里，在东方传统的智者或者吟游的俳句诗人那里，都能够扩大它在世界中的在场，撩拨它的身体，并因此激发它的灵魂，从而激发它的精神，达到一种对自我、对真实、对世界和它在世界中的位置的认识，这在于践行自我在世界之中的生长放大，甚至把整个世界转化为自我——这是香槟酒所允诺的。

柏拉图的概念武器库不能够提供思考红酒的武器，也不能思考是什么创造了世界的味道。太多的理念，太多的概念，但缺乏肉；太多的纯粹理性，却没有足够的身体理性，足够的不纯粹的理性；太多的知性，而缺乏足够的感性；太多的阿波罗精神，而缺乏足够的狄奥尼索斯精神。葡萄树的汁液和舞蹈之神的葡萄藤导向另一个世界，这个世界不同于明辨性之思想家（penseur de l'Intelligible）的文本评述。据传说，通过吸入从小面包上脱离的原子而存活下来的老年德谟克里特，深知我们只属于物质，这个小小的物质与其余的世界的大物质相互交融。我们是红酒，红酒也是我们：相似的微粒周遍品酒者的身体和被品尝的那杯液体。我们自身也综合了地质学的时间和气候的时间，大地的时间和维吉尔式的时间。我们的身体里依然回荡着大地之源的声响。

品酒过程的当下把理性赋予哲学中的阿布德里丹派[1]（abdéritaine）、原子主义者、伊壁鸠鲁派、唯物主义者、感官主义者、经验派、功利主义者、实用主义者、无神论者、实证主义者等传统，换句话说，就是把理性赋予这样的传统，对于这个传统，我在我的《哲学反历史》（*Contre-Histoire de la philosophie*）中提到了它的功勋、生命、幸与不幸。这种保持在最高处的思想看重世界、现实之物、具体之物、感官，从而使理念、概念、形式、数字和抽象能够接近存在之物的物质性。红酒就是身体的实存的明证。

注视着红酒就已经相当于品味它了。人类的去自然化已经使味觉和嗅觉的感官都萎缩了，便利了视觉的发展：我们失去了诸如感知土地的气味、嗅闻清晨的空气、嗅出与我们不同的动物的行踪、嗅出雄性还是雌性经过、呼吸森林的腐殖土的气味、欣赏石竹的香气等能力，却获得了分辨细节、凝视远方、仔细观察、将一处风景

[1] 阿布德里丹是古希腊哲学家德谟克里特的故乡，作者这里用来指以德谟克里特为代表的古希腊的朴素唯物主义者，正如用埃利亚来指代巴门尼德和芝诺等哲学家一样。——译者注

尽收眼中又能够对在在处处都有所注意的能力。我们的眼睛从远处把世界收入其中，它给世界消毒，它避免与事物的材料直接接触。

因此，当红酒出现时，甚至在人们证实它千真万确就是红酒之前，红酒就成为它看起来所是的样子。红酒的可见的红色使我们在嘴里不经意地重新发现我们对于红色的酒的认识：人们乐于证实人们相信自己已经知道的东西，因为颜色已经告诉了我们。如果人们没有见过红酒在生产过程中的色泽，谁知道一个黑色杯子端出来的红酒到了嘴里会不会可能被认作白色或黑色的呢？同样，如果人们不是之前见过红酒的气泡，谁知道光彩夺目的红酒里还可能存在气泡呢？我们的嘴巴以为知道的东西，就是我们的视觉将要告诉它的东西。没有视觉的帮助，嘴巴是盲目，嗅觉也是。人们先是看，然后才感受，再品味，人们重新发现眼睛首先言说的东西。鼻子顺从眼睛。

红酒之当下的结束，就是消失过程之当下。人们观看，人们感受，人们放进嘴里，芳香抵达，人们认识到芳香多种多样：柠檬、香瓜、木瓜、苹果、梨、桃子、草莓、覆盆子、黑醋栗、黑加仑、樱桃、桑葚、蓝莓、李子、异域水果、无花果、红枣、柑橘、腌制橙皮、杏仁、榛子、李子干、刺槐、山楂、蜂蜜、蜂蜡、橡树、烟熏、焙炒咖啡、焙烧面包、桂皮、香草、甘草、胡椒、甜椒、肉豆蔻、丁香、黄杨、腐殖土、蘑菇、松露、落叶、燧石、打火石、野味、野兔的肚子、皮革、毛皮……数不胜数！

整个世界都浓缩进了它们最细微的原子里：矿物、植物、动物、花朵、香料、水果、树木，所有这一切都变成了红酒中的原子漩涡。这个液体在酒桶中根据宇宙时间所规定的节律幻化，而自然中的进化在其中再现：柠檬的酸涩，金银花花苞上的茸毛，刺槐花的勾魂摄魄，水果的力量，李子、桃子、杏子、果子成熟的香甜，成熟的水果、果酱、果泥，干果在嘴巴里慢慢融化。在涵容到一个杯子的过程中嬉戏的东西，也曾经在宇宙的浩瀚之中嬉戏：所有这些原子的炼金术就像字母在某一天聚集，成为兰波的一首诗——或一些拙劣的诗。

拙劣的诗，难以持久的红酒。被时间杀死的酒。正在死去或已经死去的酒。因而人们是从消失的过去而参与到当下之中的：曾经有，但不再有。消失不会留下口中悠长的美好回忆，不会留下欧缇丽（caudalie）的怪诞味道，不会留下充满不久前的回忆的嘴巴，直到记忆形成，这个记忆绝对不会昙花一现。一种可耻的消失，没有碎片，一种存在的抹消（effacement），一种向虚无的跃入，没有目击者。贴着标签的一大桶看上去就像一汪泥泞的、泥沙俱下的水。曾在的并不遥远，回忆没能够持续。一种消失了的过去的死的当下。对红酒来说是如此，就像对某些存在来说亦是如此。

过去，是从可能性的诸条件过渡到存在；当下，是从此在过渡到消失；未来，是从蜕变过渡到死亡。一桶红酒的未来，就是它的到-来[1]。换言之，它的变陈，它的进化，它的转变，它的蜕变，它的成熟或腐坏，它的力量倍增或早早夭折，简言之：它的难解之谜。当然，喝酒的人是用外推法计算的。我记得让-保罗·考夫曼出席《波尔多爱好者》杂志一次晚会的那年我们品尝了一瓶罗曼尼康帝（Romanée-Conti）。许多受邀的人都在评论、猜测、假设哪一类女人会成为这个襁褓里的孩子，而让-保罗·考夫曼，他的精神与这座享有盛名的巴黎酒店的金碧辉煌明显格格不入，自言自语道：这种做法是荒唐的。他轻轻摇摆着脑袋，把鼻子伸进杯子里，沉默不语。

四分之一世纪之后，这些酿酒的美好历程的喋喋不休的诉说者们绝不会害怕他们的意图被提及！所有这些近似的说法在那时都显得可能——请把这命名为阿塔力症候（le syndrome d' Attali）。未来学是一门没有风险的学科。时间刚刚证实了预言，那个未来学家已经在坟墓中长眠多时。荒唐不会杀死死者，不然的话公墓里就满是死过两次的尸体。一次是因为过去的时间；另一次是因为变成过去的未来的时间。

[1] 在法语中“avenir”（未来），从构词上说就有“到-来”（à-venir）之意。——译者注

相反，红酒的肉体的未来不会与它精神的未来、它灵魂的未来相混淆，也就是我们说的红酒的光晕。当人们说安德烈·马尔罗 (André Malraux) 每天中午在他的食堂拉塞尔饭店（Lasserre）点一瓶柏图斯（Pétrus），他使拉塞尔和柏图斯成了两个神话，因为神话把所有它碰触的东西都变成神话。之所以这样，事关品位判断。当马歇尔·杜尚认定是观看者创造了一幅画，他实质上也是在说是红酒的品酒者创造了这个饮料。曾几何时，《西方的诱惑》（*La Tentation de l' Occident*）的作者叱咤风云；今天，轮到一个美国律师叱咤风云了，他用几百万美金使自己的鼻子和味觉舒心惬意。

红酒的未来超越了一个人的生命。根据这个尺度，红酒也越来越没有绵延的机会。仿佛它是为了供酿造者喝而被酿造的。越过某个确定界限，与红酒品种相关的界限（卓越的小瓶汝拉［Jura］比同一级别的卢瓦尔［Loire］要陈酿更长时间，而大瓶的波尔多比小瓶的更上乘，丹宁酸红酒比非丹宁酸红酒上乘，诸如此类），与它的储存条件相关的界限，这个液体携带的记忆越来越少。它失去了它的门道，成了细渣，碎为细屑，变成碎片，它锈蚀了，精疲力竭了，耗尽了，它不再处于原来的高度，它衰落了，暗淡了，沉没了。具有经纬分明的纹理的古老织物变成了小花边，直到变成花边的碎料。它以人类的方式，辞别了存在，从而进入虚无之中。某些红酒只不过是一种不光彩的饮剂——这是被虚无所侵占的整个存在的残存之物。红酒是生命的一个隐喻——如果不是相反的话。

这是具体的存在论的生动一课，是（我所撰写的）一门应用形而上学课程。人们看过很多课——存在学，也许还有形而上学，但缺少具体性。这种理论上的离题明确表达了面对这些酒桶时我思想上的某种电光火石般的东西。那时那地的真实的直觉、情绪、感受都储存进了那个时刻，直到我写作的这个瞬间一切都原封不动。我收集着这些短暂的知觉，小心翼翼不在任何单个知觉上停留。我感受着时间的效应，感受着这些效应的拼贴、游戏，我做着物理上的实验，观察着，把鼻子探入杯中，品味着，把气味吸入我的口腔，再呼出来。但是我想要完全凭体验存在，让我的记忆工作，储存大量的情感，好像我对记忆的工作了如指掌似的。

香槟是现场倒的。在此之前，酒桶一直被储藏在不见光的地方，在酒窖的脏腑里，倒置着，细的一端在下，这样，酵母在容器颈部下沉，酒气的排放可以跳过酒液这个屏障而进入液体之中。在买卖中，是禁止未经加工而出售香槟的，换句话说，必须加糖和液体以制造合适的红酒——特干、干、半干、甜。沉淀物是决定红酒的生死的酵母。当 2006 年的酒桶打开时，尽管没有任何杯子倒满了酒，房间里却充满了红酒的强烈芬芳。一种精华。我完全凭着体验，没有寻找词语，而只是寻找极力接近那个液体的在场。请给我酿造红酒，并且，酿造之时，不要让我在它旁边、面对它、担负着看视、观察、判断、评价的责任。我想要我的原子都浸透着它的原子，用香槟的灵魂养育我的身体。

当我独自沉默之时，红酒被如是讲述：苍白的颜色，绿色的反光。乍一闻，人们会发现水果正当成熟——桃子、芒果、香蕉，带着成熟的音符，白胡椒，燧石、杏仁甜塔。接着是花卉的音符次第呈现——忍冬、佛手柑、茴香。嘴里袭来带油桃和醋栗味杏仁脆饼干。有苦涩的葡萄柚开胃酒垫底，带着一股确定和绵长的浓郁。在我面前，我发现这卓越的红酒仍然隐藏着它最大的秘密。它显示出极度的丰富，但炼丹炉里什么也没有熔化混淆。焰火在嘴里熊熊燃烧，疯狂的狗，脱缰的马，一幅浓墨重彩、栩栩如生的表现主义画作，一支耀眼的、高亢的铜管五重奏。

追忆时光：2002 年，具有回文结构的一年。21 世纪最伟大的一年。总是缄默不语，我进入红酒之中，就像人们穿过一个史前的岩洞。我品味着。结论是：成熟、新鲜、精致而又劲道、丰富而轻盈、精雕细琢而不失和谐、柔和而干冽的带着烘烤味的醇熟，丰收和杏仁奶油、烤杏仁和麦芽、摩卡和金色烟草的热烈音符。紧接着：成熟而多汁的水果——梨、柑橘罐头和有核水果（黄香李、油桃、白桃）。精确的结构和光滑的材料。圆润和奶油味的袭人香氛。果味最新鲜：桔子和粉红葡萄柚。最后是：大黄、黑醋栗、奎宁和带酸味的柑橘的音符。我的嘴里拥有这么丰富的新鲜滋味，多肉的浓郁之感，印象中一切都没有投降，神秘依然完整，我的宫殿里萦绕着新鲜的、带酸味的、强烈的、丰富的香气。

外面的寒冷，透过窗棂的白光，我完全心不在焉，我身在那里，但总是有点不知所以。我是否已准备好进入这曾经的两年，并且曾经是我爱人病情不断加重的两年？如果我在门口踯躅，这也许是因为我并不愿意再次进入那段时光，也不愿意重新回到有着美好记忆的年代。人们都带着自己的领会品味红酒，这是身体上带有最上等的原子的部分，肉身的其余部分都厌恶痛苦的记忆。这些异常高贵的红酒建构着美妙的感官体验，酿酒学体验；它们在我看来确实是一种无法借用的工具，任何借用都意味着危险。对于“2006 年”和“2002 年”，我很少想到人民大学的创办，更多的是想到其他的回忆，唉！因为对我而言，这酒也尤其捍卫着不知去向的春天和整年挥之不去的冬天的踪迹。

“1983 年”。250 周年纪念特酿。这是我在公立高中教书的第一个年头。我已经在那里与学生们度过了我人生的二十年。我深爱着那些学生，因为我拥有一份令我开心的工作。博诺华・古埃如是评论这瓶红酒：非典型的组装——使用的不是特别的莫尼耶黑葡萄、黑皮诺和霞多丽。它只用大桶制造，还没有被放到市场上交易。在5000 升巨大橡木桶里酿造。为了具有古老的色泽，它要休眠一段时间。随着时间的推移，尽管循环可能存在问题，并且红酒被汲取需要经历一段艰难时期，但红酒还是会不断纯化。“红酒会不断衰弱”，博诺华・古埃肯定地说，“然后又重新活泛：它具有呼吸的循环……”演变不是线性的，不会一成不变。

品尝所展露的是一种空气般游走的酒，它具有小花边，被精心修饰。葡萄酒被镀上了强烈而耀眼的黄色；香气绽放开来，热情而奔放。热气腾腾的甜酥面包和奶油焦糖的音符，烤栗子、无花果干和椰枣的滋味，高贵的陈年葡萄酒的微妙气息。轻盈而柔顺。最后是矿物质。我终于进入了这芳香的节日。埃佩尔奈依然在冰冻之下，白茫茫一片，尽管日已正午。我进入那红酒的画廊。我感到自己已经被植物蜡、木器蜡、蜂蜜、淡淡的甜味征服。追忆往昔，进入癌症还没有选择我们的住所作为它的家的那段岁月，我重新发现了一种聚集在红酒中的实存的力量。那时的生活仿佛就在我眼前，我无法想象它已成为过去。

"1959 年"。我出生的年份。这要回溯到我的父亲。我很感激两个酿酒师的无微不至。"1959"，是的。与我相似的酒意味着什么，为了解释马拉巴尔泰（Malaparte）？按照香槟的标准，这个酒不应该存在！那一年极其炎热，葡萄太过成熟，葡萄的收获在超过 12° 的气温中完成——这是异乎寻常的。这个酒显得没有酸性：甜味和酸性间的比例达到香槟酒历史上的最高值。它显得非常强烈和浓缩，酒精度非常高。

我让我的东道主们讲讲：这瓶"1959"表现出一种真正的开启力量，一种对于那个世纪来说巨大的复杂性——"没有一丝皱纹漪"，有人对我说。"没有任何氧化的元素，在任何时刻人们都感觉不到元素的衰老。"在鼻子里人们重新发现了灌木丛、松露的馨香，一本带着根系之芳香的大地的注册本。"气泡是稀有之物，香槟已成为一种美食学的酒，能够使皇家野兔肉像带了电一样令人大快朵颐。这是一种山鹬的酒。"在嘴里，它展示了一种"美妙的记忆"，并且回味悠长、绵延不绝。五十五年之后，它达到了"力量的最前线"。它不像任何有名的酒，所以，"它拥有更多的身体性，更少的情感，是一种有力但不粗暴的香槟"。

讲述这个酒有画自画像的风险，一幅不粉饰也不刻薄的自画像，但我却不知道怎样做到不偏不倚。品尝酿酒师多米尼克·富伦

（Dominique Foulon）1995 年 10 月 5 日酿造的酒，得到如下评论：芳香浓郁。乳脂糖、干果、饼干、甘草和松露。浓烈、强健、丰满而不柔软无力。绵长而深沉。接着是 2008 年 4 月的又一次品尝，酿酒师博诺华 · 古埃来到我们身边："对酒的成熟和丰盈印象深刻。鼻子有点呛，头有点晕，同时兼具阴暗和明亮。水果（椰枣、李子），成熟而香浓，伴有可可、肉豆蔻和甘草的热烈而辛辣的色调，又被松露的撩人韵律所丰富。嘴里五味丰饶、味道充分而热情，终场是酒精的甜味与烘焙咖啡的干燥和烘焙的音符一争高下。

这个香槟的传记在我心中重新唤起我这次衷心首肯的回忆。它让我回忆起我的一张黑白照片，用诺曼底方言（Normandie）来说我正"grichant"，换句话说就是对着太阳眯着眼，在我父亲的小腿之间。小小的靴子，白色的短筒袜恰到好处地朝外翻卷，我父亲的左手（只有四个手指，小指在一匹马惊慌失措的事故中摔坏了）触到我的肩膀，几乎是轻轻掠过，父亲用他善良而温和的美丽微笑微笑着。父亲穿着一件短外套，我对此记忆犹新，外套是浅绿色的，上面有不显眼的人字斜纹。我有一天也买了一件一样的。然后是一件坎肩和一件白色衬衫，带一条打得无可挑剔的领带。暗色的长裤，他精心擦过的闪亮的靴子。我的头靠在他的小腿上。他保护着我，他纯洁的微笑和我投向那个我不知道是谁谁谁的摄影师的不安目光形成鲜明对比。照片上，在我们的背后，我的母亲扭过头，她正紧紧抱着我那刚出生的弟弟。再后面是儿童车。在这同一张照片上有两个世界并存着——我现在就出发去追寻它们中的一个。

这张照片附加了一个记忆：在我们——我的双亲，我弟弟和我——生活于其中的那栋十七平方米的房子里，曾经有个厨房，上头还有个卧室。有天早晨，父亲请假去"砍柴"，也就是说把树砍倒，锯成火炉中烧火用的圆木——除了劳作我父亲从来不请假，比如砍柴，还有收割甜菜，母亲、弟弟和我也会贡献一点力量来为家里增加点收入。我从我的床上跳下来，走下楼梯，接着打开了厨房的门。

对手提灯的金黄色光芒，我记忆犹新。我想跟父亲一起去他劳作的地方。那一刻一直是幸福的爱的记忆。我那时应该有六七岁吧。

还是回到红酒上来吧。它的所有品质都使我迷醉：大地和力量，松露和灌木丛的香味，根茎的幽幽气味和不受年载影响的活力，深邃的回忆和肉体的而非情感性的天性，强劲但不粗暴的力气——这就是我的父亲……“1921 年”在这瓶“1959”中昭示自己。1959 年也许能够说出关于我的一些东西，但它尤其毫不含糊地肯定，我就是这个父亲的儿子。理查德·乔弗瓦从他的珍藏处走开并说道：“讲酿造年份完全是多余的。”他再没说什么。我父亲可能曾经爱过。我也爱过。

那就到“1921”这里来。第一瓶。有人说这酒已经死了，“软弱无力”。第二瓶。瓶塞开了。开瓶塞是借了一个波散（Bossin）的帮助，波散是 1850 年发明的一种开瓶塞的机器，一种有着非常超现实主义的支架的工具。而其他小瓶的酒在开瓶的时候却发出响亮和雷鸣般的声音，有一瓶发出了一点轻微的噪音。每一瓶酒都是一个个体。随着时间的推移，经过一定的年载，残余者变得重要。只有一些佼佼者，跨过年月并幸存下来。

这第二瓶酒有点浑浊——于是我回想起父亲临终的话语，头顶是浓云覆盖的天空，它使我那天晚上没能看到北极星，直到他站立着，在我的臂弯里死去。如今，这个 12 月 13 日，在埃佩尔奈，香槟“1921”也被覆盖着，城市上面的天空也是如此。我不相信什么征兆；可这并不妨碍征兆真的出现了。

这瓶酒没有泡沫，就像一瓶白酒。它跟酩悦香槟的神秘酿造日期相关。它已经有 90 岁了。尽管年载久远，这个香槟却散发着奶油蛋糕的奇异香味，散发着水果结晶的惊人芳香，散发着面包模子的令人惊奇的味道，散发着当归的奇妙香气。还有牛轧糖和摩卡咖啡……对我而言，这个香槟就像一架高效而可靠的机器，带我回到时间之中：我看见自己在一栋装修简陋、昏暗的房子里，周围是简单和起着最起码功能的家具，我年纪尚小，在一个房间里，在这个房间里我双目失明的祖父为儿时的父亲准备了一份下午的点心。我看见成年的自己，这个已年过半百的儿子的荒诞不经的情景加入了儿子对他 1920 年代的父亲的品味。那微妙的香氛，那甘甜而柔和的气味，那已经衰弱但仍然挥之不去的芬芳，就这样占据了我的灵魂。“水果是通往心灵的”，博诺华·古埃说过。

开启第二瓶红酒。庄严、奢华的赠礼，因为它是祖传的珍宝，是载入了史册的酒。这个香槟，这个有泡沫的香槟，细腻、溶润、醇——是典范之作。入口更加生机盎然、更加富有能量。它非常复杂，逃脱所有的定义。那里还有冷面包，还有奶油蛋糕。我是通过撬门而入的方式参与到对我父亲的持久的品味的。并不认识我父亲的博诺华·古埃，如此说到“1921”：“柔和、热情、令人舒服、令人有种踏实感和安全感”！他不知道我父亲，但这是对我父亲的精确描绘，他也是柔和、热情、令人舒服、令人有种踏实感和安全感……端上来十分钟后，这个“1921”已经消失。这份回忆（souvenir）变成了回忆。一份对回忆（souvenir）的回忆变成了记忆（mémoire）。

到了中午，天空仍被云朵覆盖；整天都是这样。白色和被覆盖的天空……真真切切，我与父亲真的来了一场重逢，这份把我带向他的红酒传记，经过我生命中的一些日子，已经绝妙地起作用了。这个红酒真的是一台追溯时光的机器，它慢慢地振动着，但是从不擅离职守。它把我从 2006 年的闪闪发光的野蛮的颜色引领到 1921 年从祖母的厨房里飘出来的香味，她后来双目失明了，但却保留着她双眼的蓝色，这个蓝色已经传给了我的父亲；它把我从一种需要时间的红酒引领到一种已经装满了岁月的红酒；它把我从一种生生不息的红酒引领到一种已成过去的红酒。

直到他必须从房间里出来，慢慢地走在长长的走廊上，从这个房间走到那个房间，走下楼底，从那幢建筑里出来，再次面对城市的嘈杂，再次扎入生活之中，穿过街道，感受着外面刺骨的寒冷。

这美妙的两小时酿酒学的体验给人一种在时间中旅行的感觉。我带着一种轻微的困扰回到当下。水上别墅已经结冰。我曾相信我看见了的冰块下的面容已经不在——或者再也不在了。光线炙烤着眼睛。白色侵占了我们即将逗留其中的建筑的各个房间。我感到自己被大量的时间所充满。

仿佛是为了在这存在学的旅程中歇息一下，饮食之于品酒就像奏鸣曲之于歌剧。两者都有同样高级的品质，但只是在不必然导向如此个人的记忆之地点的那些年月中。理查德·乔弗瓦选择了美好的新酿造年份，这次的唐·培里侬“1996”被如是评论：“它闻上去就像土粪迅速地揉进枸橼和干无花果中。整个都具有碘和泥炭的极其晦暗的色调。”然后是一瓶玫瑰红葡萄酒“1982”，它散发出令人惊叹的气息：番石榴，加了香辛料的草莓，淡淡的玫瑰红，熏制的，矿物。最后是一瓶唐·培里侬年份珍藏香槟（Dom Pérignon Oenothèque）“1976”，在一则品酒笔记中，理查德·乔弗瓦如是评论道：芳香浓烈，兼具热情奔放。忍冬的甜蜜的微妙气息瞬间绽放，融入成熟得恰到好处的黄香李、干葡萄和烘焙的复杂特质之中。在品味“1921”时，我记下了与理查德·乔弗瓦同样的思绪：形诸词汇是一种衰退。红酒完全有自己的理性。

2

雕琢自然：灵魂的农事诗

我读书越多，越觉察到字典乃书中之书。在这个意义上，一本《利特雷法语辞典》（*Littré*）或一本《法语动词变位词典》（*Bescherelle*）就成了对在一个荒岛上该带一本怎样的著作这样一个惯常问题的绝妙回答。因为世上的所有谜团都在那里得到了解答，尽管仍然隐藏和分散在卷帙浩繁的无限网络之中。因此有必要在千万个词条之间组织某种交通呼应，并且求助于词源学这门拥有无数神秘的科学，为的是在现实之诸魔法中抓住某些魔法。在查询了一个词的词义诞生的简报之后，再没有什么模糊之处得以留存。

对于文化也是这样。什么是文化？它的同音异形字使人们思考，在文化（culture）、崇拜（culte）和农业（agriculture）之间是否存在关联？答案是：存在。并且从知识、神祇和田野的这种联接中出现了一种定义，它囊括了这个词的各种各样的可能意义：微生物的培植和贝类养殖、阶级的文化和组织的文化、法律的文化和总体的文化、亚文化和文化部、物质文化和没文化——多余的话？——文化和各种文化、育儿文化和文化主义、橘子文化和哲学文化、反文化和大众文化，所有这些被接受的文化都源自异教的神祇，来自它的召唤和古老的农作技艺。

一言以蔽之，词源学。词根“Colere”同时以耕作（cultiver）和敬重（honorer）为前提。因为劳作、播种和收割的农人也从同样的语义星群中取得他的名字。农人就是 paganus，换言之就是异教徒，他不是无神论者，而是这样的人，他在一神论者的胡言乱语产生之前，就信奉多神论，信奉无数神祇，他们中的每一位都能够为一件事情被派上用场：雷电之神、十字路口之神、道路之神、火之神、爱情之神、发芽之神、丰饶之神、红酒之神、死亡之神、睡眠之神、遗忘之神。尘世与神明混合在一起，它们的物质以及两者的节律都是神圣的，因为那种信仰尘世的创造者——唯一的上帝——与他的造物分离并超越于造物之上的愚蠢念头，还没有降临人类。田野里的农人与自然的各种神圣的形式保持着一种直接的关系。神话的智慧理所当然胜过神学的谵妄。

让我们打开维吉尔（Virgile）的《农事诗》读一读：诗人谈到田间的劳作，他把自己的思想根植于诸神祇的神圣的腐殖土。从耕作之中，维吉尔乞灵于必要的神圣性：利贝（Liber），红酒之神；赛尔斯（Cérès），农业女神；芳神（Faunes），畜群的保护神；山林女仙（Dryades），保护小溪的仙女；牧神潘（Pan），畜群之神；森林之神（Silvain），保护森林的神祇；还有其他的农人的、牧羊人的、牧牛人的、农夫的、养蜂人的、大地之子的守护神。因为如果大自然本该把自己最好的东西贡献出来，那么它就必须求助于神祇，恳求他们，赢得他们的青睐。因此才有了崇拜和农业、崇敬和耕种、召唤神祇和文化之间的关系。

为了使大自然把她最好的提供出来，神祇的宠爱是非常重要的。向他们祷告，就是为了赢得他们的仁慈和保护。对人类来说，抗拒死亡，这跟怎样活着是同一个意思。因为小麦赐予做面包的面粉，葡萄树产生红酒，橄榄树产生橄榄油，并且有了这微薄的临终圣餐，农人和他们的家人的体力得到恢复，便可以重新投入新的劳作，这些劳作被深深地铭刻进了事物的永恒轮回之中。好的收成当然拜慷慨的大自然所赐，而慷慨的大自然则体现了诸神祇的美好愿望。因此必然有一种召唤性的言语，其中有着适用于农业的最初的文化。“agriculture”（农业）一词的前缀“agri”源自“agrestis”，这个词慢慢演变成“ager”、“agri”，具有田野的意思。因而，从起源上说，文化是田鼠的田野事务，而不是城市里的老鼠的产物！

农业一词中的崇拜（culte）和文化（culture）之间的关系至少保持到伟大世纪（Grand Siècle，指 17 世纪的法国），因为奥利维耶·德·赛尔（Olivier de Serres，1539—1619）[1]在其《园景论》（*Le Théâtre d'agriculture et ménage des champs*，1600）——该主题上的圣经——中写道，农业是“实用但不艰难的科学，只要它按照它自己的原理被理解，只要理性地加以应用，再加上经验的指导和勤于实践，就不难。这是对它的用处、科学、经验、勤劳的最高描述，它的基础是上帝的赐福，我们应该相信上帝的赐福是存在的，是我们的家庭事务的灵魂和基质。我们应该把这句美好的格言当作我们家居的主要座右铭：没有神明就一无所获”。

这本书的面世比某本名为“谈谈方法”（*Discours de la méthode*）的书的出版早 36 年，并且第一位法国新教农学家的这部著作——这本书如此受亨利四世（Henri IV）的喜爱以至于他每天都要叫人给他读上一章——在笛卡尔这本有名的著作之前就以自己的方式提出了现代哲学的诸基础。为什么这么说？因为除了对上帝的呼唤，作者最终归结到理性的运用并且诉诸于经验。农业再一次证明自己先于文化。在这个意义上，奥利维耶·德·赛尔是笛卡尔主义的先声，这个哲学家在乡间、田野或菜园里比笛卡尔在一位斯堪的纳维亚的公主的城堡里更加得心应手。

从维吉尔到奥利维耶·德·赛尔，宗教采取的形式不断变化，热爱生活的多神论让位于沉迷于死亡的一神论。红酒、葡萄藤和巴库斯（Bacchus）[2]的微笑对抗十字架、血和基督的眼泪。但是，在我们的问题的根基处，一切并没有真正改变：大自然当然有自己的理性，但是上帝同样也有，并且上帝统领着自然的理性。因此，有必要求告上帝并且总是为了赢得他的恩宠，没有他的宠爱一次丰收就不能顺顺当当地发生。崇拜——从万神殿里的农业女神赛尔斯到天堂里的上帝——为了文化的利益而起作用，祷告、敬神、耕种一

[1] 奥利维耶·德·赛尔，法国作家，其 1600 年出版的代表作《园景论》影响深远。——译者注

[2] 罗马神话中的酒神。——译者注

直是紧密相联的事务。

这种认识的趋向在让－巴蒂斯·德·拉·昆提涅[1]（Jean-Baptiste de La Quintinie，1624—1688）那里一直保持着，他的著作《果园和菜园指南》（*Instruction pour les jardins fruitiers et potagers*）作为遗作于1690年面世，在作品中他重拾维吉尔的技艺，召唤神的力量，博得神的喜爱，加入凡间的事务中：那位拉丁诗人祈请奥古斯都大帝（l'Empereur Auguste），而那位皇家果园和菜园的园艺师则求助于路易十四，并明确表示"给他子民带来福祉的德行同样也给土地带来肥沃"。大自然不会拒绝国王任何东西，因此我们期待从大自然中获得的东西也可以从国王那里得到。崇拜和文化、（诸）神和农业、苍穹和大地的联合，在这里，就像在其他地方常常出现的那样，基督教里面有种挥之不去的异教情怀。

同样，仔细注解起源的故事，人们还可以在基督教的神话中发现异教的踪迹，因为《创世记》显示，文化和农业经由它们共同的材料——泥土——而保持着一种亲密的关系。因为，我们都记得，在《创世记》里，上帝是用黏土创造了人类，他把黏土揉捏成形并且给它吹了一口气，也就是灵魂，为的是把这个高档的橡皮泥从它那粗俗的形式中区分出来，这种粗俗的形式在动物中同样存在。构成人类的泥土和小麦、葡萄树、橄榄树植根于其中的泥土是完全相同的物质。一个人的栽培与他的农事混合在一起：它涉及把一片满是棘刺、荆棘、蓟草，到处是能引起荨麻疹或者有毒的植物的田野转变成一座美丽的花园——给人给养的菜园、预防疾病或治愈病痛的草药园子，还有提供美、休闲、安静、休憩、散步、沉思的娱乐性的花园。伊拉斯谟[2]（Érasme）在他的《享乐主义的盛宴》（*Banquet épicurien*）中提供了这一切的所有细节。

在这个分析的节骨眼上，在我们的词源学的深耕深犁中，通过

---

[1] 让－巴蒂斯·德·拉·昆提涅，路易十四的皇家园艺师。——译者注

[2] 德西德里乌斯·伊拉斯谟（1466—1536），中世纪尼德兰（今天的荷兰和比利时）地区著名的人文主义思想家和神学家。——译者注

倒转关系的双方，紧随而来的是把农业作为一个隐喻，甚至是为了能够给文化下定义，从此文化就成了某种反－自然的技艺，它可以保存和超越前面所说的自然。换言之：文化首先是作为技艺，最大限度地把自然保存进一种存在之中，为的是接下来能够在已经从蛮荒之中保存和拯救下来的东西之上构建一种文化。保存自然，然后超越它，最后发现它被文化改头换面。

为了在古代有关园艺的著作的林荫道上继续漫步，让我们来到拉·昆提涅和他的《论橘子的栽培》（*Traité de la culture des orangers*），或者，如果你愿意，来到他的《果园和菜园指南》中。后一部著作是他儿子出于崇敬在他去世两年后的1690年出版的，就在洛克[1]（Locke）的《人类理解论》和《政府论》出版间歇的几个月里。这位哲学家三年后出版了他的《关于教育的思想》（*Quelques Pensées sur l' éducation*）。让我们从拉·昆提涅和洛克，一个园丁和一个哲学家的视角看，我们观察到这个对位法起着绝妙的作用：农业和文化源于同样的工作：同样操心于雕刻一种反－自然。

拉·昆提涅栽培他的橘子树就像教师培养自己的学生：他要操心土壤、操心光线、操心根系是否牢固，以及随之而来的照料——切断枝干使其长得婆娑，修剪，切削，清除杂草，疏剪树叶，浇水，嫁接，压条，温度，光照时间，湿度——就为了取得好的结果——一个是为了种出好的果实，一个是为了培养出好的学生。园丁展示了某种反－自然：温室的布置，潮湿而温暖，像母亲似的，精心保护，还要记录在案，关注它的繁殖，与一所学校相似，就指望——比如（这使卢梭[2]［Rousseau］兴奋异常）在一月份收获莴苣。同样，熟悉反－自然的教师都想要培养一个聪明的哺乳动物、一个理性的动物、

[1] 约翰·洛克（1632—1704），英国哲学家、政治学家、经验主义的开创者之一，是第一个详尽而全面地论述宪政民主思想的人，对三权分立学说和政治体制有着决定性的贡献。——译者注

[2] 让－雅克·卢梭（1712—1778），法国18世纪伟大的启蒙思想家、哲学家、教育家、文学家，法国大革命的思想先驱，杰出的民主政治理论家和浪漫主义文学流派的开创者，其教育思想影响深远。——译者注

一个与五月的草莓或冬季的樱桃一样的思想的产品。

维吉尔以非常确定的方式说，所有人都能够以观察蜂房的功能的方式从世界的哲学进程中汲取教训。加入自然之循环的景象，在田野里观察事物的永恒轮回（耙土、播种、收割、耙土、播种诸如此类），感受伟大的整体碎片，接受从土地中来并复归于土地的命运（出生、生长、衰落、老去、死亡、出生、生长，以至无穷），在那里农业是怎样向文化提供微小但至关重要的事物的教训啊。农人给所有名副其实的哲学家树立了模范。城市的思想者不能望田野思想者的项背。在很多事情上，讨厌自然的萨特[1]（Sartre）所说的远没有早他两千年的罗马帝国的塞内卡[2]（Sénèque）所说的真实和公正。

我想走个弯道，去看看哲学家弗朗西斯·培根[3]（Francis Bacon，1560—1626）的漂亮表达，在刻画“灵魂的文化”的构成部分时，他谈起“灵魂的农事诗”，认为灵魂的文化以实用生活的规则为前提，为的是期待至善。对于文化那更加理论化的一面，只关心理念、数字和绝对之中的善之形象的一面，这个“灵魂的农事诗”提出了一种实用主义的和实存的对应物。在对如何使哲学产生影响这种实用主义的忧虑中，培根表达了他献身于年青一代的教育的愿望。在我们阅读时请注意这个英国哲学家借用了维吉尔的诗歌题目来表述他的伦理学工程。

确实，为什么不去发掘，在一位罗马诗人的这样一个诗歌文本中，他是用什么酿造了他的哲学的蜂蜜呢：“那就去工作吧，哦，耕种者！对每一物种采用不同的培育方法；通过栽培，使野生的果实变得柔软。你的土地从不荒废。”事关作为人类存在的树，维

[1] 让-保罗·萨特（1905—1980），法国20世纪最重要的哲学家之一，存在主义哲学的代表人物，文学家、社会活动家。——译者注

[2] 塞内卡（公元前4年—公元65年），古罗马最重要的悲剧作家、哲学家和修辞学家，曾担任过最著名的暴君尼禄的老师。——译者注

[3] 弗朗西斯·培根，英国文艺复兴时期最重要的散文家、哲学家、唯物主义思想家，现代实验科学之父。——译者注

吉尔发出了邀请，去柔化自然，通过培育野生之物来使其变柔弱。人们不是曾经谈起所有教育学——还有所有文化——的理论上的绝对命令吗？

让我们回到“农事诗”。我们的目的不是要在这里对培根的文本进行注解。如果重要的只是他的原理，那么修复一个16世纪的工程的细枝末节能有什么用处呢？就让我们把重新阐明这个作家在《新工具》（*Nouvel Organum*）中所表述的慢工细活儿留给观念或思想史学家吧，让我们更多地思考一下，对于我们这个后现代的、城市的、高度科技化的和对存在的自然之根完全无知甚至蔑视的时代，“灵魂的农事诗”与什么相像？

一种当代存在的农事诗，换句话说，一种从农业中借用模型的自我之文化，或许能够看到对自我这座如此美丽的花园的一种建构——弗朗西斯·培根在他的《散文集》（*Essais*）其中一篇中记述了他对花园作了多么高的哲学评价。一种享乐主义的花园，在里面人们可以找到精神的、物质的、肉体的、审美的给养，在里面菜畦、草药地、花卉地提供了吃的、治疗疾病的、预防疾病的东西，还有玫瑰或者石竹的景色和芳香令人赏心悦目。弗朗西斯·培根所瞄准的至善一直是我们这个没有上帝的时代的热门话题。里面的规划是怎样的呢？

一种健康的、平静的、喜悦的关系，对自己、对他人和世界彬彬有礼。那里有一切文化应该朝向的东西。换句话说，就是走出从我们身上检视出来的倾向于野蛮、本能、冲动的天性，但是永远尽可能地在我们身上保存着那份活力、健康和整个自然的运动。要驯化野生动物而又不毁灭它，把它导向它的原始力量的高级状态。要从野兽的盲目力量的世界中走出来，进入人类的文明世界，但不能忘记，我们与灵长目动物有着共同的根基。

因此要求助于动物行为学，因为这个学科为我们提供了在自然中起着作用的力量的地形图，也提供了对那个领域的制图术，在这个领域中，我们演变成了跟能够感知、用鼻子闻、用自己的尿液或粪便或分泌物来标记空间的哺乳动物相差不远的父母。我们中的每一个人都起源于这种野蛮的真实，但一切并不是原地不动。占支配地位的男性，被支配的男性，被支配的女性，通过性别的联合而占支配地位的女性，由于不善于联合而受到支配的女性，兽群中的等级制和地位的变化：尽管有银行卡、有奢华的香水、有炫目的汽车或量身定做的衣服——或者说即便有这些东西，如果不能说因为有这些东西的话——但智人（l'Homo sapiens）仍然是灵长目动物，即便他是化了妆的灵长目。文化正是对这种化妆技术的命名。

那种让大地的种子发芽并把它引向太阳的光芒的同样的力量留存在人类身上，并且这是超越善恶的。一种盲目和聋哑的力量，但强烈而又举足轻重，如果不知道它的存在，然后与它达成一致——最后带着尼采式的命运之爱（l'amor fati）的喜悦，那么人们将一无是处。作为矿物、植物和动物的亲属，人类身上、血液里、神经里和肉里，当然也在他的大脑里，携带着一部分领导着世界的同样盲目的能量。文化的初始工作是什么？就是认识动物行为学的法则——这种动物行为学就像农艺学对农人和园丁来说是一个道理。

对爬行动物的大脑来说，大脑皮层并不重要。在成为人之前我们就是蛇。在我们身体里的爬行动物深深地统治着我们。看看蝰蛇怎样蜿蜒而行、交媾和产卵，它们用什么方式繁殖，怎样出于本能啃咬、注射毒液，在大自然中或者它出没的地方观察，读一下或重读一下让-亨利·法布尔[1]（Jean-Henri Fabre）的《昆虫、动物和农事记》（*Récits sur les insectes, les animaux et les choses de l'agriculture*），然后吸取智慧的经验，从中提炼生命的自然主义哲学。

从田野或牧场出发，经过动物行为学的教育，人们应该能够看见这些向性（tropismes）的支配或统治的策略。因此，要认识这些

---

[1] 让-亨利·法布尔（1823—1915），法国著名的昆虫学家、文学家，被称为“昆虫界的荷马。”——译者注

向性并且进一步使它们屈服于我们的意愿。亨利·大卫·梭罗[1]（Henry David Thoreau），这个现代的维吉尔，曾经如是写道，通过越来越多地了解蜂房的功能，越来越多地认识蜜蜂的智慧之举，人们只要调整一下养蜂场的方向就能极大地增加蜂蜜的产量。为了超越自然并生产出一种同化和融合自然的最好的东西而依靠自然，这就是《新工具》的格言中培根那句名言的意义，那句话是这么说的："只有遵循自然才能战胜自然。"

因此，文化就意指阻止大自然中最糟糕的东西：无处不在的暴力、所有人对所有人的战争、每个居住者的无止境的争斗；把生灵分割为猎物和捕猎者、主人和奴隶、支配者和受支配者；最强健者或最狡猾者的律法，对弱者施暴，对强者示弱。作为反-自然，文化想要的是理性和智力的统治，和平的交互主体性、相互合作、互助互惠——这是克鲁泡特金[2]（Kropotkine）心里倍感亲切的，这个无政府主义的王子误解了达尔文[3]（Darwin），并以这个误解了的达尔文为其理论支撑：他表明互助互惠对自然选择、社会性和共同体都同样有贡献——在共同体中，丛林法则让位给了契约的、语言的法则——因为说出的语言从决定论那里夺走了一点与蛇有关的东西，以便使人类这种哺乳动物能够进入象征的领域，在这个领域里，暴力省去了真实的血。

我上面已经写了：首先要求助于动物行为学。紧接着这个首先的是什么呢？神经生物学。动物行为学告诉我们的是野生的领地、荒芜之地、闲置之地、野兽的丛林。神经生物学提出了一种园艺学之花园或农学之田野这样的领地的相应艺术。动物行为学使我们能

[1] 亨利·大卫·梭罗（1817—1862），美国作家、哲学家，超验主义的代表人物，同时也是废奴主义和自然主义者，曾经担任过土地勘测员，代表作是长篇散文《瓦尔登湖》。——译者注

[2] 彼得·阿力克塞维奇·克鲁泡特金（1842—1921），俄国地理学家、无政府主义运动的最高精神领袖，他的父亲是世袭亲王。——译者注

[3] 查尔斯·罗伯特·达尔文（1809—1882），英国生物学家、进化论的奠基人，代表作是《物种起源》。——译者注

够绘制地形图，完成房屋状况表，记述白蚁的战争和战役、蜂群的战略、蚁穴的逻辑；而神经生物学则为战争机器提供火药：翻地用的摆杆步犁和锄头，铁锹和十字镐，钉齿耙和犁铧。为了方便将来的播种而规划和挖掘犁沟。

在自然的秩序中，正是这东西把我们与蛇区分开来，在蛇性之中我们保存着一部分神经元系统，那就是皮层。因为我们无非就是我们的大脑。可以说某些皮质少而另外一些则很多。在原始的卵中生命结下果实的那一刻，神经元的材料是空的。它以后将独一无二地包含人们将承担美学[1]任务的东西——在词源学意义上。铭刻形式的原始的植物蜡[2]。大脑在它最初的几个小时内就像一块即将播种的土地，是第一批人的土地，一切事物的材料，是注定要回到自身的本质，但在虚无的两端之间被文化所加工。

神经生物学告诉我们，神经质料将只携带那个我们在未来某个时刻已经积极地吸收了的东西，或者那个由于疏忽、由于文化的某个缺陷而被动地增殖的东西，就像毒草、荆棘、蓟草和其他生命力超强的入侵性和有害的植物。不管有意识还是无意识，内容是通过行为的游戏或者放任自流的疏忽而获得的。人们将会把“整洁的花园”——《园艺的理论和实践或论美丽花园的基础》（*La Théorie et la pratique du jardinage où l'on traite à fond des beaux jardins*，1709）的作者所倾心的，该书是百科全书派作家安东尼·约瑟夫·德扎耶·达让维尔（Antoine Joseph Dezallier d'Argenville，1680—1765）的主要著作——与吉尔·克莱芒[3]（Gilles Clément）的当代“星球花园”相对比，在“星球花园”里，自然自行其是，不受园丁的决定，园

---

[1] 美学（esthétiques）一词在词源上意指感官的、感觉的、感性的，所以跟神经元有密切关系。——译者注

[2] 这里可能指亚里士多德的“蜡块说”。他反对老师柏拉图的“理念说”，认为我们的感觉是灵魂的一种机能，它接受的是事物的形式而不是质料，灵魂就像蜡块，它本身并不产生形式，形式是外部事物印在灵魂上的。——译者注

[3] 吉尔·克莱芒（1943— ），法国当代著名园林设计师，代表作是《巴黎雪铁龙公园中的动态花园》，该作品通过栽种自由生长的植物，展示出生机盎然的大自然。——译者注

丁满足于追随自然的野蛮运动。

有胎盘的哺乳动物的受胎是存在的谱系学时刻。它对应于花园中播种的时刻：土地上唯一的嫩芽就是人的手播撒、放置的——或者没有被否定性的咒语的必然运作所阻碍的。种植美丽的嫩芽，拔除杂草，赢得整洁的花园，这就与通过文化来教育人积极向上——传授一种对善的品味——和避免消极悲观——教人对恶的憎恶有着隐喻的对应关系。这种识别在母腹之中就形成了。神经元系统知道心满意足和痛苦煎熬、快乐和不快、满足和匮乏的简单游戏，换言之，有一种子宫的交替之流，把对善之事物的愉悦和对恶之事物的不快联系起来。

通过如此接收信息，人们能够有意识地在母体产生一种满足感，这个满足感成了婴儿身上的满足感。遗传信息的传输是在连通器的原理上实现的，就是一边升高，另一边必然下降。所以子宫内的生活已经提供了神经元训练的可能。父母双方，尤其是母亲，周遭的环境在一个博学专家看来有助于用两条缰绳——快乐、不快——来引导同一个轭。一种知觉与痛苦或欢快的记忆的联系在神经元的材料上标画出享乐主义或非享乐主义的神经簇，这些神经簇与调动相关的神经元区域时感触的和再次激活的记忆相联系。因而情感与记忆也有这种关系。

换句话说，一个婴儿在母腹中知觉到的与幸福或痛苦的记忆有关的声音频率将会在已成年的个体的心脏（器质的）里产生情感效应：昔日的具有消极内涵的声音印迹将会重新产生愉快或者不快，对某个外部工具的某种激情或者深深的厌倦。这样的话，个体将确定一种品味的判断——我喜爱，我不喜爱——却不知道他的意见源自一系列古老的运作，这些运作与神经元的训练或者情感的痕迹亦即文化的浸淫相关。

人们进行灵魂的园艺，就像把自己的花园弄干净整洁，这在两者之中都是显而易见的，不管你是有意发现还是无心为之。如果人们对花园不加呵护，不思劳作，毒草就会生长，然后占领一块土地或心灵。放任花园而不管，尤其是心灵的花园，对于心灵的花园来说是最糟糕的，因为胜利者总是我们身上最低级、最无价值的东西。爬行动物的大脑的力量抹除一切并且反抗新皮层的工作成果。当新的皮层还没有活跃起来，道路就会洞然敞开，使人类身上的野兽大吵大嚷、喋喋不休。

因此，一种感觉器官的教育是必需的，这是诸多教育中第一位的教育，也是最具有决定性的。经过神经元的初始训练积累起来的大脑区域保持空白并且可能会一直这样：如果它被意外地填满了，永远不会有任何东西生长，到那时，任何纠正都将不可能或者为时已晚。从子宫内的生活开始的最初时刻起，人们就应该瞄准感觉器官的教育。事实上，五种感官无非由一种构成，那就是触感，其他都是不同的变体。人们用眼睛、皮肤、鼻子、耳朵来触摸，至少是用细胞来跟现实的材料接触。诸神经的走向，从电流的角度看是中性的；相反，从影响的角度看却肩负着责任，因为它们为接踵而来的东西开启了林荫道、小径、马路、轨道、公路、高速路。

因此，以文化肉体的神经元刺激为前提，这种肉体的神经元刺激由享乐主义的情感构成。要学习感知、品味、触摸、看、听，这是为了能够感知、品味、触摸、看、听，知道如何理解和享受这个世界。大脑是品味之判断的器官，这种品味之判断可以被还原为一种唯物主义的身体过程。文化所涉及的无非就是身体，并且，即使当它诉诸灵魂或涉及精神时，我们依然停留在伊壁鸠鲁[1]主义（épicuriens）的原子和物质的观照之下。卢克莱修[2]（Lucrèce）的

---

[1] 伊壁鸠鲁学派是由古希腊无神论哲学家伊壁鸠鲁（公元前341—公元前270）创立的学派，是古希腊和古罗马最有影响的学派之一，该学派提倡人死魂灭，同时提倡快乐和幸福，不过这种快乐不是肉欲的或物质享受的快乐，而是排除情感困扰之后的心灵的宁静之乐，因此需要简朴和节制的生活。——译者注

[2] 卢克莱修（约公元前99—约公元前55），罗马共和国末期的诗人和哲学家，著有哲学长诗《物性论》，他继承了古代原子说，阐述并发展了伊壁鸠鲁的哲学观点，认为幸福在于摆脱对神和死亡的恐惧，得到心灵的安宁和心情的恬静。——译者注

《物性论》（*De la nature des choses*）的魅影在量子物理的时代仍然是个有效的操作性范畴。

从那以后，就应该瞄准一种宽泛意义上的情欲学（érotique）。人们同样得以书写一种感性论（esthétique），换句话说就是一种感知的艺术。情欲主义展现了文化的基质，就像美食学一样，从自然出发而又使自然升华、给自然增添某种东西。情欲主义必然使性的美好之处显得令人欢喜兴奋。如果没有酿酒学，人们寻求情欲学或美食学是徒劳的。动物中的酿酒学醉心于本能和自然的冲动：炫耀、发情、交配、孕育、繁殖。基督教诱使人们憎恨女人，从而偏爱圣妻和圣母这两个地地道道的反情欲形象，给肉体判处了死刑。

因此，灵魂的农事诗预设了通过感觉的教育来进行情欲的和感性论的神经元训练。通过对女人和身体的厌恶，通过对肉体和欲望的蔑视，通过神经官能症的愉悦和品味的无能，通过死亡冲动的激情，基督教把性欲献给了罪犯尸体示众场。日本园林的研究与东方的爱的方式齐头并进，在这样的方式中，人们不理会基督教的宗教神经官能症，展示人们是如何喜爱他者的身体，跟人们照料一个禅宗的园林完全一样。京都的园林和带有版画的关于枕头的论文，系统地展现了能够以欢快的方式领会世界的快乐的肉体文化。

因此，文化不是累积知识的事情，而是情感的事情。我们知道，纳粹的高官显贵们，曾支配着巨大的文化中的很大一部分，同时也在摧毁一切文化的方式上登峰造极。关于有教养和野蛮之人的清单，以及支配着书本的、艺术的、历史的、文学的、哲学的文化之人的清单很长很长——想想海德格尔——同时还牵涉野蛮的纳粹或与纳粹通力合作的法国政治。因此，文化本身不可避免地变得野蛮，因为它同样可能服务于死亡的冲动，并因此将其放大、加速，使其更加有害。存在诸种死亡的文化，并且当这些死亡的文化与诸种生命的文化渐行渐远，新的死亡文化便横空出世了。蔑视维吉尔，就是走上了通往地狱的道路。

当文化城市化了，为了颂扬城市的优点，它就不再向自然的杰作庆祝生命的冲动了。城市是大规模的野蛮行为和过度的愚蠢行为发生的地方。维吉尔的《牧歌》(*Bucoliques*)和《农事诗》(*Géorgiques*)终结了，霍布斯[1]（Hobbes）的《利维坦》（*Léviathan*）和马基雅维利[2]（Machiavel）的《君主论》降临了，然后是马克思的《资本论》……自然的碎片人类消失了，内在的形而上学和异教的存在学[3]被遗忘了，政治的动物出现了，社会学获得了充足的力量。不再有田野和蜂群、季节和农耕劳作、照料葡萄藤和园艺：作为自然之雕刻艺术的文化让位给了作为自然之否定、逆自然和极端的反自然的文化。

然而，花园的培育自身并不是对整个自然的破坏。它是驯养的艺术，为了通过驯养获得更多。它是要显示，自然不是文化的敌人，而是文化的材料。任何一个名副其实的雕刻家都不会通过纯粹损毁他的材料来制造一件作品。哲学的传统颂扬一个谱系的人造物的思想家——从柏拉图经由康德和马克思一直到萨特——他们把自然当成他们的黑色野兽，而把文化当成一种使花园寸草不生的艺术。

另一个谱系是从第欧根尼[4]（Diogène）经由蒙田[5]到尼采（关于这些人，我在我的《哲学的反历史》已经展示了他们三千年来的重要性），他们思索自然，不是把它当作要去摧毁的材料，而是作

[1] 托马斯·霍布斯（1588—1679），英国政治家、哲学家，他提出“自然状态”和国家起源说，认为国家是人们为了遵守“自然法”而订立契约进而形成的，并且认为国家是一部人造的机器人。——译者注

[2] 尼可罗·马基雅维利（1469—1527），意大利政治思想家和历史学家。主张国家至上，将国家权力作为法的基础。——译者注

[3] “ontologie”一词在传统哲学中被译为本体论。在本书中，我将根据不同的语境分别译为存在学（或存在论）和本体论。当作者表达自己对存在的看法，并在褒义上使用“ontologie”时，译为存在学；当作者语带贬损批评哲学史上的“ontologie”时，则译为本体论。——译者注

[4] 第欧根尼（约公元前412—公元前324），古希腊哲学家，犬儒学派的代表人物。——译者注

[5] 蒙田（1533—1592），法国文艺复兴后期、16世纪人文主义思想家、散文家。——译者注

为要去服从的一种力量：因此文化是这样一个世界，它保存了农业的原始意义、内在的园艺的艺术，从和谐和与自然不相抵牾的视角上看，它建立了一种与自我、他者和世界的健康的关系。在那里，人们不像在主流哲学中那样高扬死亡冲动，这是被焚烧的大地的政治，而是高扬生命的冲动，它意味着对所有形式的生命的品味和对远远近近的似乎必然导致流血、暴力和毁灭的事物的厌恶。

文化的增长本身并不是好的，因为，当它显示出消极性的时候，如果人们满脑子是死亡的永久诱惑，最糟糕的事情将变得不可避免。相反，高扬生命之冲动的文化重新回到基础的存在论：我们是自然的碎片，是自然的有意识的碎片。这个意识使我们能够领会我们在两种虚无之间的位置。我们短暂的生命也能够壮丽，甚至，正因为它短暂才应该壮丽。

有一天，我在一个奇异果花园中看见一株扇叶棕榈（palmier talipot），它的特别之处在于，在它百年的生命中，它活着只为那独一无二的一次神圣的花开，然后便死去。对于一个升华而不是杀害自然的文化，这就是事物、智慧和花园的教益。在印度洋的一个岛屿上，我站在这个最高可达25米的巨人下，它给予我的智慧的教诲，甚至比康德全集的教益还要高明。

这个成为享乐主义哲学家的老小孩能够理解这个教诲，因为他曾爱过大地、田野、森林、树林、河流、池沼、他儿时的小径，并且在这些事物中，他的父亲，一个农业工人，完成了他的实存[1]并以维吉尔的方式穿越了20世纪。有多少新的灵魂、年轻的幼齿，今天还能够从肉体上认识维吉尔《农事诗》所记述的东西，从而证明文化不是对自然的破坏而是对自然的升华和对自然之力量的雕琢？

---

[1] “实存”一词的原文为“existence”，为了把它跟“l'être”（存在）相区分，我借鉴了孙周兴教授翻译德语“Existenz”和“Sein”的惯例。——译者注

3

流浪的民族：明天之后，明天将成昨天

茨冈人在我看来是这样一个化石民族，他们好像早就把甚至可能是史前时代的部落肉身化到自己的存在之中。就像星星的光芒要几百万年才能到达我们，茨冈人的存在论似乎也以这样的方式把曾经是人类的渊源的东西——部落的流浪、游牧的临时居住地、建造者的神话和历史、异教的逻辑、对世界的诗意解读、自然之亲密无间的实践、口语的天赋、缄默的力量、对非言语交流的偏爱、动物性的生命、直觉的力量，换句话说，就是我们颓废的西方的品质的反面——回赠给了极少数人，不过是在基督教文明实施种族灭绝之前。

因为这个颓废的西方颂扬与茨冈人的形而上学针锋相对的东西：都市人的大门不出二门不迈、野蛮的超级大城市、对记忆的消除、实证主义的宗教、精神的虚无主义、反对自我意识的斗争、没有能力阅读大自然、对宇宙的无知、书呆子气的文盲、对饶舌的激情、与他人关系上的自我中心主义、堕落的自恋、对微妙的征兆的盲识、残缺不全的生命、普遍的鹦鹉学舌、对下流的激情的盲目热衷、对死亡学的过分考究。

茨冈诗人亚历山大·罗曼内斯（Alexandre Romanès）在《一个流浪的民族》（*Un peuple de promeneurs*）中转述了他在一个饭店跟某某人的对话。后者对他说："请你告诉我真相，你们，茨冈人，你们真的像人们所说的那么可怕吗？"诗人回答道："是的，但是你们，非茨冈人，你们比我们可怕得多。"这个茨冈人反驳那位惊讶不已的对话者道，"你们，你们发明了殖民、监牢、宗教法庭、原子弹、计算机、国界……"那个非茨冈人深深折服。事实上，几

个世纪以来这个民族都被烙上偷鸡摸狗或盗人钱财的印记，这个被赶进毒气室的地球上的部族曾清楚明白地展示出，文明来自哪里，可是他们错了，因为那是一个那些所谓的文明人不愿意看到的世界。

茨冈人就是我们曾经之所是，而我们再也不愿看到我们曾经的样子，我们满心傲慢，认为我们业已摆脱了我们所认为的野蛮以及与宇宙紧密相连的文明，我们对自己满怀幻想，在我们显示出我们的野蛮、与自然和我们所是的宇宙相互分离的地方，我们却以为自己是文明人。因为，实际上，来自世界的本原、为茨冈人所携带的光明一直照进当代城市的心脏，它显示出一种存在论的清晰性，而这种清晰性是我们所缺少的，自从我们不再谈论世界真正所是的样子而是谈论书本（大部分时间是一神论的宗教书籍）告诉我们的世界所是的样子。

城市里的老鼠不愿看见田野上的老鼠，后者使前者想起了自己曾经之所是。满身香水的花花公子、浑身肥皂味的唯美主义者、文明开化的文人，他们不欢迎人们把祖先和过去摆在他们面前，他们不愿意看见自己的野蛮时代之前的时代。那个时代尽管有点脏，但却是存在论之真理的时代，那个时代尽管头发脏乱打结，却是形而上学之本真的时代，那个时代尽管衣着散发着木柴的烟火味，腐烂的潮湿味、家庭的污物味，却是哲学之简朴的时代。

明火的时代对电暖的时代，有篷马车的时代对郊区独栋小楼的时代，在熊熊火焰旁吃刺猬的时代对玻璃纸包装的淡而无味的营养品的时代，头顶繁星满天的穹顶的时代对电视摧毁灵魂的时代，在小河里梳妆的时代对洗浴泡沫漫过浴缸的时代，绕着噼啪作响的火堆纵声高歌的时代对屏幕前与世隔绝的家庭的喑哑的时代，一种宇宙文明的古老时代的痕迹使那些非宇宙文明的新时代的信徒们羞赧万分。

茨冈人在他们的谱系学的叙事中建立了他们的存在学的治外法权。这个民族绕过了犹太—基督教的基础。人们都知道第一个男人亚当、第一个女人夏娃、极乐世界、伊甸园、生命之树和他们不能碰触的知识之树的寓言。夏娃想要知识，然后拥有知识，接着本来一体的人类、混同的男人和女人，为他们对上帝的冒犯而付出了代价，被判处一系列的惩罚：羞耻心、裸体的羞赧、分娩的痛苦、衰老和死亡，并且还有，尤其是劳作，劳作的处罚。

茨冈人提出了不同的谱系学叙事。他们的民族源自亚当跟一个先于夏娃而存在的第一个女人的婚姻。因此，夏娃不是第一个，而是第二个。还有茨冈人的逻辑是母系氏族制的，这样的血统逃过了其他非茨冈人的不幸，非茨冈人不得不服从劳作的惩罚。茨冈人与原罪无关，因此他们能够与时间保持着另一种关系，不同于其他人类，其他人都是自身活动的受害者，他们为了谋生而失去自己的生命。因此，茨冈人的时间不是非茨冈人的时间：一边是沙漏、水钟、自鸣钟、闹钟、时间表之前的时间；一边是测量、分解、计算、记录、从中谋利的工具的时间。这边是太阳的时间、星辰的时间、天体的时间、自然之循环的时间、季节的时间；那边是手表的时间、精密计时器的时间、挂钟的时间。

因此，当非茨冈人的闹钟在早晨响起，把他唤醒，他淋浴、梳妆、穿衣、上班，中间他看了十次手表或着听二十次收音机报时，当他毫无兴趣、没有任何真正合理的理由而忙碌于那些毫无用处的、无关紧要的事务之时，当他匆匆吃着糟糕的食物之时，当他下午重新拿起手头的工作，还要再牺牲漫长的几个小时，应付繁重的、重复的、制造荒诞或否定性的任务之时，当他目睹回家的时间来临并拥挤在公共交通里、被关在自己的车子里，漫长的时间就消逝在交通堵塞上时，当他回到自己的家里，筋疲力尽、疲惫不堪、快要垮下之时，当他机械地吃着另一些味同嚼蜡的食物，倒在电视机前的沙发上长时间地看着那些不求甚解的傻话时，当他躺下来被他吃的、看的、听到的东西弄得头昏眼花时，他调着他的闹钟，为了第二天早上把他叫醒，然后他重复这一天的一切，经年如此——当非茨冈人做着这一切的时候，他自称是文明人。

而当此之时，那个茨冈人将度过他简单、真实、纯粹现身于世界的一天，这一天缓慢、自然，尤其是非文化的时光充满了感官的快乐。他将与太阳一起起床，他将生火准备第一餐饭，新的一天揭开了面纱，他将跟着白天的节奏思考，跟着大自然的喧闹和乐音思考——小河里水的流动，灌木丛里轻微的声响，篱笆内树枝的颤动，树木间风的乐曲，小鸟的歌唱，当野兽、刺猬、兔子或獾经过草丛时的窸窣声。

中午，与他的族人，在火堆周围，他们站着享用他们的猎物。比如刺猬。悄无声息地，他用刀子切开放在他面包片上的烧烤过的肉并吃了起来，一言不发。无须言语，生活自行显现，无须人们谈论它。言谈，常常不是生活。言谈的丰富往往是生活的贫乏。他的身体、他的皮肤暴露在风中、雨中、太阳下、云雾中、细雨中、寒冷和潮湿中。他在大自然中因为他与它从不曾分离；大自然把他应该知道的告诉他；他只知道大自然告诉他的。从来不用言语。

到了下午，茨冈人总是在火堆旁，那就是他们的炉子，他再无其他事情可做——或者，不做任何事情，这常常是为了比那些想要做事的人做得更多，因为这是反思、沉思、精神的虚空、大脑的流浪，精神之物漫游的时刻。这是他不得不做的事情，为了糊口或提供基本的需要；这是他必须从灵魂和回忆中呈献给先辈的东西，他们已经离去却仍在那里，就像自然中快乐的精灵一样临在；这是他们为了祖辈和孩子必须考虑的事情，为了部落能够存在和延续，就像它在先辈们那里的那个样子。

劳作自身不是目的，而是一种手段，以提供共同体的基本需要。它不是为了累积、为了发财而赚钱和赢利、聚集金银，而是为了给自己提供吃食、为了修补或者购买一辆有篷马车、为了买一些衣服——这些衣服大家从来不会缝，也从来不会补，而是一直穿到破烂不堪，然后丢掉——为了买酒、面包、咖啡并添加少许从乡间打来的猎物、小溪里打捞的鱼、树篱里甚至某人的果实累累的果园里采摘的果实、路上采集的浆果。

曾几何时，在被基督教徒种族灭绝之前，这些小手艺只关注共同体的纯粹和简单的需要：文明人为工作而活着，而他们则为活着而工作。我记得，1960年代，在我出生的村庄，孩子们能看到安静的有篷马车经过，伴随着一匹马儿的脚步的宁静节奏，对于旁边一掠而过、疾驰的、噼啪作响的汽车的迅速，有篷马车已然是一种冒犯。两种时间已经相互交叉、相互对抗、针锋相对：动物之步伐的维吉尔式的时间，内燃马达的浮士德式的时间。

这些人分散到各个村庄，帮人磨小刀、长柄大镰刀、镰刀，他们给平底锅和锡制餐具补锡，回收旧金属、半旧的勺子，他们收这些东西往往不用钱，而是帮人修补各种各样被剐擦坏了的汤盆、穿底的大盆，所能做的就是补上两片、三片或四片有胶膜的小块圆形橡皮一般大小的金属片，他们收购一切旧的物品。他们收购马匹，他们在农场里为牲口去势。女人们出售她们的柳条筐、柳藤编制的篓子或篮子、塞椅子用的草垫、装扶手椅背的灯芯草。这些乡村的“包法利夫人[1]”们渴望有一个罗多尔夫[2]（Rodolphe），但晚上除了自己的老公外别无他人。至少，为了少许小钱，她们曾有过一丝梦想、拷问过她们的未来并相信与自己的命运有过亲密接触。

因此，成人的时光依然是夏娃之前的时光。孩子的时光也是如此。年轻人想要过一种他们父母没有过过的生活是不可能的。我还记得有个在我的小学班里上学的茨冈人，他对所有构成夏娃儿女们的时间表的东西都不服从：他不想坐着，不想待在原地不动，不想弯曲身体，坐在学校课桌这种惩罚性的设施中，它限制了他的小腿、脊背、上身、四肢，这种姿势就跟在牢笼里一般，不想写作文或者记下老

[1] 法国作家福楼拜的著名长篇小说《包法利夫人》中的主角，一个受过贵族化教育的农家女，瞧不起自己的农村医生丈夫包法利，一天到晚梦想着拥有一段传奇的爱情。——译者注

[2] 《包法利夫人》中的一个男性角色，包法利夫人的情人，一个傲慢、自负、富有攻击性的伪君子，一个情场老手。——译者注

师所讲的东西，因为他不会读写。

再者，读和写又有什么用处呢？茨冈人在学校里学不到任何他日常生活中必需的东西：不去学怎么在树篱中发现刺猬、在湍流中钓到鳟鱼、生火、阅读天空中太阳的行程或银河中星辰的踪迹，不去学人们不会的东西：对着晨曦和暮色战栗、为燕雀或夜莺的歌唱心醉神迷，却要他记住法兰西历史中的日期、动词“avoir”相应的过去分词、比例法、毕达哥拉斯定律（le théorème de Pythagore）和其他在真正的生活中毫无用处的东西。

既然读书和写字使我们远离真实的世界，为什么还要学习读书和写字呢？默记莱辛[1]（Racine）的诗行或马里尼亚诺[2]（Marignan）战役的细节、塞纳河（Seine）的流量或比利时的国民生产总值有什么意义？或者在学校操场上穿着短裤练体操又有什么意义，即使没有跳过一条橡皮筋，没有落在沙坑里又能怎样？如果不会用芦笛吹奏《在清澈的泉水边》[3]（*À la claire fontaine*）又会怎样？所有这些当中没有一个是有用的。人们学习这些东西是为了臣服于一个主人，这个主人将只注意我们服从、顺从、被奴役的程度。茨冈人不吃那一套。亚历山大·罗曼内斯的父亲曾说：“做茨冈人，不能在虚无缥缈的事情中做——在运动中、在潮流中、在表演中、在政治中和在社会的功成名就中，没有适合我们的意义。”

茨冈人不是夏娃的儿女，因此确保了他们的存在论的治外法权。他们从来不相信原罪，因此也没有对劳作的任何义务感。当他们专心致志于一种类似于劳作的事务时，只是为了保证日常的生活：购买捕猎不到的肉、钓不到的鱼、采摘不到的果实、偷不到的东西——

[1] 莱辛（1729—1781），德国戏剧家、文艺批评家和美学家，生于德国的萨克森，毕业于莱比锡大学。——译者注

[2] 意大利战争期间，法国军队与米兰公爵属下的瑞士雇佣军于1515年9月13—14日在伦巴第的一个叫马里尼亚诺村附近进行的一次战役，瑞军伤亡约11 000人，法军伤亡约6 000人。——译者注

[3] 一首家喻户晓的法国民谣。——译者注

所有权的概念对他们来说完全陌生，他们似乎不知道占别人的便宜。所以，他们享受着实存的单纯的快乐，在他们自己的世界里。作为从未读过斯宾诺莎[1]（Spinoza）的斯宾诺莎主义者，茨冈人体验着一种鸿福，这种鸿福与世界的运动齐头并进、不多不少。他们的时间是一种宇宙之智慧的时间。

相反，基督教徒的时间是非宇宙之无智慧（déraison acosmique）的时间。茨冈人拥有一种历史来表达他们在时间中的衰老：事实上，在他们的故事中，有一个故事记述了两个罗马士兵收受了四十个古罗马银币，在一个铁匠那里购买了把耶稣钉在十字架上的那四颗钉子。这两个古罗马军团的士兵侵吞了一半的银子，并唆使一个犹太铁匠打造了四颗钉子。那个手艺人拒绝了，借口说他绝不打造钉死义人的钉子；罗马士兵就点燃了他的胡须并且用长枪把他刺死了。第二个手艺人被挑唆，他也拒绝了他们；他同样被杀害了，被焚烧了。

罗马人在市郊碰到一个茨冈铁匠，他答应卖给他们三枚刚打好的钉子，并打算制造第四枚钉子。那两个刚刚死去的犹太同行的声音命令他拒绝罗马人，不要为一个义人的死为虎作伥。他打好了第四枚钉子，把火红的钉子浸入水中，以使金属更加坚硬：可是钉子一直是红的、熊熊燃烧着。他浸入水中再拿出来再浸入水中，如此反复了二十几次，依然如此：第四枚钉子依然灼热。茨冈人明白自己倒了霉运，就折起他的帐篷带着他的驴逃到沙漠中去躲了三天三夜。

到达一座城市之后，他重新装起他的铁砧，重拾他的营生。他的锤子一落下，基督的十字架上的第四枚钉子就出现在他眼前。惊恐万分的他又开始逃跑，但是无论他走到哪里，那枚钉子都会出现。从那以后，茨冈人就被判处四处流浪，作为制造了耶稣的十字架上的三枚钉子这项重罪的代价。这个传说如此说到那颗消失的钉子：如果它有一天再次出现的话，它将给茨冈人带来和平和安宁。另外一

[1] 巴鲁赫·德·斯宾诺莎（1632—1677），犹太裔荷兰哲学家，与笛卡尔和莱布尼茨齐名的三大理性主义者之一。——译者注

个版本记述，那个茨冈铁匠满怀内疚，曾试图拿回十字架的钉子。但是士兵们对十字架防备森严，他只偷到一枚钉子。这个忏悔的举动使上帝深受感动，于是他说，茨冈人从那以后可以拥有偷盗的权利！

这个故事说的是什么？它说的是，与茨冈人形同一体的流浪被证明是犹太—基督教的一个惩罚。如果说通过获得使他们免去原罪的这种治外法权而使他们在生活中从存在论层面上有了良好的开端，那么基督教则通过这段历史再次逮住了他们。如果说他们逃过了劳作的诅咒，那么通过铁匠的错误他们却重又挨了惩罚，尽管有一个版本准许了救赎，因为上帝允许茨冈人偷盗，以此作为对他们的忏悔的合法权利的证明。

就像犹太人被诅咒而四处流浪——因为阿哈斯韦鲁斯（Ahasvérus），犹太人中的一个，在耶稣走向骷髅地[1]（Golgotha）的路上曾拒绝给他水喝——一样，茨冈人也受到诅咒而四处流浪，因为有个茨冈人制造了耶稣受难的其中一个工具。两个流浪的民族，两个受诅咒的民族，两个被认为钉死耶稣的民族，两个被纳粹遣送到毒气室的民族。纳粹曾说茨冈人是半个犹太人。亚历山大·罗曼内斯转述了这样一句茨冈人的谚语，这个谚语是这么说的："所有人身上都有一滴茨冈人和犹太人的血。"

理性的狡计[2]，纳粹通过野蛮的暴力都没有消灭茨冈民族，基督教却通过传教的劝导达到了。这个始于远古时代的、身上携带着人类最原始的部族的符号、数字和密码的民族，这个众所周知在历史上经由波斯和拜占庭帝国而移民整个欧洲的来自印度北部的民族（语言学显示罗姆语是由梵语演变过来的），就这样在20世纪的下半叶被大规模的皈依五旬节派运动（Pentecôtisme）毁于一旦。在人道主义借口下的同化已经在大部分茨冈人那里造成了定居，定居又

[1] 耶稣被钉上十字架的那个小山丘。——译者注

[2] 黑格尔历史哲学中的一个著名的表达，说的是理性利用某种手段、工具以实现其目的，同时使历史的发展表现出某种规律性。——译者注

导向了平民化，在这种平民化中如今许多茨冈人被圈禁在一个政治正确的被婉言称为杂技艺人区的地方——换句话说，就是到处泥泞肮脏不堪的空地，这个民族被集中在这个地方，就像在动物园里一样，人们还希望他们遵循我们的理性生活，而我们的理性是纯粹的无理取闹。

有篷马车让位给了旅行挂车，马匹被换作四门轿车，火堆周围的活动与电视的暴政进行着殊死较量，自然的光明或夜晚的火堆的光亮被发电机组提供的电器照明取代了，固定的收入代替了手工活动，在乡野、大自然里留下的魔法符号，就像本打算用以与后来的茨冈人交流的一种原始的大地艺术的许多符号一样，随着移动电话的信息的出现而消失了。所有这些东西都要花钱，必须赚比简单纯朴的节俭生活时期更多的钱——在工地上或铁道上偷电缆以回收里面的铜成了家常便饭。文化适应已经把这古老的游牧民族转变成了会在旅行挂车上展示童贞女玛利亚的画像的平民化的定居者。

然而，过去的几个世纪中，茨冈人曾拥有伟大而美丽的口头文明。这种文明可能佐证了在人类的最初时代简朴的人类与宇宙的联系。他们对时间的构想不是大脑的、知识的、理论的、书本的，而是体验的：作为道路和流浪之子，游牧民族需要阅读天空、它的行程、它在以太中的高度、它的轨迹、日出和日落的变幻不定的时辰、星星、星座、它们的运动、它们的方位图。

茨冈人同样需要知道他们是否能够上路，是否有雾或者雨的阻扰，大雪将阻挡他们多长时间，是否要下冰雹，彩虹预示着什么。旅行的季节，定居的季节；迁徙的季节，扎营的季节；春季，冬季；大自然更新的季节，大自然蛰伏的季节；可食用的猎物出没的季节，冬眠的季节。气象学的时间是存在学时间的模板。他行事的时间就是他存在的时间。手腕上虽没有手表，但他只要抬下脖子，昂起头，看看这个世界就够了，世界马上就会回答他。

当春天来临，有一种庆祝春天的仪式。自然在这样的时刻结合了冬天的死亡的终结和春天的生命的开始，死亡之死亡，生命之生命，都在同一时刻之中。茨冈人把所有东西塞进他们的有篷马车，然后出发。他们通过出场离开城市，通过相反的入场再次进入城市。如此，带着他们的马匹、他们的家人、他们的物件、他们的孩子，他们完成了自然的循环运动。他们在自己身上扣上圆圈的环扣，就像人类历史上成千上万崇高的原始部落一样，重新演绎着相同者的永恒轮回[1]。

至少在基督教的文化同化之前，茨冈人相信宇宙的教益：依然从词源上来说，宇宙的秩序启示着一种相同者的重复，人们无法与之对抗。于是有一种对现存事物的宿命论的服从。存在一种不得不顺从的命运。将要发生的事情已经写好了，想从这个世界秩序中抽离是不可能的。人们不能修改命运、谱写已经写就的一种历史、干预已经铭刻在宇宙的节奏中事物的过程。

未来与过去有着同样的一致性：过去的已经过去，人们对此无所能为；将来的亦已存在，人们无法与之相反对。茨冈人的谚语“明天之后，明天将成昨天”表达了这种独特的时间，千变万化，但总是自我相像。时间的材料与自然和宇宙的内在时间融为一体。有谁愿意改变自己的过去？使已经发生的事情没有发生？行动起来干预已经发生的事使已经发生的事不要如此发生？一个傻子、一个笨蛋才愿意这样。那些想对未来采取行动并希望未来是这个样子而不是那个样子的人，更是傻瓜、更是笨蛋。聪明的茨冈人只意欲[2]这样的时间，这个时间也意欲他们。他们意欲曾经所是的过去、意欲像曾经所是和将来要是的那种未来，因为他们知道自己对时间无能为力，既然只有时间才能够对他们为所欲为。

循环是循环的循环。对书本和书本上的胡言乱语毫不在意，嘲

[1] 相同者的永恒轮回是德国哲学家尼采后期思想的主要概念之一，该概念表达了这样的观点：由于宇宙在时间上的无限，我们生命中的每一个时刻都将会无限重复。——译者注

[2] 在本书作者这里，意欲（vouloir）对应于尼采的意志（Wille，Willen）。为了适应词性的需要，我将其动词词性译为“意欲”。——译者注

讽纸张上的教益，满足于大自然的教育，这个口头文明的民族显然追念循环的过程、循环的诸瞬间。基督教在它的传说、历史和神话中固定化了的时间当然就是自然化的时间和被自然化的时间，以及季节的时间。圣诞节的时间、逾越节的时间、五旬节的时间，还有按冬至夏至和春分秋分、按白天的长短计算的时间。茨冈人拥有一些习俗、民俗和传说，它们跟宇宙的制图法中固定的点相联系。

圣诞节、冬至的时候，茨冈人会准备一些能够治疗疾病的神奇产品。野兔的、猪或鹅的脂肪，蛇的皮，蝙蝠的血，蚂蟥，母乳，尿液，草药，唾液，毡毛，干水果和干蔬菜等。光明的回归，就是生命的回归，因此也是健康的回归。在这样的时刻，神灵会展示出最大的力量。因此，很有必要举行驱邪仪式，以远离不好的神灵并赢得好的神灵的青睐。基督徒们把这个宇宙时期转变成了他们的灵魂拯救的超越宗教的主显节；茨冈人则把这样的时刻变成了内在的药典的良辰吉日。活力论者的伟大时刻。

圣诞那天，茨冈人会点燃一堆火，并绕着火堆坐成一圈。他们会跟着单弦琴的伴奏快速地吟诵一首悲歌。然后交替着一会儿靠近火堆、一会儿远离火堆。他们的吟诵并不要求整齐划一。他们会唱道，“圣诞之日就在这里。啊！太久了我们没有见到树林；穷人的上帝啊，请满足他们的需要，给他们送来木材和白色的面包！”这种舞蹈，这种脚步，这种与作为存在学中心的火堆的交替运动，昭示着人类臣服于其中的运动：阳光的远离，然后是阳光的靠近，远离，再靠近，在隆冬远离光明，然后在冬至时分靠近太阳的回返，这最长的夜晚，但同样也是最后的如此漫长的夜晚的征兆，兆示着更长的白昼的来临。

茨冈人也庆祝春天——圣诞节庆祝冬至、春天、春分。万象更新的时辰、欢天喜地的时辰、生之欲望的时辰、复归无拘无束的自然的时辰、出发上路的时辰、鸟儿离开南方飞回北方的时辰。这个重要的时刻是与游牧主义、流浪、路途、旅行、迁移同样基本的茨冈人的存在动力。春天是冬天的寒冷和夏天的炎热、十二月的黑暗和六月的明媚之间的中间环节。

茨冈人在异教和宇宙的节日形态中庆祝逾越节。逾越节的那个星期天，他们给一个老的稻草人穿上女人的旧衣服。这个稻草人被称为“黑暗皇后”。他们把她放在帐篷的中央。逾越节的那个星期天也被称为“黑暗之日”。每个人都要跟黑暗皇后打一架然后把她烧掉。同时，旁边协助的人齐声唱道：“上帝啊，你曾对世界施予魔术，你曾用鲜花把它装扮，你曾使广阔的世界恢复生机并要求庆祝逾越节。现在，请回来吧，上帝，来到我的身边；我的茅草屋已打扫干净，桌子已经盖上洁净的桌布。”黑暗的牺牲带来光明的发生。在基督徒那里，基督的死同样使拯救之光到来——他的死保证了复活，因而保证了生命；茨冈人用火烧掉黑暗保证了光明的回归。

逾越节的第二天，茨冈人在一个偏僻的地方纪念圣乔治。他们会授予一个小伙子象征性的力量，他就变成这个事件的主要人物——“绿色乔治”。他们把他从头到脚饰以柳树的枝条和叶子。然后赋予他仪式性的功能：针对部落的牲口，针对水流。人们向水中扔一个稻草人，作为那个小伙子的替代品。这些庆祝活动要持续整个晚上。整个部落要分享一个大的糕点。

五旬节也要庆祝。在异教的传统中，它曾经是丰收的节日。后来犹太教把它变成了摩西在西奈山上被赐予摩西律法的时刻。基督教把它说成圣灵以火的语言的形式下降到师徒们的头上这个事件的时间。茨冈人每逢这个时刻就会制作一些药以治疗疾病和预防不幸。因此，在他们的传统中，茨冈人一直更接近异教，信仰自然的实在的和有益的果实的丰收，而不是基督教的无稽之谈。矛盾的是，五旬节将成为这个古老的化石民族的最具有种族灭绝性质的因子。这个化石民族就像化石一样，显示着从宇宙的终极基底到达我们的星光。

茨冈人的异教精神同样可以在他们所践行的万灵论中看出来。在刺猬的故事中也是如此。一个茨冈人向人类学家帕特里克·威廉姆斯（Patrick Williams）讲述了这个故事，他把这个故事记录在《我们，无人说起》（*Nous，on n'en parle pas*）中：一个菲蒂尔（fêtier），也就是说一个茨冈人，他在嘉年华中有个射击场，他刚刚找到一个哑角，当然，这也是一个茨冈人，为的是与他的小狗一起去追捕刺猬。大塔塔夫（Le Gros Tatav）老使唤茨冈人恰沃罗（Tchavolo），以至于他最后屈服了，尽管前者似乎并不讨后者喜欢，因为，对于一个茨冈人来说，前者会叫第三个人把刺猬去毛并洗干净，肚子里填得绝对是满满的，然后把它们放在冰箱里好几天，一点都不新鲜。“真是令人作呕”，恰沃罗说道。不过他们还是带着小狗去田野里捕猎了。他们在树篱里停下，但什么也没有发现。恰沃罗装着在找刺猬，实际并没有找；大塔塔夫却在那里充满激情，但他显然不知道怎么寻找刺猬。他们又搜寻了两三个灌木丛。

一只刺猬出来了。然后又一只，再一只，复一只，一长串刺猬在草上列队行进。一百多只刺猬鱼贯而出。大塔塔夫不胜欢喜，他打开他的袋子，看着第一个小动物，朝它伸出手。我们让恰沃罗来讲述接下来的故事：“那只刺猬转过身来对他说……刺猬对大人说，它用法语对他说，‘好吧，我的兄弟！你没看见人们正遵循着我可怜的父亲的队列吗！’”……从那以后，死亡在刺猬和人那里都成了神圣的事物。绝不能杀死任何一个。

这个故事还讲述了更多的事情。首先，捕猎刺猬不能容忍含糊其事：它遵循一种仪式，一种不成文但所有真正的茨冈人都知道的规则——恰沃罗是一个真正的茨冈人，大塔塔夫则不是，他既不知道捕捉刺猬，也不知道怎么准备和食用刺猬，这就是证明。大塔塔夫没有狗的品质。恰沃罗只从自然中获取自然允许他吃的东西；而大塔塔夫却是个粗暴的猎手，一个不知道尊敬动物的贪肉者（viandard），这些人在现实中虐待动物，于是也从存在学和形而上学上来虐待它们。恰沃罗体现了他所属的有狗的民族的文明；而大塔塔夫则体现了有冰箱的非茨冈人的野蛮。

那个刺猬是双重的茨冈人。像它一样，茨冈人住在村野和近处，睡在荆棘丛、活的树篱、大片的灌木丛中；跟它一样，茨冈人活跃在野蛮的大自然的边缘，从来不在森林的中心；跟它一样，他在标记着非茨冈人的财产的边缘不断演化；跟它一样，他们被认为是恶毒的、贪吃的，经常进入别人的菜园。茨冈人讲述着刺猬们可爱的英雄行为，他们乐于在故事中认识自己。他们仰慕和尊敬刺猬的勇气，因为刺猬会攻击蛇，它对蛇毫不畏惧，而蛇是茨冈人最卓越的禁忌动物，因为，在他们看来，蛇生活在房子里，在非茨冈人的家里，睡在他们的床上，进入他们的衣服里…… 有个茨冈人讲述了这个故事："这只刺猬，已经年迈了。年迈的刺猬！他说，'哎呀，我在那里干什么，我自己，在那灌木丛中？在那里要吃的？不向亲人要！是的，他说，我走了！我要去过我的生活，我要走了，到某个地方去谋生！'"

茨冈人从来不捕猎怀孕的或者带着幼崽的雌性动物。他们知道动物在哪里做窝。当他们够吃的时候他们就不捕捉这些动物，而是在那个地方作个标记，以便在冬天再次降临，大雪覆盖一切的饥馑时期再捕捉。他们根据季节的变换而用不同的方法来烹煮这种小动物：冬天，当它很肥的时候，人们就炖；夏天，当它的肉由于在大自然中活动而变得精瘦的时候，人们就会拌一层芳香浓烈的香料：大蒜、辣椒、百里香、月桂，盖住它强烈的味道。他们也可以把它放在一团泥土里，放在火上，直到熟了后泥土裂开，把动物的肉剔出来，而骨头却留在烤硬了的土壳里。他们从来不提前杀死刺猬，因此，也不存在把它们搁冰箱里放个好几天的问题。人们抓住刺猬并把它们养在笼子、铁桶、木桶或者一只轮胎里。

这个故事里面讲到的第二件事情是，刺猬像人一样说话——正如茨冈人名副其实地寡言少语，用记号、沉默、手势、仪式等非言语的方式交流。茨冈人像刺猬一样沉默；刺猬像一个茨冈人那样说话——另外，在法国的茨冈人那里，刺猬说法语。换句话说，动物和人是密不可分的，是一体的。刺猬和它的捕猎者之间不存在本质的差别，而只是程度的差别。

作为夏娃之前的女人的子女，作为被基督徒惩罚的异教徒，茨冈人并不献身于《圣经》、主教的犹太—基督的意识形态，不相信动物之间存在本质的差别，不相信犹太—基督教世界为了剥削、虐待、羞辱、灭绝动物而说的赐福之语，他们不赞同天堂、地狱或炼狱的寓言，因为他们的灵魂的观念源自万灵论、多神论、万神论和一切标志着非一神论的精神性、一种与自然同在而不是不要自然或反对自然的形而上学的东西。对我而言，我更乐于聆听刺猬的言语，甚于有关童贞女、上帝的母亲的言语。

茨冈民族相信灵魂的世界。但不是像一个相信灵魂转世的招魂术士或门徒，像一个灵魂转生的支持者，像一个古代或新世纪的后现代的毕达哥拉斯[1]主义者那样。简单说来，他们相信死者仍然在那里，因为人们对死者的怀念使他存在。当他们当中有人死去，他们就会毁掉那个人的所有物品。如果确实非常贫穷，也可以把这些东西卖了，但是必须确定赠送出去的一切不再循环回来：所有东西必须消失。他留下来的物品在茨冈语里是 mulle，也就是说是神圣的，这是他的承载者，是他的存在的一部分。沉默萦绕着这些物品，但茨冈人很少想到它们。死亡，作为缺席的痛苦而又锥心的在场，需要沉默。“我们，可怜的死者，没有人会提起”，他们说道。死亡并没有阻碍生者与死者生活在一起。当人们把他完全遗忘之时，死者就真正地死了。

接着是哀悼的时间。根据哀悼的临近而或长或短，人们要避免说出死亡两个字；禁止吃喜欢的菜肴；人们不能回到他们曾经居住的地方，要避开这些地方；不能使用没有被毁掉的物件，要把它们放在家具下面的一个抽屉里。这些物件就有神奇的效果。茨冈人与已故的人保持着某种不同于生者与死者、当下与过去、活着的人与

[1] 毕达哥拉斯（约公元前580年—约公元前500/490年），古希腊数学家、哲学家。其哲学受当时的俄耳甫斯崇拜的影响，具有某种神秘主义因素。——译者注

亡故的人之间关系的关系，而是保持着一个个体和永恒之间的关系。不是对过去时间的回忆而是在与永恒轮回的时间的相互交通中与死者之此在相守的一种宁静的在场。

茨冈人没有表达回忆的词汇；相反，他们有表达尊敬的一个词语。同样，tajsa 同时表示明天和昨天——并且会说：不是今天的日子。帕特里克·威廉姆斯说：kate 意指今天，以表明人存在的时间地点——这个地方，这个日子；ivral 意指昨天和明天，换句话说，就是人们不在其中存在的时间和地点，尤其是指另一天。当前，就是此处和现在；过去和未来，就是在存在的别处。茨冈人生活在当下的瞬间之中。他们好像不能计划长期的活动。工作往往一口气做完。如果没有做完，就会放弃，并且永远不会再做它。他们不记日子，而是记住活动：他们知道哪些天是集市、朝圣、家庭聚会、家庭节日的日子。

记忆不是一种自愿的活动，或纯粹意志的产物，而是过去的时间在当下时间中的突现，不是作为一种不相关的顿悟突现，而是作为碎片化的时间的鳞片所覆盖的样子。死亡就在那里，此处和现在，在一种西方形而上学的概念——毕达哥拉斯的，然后是柏拉图的，被基督教所检视和修正过的概念——无法规定的另一种形式下。死者不再存在，但却依然存在：他在他身体的在场中消失了，但在他的情感和精神的在场中依然还在。这是另一种理解斯宾诺莎——那个写《伦理学》的人——这句奇怪的话的方式：“我们感觉到和体验到我们是永恒的”——对于这句话，我还要再加上：只要活着的人的生命里还留存着这个已经死去的生命的记忆。因此，这种内在的不朽延续着那些确保时间之延续的人的时间。

茨冈人的世界充满了神秘的存在、超自然的生灵、装扮成肉身的外貌的虚幻的神灵。日常生活的每一时刻都有它们中的某一个的临在。每个人的命运都取决于它们的善意或恶意。对茨冈人来说，通过恰如其分的表现、足够的物质、恰当的仪式、适当的乞求，还有术士来赢得这些神灵的善意，是至关重要的。

这里有几位在茨冈人的神话中地位比较突出的神祇：乌魅（les Ourmes），命运女神，穿着白色长袍，与植物的国度相连通，有人出生时她们三个三个地出现，她们用特别的仪式决定孩子们的未来，这个仪式要求把冬青树或一些针插进泥土中，接着读取锈迹的数量。只有术士们能够看见乌魅们，或者还可以看见女孩子们的第七代或男孩子们的第九代。柯夏利（Kechalis），森林仙女，她们也是三个三个一群，住在高山上；她们身体颀长，有着美丽的秀发，她们就是用自己的秀发制造了山谷里的烟雾。她们纯洁无比，可能会爱上某个男的并且与他结合，但这对他而言是厄运，因为她们总是生出一个死产儿。这个可怜的男人，被她迷得神魂颠倒，失去理智。然后他的魔力消失了。她总是躲在丛山的最高处，在那里老去并消失。当她想要获得新生时，她就会把机会的红绳拴在她的脖子上，如果她的脖子有圆形的凹痕或褶皱。为了获得同样的效果，她也可以用她的一些头发编成一件机会的长袍，这件袍子是如此精巧、细致、透明，以至于人类的肉眼根本看不见它。霍利皮（Les Holypi），她们与魔鬼交配以后就被魔鬼附体了，变成了女巫，对人的不幸幸灾乐祸并且把疾病传播给他们。

因此，命运是有各种魔力的事务。没有自由的未来，未来都被不同力量铭写好了，他们必须服从这些力量。冬青树、红绳子、针、编织的头发表达了神秘的女性的魔力，神秘的女性欲图取代她们想要的人类、想要的男人们。这种神话很可能来源于远古时期的北印度，那时茨冈人定居在一些具有强烈的神话氛围的地方。无须明确指出的是，茨冈人的诺恩三女神（Nornes）已被五旬节运动灭绝了，五旬节运动把她们当作异教的象征，当作他们如此理性的宗教无法赞同的迷信。

茨冈人与死去的人保持着某种联系，通过这种联系我们可以了解到他们与内在时间的关系。对我而言，彼岸世界是决定所有宗教的东西，并且在我眼里，此岸世界是规定一种哲学、一种存在学、一种智慧的东西。但对他们而言，死亡不是关于彼岸世界的事情，而是关于此岸世界的事情。茨冈人的天空没有被天使、大天使、天国守卫者、六翼天使，还有其他一些纯粹胡扯的东西所充斥，他们的天空浸透着夜晚的星光，有白天太阳恒常的起落。是雾霭和烟岚的天空，是阴天和动人的湛蓝的天空，是彩虹和橙色霞彩的天空。在这个极端自由主义的民族那里没有惩罚，在这个刺猬的文明中没有责处、没有赎罪、没有罚入地狱、没有忏悔。

至少在基督教的种族灭绝之前，当一个茨冈人死了，人们会烧掉他的有篷马车，他的物品；稍后，随着文明更加开放，烧掉的有时候也会是他的汽车或者他的卡车。他的珠宝和钱放进他自己的棺材里。或者在葬礼中花费一空，用于建造美妙的坟墓和他的装殓。财产的焚烧表明了这个伟大的民族的所有才华，这是一个不在乎金钱、财产、物事、身家的民族。当人们失去了一个亲人的时候，还有什么比亲人更亲呢。

亚历山大·罗曼内斯在《一个流浪的民族》中讲述了这个使他们能够烧掉他们不多的财产的文化同样又在多大程度上与活着的人有关：是这样的，有一对做马戏团老板的兄弟，两人出现了分歧，想要分开，但是，就像通常出现的情况，当人们相处不甚欢时，也就不会融洽地分手。他们共有一些财产、一个马戏团、一块帆布、一个杂技场、几辆卡车、一辆旅行挂车。但是讨论没有达成任何结果。怎么都无济于事。“到晚上，由于缺乏一致的意见，他们把东西聚集到一个地方，全部洒上汽油，点一把火烧了。”有哪个资产阶级这样焚烧过自己的楼阁、汽车、几辆汽车、家具、古玩、物品？茨冈人真伟大。

占有，这会使人成为物、所有物、财产的奴隶。这个极端自由主义的民族不做任何东西、任何人的奴隶。任何事物都不可能成为他们的锁链。当一个人真正地、存在论地存在（est）时，他就不需要在物质上拥有（avoir）什么。活着的人所拥有的无非就是死者；在场者拥有的无非就是缺席者。在有篷马车里，他们占有的跟在坟墓里一样少。此外，坟墓的真实就是有篷马车的真实：人们拥有使自己能够存在下去的东西，不多也不少。超出这个存在的法则的东西支配着非茨冈人，他们为了成为什么而拥有，自己所不是的就更想拥有了，他们自己越不是自己的财产[1]就越想占有。

亚历山大·罗曼内斯经常谈起他父亲教育他的真理："一个人比一头老虎凶残多了。一头老虎，你给它十五千克肉它就吃饱了；一个人，你给他塞满金子他还想要更多。"由于非茨冈人，那些向野蛮人大声叫卖野蛮人从来不痴迷的东西的文明人，为了聚集财富而占有和构建他们的生活，他们并不存在；相反，茨冈人只拥有一些使他们能够免受痛苦的生活必需品，他们，却是自由的。自由，因此才真实、确实、实在、本真。

茨冈人不喜欢所有物；他们也不喜欢荣誉。亚历山大·罗曼内斯总说："在马戏团旁边是克利希（Clichy）公墓。是这个区里唯一幽静的所在。我常常跟我的几个女儿去那里散步。我在一座墓碑上读到'某某先生，办公室主任。'多么可悲……"确实。到底是这个人生命中的什么东西使他认为把这几个荒唐的词语当作墓志铭是件好事？办公室主任、工头、人事经理、将军、军队干部、部门领导、巴黎综合工科学校（Polytechnique）资深人士、人力资源经理、艺术和文学骑士、荣誉勋位的持有者、中央理工大学（Centrale）资深校友、巴黎高师的尖子生、这个或那个的荣誉成员、某某大学的毕业生、法国国家科学研究中心(CNRS)的工作人员、艺术家（！），这样滑稽的小玩意儿数都数不清，它们在葬礼上被宣读或者刻在墓碑的小小的永恒的大理石上。我偏爱泥泞中一个小姑娘的裸脚，而不是市政当局向游客们展示的在一堆污物之上的印第安公主。

---

[1] "不是自己的财产"，就是自己做不了自己的主人，而为物累。——译者注

茨冈人不喜欢金钱，他们不喜欢荣誉，不喜欢权力。亚历山大·罗曼内斯记述了一位茨冈老人的这样一些话：“共和国的最后三个总统为了得到职位，三个人各自为战、勾心斗角打了一百年仗；多么可悲。”确实！多么可悲！同样可悲的是当他们得到权力时用权力所做的事情！茨冈人以第欧根尼蔑视金钱和财产、荣誉和庸俗的装饰品的方式鄙视权力。这位犬儒哲学家曾对亚历山大[1]说：你对我没有任何权力。这句话使亚历山大的权力在他面前荡然无存，茨冈人也像这位犬儒哲学家一样，表达了为兰波[2]（Rimbaud）所钟爱的无拘无束的自由，这种自由使人们不惧怕任何东西也不惧怕任何人。

那茨冈人的财富又是什么？是自由的享乐，充沛而完整，充满肉欲和快感，肉体和肉欲，个人化而又有部落的特质，古老而又当下，属于过去又属于未来，属于他们的时间，他们的所有时间。以希腊贵族和罗马贵族的方式，他们践行着一种简单的悠闲（otium），这种悠闲使资产阶级的平民阶层和巨富们的生活显得无比复杂，他们拥有金钱、装饰、权力，但是早已失去了自我，被他们的谵妄、妄想、疯狂、愚蠢所异化。烧掉自己的有篷马车，无非就是想要像史前的人类所做的那样，以刺猬作晚餐，做自己的帝王，头顶拥有星光璀璨的苍穹，在一堆火前烤火，那才是真正的财富！

昔日，当我在阿尔让丹（Argentan）创办人民品酒大学的时候，我把它置于茨冈人的谚语的启示之下：“一切未被赐予的东西就等于丢失了。”这句话曾经被写在我们免费举办的庆祝活动的马戏团的入口处，在这个庆祝活动中，文化起着团结、联合和聚集那些习惯上分离、区分和给文化分等级的人的作用。工会的工人、共产主义者、马克思主义者、城市居民、足不出户者、资产阶级、业主、敌视茨冈人的人，在这次冒险经历中帮助我，但也从这个情境中获

[1] 指马其顿国王亚历山大大帝（公元前356—公元前323），世界古代史上著名的军事家和政治家。——译者注

[2] 让·尼古拉·阿蒂尔·兰波（1854—1891），法国著名诗人，早期象征主义诗歌的代表人物，超现实主义诗歌的先驱。——译者注

益不少，他们每个人在潜移默化中得到了丰富，他们自己和他们的哑角，很可能读到了这一层意思："一切未偷成功的东西就等于丢失了。"[1]偷盗者，就是他们；而不是偶尔拿走那些他们从那时起无法偷盗的东西[2]的茨冈人。

在一个不知道财产为何物的文明中，邻居的母鸡、非茨冈人的菜圃、房地产商的工地上的铜丝、用漂亮的麦管来修椅子和用糟糕的塑料来给椅子装藤背的恶作剧，又算得了什么呢？算不了什么。亚历山大·罗曼内斯如是开始他的《一个流浪的民族：茨冈人的故事》："爷爷对即将出门的孙女说：姑娘，愿你的旅途处处有上帝，愿你偷得金满袋。"被骗了一个母鸡，被偷了一千克土豆，被骗了几欧元的一张票子，是的，当然，可以理解，那又怎样？一切不过是虚妄，一切都将随风而去。明天又是新的一天。就像今天一样。因为，请大家不要忘了，在后天，明天将成昨天；后天之后的之后，我们将成虚无。然而，后天之后的之后，亦是倏忽即逝，马上就到，就是明天。就在刚才，也许。

---

[1]　这句话戏仿了上面的谚语，无非是让我们珍惜已有的东西。至于怎么理解"未偷成功的东西"，大家可以参照《庄子·大宗师》上的一句话："夫藏舟于壑，藏山于泽，谓之固矣。然而夜半有负之而走，昧者不知也"而作出自己的理解。——译者注

[2]　指自然中的东西，所谓的文明人已经不能从自然里偷盗东西了，也就是说他们已经从自然中异化了。——译者注

4

自然的节律：在时间之外

自然拥有一种不同于人类的节奏的节奏，人类不想着服从这个节奏，却想使这个节奏屈服于他们。人类的历史正是对时间的驯化的历史。大自然的时间遵循昼夜的节奏：白天和黑夜的更替，季节的更替。人类按照这种向性构建他们的文明：日出而作，日落而息；翻地，播种，收获，冬季让大地偃息，重新操心准备田里的劳作；他们活着，知道一切实存都再生着这个节奏，引导着每个人从摇篮走向坟墓，就像萌芽是为了某天的食用，播种的小麦是为了某天享用的面包。

这种内在的时间以其纯粹、粗莽、盲目和蛮横的力量无往不胜。比如蝉的若虫，它们在地底下生活 17 年，以树根的汁液为养料，在大树的脚下栖息。17 年之后，不是 16 年，也不是 18 年，而是整整 17 年之后，它们到达成熟期，这些幼虫全部同时醒来。然后它们同时离开土壤。成年之后，它们配对、交配、产卵并死去。蝉下的卵当然也遵循同样的向性。

植物的王国同样遵循这种内在的时间。有一种名为毛竹（Phyllostachys）的大竹子可以长到令人敬畏的高度——达到 30 米。在其飞速生长的时期，植物家们曾经测量过，它的主干每天能够生长高达一米的高度。它极其罕见的花期全都非常精确地发生在第 120 年。都在那时，依然在那时，不是 119 年，不是 121 年，而是 120 年。让－马希・佩尔特[1]（Jean-Marie Pelt）讲述了一个趣闻逸事，并明确指出在中国有一种毛竹在 999 岁那年开花了，自从第一次的 120 年后，它带着精确的节拍器开花，准时赴自己的存在学之约。

[1] 让－马希・佩尔特（1933—2015），法国著名植物学家。——译者注

竹子结实非常罕见，而一旦结实则果实累累。因此，落在竹子脚下的果粒形成了厚度足有 25 厘米的床垫。由于果实充沛，果实成熟期使得捕食者能够尽情享用，而不用伤害被保护树木的性命。它们吃下去的东西也不足以使竹子濒临危险。竹子因此能够存在并在其存在中坚韧不拔。一切都有助于这样的设计——生命欲求欲求生命的生命。

这位植物学家记述到，在 1960 年代，这种中国竹子出口并移植和栽种到全球的不同地方。在这些地方重新栽种的竹子竟同时开花：在中国、日本、英格兰、亚拉巴马和俄罗斯。花期结束后，所有这些地方的竹子都同时死去，不管它在哪里。形而上学的钟表、存在学的节拍器，这个植物屈服于自己的时间，而对它而言，这个时间就是适得其时的个体时间[1]（est le temps）。

在赤道上昼夜长度没有多少变化的地方——因为昼夜总是相等——没有任何竹子能够生长。它需要光照的差异，需要似乎赐予宇宙准则的光阴交替。时间显现为形式与一种以万有引力的方式出现的力的交互作用的结果。时间不是一种先天的（a priori）形式，而是一种后天的（a posteriori）力。

时间有时候看起来像是包含在物体本身之中，但实际上那里出现的正是时间性的潜能，要有一定数量的原因的结合才能够使看起来蛰伏在那里的东西绽出到时间里。因此，考古学家们在埃及古墓中发现的小麦，7 000 年前在许愿弥撒的献祭中被放在茶碟里，然后被封存在金字塔的迷宫般的设施中，而今重新焕发出萌芽和增殖的状态。

那位报道这粒麦子的英国考古学家把它送给了埃及军队的一个军官。1935 年，在法国一个叫巴塞－比利牛斯（Basses-Pyrénées）的村庄里，某个有着仿佛命中注定的名字的德·蒙布列（de Montblet）[2]

[1] 法语原文 le temps 中，定冠词 le 在该语境里特指竹子自己的时间。——译者注

[2] Montblet 这个姓氏中的“blet”与“blé”（小麦）形似且读音相同，所以这看上去像是命中注定。——译者注

先生，在自己家里把麦子培育发芽了。这个经历已使我们想到1855年发现的一粒高卢的小麦种子，同一时期发现的底比斯（Thèbes）的一粒小麦种子，和在路易十五[1]治下发芽的一粒弗朗索瓦一世[2]时代的种子。只要一粒小麦种子种下去就能够收获6万到7万粒小麦。因此，嫩芽在自身中负载着重新激活一种蛰伏的本原所必需的东西，只要诸条件重新结合在一起。生命似乎蜷缩进生命之中，但是它依然是处于潜在状态的真实生命，因为这种潜在状态就是生命之时间的模态之一。

蝉的若虫中、毛竹中、法老的麦子中，还有一切活着的东西中的那股活力，是一种令人敬畏的力量，是人类，这捕食者中的捕食者，一直想要驯化的力量。他们已经做到了，而且人们把这种损害生育力的活动称为文明。一直欲图在一种形式中穷尽生命，把生命抑制在这个形式中，以使生命贫乏、减弱、疲惫、虚弱、萎靡不振的人类，规定着独一无二的存在。人类胜利了吗？他们把狼和它可怕的力量转变为像人一样擦了香水的、肥胖的、无精打采的、睡在兽皮沙发上的短鼻子长卷毛小狗——因为所有家犬都是人类衰退的意志的产物，这种衰退的意志一直都希望其他的野兽都像他那样，而他却失去了直接理解世界的官能，变成了一种不再欲求存在的动物。

人类在竹子和蝉所共有的时间与社会绵延之间摇摆不定。社会绵延是被测量的时间、时间表、日程表和按照社会的兴趣而分割的时间：起床的时间和睡觉的时间，吃饭的时间和休息的时间，生育的时间和死亡的时间，活动的时间和隐退的时间，工作的时间和度假的时间，学习的时间和教育的时间，诸如此类。每个人的睡眠都应该在与社会合拍的休息时间中到来：他必须晚上睡觉，白天工作。

然而，内在的时间并不是政治的时间——词源学意义上的政治

[1] 路易十五（1710—1774），被称为“被喜爱者”，太阳王路易十四曾孙，勃艮第公爵之子。1715—1774年执政，为法国国王。——译者注

[2] 弗朗索瓦一世（1494—1547），又被称为大鼻子弗朗索瓦或骑士国王，是法国历史上最著名也最受爱戴的君主之一。——译者注

的时间，即城邦的时间，如果肉体说话和意愿，那么社会则不会意愿主体所愿望的东西。个体的欲望不是社会的现实，它甚至是削弱、侵蚀、啃噬社会现实的东西。时间表很想表达个体所表达的东西：必须利用时间，换句话说，不要丢失自己的时间，不要挥霍自己的时间，不要扼杀时间，而是要用它来满足社会所需。

自然之节奏的时间持留在我们身上，就像蝉的若虫和竹实一样潜伏着，即使社会时间已经掩盖了无数的分娩。在深渊中的生命体验使得它们能够被觉察。在大地之上，在文明的制度中，太阳就是律法：炎热的白天和寒冷的夜晚的交替，按照这种自然信息而计算和记录的时间的更替，星期、十二个月份、年、十年，等等；季节的变换，叶子的季节，花朵的季节，果实的季节，没有元气的季节，元气复归的季节，所有这一切使得动物和人类能够在与光的质量和数量的关系中生活。

但是，在生物学的制度中，情况并不一样。在 18 世纪，确切地说在 1729 年，让－雅各·多图斯·德·麦郎[1]（Jean-Jacques Dortous de Mairan）观察到，植物，具体说来是茶花，夜间闭合，白天开放，但实际上跟白天和夜晚的真正到来或离去并没有直接的联系。因此，即使把它放在没有光阴交替的衣柜里，这些植物依然白天开放，同样在黑暗中，它依然晚上闭合。这个科学家发现了一昼一夜的节律和一种内生的时钟。时间不是外界强加的，而是在物质的材料中内在地存在的节奏。

至于林奈[2]（Linné）则发现了这种内在时钟的某些机理。1751 年，他观察到，事实上，花瓣打开的时间根据一天中的时间而有所不同。甚至在太阳或月亮传递的信息之外，昼夜的节奏同样对生物施加它的规律。每一种生物都拥有自己的节拍。但是，在一个给定物种中，这种节奏总是接近 24 小时，换句话说，就是一次自转

[1] 让－雅各·多图斯·德·麦郎（1678—1771），法国著名地理学家、天文学家，尤其是时间生物学家。——译者注

[2] 卡尔·冯·林奈（1707—1778），瑞典植物学家、生物学家。——译者注

的时间。不论发生什么情况，总体来说都不变，只有或多或少两个小时的误差。

精神病医生和昆虫学家奥古斯特·福勒尔[1]（Auguste Forel）为人们对这个独特的机理的认识添加了新的东西。他于1910年左右注意到，蜜蜂会在同一时间返回它吃早餐的果酱那里。天气好的时候，他在外面喝咖啡；一个下雨的上午，他待在他的房子里面，但是，尽管他不在，蜜蜂还是会飞到他外面的小木屋中。经过反复试验，他观察到，如果他不准时到外面，蜜蜂们就会等他并展示出一种一丝不苟的准时。

大家都知道，候鸟同样遵循它们内在的时钟，并且，依照日光的强度和气温的寒冷度，它们开始准备启程、离开、不会弄错方向，几小时几小时、几天几天地飞啊飞啊，直到重新找到适合它们给养的地方，这个给养能够使它们存活下来，然后再次启程朝相反的方向，重新找到几个月前离别的村庄。植物、鸟类、人类，都遵循同样的向性。

这种昼夜的机制是如何形成的？有些回应假定是通过基因的遗传。为了弄清楚计算每一个步骤的多个时钟和确保这多个时钟的动态平衡的中心时钟的复杂机制，必须考虑活的有机体的基因型（génotype）和表现型（phénotype），即细胞。眼睛把时间给予钟表，眼睛看见光，光本身赋予时钟这种准确无误的装置以形式，这种装置产生（génère）入睡、苏醒、睡眠、清醒、行动、休息、身体温度的调节、荷尔蒙的分泌、夜晚褪黑激素的合成。通过这样的过程，我们越来越接近生物身上那种意欲生命的东西。

人类已经登上了月球，以同样的方式，米歇尔·西弗伊[2]（Michel Siffre）已经深入大地。我读过他的《在时间之外》（*Hors du temps*），以便不受哲学家们习惯性地思考时间的方式的污染，即把时间概念化、用词汇将其复杂化、无聊地注释前人留下的各种定义，

[1] 奥古斯特·福勒尔（1848—1931），瑞士神经解剖学家、精神病学家、昆虫学家。——译者注

[2] 米歇尔·西弗伊（1939— ），法国当代著名地质学家。——译者注

换句话说，就是以南辕北辙的方式来研究时间（我们都知道奥古斯丁[1]［Augustin］在他的《忏悔录》［*Confessions*］中所记述的不成功的冒险），而是要迎上去直面某个已经见到、经历过、直视过时间的人，直面某位开始了自己的研究，持续审视两个月、激起问题、不断怀疑、勇于冒险，直到穿透时间的秘密的人——他没有把这个秘密封存，因为他把它交付给了自然，但是专业的思想者没有对之加以考虑，因为秘密已经被一个地质学家发现了，哲学家们偏爱从现实中提炼的理念（l'idée），包括时间的理念，而不是被一个勤于思考的地质学家所捕获的时间的现实。

读过这本书以后，我去尼斯见了他本人，他简单地接待了我，在他家里，在他那小小的公寓里，他的家在二楼，只有一间房间，一个简单、微薄的不动产。就像凯撒[2]（César）一样，这个人不是很高大，却周身充满能量。这个不无肯定地说他的地下生活经验教会了他"有志者，事竟成"的道理的人显得非常健谈。他就像一个罗马人，即使不是，也像一个斯巴达人。他短短的白发，浑身肌肉，目光炯炯，他直奔主题，从不绕来绕去。第一分钟，我就在想，他能体现尼采一句话中的生活格言，"一个是，一个不，一条直线。"

我在街上按响了门铃后，他站在楼梯口等我，我于是进入他的"洞穴"——他这样描述他的房子。实际上，它确实跟洞穴有关：大家还可以在那里看到一头野兽，以一张皮的形态出现，这张皮被拉紧，置于一个挂在墙上的方框里。在有少许灰尘的橱窗里，可以看见漂亮的化石；还有一些乍一看不那么漂亮的化石，但很可能具有丰富的地质学意义；同样还可以看到庸俗的纪念品和神秘的小玩意儿。米歇尔·西弗伊从阿利巴巴（Ali Baba）的这个岩洞里挖出了美丽的蓝宝石薄片，这块薄片三面被砍削过，很可能是为了做一把

［1］ 圣·奥勒留·奥古斯丁（354—430），古罗马帝国时期天主教神学家、欧洲中世纪基督教神学、教父哲学的重要代表人物。——译者注

［2］ 盖乌斯·尤利乌斯·凯撒（公元前102—公元前44），罗马共和国末期著名的军事统帅、政治家，以其卓越的军事才能成为罗马帝国的奠基者，58岁时被布鲁图刺杀。——译者注

有柄的剃刀——这是他在危地马拉（Guatemala）时几乎不经意地在一条地下河流里发现的。在看到有个可能是神圣的或者玛雅的仪式上使用的物件所反射的光之前，他差点就从上面走过去了；他从一堆杂七杂八的貌似雀巢（Nestlé）牛奶的罐子、冻干果酱的盒子、阿波罗十二号[1]（Apollo XII）执行任务时所带食物的盒子的东西中挑拣出来——他在揭示被幽禁的生命方面的工作使美国国家航空航天局大感兴趣，是后者给他提供了这个珍宝。他还给我展示了一支玛雅长矛的美丽的长长的矛尖，它是用黑宝石雕刻而成的，宝石捕捉了已转化成深沉而闪烁的光辉的阳光。这个人的所有记忆似乎都被锁在这玻璃谷仓里。

房间过于炎热。外面是炎热的六月天——一间药店里的温度计指示道路上的温度是34℃。空调出了故障。日光是有的，但是窗户被一些养得枝繁叶茂的植物遮住了。空间很小很小，只有60平方米，但是隔板都被去掉了，墙壁被档案、精心整理并贴上了标签的文件、相片覆盖了。厨房和浴室被缩减到最小，在汗牛充栋的文件中几乎看不见。用来睡觉的床，只有一小方块；他狭窄的座位就在书山之中。不管这个人意识到了没有，他已经复制了他的地下苦行生活的条件。这间房间是一个温热的子宫，在里面文明的香味散发出浓烈的味道。纪念品和奖章被精心地排列在一张玻璃桌子上，一些小小的笔记本堆放在一张矮桌子上，矮桌后面是一张长沙发，但是整个房间是如此局促以至于这位探险家、科学家、地质学家、洞穴学家、古罗马人、发现者，这位形单影只的人接待不了任何人。

我想起《在时间之外》中的一张照片。照片显示米歇尔·西弗伊离开他的干涸的深坑，没有肌肉，泪流满面，被法兰西共和国保安队（CRS）和朋友拖着；他失去知觉然后又醒过来；他写到自己啜泣着并且叫着“妈妈，妈妈”。照片展示了他在一个有褶皱的石缝

[1] 阿波罗十二号，1969年由美国国家航空航天局发射的航天飞船，是阿波罗计划中的第六次载人任务，也是人类第二次载人登月任务。——译者注

洞口，他的头部探出来就像从母腹里出来一样，他的双眼紧闭着，看上去心醉神迷，这个时刻就像一次新生。后来，有一次我们共进早餐时，他向我说起他正向出版社偿还的部分欠款（à-valoir），因为他父亲死后，他无法继续撰写自己的回忆录。这个伟大的罗马人，塔西佗[1]（Tacite）和西塞罗[2]（Cicéron）的读者，标示了一个停止的、被情感所束缚的时代。我马上就换了话题，以防使他遭受这种实存的裂口的痛苦。

他向我评论了盖满一面墙的照片：记录他昼夜节律的图表；一张法兰西共和国的蓝—白—红任务执行命令书，这是他 17 岁时启程到海军的一艘航海科学巨轮——“工程师艾利–默尼耶号”（Ingénieur Élie-Monier）护卫舰上去，为了绘制尼斯地区的各条河流与大海交汇处（“山脉首先是在水里形成的”，他对我说）的海床地图的时候收到的命令；一张美国国家航空航天局食品工程的高级负责人提供的从月亮上看地球的照片；一张乌贼墨色的宇宙中的太空船的照片；一张岩洞的切面图；一些朋友、洞穴专家们、一位搞计算的教授、他的父母、他的兄弟，还有他从未说起的入土恐有 10 ~ 12 年的母亲的照片；他站在玛雅建筑的雕刻凹线的拓片前摆拍的照片；以及一张在考察时保护他的一位危地马拉的突击队队员的照片，这个突击队队员有时单独出没于丛林中，一天只出现三次，背着一挺冲锋枪，脖子后插一把短刀。

一个玻璃书柜里保藏着关于不同文明、洞穴学、艺术史的美丽书籍。另一个则满满地放着他自己的著作和在一些久负盛名的刊物上发表的文章。精心归类整理的档案袋聚集了他在其中作过考察的所有国家的所有经历的全部资料。我们能感受到他是一个爱秩序、讲纪律的人，我们也能理解，如果说他在地上和地下一切危险的情况下都能得以幸存，这是因为他展示了某种组织的天赋，这种天赋

[1] 塔西佗（约公元 55—120），古罗马最伟大的历史学家。——译者注

[2] 西塞罗（公元前 106—公元前 43），古罗马著名政治家、演说家、雄辩家、法学家和哲学家。——译者注

使他总是能够躲避死亡从而常常蔑视死亡。

因此，这个人就像一个古罗马人，通过他对秩序和组织的专注，通过他对古代城邦的刚强有力的价值的品味，通过品德和荣誉、对诺言的信守以及骄傲——不是自命不凡，而是专注于做得更多更好、拥有广泛兴趣、有点儿看破一切的味道的斯多葛主义者——通过凡此种种，他成了所有美国和俄国的百科全书中的重要人物，但法国没有给他保留他应得的位置。当我问及维罗尼克·勒·昆（Véronique Le Guen）在地下度过111天所进行的探索——维罗尼克后来自杀了——时，他依然表现得像个古罗马人。对于这次自愿死亡，他没有反对别人谈论说，这跟地下生活的痛苦有关，尽管他心里很清楚，情况并不是这样，这就是为了不出卖他们以古罗马人的方式结成的真正友谊所应该保守的秘密。

他始终像个古罗马人一样蔑视金钱：他卖掉了自己的财产、房子、汽车，还清了欠下的个人债务，为的是能够进行诸多机构永远都不会给予相当财政支持的探索。正如大家刚才看到的，他还偿还了出版社的部分欠款，这是许多困窘的作家很少能够老实做到的。他只为揭示、求索、发现和增长知识、促进科学而活着。地质学、冰川学和脉冲领域的许多关键的发现都归功于他。

我提出一个假设，即通过深入斯卡拉松（Scarasson）深坑，他比弗洛伊德更多地揭露了深层心理。弗洛伊德只不过是深入自己内部，两个或三个星期，而且是断断续续地，凭一时兴致，坐在自己的安乐椅上，抽着雪茄。事实上，西格蒙德·弗洛伊德自以为通过大量的内省工作已经深入了自己的最深处，在那里发现了无意识的真理和机理，而自己却又满足于把他的人格的怪兽转变成科学的现实。相反，半个世纪之后，米歇尔·西弗伊以实验的方式真正地完成了这趟旅程，并且，经过观察，他在那里发现了一种具体的心理的物理学，而弗洛伊德只满足于一种非物质的心灵的元心理学。理解心灵的物质性和它的机理就等于证明了一个哲学家似乎无法完成的工作，为了做到这一点，他必须是一个科学家。

这位科学家还是一位冒险家，当他把自己的计划告诉那些机构人员的时候，他们都无比怀疑。正常。他是一个早熟的洞穴学家，因为他 10 岁的时候就开始下到洞穴里去了。13 岁时，他就成为法国最年轻的洞穴学家：在这个年纪，他已经完成了百多次勘察。由于早熟，在 16—23 岁，他已经在知名刊物上发表了三十多份科学记录：有高等科学院（l'Académie des sciences）、法国地质学会（la Société géologique de France）的刊物，也有法国国家科学研究中心的《洞穴学年鉴》（les *Annales de spéléologie* du CNRS）。经过父亲的准许并因此得到鼓励，他中学时逃学，去尼斯当一个洞穴学研讨会的助手。他聆听大人物们的讲话并且加入对一个论题的反驳，然后通过制作一个化石来支撑该论题，这个化石是他在一次洞穴学的外出活动中悉心发现的。这个年青人于是征服了高等科学院的雅各·布尔加[1]（Jacques Bourcart）。

23 岁的时候，也就是 1962 年 7 月 16 日，他下降到地下 100 米，准备在那里生活两个月，昼夜不分的两个月，就为了直接面对自己的昼夜规律。在他的知识探索过程中并没有实际的物质支撑，他没能成功地找到必要的基金购买基地的设备，他的设备很差，他没有合适的服装。这些都没有关系，下降到地平以下 130 米的时候，他住在一个 10 平方米的红色帆布帐篷里，在一个充满湿气——空气湿度 98%——温度只有 3℃的环境里，帐篷吸满了水。

米歇尔·西弗伊还赶到斯卡拉松，一个海拔 2 000 米的地方，在法—意边境的马加勒高地（le massif du Marguareis）上——米其林地图（la carte Michelin）说它在法国境内，实际上是在意大利境内。他把自己的手表送给了在地面上跟踪作业的共和国保安部队（CRS）的卡诺瓦（Canova）。因此他再没有任何社会时间的标记物了：时间对他来说再也不是一种被测量的绵延（durée），而是一种真实的绵延。

[1] 雅各·布尔加（1891—1965），法国著名地质学家、洞穴学家。——译者注

他为什么这么做？就是为了在没有被测量的绵延的帮助下，通过体验认识真正的绵延。再没有比柏格森主义者更加实用主义的了。

下降到深坑里 3 小时后，他让他的朋友们抽掉梯子，以防自己在受挫时突然想要爬上去。在这种寒冷和极度潮湿的条件下，他开始一切都成问题的短暂逗留：照明、供热、食物、卧具、阅读，还有地质条件，因为或小或大的塌方不断地造成威胁，影响研究者找到临时的扎营地点。他还不断地冒着一氧化碳中毒的危险，因为他带了一个小炉子。

每一次起床之后和每一次躺下之前，米歇尔都要呼叫地面，并提供一些指示，包括他的脉搏和体温。很快，所有的标记都消失了。他自己有时候也在睡眠状态或清醒状态之间迟疑不决：就像笛卡尔曾经思索，如果他在做梦或者被吵醒，他就会在两个混沌不清的世界之间徘徊。他失去了记忆。几分钟前刚做过的事情，他就再也想不起来了——但这与几分钟又有什么关系？秒钟和时钟都混淆不清了，分钟和一天都没有任何区别了。

在与地面的联络方面，他一直能被 CRS 听到，CRS 收听着传声器不断传送的东西，这个设备发现我们这位洞穴学家一直在反复地听，直到连续听了十遍同样的碟子，而在他自己的印象中，他却以为是第一次把乙烯基唱片放在他的电唱机上。连续动作的重复在一种被幻象化了的聆听的唯一性中被稀释了。差异和多在一之中消散了。重复的时间好像无限地进入永恒的一种模态之中。他感觉自己静止不动，但却被时间的不间断的河流裹挟着。

8 月 6 日到 7 日午夜的 5 时 40 分，米歇尔・西弗伊给地面上的 CRS 打电话：他当时以为是早餐时分——他在吃早餐。7 点钟，也许是 70 分钟后，他打电话跟他们说……他躺下睡觉了——他躺下是睡觉。他马上就睡着了，直到醒来。按照习惯，当他告别夜晚的时候，他给地面打电话，那时候却是……19 点钟。也就是说他不间断地睡了 12 个小时。站岗的 CRS 再次打来电话：他在吃早餐。保安部队官员的手表显示，当时是早上的3点。米歇尔·西弗伊白天睡觉晚上活动：昼夜的节律将这个智人（l' Homo sapiens）重新带回他原始的生活中——他在夜的神秘中活跃异常，就像一只野兽，晚上活动，光天化日之下休息，这样的动物从消耗的体力中恢复过来，以直面夜晚——捕猎的最佳时机——的所有危险。

这种体验在存在学上显得很不稳定。在其中道德显得虚情假意。从心理学上来说，存在中的这种标志的缺失使道德突然转向了存在在肉体上体验到的虚无。从习惯上来说，存在被铭写入一种展开、一种发展之中。存在流动而辩证，以赫拉克利特[1]（Héraclite）的河流的方式奔涌着。在这样完全昏暗的条件下，存在不再运动。静止、不动、关闭自我、凝固、石化，就像巴门尼德[2]（Parménide）的球体，存在不存在，存在不再存在，然后虚无出现了，虚无就是不动的存在，纯粹的存在，它的整个寂静沙沙作响。

米歇尔·西弗伊记日记。当他起床、睡觉的时候，他总结说他已经度过了长长的一个夜晚，而实际上他有时候只打了几分钟的盹儿而已。当他饿了，他就吃东西，于是他以为从他起床到现在一个上午已经过去了——实际上有时候他只度过了不到一个小时，他把它当成半天了。他睡了几分钟并以为自己已度过了整整一个晚上，他以为十几个小时过去了而要吃点东西，但实际上就在那时，就在那刻，他却只度过了不到一个小时。很快，对他来说，要知道自己是生活在白天还是生活在晚上，要知道是这一天还是那一天，就不再可能了。所有的标志都消失了，真正的绵延主宰一切。

他的体温下降了。他已经进入嗜睡状态，一种冬眠，这种冬眠使他以被删节的方式理解时间，还有整个现实。几吨的岩石脱离峭壁落下来，就在他的帐篷旁边。他估测这个事件持续了12秒钟——

[1] 赫拉克利特（约公元前540—公元前470），古希腊哲学家，爱菲斯学派的代表人物。经典名言：人不能两次踏入同一条河流。——译者注

[2] 巴门尼德（约公元前515—公元前5世纪中叶以后），前苏格拉底哲学家中最有代表性的人物之一，埃利亚学派的实际创始人和主要代表。——译者注

事实上，它持续了远远更长的时间。恐惧改变了他的体温：情感上的震惊使体温身高了。他恢复了少许清醒，但还不足够重新找回整个精神状态。这个经历极大地使他在身体上、心理上、精神状态上、生理上都堕入了深渊。

9月14日，CRS呼叫米歇尔·西弗伊向他宣布实验已经结束。这位洞穴学家以为，地面的仪器希望提前结束实验：根据他的计算，当时估计是8月20日，他认为这与预定的两个月实验期差了将近一个月（确切地说是25天）。这位科学家和地面仪器进行了一次谈话：谈话持续了20分钟，而米歇尔·西弗伊的估计是5分钟。米歇尔·西弗伊精疲力竭，在一次不成功的上升过程中两次晕过去。他平躺在一副担架上。眼睛被蒙上，以避免接触白天的光线时产生不可修复的灼伤。一架直升机把他转移到医院。

这次实验的材料一经分析，科学家们的仪器便发现了一个循环持续了24小时30分钟。因此，有一种昼夜循环的自然规律存在。一种内在的时钟调节着不可思议的一些身体参数，也因此调节着活人的心灵：心跳频率、血压、体温、最内在的新陈代谢、对食物中的有毒物质的排除、药物的用药效果、食物摄入的效果、内分泌系统、视觉的敏锐度、肾的活力、消化系统、力比多（libidinale）活力、生长的逻辑、荷尔蒙的机制。

米歇尔·西弗伊发现的这种物质的心理作为一个未开垦的大陆直到那时才超越了弗洛伊德的元心理学的心理。在这位科学家对自己的深坑实验的讲述中，他证实，他深知他不会遇到任何危险的动物，在地面以下一百多米的地方不必担心任何捕食性动物。不管怎样，他写道："无论如何总有一种不可控制的恐惧在那里袭击着我。那就是某种人类的在场，类似的活物。"当然，巨大的冰块或石块的时常崩塌每时每刻都可能把那个山洞变成研究者的坟墓。但他对于这些具体的危险并不害怕，即便他认识到了那个危险并且对其后果有正确的估量。他补充说："这种无法描述的恐惧，这种也许是从人类内心的最深处继承下来的恐惧，我经常能够感受到，太经常了。”

恐惧（la peur）总是对某个对象的恐惧，在此也就是在几吨重的从穹窿上掉下来的冰块或巨石下面暗暗地死去；而畏（l'angoisse）却是没有对象的恐惧，换句话说就是这位科学家将其与他所谓的人类内心深处的东西相联系，并且可以跟非弗洛伊德式的一种物质的无意识（inconscient matériel）相关联的东西。在弗洛伊德为了给一个完全缺乏科学性的概念以科学的美名这样臭名昭著的工作而发明了这个元心理学的术语的地方，西弗伊没有提出任何概念，而是发现了一个事实、一种现实，即无意识的生物学，如果不是生物学或生理学的无意识的话。

普遍的俄狄浦斯情结就是一句废话；原始的游牧部落和弑父，还有食人宴会，就是莫名其妙的蠢话；第一个女人被第一个男人强奸，简直是不合格的无聊至极的玩笑。所有这些空话的所谓系统发生学式的传播，就是一个巨大的滑稽剧。弗洛伊德把他个人的幻想变成了一种所谓的科学理论——事实上，就是有着数量惊人的信徒追捧的一个儿童故事而已。相反，在肉体中、在肉的深处、在皮肤上的在场，并不会全然不可见，它跟一个在我们之中工作，与我们享有同样名字的动物相距并不遥远，在那里，一条绝妙的路径向具体心理学（psychologie concrète）敞开着。在《曙光的注解》（*Apostille au crépuscule*）一书中我曾带着自己美好的愿望提及具体心理学。

达尔文已经宣告了这种动物的存在。并且，令我喜爱不已的是，在米歇尔·西弗伊著作的前言里，法兰西学会（l'Institut de France）的雅各·布尔加教授，这样描述这位年青的科学家：“他让我想起年青的达尔文，在‘小猎犬号[1]（Beagle）’时期的他。”因为，如果达尔文确实发现了人类和动物之间并不存在本质的差别而只存在程度的差别，那么米歇尔·西弗伊则在自身中发现了内在时钟的

[1] 1831年，查尔斯·达尔文登上皇家海军的“小猎犬号”军舰去勘探南美洲海岸。——译者注

存在，这个时钟指示着昼夜的循环。他发现了居住在所有活体细胞中的物质性时钟，这个时钟以感性的先天形式显示时间，但是，与康德谈论的一种先验形式的时间相反，米歇尔·西弗伊证明了时间的经验特质。

由于远离哲学的思考和纯粹唯理论的概念建构，时间在此成为这样的东西：一种原始的、生物学的、经验的、具体的、物质的时间，一种古老的、史前的、谱系学的但又当下的、永恒的、不朽的时间，一种此时此地的时间，大地上的事物的尘世时间，同样也是奔流不息但处于一颗不动的星球中的河流的永恒时间，一种流动不羁但在其真理中又是巴门尼德式的赫拉克利特式的时间，一种毛竹和十字园蛛所共有的时间，一种居住在让-雅各·多图斯·德·麦郎的茶花和米歇尔·西弗伊身体中的时间，一种居住在我的和你们的身体中、居住在我们的父母的身体中、居住在我们的祖先和我们的后代的身体中的时间，一种与斗牛士桃花心木[1]（Sipo Matador）和线虫的时间共同的时间，一种衰落的恒星发出的时间，生物的最小微粒中有着这个衰落的恒星几十亿的副本，里面包含着恒星的原始的搏动。所以生物可以被定义为折叠进具体形态中的恒星之力——而时间则可以被定义为在一切存在之物中这种力的踪迹。

[1] 印尼爪哇岛上的一种向阳的攀爬植物。——译者注

5

永恒轮回：享乐主义的反时间

没有加速运动或者减速运动就没有时间。时间的流动不是像流体似的，它的流动也不是像宁静的河流似的。它的逻辑也不是沙漏的逻辑，沙子的细线匀称又平滑地从一个容器掉到另一个容器。速度与速度的增长是密不可分的。速度的增加或减小，速度的变化：停滞、静止不动、停住、轻微的运动、轻微的位移、微小的变动、难以觉察的演变、难以言表的变化、真正的移动、从一点穿过另一点、从一刻穿过另一刻、真正的平移、纯粹的变化、真实的转变、可见的转换、无可怀疑的变形、突然的加速、迅速的增长、无可争辩的速度、明显的急速、巨大的速率、稳定的速度，时间运动中的这些力量的变化就像属的法则：从出生到死亡，经历生长、成熟、饱满、顶点、衰退、衰老、衰败、老迈、生命垂危、死亡，一个人身上发生的这一切同样适用于一个文明，引导着蜜蜂的东西同样也推动着火山。

刚刚学会阅读的孩童的时间，与等待死亡的患不治之症的老年人的时间、发现了情欲之痛苦的青少年的时间、厌倦了夫妻生活的不惑之年的时间、刚踏入生活的年青人的时间、已经被生活所抛弃的病人的时间，都不一样。同样，一个文明初创的那些世纪，与这个文明的末世，也就是我们的世纪，是不同的。维吉尔的时间不是爱因斯坦的时间和我父亲的时间。1921 年出生、2009 年去世的父亲认识了两种时间：在体验过马匹的步伐和协和式超音速喷射客机两种社会节奏的同一个人身体中的不可思议的加速。乘坐这种卓越的飞机从巴黎到纽约所需的时间与 20 世纪初乘坐套了牲口的双轮车从他出生的村庄到他所在省的省会所需的时间相差无几。这种极度增长了的速度是一个人的速度，同时也是一个时代的速度。

在这种历史中（dans）的加速同样也是历史的加速，是历史的内在速度：推动了犹太—基督教文明发展的君士坦丁大帝[1]的时间，与我们无能的、助长了这个分裂的同一个文明之倒塌的政府的时间，是不一样的，力量上升时期的时间不是力量饱满时期的时间，饱满时期的时间也不是顶点之后突转时期的时间，更不是随之而来的与上升的速度大相径庭的下降的速度的时间。

我们将在本系列的第2卷《衰落》（*Décadence*）中看到，区分和连接茁壮成长的时代（诞生、生长、力量）和衰竭的时代（退化、衰老、羸弱、死亡）的诸时代间的过渡是如何发生和被规定的。但是向强力攀升似乎要比朝虚无主义下降花费更多的时间。对一个文明来说，有价值的东西对研究文明的运动的人来说也有价值——同样的运动激励着阿卡得（akkadienne）文明和奥斯瓦尔德·斯宾格勒[2]（Oswald Spengler），他在《西方的没落》（*Le Déclin de l'Occident*）中分析了这种运动的形式和动力。

支配下落中的固体的加速度的规律似乎同样也适用于一只昆虫和一个人、一只猴子和一种文化。我们活得更快，因为我们的文明的下降在其速度中裹挟着我们。我们快速走得越多，我们就走得越快…… 这种加速了的时间所达到的结果不是无限的加速度，而是时间的取消。我们生活在刚被取消的时间、被人造诱饵的时间所代替的时间纪元。带有过去、现在和未来的古老的时间箭头已被折断。往昔这种连通的流动性使得当下的瞬间能够与先前的东西和随之而来的东西保持一种联系。昔日的时间是活的。现在的时间是一种死的时间。

从维吉尔到普鲁斯特，时间或多或少保持不变。那个写《牧歌》

[1] 君士坦丁大帝（272—337），罗马自公元前27年自封元首的屋大维后的第42代罗马皇帝，是世界历史上第一位尊崇基督教的罗马皇帝。——译者注

[2] 奥斯瓦尔德·斯宾格勒（1880—1936），德国著名哲学家、文学家，其代表作《西方的没落》曾轰动一时。——译者注

的人和这个写《追忆似水年华》的人共享着同一个世界。与凯撒同时代的牛郎和生活在第三共和国时期的哮喘病人比他们看上去要相似得多。坎帕尼亚大区[1]（campaniennes）的乡村的时间，田园风光的时间，奥斯曼工程[2]（haussmannien）的林荫大道的反时间，都市的时间，马匹的时间——在维吉尔那里，它牵引着有篷小推车；在普鲁斯特那里，它牵引着御用马车或轻便上轮马车，但速度差不多。

我们有着产生全新速度的可怕机器：信心满满的发动机，使得19世纪产生了汽车和飞机、工厂和潜水艇，当然啰——资本主义还有电话和收音机，接着是电视机，所有这些都导致了虚无主义。从发动机、汽车和飞机出发所思考的新的时间已被社会学家和历史学家大量研究过；但是由千年伊始大行其道的电话、半导体收音机、电视和荧屏所产生的时间却很少被研究过。但是这种时间还是被创造或被遵循了，确确实实地被创造和被遵循着，为了一种虚无主义的时间而废除了维吉尔的时间，我们就在这种虚无主义的时间里衰败。

真实之物发生于其中的真实时间已经被机器吞噬，这些机器取消了真实时间和真实之物以便产生一种全由碎片组成的虚拟时间。慢慢地，电视的直播节目就成为这种媒体开始阶段的主要节目了；折腾了一阵之后，电视直播成了次要的东西，甚至不存在了。众所周知，发生之事的展开是根据时间顺序完成的：时间的流动预设了对必然发展中的一种序列（一次对话、一次演说、一次表演、一次时间……）的把握，这种把握是为了把一种动态过程浓缩进材料的静止状态中，在这个静止状态中，技术人员按照进程的顺序能够将其切割、裁剪、移动、改变。

钟表使我们能够取消曾经存在于现实中的展开，并代之以取代那个已消失的展开的一种结构。在动态中思考、意愿和呈现的演说，为了制造一种意义的效果而辅之以论证、阐明、发展、因果链，

[1] 坎帕尼亚大区，意大利南部的一个大区，大区的首府是那不勒斯。——译者注

[2] 奥斯曼工程是指19世纪法国塞纳省省长乔治-欧仁·奥斯曼在拿破仑在位时所实施的法国规模最大的都市规划项目。——译者注

这样的演说被转换成了软弱无力的东西，在这种软弱无力的东西中，策划者预先进行了演说，为了收视率而重新编排那些已经以某种方式编写好的东西。曾经遵循修辞学、辩证法、论证等的规则，也就是遵循理性的规则的东西消失了，进而助长了那些遵守无理性（déraison）的规则的东西——移情、情感、情绪、激情、同情、感受。理性允许反思并且是对着听众或观众的理智说话；而激情无非产生二元的情感：喜爱或憎恨、崇拜或厌恶，或者用后现代的词汇说就是像印度大麻一样带劲[1]（kiffer）或污人耳目（niquer）——虚假、虚拟的时间中的一切都变成了真实的、现实的。

我们的时代以柏拉图式的秩序在观看：众所周知，在洞穴寓言中，柏拉图揭露了那些相信阴影的真实性却不知道阴影源自现实对象的真实性这样的误解。这些奴隶由于被捆绑着，换句话说就是被他们对仿像的生产机制的无知所束缚，他们被愚弄了，把虚拟之物当作了现实之物。电视观众自身也是一个被缚的奴隶，他把一种虚构的构造物当作真实的，并且浑然不知现实才是真实的，而现实正是真实性 / 真理的现实。许多听众和电视观众，甚至银幕的顶礼膜拜者，都信仰虚幻甚于信仰世界的物质性。

宇宙的时间，一种几千万年的秩序，由于制造虚拟性的各种机器的时间而消失了。虚拟世界已经变成我们这个虚无主义时代的现实世界；现实世界、虚拟世界共享这同样的时代。在这个人造诱饵的时代的构型中，现实之物没有发生过；而以虚拟的方式发生的东西成了现实的。向电视机的过渡产生了一种虚拟的现实，这种现实使那些在街上看见多半在电视上才能见到的人物的人大吃一惊。令人吃惊的不是在屏幕上被看见，而是在以像素化的方式被看见之后，他已被抹去的物质性突然出现。虚幻的不是在一种媒体中被去物质化，而是在日常生活中以物质化的形式被再次遇见。真正的经验的

[1] 原文为动词 kiffer，是由名词 kif 演变过来的。kif 是一种印度大麻（haschich），所以 kiffer 是指抽印度大麻或与之相关或相似的快感。——译者注

现实由于一种虚假的超验的现实而死亡，从此虚假的超验的现实到处发号施令。我们从未如此柏拉图主义过！

这种在虚假时间中对真实时间的奇怪的稀释否定了过去和未来。曾经之物一如将来之物，不曾存在也不将存在，因此也就不（现在）存在。那现在存在的东西呢？只是一个与先和后无关的瞬间。一个无法在往昔的线性过程中占有任何位置的点。当人们召唤过去，这是为了从瞬间和瞬间的残渣的角度来思考过去：关于1789年人们在知识上抓住的无非是我们所知道的有关热月政变[1]（Thermidor）和雾月18日政变[2]（18 Brumaire），甚至是有关布尔什维克革命，有关那些事件的东西，这些事件本身与在教义问答的基础上所习得的拉丁文《圣经》相一致。当人们没有属于瞬间的虚无主义的工具就再也不知如何认识过去之时，过去也就死了。

这种解除了与过去和未来之关系的事件，这种非辩证的事件，这种非时间（intemporel）的时间就是死的时间。我们生活在由将现实虚拟化的机器构建起来的僵死的时间之中。电话取消了距离，收音机亦如此；至于电视，则同时取消了距离和时间。推文和短信的瞬间没有铭刻进任何运动之中。被展现为活生生的时间的僵死的时间，使人联想到后现代时间的基质的被分解了的时间，无土壤的世界的无根的时间。

从此以后，我们怎样去把握葡萄酒的时间和农人的时间，地质学家的时间和洞穴学家的时间，游牧部落的时间和定居者的时间，乡村的时间和都市的时间，植物的时间和石头的时间，活人的时间和死者的时间呢？种种时间的混乱妨碍我们去追寻逝去的时间，妨碍我们去享受重新寻回的时间，它也禁止人们去认识怀旧的甜蜜和

[1] 热月，法兰西共和历的11月，相当于公历的7月19—20日至8月17—18日。热月政变是法国大革命中推翻雅各宾派的罗伯斯庇尔政权的政变，发生于1794年7月27日。——译者注

[2] 雾月，法兰西共和历的2月，相当于公历的10月22—23日至11月21—22日。雾月政变发生于1799年11月9日，拿破仑以解除雅各宾派过激主义者的威胁为借口，发动兵变，开始了15年的独裁统治。——译者注

对未来事物的欲望的猛烈。这种有害的稀释把那些在其漫长的绵延中再也无法听到一曲交响乐的人变成了聋子，把那些无法阅读长篇书籍的读者变成了文盲，把那些再也不知道如何保持他的注意力和专注力超过一篇文章的五页的人变成了愚侏病患者，把那些习惯了无线电广播和电视的小点心的短暂时间的人变成了头脑迟钝的人。时间的死亡杀死了生活在这种时间中的人。

因此，这种僵死的时间只能允诺死亡。它不是异教之神秘的悬而未决的（suspendu）时间，或者知道如何到达崇高、狂喜和海洋般的觉知的圣人的悬而未决的时间，而是空洞和空心的在此在场，好像它已经与一种虚无息息相关似的。就像人们甚至在如洋葱一般层层剥开的音乐的中心也会发现寂静一样，当他们把虚无主义的时间的鳞片刮去之后，人们发现了死亡。在电视节目的最内在的凹陷处，在无线电广播讲话的最难以觉察的褶皱中，在推特或邮件信息的中心，无非就是魔术、幻觉、对现实——现实，独一无二的、唯一的现实——的虚构。我们就是生活在影子剧院里的影子。我们的生命，常常就是死亡。

这种运动不是必然的（fatal）。如果通过这种运动似乎无法通往文明的高度，一切为时已晚，那么人们至少可以，在个体性的高度上，创造和构建一种反时间——一种与僵死的时间相反的时间。只要用过去和未来、用过去的源泉和未来的延展、用过去的灵魂和未来的潜能来滋养瞬间就够了。虚无主义的时间自身夺走了一切用历史进行创造、创造历史的可能性。而它的反面，享乐主义的时间，深谙时间的动态和辩证法。它不满足于认识时间，它使我们欲求时间。通过改变我们在世界中在场的方式重新激活了过去的时间。

自斯多葛派以来我们就知道这种时间，我们大部分时间都像我们永远都不会死去一般活着；但是如同我们明天就会死去一样活着也不再是一个解决办法。天真和无意识同惊恐万分或张皇失措同样重要，不愿意知道的不是傻子，因知道的东西而惊慌失措的也不是傻子，表现得像圣人一样肯定是可耻的。该怎样做呢？取消我们和现实之间的屏幕。直接走向世界。欲求与世界的接触。移除所有居中的、插入的、在我们和世界之间且妨碍我们观看并因而认识世界的东西。横亘在观看者和他本该看到的东西之间的一切就叫意识形态。

书本的准总体性（quasi-totalité）就扮演着这种屏幕的角色。一神论的三本书，当然。但是欲图以他们自己的书本的名誉而终结这三本书的人其实是重蹈覆辙。宗教，毫无疑问，所有宗教里都包含着无神论的信仰。无神论是一种伦理学，但却似乎不知道自己是一种狂热信仰。文化，在大多数情况下，都通过自己的棱镜过滤存在物之光，透过这个棱镜，存在物被折射、被衍射，从来就不纯粹。拉丁文《圣经》和老生常谈，当时时髦的思想，都对理智产生可怕的重压，尽管它们在嘈杂的背景下喘不过气来，但却以异常有效的方式发生影响。

这个僵死的瞬间的暴政使我们无法把我们实存的轨迹铭刻进一种悠长的绵延之中。一种僵死时刻的总和是不会产生生活的动态的。我们收集时间的尸体，想象着这样对生者会有好处，就像自发的生成支配着物质。然而，这种空洞的时间的集合却产生空洞的生活，虚无主义者们也为这种空洞的生活添砖加瓦。从人们形成自我意识的那一刻起，从那以后，如何面对主宰着他们最后一次呼吸之前的欲求和决定的东西？僵死的时间杀死了我们。在我们的虚无主义时间中，空洞瞬间的青少年囚徒将转变他的生命，使其与空洞瞬间沆瀣一气，直到死亡夺走这具没有灵魂的躯体。

只有对过去的忠诚才能允诺给我们一个对未来的计划：因为过去就是记忆，因此也就是已经熟识的东西，对气味、颜色、香味、歌曲的律动、数字、字母、德行、智慧、事情的教训、花卉的名字、云彩、真实的情感和感受、孩提时头顶上空的星星、年少时河里的鳗鱼、重要的话语、习惯、喜爱的声音、神经元的材料之中储存的细微的观察所构成的习得的经验等东西的回忆：它们如我们所是地造就了我们之所是。

众所周知，未来不是一个空白的区域、一片沙漠、一个未知领域，而更多的是或然性和可能性的视阈。从过去获得的经验允诺出一个当前，从这个当前出发，一个人们所希望、选择和意欲的未来得以形成。这些基本的东西应该反复说明，在一个简单的时间已经被废除、被僵死的时间所取代的世界里，这是令人怜惜的事情。简单的时间被虚拟的时间所取代，从这些虚拟之物出发，许多人可以寡廉鲜耻，并且是真心实意地寡廉鲜耻，这是一种虚无主义的病理学，证实了现实并没有发生。

斯多葛派的智慧告诉我们，有些事情取决于我们，有些事情我们则无能为力；因此，没有必要非难或者反抗我们无能为力的人事，应该赞同它们——尼采说过：要欲求它并热爱它。出生、不得不变老、不得不忍受痛苦、失去心爱的人、看着自己的身体随着年岁不知不觉地但又确定无疑地衰老、拥有这样或那样或多或少占有优势的身体和心理的体格，同样拥有力比多气质——这都是我们没有任何能力改变的天赋。

结束生命并不能作为对出生这件事情的对治之药[1]，就像身体锻炼或者注重营养并不能阻止一定年龄必然以不同的速度衰老一样。对即将到来的痛苦的预防永远不能阻止它们总有一天会到来。父母一代的年龄，比祖父母那一代要长，使我们能够看着他们走在我们之前，而我们的同时代人或者更加年轻的人却可能活不到这么长；那些吃喝方面不太计较，又吸烟又没有好的药物的人能活到一百岁，而戒烟戒酒、饮食节制、经常锻炼的人却在青壮年时期倒下了——有一种实存上的命数，使我们能够说尽享天年（bonnes natures）或者未尽天年。

[1] 尼采在《悲剧的诞生》中提到一个古老的神话：弥达斯国王在树林里久久地寻找酒神的伴护、聪明的西勒诺斯，但却没有寻到。当他终于找到西勒诺斯时，国王问道："对人来说，什么是最好、最妙的东西？"这精灵木然呆立，一声不吭。后来在国王的强逼下，它才突然发出刺耳的笑声，说道："可怜的浮生呵，无常与苦难之子，你为什么逼我说出你最好不要听到的话呢？那最好的东西是你根本得不到的，这就是不要降生，不要存在，成为虚无。不过对于你还有次好的东西——立刻就死。"参见尼采，《悲剧的诞生》，周国平译，桂林：广西师范大学出版社，2002年，第61页。——译者注

偶然、机运、运气起着支配作用，那些总是善于从过去出发做出预言的各种各样的分析家、社会学家和预测者也谈论偶然性。

我们生活在这样的时间中，它让我们是什么我们就是什么，而与之对抗我们便什么也不是。必须为此感到悲哀，必须带着这种悲哀生活——必须，正如大众的智慧所言，做个哲学家（être philosophe）。相反，我们应该能够决定的东西，就必须去欲求它。因此，构建一种作为僵死时间的解药的反时间是可能的。许多人还在僵死的时间中苟延残喘。在这样的时间（也就是反时间）中，必须做个哲学家，但是是在这个词的第二层意义上说的，即不是带着尊严承受突然发生并且我们无力反抗的事情，而是意欲人们让其突然发生的东西和创造我们的东西。当不得不遵循宇宙的时候就遵循宇宙；当可以不顾它而行动的时候就不顾它而行动，就像尼采说的，自由地自我创造（se créer liberté），但不要逆它而行。

尼采，再恰当不过了。所有想知道的人早已知道：《强力意志》（*La Volonté de puissance*）并不是一本尼采的书，而是他妹妹拿到市场上去销售的一个市场营销和政治反犹主义及法西斯主义的产物，为领袖[1]（Duce）和阿道夫·希特勒所喜爱。在这部由读书笔记、没有参考书目的引用、写作的轨迹、论证的草稿、思想的试验、流产了的反思的尝试，甚至很可能还有哲学家的妹妹在誊写哥哥遗失的手稿时添加的东西所制成的大书中什么都有，也有相反的东西——除了通常定义一本书之为书的东西之外什么都有。

这导致那些参考这本奇妙的著作、以为自己是跟一部由尼采正式签名盖章的作品打交道的思想家们弄错了，他们误解了尼采的思想并且使他的思想面临着许多被歪曲的风险和危险。一个前法西斯主义的，甚至是早熟纳粹的尼采，就包含在伊丽莎白·福斯特[2]（Elisabeth Förster）的这种混淆黑白之中，她对这种混乱明显有种意

[1] 意大利法西斯头子墨索里尼的称号。——译者注

[2] 指尼采的妹妹伊丽莎白·福斯特·尼采。——译者注

识形态的兴趣。尼采既不喜欢他的妹妹，也不喜欢反犹主义者；既不喜欢他那公然反犹主义的妹夫，也不喜欢群众的狂热；既不喜欢国家，也不喜欢政客式的气量狭小的政治活动家；既不喜欢普鲁士长筒靴的嘈杂，也不喜欢军事征服（1871 年那些带走他的同胞的军事征服使他感到羞耻）。如果他知道他妹妹对他的著作所做的一切，他可能会感到难以置信地愤懑。

在《强力意志》中有许多处文本涉及永恒轮回——关于循环时间的理论。这位哲学家曾长期探寻科学的论据，以支撑这种直觉并证明它在哲学上的正当性，但这都徒劳无功。这些书页证实了这些徒劳无益的尝试：向这个主题靠近的对科学文本的阅读笔记就这样在他的名下被发表，但却是第三者的文本。通过把这本伪造的书当作与这位哲学家授权出版的其他著作齐名的一本著作而对尼采作出自己的阐释，这是一个认识论上和哲学上的重大错误。

吉尔·德勒兹[1]（Gilles Deleuze）于 1970 年代曾对法国第三次左翼尼采主义浪潮作出过大量贡献。但他对尼采所展开的整个阅读就包含遗稿和《强力意志》。然而，如果必须事实上阅读一个作家的全部东西，那也不能一切都以同样的哲学的神圣来对其加以接受：草稿、散论、研究、草图、概略、探索和新发现、确定的东西、提议。如果混淆了寻找和发现，那么或然性的和可能性的东西就会与确定的东西相混淆，貌似真实的东西就会变成真实的东西……

有关尼采永恒轮回理论的东西也是这样：有一个内在一致的文集，这个文集再现了哲学家同意并签字后发表的文本的整体性。哲学家已经阅读和纠正了自己著作的困难之处，并在印刷前签字了，因为它们与他的思想是相符的。这个内在一致的文集毫无疑义地肯定，永恒轮回是相同者的永恒轮回（éternel retour du même）：已经发生过的事情将会重新发生，但确切无疑地是在同样的形式下，因为曾在之物，就是将在之物；将在之物，就是曾在之物；现在之物

[1] 吉尔·德勒兹（1925—1995），法国后现代主义哲学家。——译者注

就是曾在和将在之物，并且是在同样的形式中。蜘蛛织网、狗吠、月亮在夜晚发光，并且同样的蜘蛛织同样的网、同样的狗叫得一样、同样的月亮在同样的夜晚发光。每样事物在这样的情形下所做的事情都将以同样的形式被做。时间是循环的，它与自己同时发生。这是命运的绝对领域，是最极端的决定论的绝对领域：不是自由、自由意志、变化发生的地方，不管这个变化是多么微不足道。曾在之物和将在之物有着同样的结构（configuration）。哲学家只能知道和意欲这种知道，然后热爱这种知道——而定义超人的东西则独一无二地标画出对政治检查来说不可能的存在学——即便不是对最狭义的保守主义来说不可能，对革命而言肯定是不可能的，不管是国家社会主义革命还是马克思列宁主义革命。

然后，关于永恒轮回的文本，存在一种不一致的文集：《强力意志》和遗稿。因为哲学家试图思考永恒轮回并且在字里行间记录了他尚无结论的尝试。这些写作的练习同样构成了思想的练习。在著作的书页中，尼采思考了不同者的永恒轮回，因此人们发现了这个文本："事物的一般进程似乎是全新的创造，甚至在它们的属性（propriétés）的无限微小的部分中，以至于两个不同的现象（faits）不可能有任何相同之处。那么在一个现象的深处能够遇见同一（du Même）吗，比如两片树叶？我对此表示怀疑：这可能要预设它们有绝对相同的构造并且正是通过这个预设我们必须接受这样的观念，同一者永恒存在，尽管现象有着所有的变形并且新的属性会不断出现——这是无法接受的假设。"这个思想是尼采写出来的。很好。但是没有经过他的授权，而没有在他的关照下就出版的思想也同样算尼采的思想吗？

超人的理论在不同者的永恒轮回学说的假设下是不能起作用的：因为把相同者转换从而产生不同者的这种可能性，用同一者可以创造他者的这种观念，可能使超人不再成为高高在上的人物，这种人物赞同他不能不赞同的东西，这是尼采在著作中说的，但他却成了这样一个人，为了意欲不同于意志所意欲和强加的东西而行动。这就是《查拉图斯特拉如是说》（*Ainsi parlait Zarathoustra*）中的超人所禁止的事情，也就是从肯定永恒轮回是他者的永恒轮回的未发表的文本中制造出一个这位哲学家也许会赞同的真理。

然而德勒兹却这样做了，并且发展出一套选择性原则的观念。除了应该在这种反尼采的视角中摆脱那种否定自由的尼采的论题，我们同样还要把超人塑造成一个能够意欲不同于意志所意欲之物的东西的人物。然而意志本身正在于它意欲它所意欲之物，个体并不能意欲意志——他只能喜爱意欲之物，但这种意欲不能是别的样子。因此，德勒兹破坏了尼采的论题：古代人认为自由意志是一种虚构；强力意志是我们无法逃避的一种力量；超人是意欲意欲之人的圣人形象。现代人肯定了相反的论题：主体拥有自由，在尼采的瓦砾堆上，基督教、笛卡尔和康德的陈旧复归；强力意志变成了人们能够意欲的一种力量，他们不完全意欲我们，因此不意欲一切之物；超人不是遵循强力意志的人，而是支配强力意志的人。再没有更完美的哲学背叛了。

德勒兹在他的《德勒兹 ABC》（*Abécédaire*）中已经告知我们：他打算在哲学家们"背后生孩子"。在此，人们参与了这种独特的运作：德勒兹颠倒了尼采的话，并提出了一种尼采主义，很可能希望被这个德国思想家所否认。但尼采的宿命论抵制现实所给予的教导：我们当然不是完全自由的，就像从《圣经》经由笛卡尔和康德到萨特的唯灵主义传统所肯定的那样；我们也不是完全被决定的，就像从《古兰经》经由斯宾诺莎、拉美特里[1]（La Mettrie）、爱尔维修[2]（Helvetius）或霍尔巴赫[3]（Holbach），当然还有尼采等决定论者所声称的那样。因为如果我们知道自己能够办到，并且知

[1] 拉美特里（1709—1751），法国哲学家、医生。——译者注

[2] 爱尔维修（1715—1771），法国作家、哲学家。——译者注

[3] 霍尔巴赫（1723—1789），法国启蒙思想家、哲学家。——译者注

道我们能够通过意欲意欲我们的人而意欲，我们就能够自我建构自由，因为我们从他者那里什么也无法意欲到。

因此，德勒兹建议从尼采出发，但是要超越尼采（这就是他的尼采主义），这样我们才能够在强力意志所采取的诸形式、铭刻在永恒轮回中的诸形式中进行选择，这就是我们希望看见并不断重复的东西。这个选择（choix）变成了一种实存的选择性原则（principe sélectif），建构一种与僵死的时间相反的反时间因此可以算作对这样一种时间的意欲，人们希望看到这种时间不断地重复。从此，通过激活这种逻辑，有了重复，但是是不同者的重复，是一种预设了无穷小地激发相同者的一个不同者的重复，这种无穷小的激发使他者实现。

意欲我们想看见的东西一直出现：这就是一种哲学的生活。当然，当人们思考的东西、信仰的东西、教授的东西、公开主张的东西和日常所见的东西同时发生的时候，首先就有哲学的生活。但是，当鲜活的瞬间产生之时、当这些神圣的绵延累积之时、当这些累积在时间之中并置之时，也存在哲学的生活，所有这一切终于构筑了一种根据这些原则而构建的生活。谁想要看见那些灰暗和悲伤、阴暗和凄凉、充斥着他那由僵死的时间构成的实际生活的时刻之无尽重现呢？谁不想要一种由享乐主义的反时间的时刻构成的生活？

我想起兰波的生活、高更[1]（Gauguin）的生活，或者有关兰波的书《双面兰波》（*Le Double Rimbaud*）和有关高更的书《致敬高更》（*Hommage à Gauguin*）的作者谢阁兰[2]（Segalen）的生活，谢阁兰过着一种医生和航海者、诗人和旅行者、小说家和民族志学家、考古学家和汉学家、作曲家和歌剧剧本作家（为德彪西[3]［Debussy］

[1] 保罗·高更（1848—1903），法国后印象派画家、雕塑家，与梵·高、塞尚并称为后印象派三大巨匠。——译者注

[2] 维克多·谢阁兰（1878—1919），法国著名诗人、作家、汉学家和考古学家、医生和民族志学者。——译者注

[3] 阿希尔-克劳德·德彪西（1862—1918），19世纪末、20世纪初法国著名作曲家，近代“印象主义”音乐的鼻祖，对欧洲各国的音乐产生了深远的影响。——译者注

而作）的生活。一个包含上千条生命的生命：殖民地医生，游遍世界上所有大海的航海者，鸦片吸食者，联觉的思考者，循着刚刚入土的高更的足迹成为塔希提（Tahiti）的土地测量员，在波利尼西亚做一个享乐主义者，尼采的狂热读者，异国风情的思想家，锡兰的佛陀（Bouddha à Ceylan）的读者，文学的朝圣者，特别是追随兰波的踪迹去了吉布提（Djibouti），《佩利亚斯和梅莉桑德》（*Pelléas et Mélisande*）的业余音乐迷，德彪西关于悉达多[1]（Siddhârta）或奥尔菲斯（Orphée）的歌剧的歌词作者，新颖独特的小文章的作者，毛利人（Maori）的音乐的业余爱好者，遗憾未获龚古尔奖的作品《远古》（*Immémoriaux*）——该作品是诗意的民族学大作——的作者，古斯塔夫·莫罗[2]（Gustave Moreau）的绘画的敏锐分析家，精通中文及其他东方语言的年长学者，海洋的阐释者，他附带地结了婚并做了三次爸爸，在中国居住了五年，为了“感受中国”而骑马丈量了中国的国土，初步接触了皇帝的秘密生活——这种知识滋生了奇怪的《勒内·莱斯》（*René Leys*）一书，创作了《碑》（*Stèles*）的诗人，在天津用英语教医学的教授，中华民国总统的儿子的私人医生，中国艺术博物馆的设计者，与克洛岱尔[3]（Claudel）和包法利主义哲学家朱尔斯·德·高提耶[4]（Jules de Gaultier）通信的作家，一个汉学机构的创建者，西藏前线的考古学家，一个珍本书籍出版社的收藏董事，最古老的中国雕塑（一匹马操纵着一个野蛮人）和其他稀世珍品的发现者，他所穿越的水利区域的地形测量工作者，第一次世界大战时期的海军陆战队士兵，远征军的军医，《中国的伟大雕塑艺术》（*La Grande Statuaire chinoise*）的作者（他被西藏深深吸引，在那里发现了一些奠基性的作品），一首题为“西藏”（Tibet）

[1] 佛陀的姓，佛陀全名为释迦摩尼·悉达多。——译者注

[2] 古斯塔夫·莫罗（1826—1898），法国象征主义画家。——译者注

[3] 克洛岱尔·保罗（1868—1955），法国诗人、剧作家。——译者注

[4] 朱尔斯·德·高提耶（1858—1942），法国作家、哲学家，著有《包法利主义》。——译者注

的优美长诗的作者。

1919 年，维克多·谢阁兰得了重病，被送进了圣宠谷（Val-de-Grâce）医院，并于两个月后在阿尔及利亚康复了——精疲力竭，不知何病，命悬一线，他写信给一个朋友："我确定生命正离我远去。"当然，克洛岱尔不失时机地让他转变观点，劝他说他会躲过去的。1919 年 5 月 11 日，星期三，吃过一顿小小的冷餐之后，他去布列塔尼的一座森林中散步。人们发现他在一棵树下死去，旁边放着一本《哈姆雷特》。他小腿上有一个伤口，是地上突出的树根所致。他自己扎了一条止血带，但无济于事。他很可能是昏厥而死的。这条充实的生命只不过持续了 41 个短暂的年头。

在《致敬高更》中，维克多·谢阁兰曾经写道："正是在 1883 年 1 月，在他成年的时候，正当一个人的生命规律有序的时候，正值他 35 岁，高更先生，证券经纪人，被一份偷窃光阴的赚钱工作所困扰，在他的职员生活和另一种生活之间权衡得失，一种他能掌握并且想要的生活……他选定了这种生活，在一周琐细工作的苦役后，他最终宣布了他作品中最引以为豪的话：'*从现在起*——他似乎说过，但我没有听过——*从现在起，我天天画画*。'马上，神奇的变化发生了：高更随即把他的整个事业押在这句话上——并且，表面看来，他随即失去了一切。这个有名的职员辞掉了他的职业，摆脱了他画作的收藏者（他在绘画上拥有马奈、雷诺阿、莫奈、塞尚、皮萨罗、西斯莱等画家的强烈美感），最后，这个父亲放弃了家庭、妻子和孩子。"高更选择了艺术家的反时间，抛弃了保险员的僵死的时间。今天我们中间有多少人过着保险员的生活并希望过高更在女侯爵群岛（Marquises）所过的那种艺术家的生活——但我们却没有为这种希望做任何事情。对实存的反时间的所有建构都是征服永恒的开始。

第 2 部分

生命：超越善恶

生命　我认同尼采的强力意志这个操作性概念。但是这个概念对尼采而言却遭到了大量的误解，人们没有像它理应被阅读的那样来阅读它，把它当作一个存在论的概念——这个存在论概念解释了存在者全体——来认识。事实上，它被欧洲的法西斯主义以政治的方式加以利用，其中纳粹主义用它来为他们卑鄙的计划寻找理由。强力意志是对所有存在者的命名，对于它们，我们无法做任何事情与之对抗，除了去知道、认识、热爱、意欲我们所意欲并且不能先验地意欲的事态（état de fait）。法西斯主义想要的不是意欲我们所意欲之物，而是与尼采的工程相反的一种事业。超人深知，人们对存在者无所能为；而法西斯主义者却相信能够改变存在者的秩序。尼采式的存在论是极端地反法西斯主义的。

“向着阳光：植物王国的生命意志”（第1章）使我能够从斗牛士桃花心木——一种很容易告诉我们什么是生命、什么是生生不息的热带植物——出发理解德国哲学家的这一有力概念的意义。斗牛士桃花心木是一种藤本植物，它在树上攀爬，以达到树冠，在那里享受阳光——这一切是超越善恶的。当代的植物学教育我们，从无生命物到有生命物的过程是端赖叶绿素，即端赖植物而实现的。如果我们是由猴子演变而来的（根据一个不恰当的程式，因为我们更多地是某一种猴子的进化的产物），那么更肯定地说我们就是从植物演变而来的。没有它们，我们将什么也不是。在我们身体里依然有植物的影子；在植物里面也有我们。拉美特里，在18世纪就做过这方面的论证，当时的植物神经生物学，类似于植物学家向我们解释植物如何（通过气体）交流，比如为了保护自己不被捕食，它们以什么方式生活（喜光），生命物并不是从类人的（anthropomorphe）认同或投射开始的地方才开始的。

植物是喜光的，它们热爱阳光；而鳗鱼却是厌光的，它们讨厌阳光——于是就有了第2章“向死而生：厌光的鳗鱼”。有一天我终于在离我的家乡很远的地方与斗牛士桃花心木不期而遇，而与那些鳗鱼相识却在我出生的村庄的洗衣池里。我的父亲，那个用星星教我时间的人，也用鳗鱼教我空间。他对我说，就在这个洗衣妇们刚刚洗完她们的主顾的呢子大衣的小地方，它们按时动身，旅行千里到马尾藻海（mer des Sargasses）去繁殖。

我还知道，我们村庄里的燕子也要完成一次迁徙的旅程，去往炎热的地方寻找食物，使它们能够在阳光下度过冬天。某些蝴蝶也是如此，它们轻盈如以太，利用上升的气流把它们带到赤道的那一边，以便发现吃的东西，躲避可能将其灭绝的诺曼底的严酷冬天。但是这些迁徙性动物所遵循的旅途同样也伴随着繁殖和死亡。这些曾经活着的事物的命运因此向我展示了：遵循那个指引一切生物，指引那些构成了我的春天和夏天的幸福时光的鳗鱼和燕子、雨燕和蝴蝶的必然性。在我体内也曾存鳗鱼和燕子、雨燕和蝴蝶。是该弄清这个谜团并且通过斯宾诺莎而认识到我们之所以自认为是自由的是因为我们对决定我们的原因一无所知的时候了。

喜欢阳光的树，不喜欢阳光的鳗鱼：我发现了存在之物的多样性，甚至是生物间的对立性。在一种生物看来是善的、好的，对于另一种来说则是坏的、不好的：斗牛士桃花心木靠一棵树的支撑而攀爬到森林的高处并享受阳光，鳗鱼躲藏在石头之下，并且喜欢在没有月亮的夜晚，当苍白的光辉被云层遮盖的时候才出来。既有斗牛士桃花心木的存在，也有鳗鱼的个体，甚至在每个人身上都有，并且占有未知的比例，但是通过一番自我反思的努力之后去认识太阳的白昼和黑暗的夜晚是有益的。

“寄生：自由意志的虚构”（第 3 章）使我能够思索大自然中奇怪的角色分配，根据这种分配，有捕食者也有猎物，这些看似有害的动物，它们的生命似乎只不过是依靠其他动物而生，寄生于一个第三者，它们掌控着这个第三者，剥夺了它的自主、独立、自由，为的是控制它，使它服务于某种计划，在这个计划中捕食者实现它的利益而被捕食者则成为它的物品。角色的分配还导致了这样的情况，它使我们每个人身上都有捕食者和被捕食者的影子，尽管比例不确定，但是某些动物被这个或那个情况所支配：存在天生的捕食者和被捕食者，各自都盲目地遵循着专断地使它们成为各自所是的那种必然性。

线虫的神奇历险并不仅仅是寓言或者隐喻性的。它进入一只蟋蟀的身体，控制了蟋蟀的神经元枢纽，并指导着蟋蟀朝着它的计划前进。而它的计划就是把蟋蟀淹死在水中，蠕虫需要这个蟋蟀以诞生、存在和繁殖。尼采说得有理，自然既非善的亦非恶的，它是超越善恶的，它不阻止某些动物吞食而另一些动物则被吞食。世界就是动物行为学游戏的巨大领地，在其中捕食支配一切。

看似不捕食的捕食者的人类忘记了，他拥有即使不是最凶猛的捕食者，也是最凶猛的捕食者之一，也就是他自己。在他的毁灭、屠杀、掠夺、杀害、蹂躏、损毁、破坏、摧毁、刺杀的狂暴中，在他孜孜于制造那些毁灭他赖以生存的星球的必要工具时，人类证明了捕食就是他的律法，是他独一无二的律法。我已经认识了一个存在，具体来说，就是我的父亲，他曾把我的生命带到了地狱之轮回的边缘，他从来不是一个捕食者，他就是一个明证，以表明人性指的就是人身上与反人类的东西作斗争的东西。

自然既非善的亦非恶的。它存在。对于某些人来说，它是恶的——从基督教的原罪到恶毒的萨德[1]式（sadienne）激情再到弗洛伊德的死亡冲动，在思想史上从不缺对自然的仇视；对于另一些人来说，自然是善的——从自然提供给希腊的犬儒主义者们以智慧的教益到赞颂波利尼西亚诸民族的自然善行的旅游者的记述再到卢梭所表达的野蛮人的善——且看看布干维尔[2]（Bougainville）和狄德罗。他

［1］ 萨德侯爵（1740—1814），法国作家，被称为色情小说的鼻祖，以色情描写和社会丑闻而闻名，曾多次入狱。——译者注

［2］ 路易斯－安东尼·德·布干维尔（1729—1811），法国著名探险家、元帅，参与了对抗英国的法国印第安战争。随后，前往福克兰群岛和太平洋探险，并因此而闻名。——译者注

们彼此都这样想象自然，并以为对于某些人来说自然是被有益的力量激活的，而对另一些人来说则是被有害的力量激活的。

一种唯物主义的存在论会为这种对自然的人化（humanisation）感到好笑。这种对自然的人化已迫使某些人认为自然在报复着人们对它的冒犯：从埃特纳火山的爆发到中世纪瘟疫或20世纪艾滋病的大流行，再到里斯本大地震，不要忘了深层生态学的某些思想家，甚至写就《大自然的契约》（*Contrat naturel*）的米歇尔·塞尔（Michel Serres）[1]，他呼吁人类与自然签订一份拯救大自然的契约，他谈到大自然时问道："我应不应该让自然签字？"把自然当作一个活生生的存在者，这种生态主义的谵妄屡见不鲜，比如《沙乡年鉴》（*Almanach d'un comté des sables*）的作者阿尔多·李奥帕德（Aldo Leopold）[2]提出的"学会像一座高山那样思考"，更别说在米歇尔·塞尔那里作为"法律主体"的自然了，这些都显示出人们有多么地离谱。

"通灵的肥料：生物动力农业"（第4章）将展现人智学家鲁道夫·施泰纳（Rudolf Steiner）[3]。尽管受到德国哲学学派的训练（或者因为受到该学派的训练），但他仍以理性话语为借口提出了以思考自然为借口的最大谵妄：他主张用装在牛角里并埋起来的马粪来制造一种按照顺势疗法原则稀释的灵媒肥料，这种灵媒肥料能够召唤宇宙的力量，从而使这些力量通过牛角——这些牛角是从在当地代养的牲畜那里采集的，并被扎入土中使之"生根"——并以不可见的稀释形式回到土壤中，惠益几顷几顷的土地，使之丰收多产。这位思想家给农人提供的方法超出了人的理解范围：焚烧剥了皮的啮齿动物，挥洒它们的灰烬，就能避免它们的同类继续破坏屋宇；在鹿的膀胱或肠子里缝上花；向栎树皮填塞狗的头盖骨等。所有这

---

[1] 米歇尔·塞尔（1930— ），法国哲学家、科学史专家。——译者注

[2] 阿尔多·李奥帕德（1887—1948），美国作家，环境保护运动的先驱，被誉为"现代环保之父"。——译者注

[3] 鲁道夫·施泰纳（1861—1925），奥地利社会哲学家，人智学的创始人，喜欢用人的本性、心灵感觉和独立于感官的纯思维与理论解释生活。——译者注

些方法都有着生物动力的起源。根据这种方法而酿制的生物动力酒成了整个星球的成就。

应该避免两种危险：一方面是对生命和生命体的鄙视；另一方面是对生命和生命体的崇拜。遗忘了造物而一味歌颂造物主的一神论宗教要不得；新世代的宗教、新异教的生态主义、新萨满教的灵性论，也要不得。唯物主义的存在学摒弃了根植于《超灵魂》（*Surâme*）的作者爱默生（Emerson）而不是《瓦尔登湖》（*Walden*）作者梭罗的超验主义的逻辑。生物动力酒的人智学范例表明，应该满足于自然向我们呈现的东西，它已经非常丰富地敞开自己了，不要去寻求一个超越于自然之外的彼岸——那个不存在的彼岸。

西方人忙碌于面对面注视自然之此岸，并且专注于靠活力论文化养活的东西。自 1492 年以来，基督教已经实施了一次全球的种族灭绝。美洲北部、中部和南部的美洲印第安文明，印第安人和印加人，阿兹特克人和奥尔梅克人，玛雅人和托尔特克人，萨波特克人和密克斯特克人，北极的伊努伊特人的文明，还有被欧洲来的军人和传教士殖民化继而被毁灭的非洲的无数文明。法国、比利时、德国、英国、伊斯兰，他们也是他们已征服地区文化的摧毁者，他们还摧毁了所有与自然而非与它假设的造物主保持着神圣关系的民族。

在西方实行的蹂躏之前，非洲也曾经是伟大的土地。在那里，自然中有神性、神性中有自然，但又不存在异化的超越：死者的魂灵活在生者中间，生者的魂灵也活在死者中间，一切都生活在大地之上。“会跳的豆子：文明 vs. 野蛮”（第 5 章）使我能够看到，在让人认识非洲、认识非洲的艺术、认识非洲的文明的借口下，欧洲的美学和文学先锋、画家和诗人们、作家和艺术家们、音乐家和舞蹈设计师们，是怎样被这些民族服务，而不是服务于他们。

尽管他们的所有举动都伴随着他们时代的虚无主义，这些文化的参与者们还是希望能够废除他们认为已经枯竭、疲惫、颓丧、贫血的西方艺术的旧世界。非洲的酒神精神被用作西方价值的腐蚀剂。

非洲艺术的发明本身透露出这样的信号，即人们根据我们的价值来侵吞世界，而我们的价值以为博物馆，这个陈列僵死的产品的地方，是我们能够提供给这个体现着对多样性最好接受的民族的最好礼物。

把宇宙限制在艺术里使得我们在使世界失去活力的同时用权宜的实证价值来接近这个世界：人们因此忘记了他们的世界观、他们的存在学、他们的思想、他们的宗教、他们的哲学、他们的形而上学，他们会满足于援引他们的形式，而不关心曾是他们的根基的东西。达达主义、超现实主义、未来主义、立体主义、民族志、以民族志的腔调说话的电影，都以悖谬的方式助长了对非洲活力的这种检测，这种检测有着欧洲先锋派的枯竭的形式、巴黎的潮流和一个欧洲人的博物馆激情，这种激情只喜爱被别针穿透并固定在一个棺材盒的软木上的蝴蝶。

变成商品后，非洲的艺术臣服于金牛犊的律法，西方的律法。有些艺术品在国际市场上以逆天的高价出售，或者按照共和国的某位总统的意愿在一个博物馆展出，作为某种历史的踪迹，在这个历史中他并没有留下任何东西。这就是堕落的欧洲在一个文明的生命力面前的表现。他们从未停止对之进行阉割、使其失去贞操，然后将其塞满稻草，像对待尸体一样涂上香料。信仰泛灵论的非洲人精神上的健全，对于书本之人来说已经难以理解了。

1

向着阳光：植物王国的生命意志

太初无道，道总是在结束时到达、在蜡烛的烟火中到达，但是闪电，如晦涩的赫拉克利特所言，却统治着世界。如果要说得精确一点，但愿精确，在开端之前，总是有另一个开端：因为，在闪电之前，总有一种使之可能的能量，然后，在这个使曾在者得以可能的能量之前，一种力量也需要另一种力量，如此要么直到无穷，要么直到一个被古代哲学家们称为无原因的原因或第一个不动的推动者。因为，在一切源于其中的恒星大爆炸之前，总得存在爆炸的恒星，还有这种存在的可能性条件，以及这种条件的诸条件。

于是，人们可以更加理性地，或者更有逻辑地说，此处回到同一的东西，在开端处是逻各斯（le Logos）的东西，换句话说，就是一种目前——我们知识的实际状况——逃避着被认识的合理性（rationalité connue）、逃避着固定的可说理性、逃避着知性的理性（rationnel entendu）的理性，但却一直是同一个理性。在此它不是上帝的另一个名称，甚至不是回归形而上学。物理学就足够了：比如，能够结合各种过程从而产生其他的发展过程的环环相扣的因果性，等等。

上帝这个名称终止了这种嵌套（mise en abyme），这种不安、焦虑和形成新问题的嵌套；他命名着一种阻止理智之运用的虚构，命名着这样一种独特的想法，这种想法终止了一系列无止境的探问，从而使信仰者能够以唯一的回应——上帝——来回应自己提出的所有问题。这个概念会引起头脑的懒惰、哲学的闲置，它抛弃反思并把精神引向信仰，而信仰总是对虚构的、神话的以及神话学的故事的顺从，这些故事美化真实并带有绚丽的颜色和醉人的芳香，在这绚丽的颜色和醉人的芳香中，虚无引起的恐惧，使心灵焦虑、结冰、变冷，失去自我发现的能力。

上帝的名称有过很多。在这种多样性中却潜藏着同一个唯一的渴望，那就是想要一次性地解决所有的谜团。二元论是这样一种世界观，它使我们能够通过观念的、概念的、天国的、超越的统一之极简主义来解释尘世的、具体的、内在的多样性复杂体。来世作为对此世的唯一且独一无二的解释，彼岸作为打开此岸之锁的放之四海而皆准的钥匙，这里存在着一种简便，在复杂性和微妙性的掩盖下，这种简便满足于萨满教的老办法，求助于超自然之物来解释自然之物。

如果说尼采伴随着我自青少年以来的哲学轨道，那首先是因为他通过摧毁二元论的、唯心论的、概念的、唯灵论的传统，通过拔除系统的和语词的、修辞的和晦涩的城堡，通过推翻基督教直至意欲将梵蒂冈夷为平地以便在那里设置一个蝰蛇的养殖所，通过摧毁满是构造来世和解释阴间的神话故事的骗小孩的历史，他对西方思想进行了一场革命。作为净化者，尼采是从大海中吹来的一阵风，它扫除了两千五百年的神话思想的瘴气。

但是这种咄咄逼人的狂暴显得很辩证。尼采不单单是为了摧毁的快乐而摧毁。他不是虚无主义者，因为他用永恒轮回的思想、超人的哲学和强力意志的理论给虚无主义开具了对症之药。查拉图斯特拉教导说：发生了的一切都曾经发生过并且将以完全相同的形式发生无数次；超人深谙这种相同者的永恒轮回，超人意愿它，并且热爱它，因此邀请大家爱命运（amor fati），爱自己的运命（destin），因为大家对它毫无抵抗之力；一切都是强力意志，对更大的力量的意愿，强力意志涉及一种后基督的第一流的一元论，这种一元论可理解为对损害生命和有生命物的两千年的思想的一种补救。

然而，当涉及相同者的永恒轮回的时候，我们不能赞同它的所有积极性，这就是我的看法；同样，大家可能会把超人当作一种超斯多葛主义的人物来热爱，这种人对一切偶然发生的事情都能既来之则安之，热爱的方式是借助一种意志的思想来修正这种宿命论的人物。与这种意志相反的是另一种意志，它使人能够以古代的斯多葛主义的方式来区分成事在人的东西和成事不在人的东西，以便使超人变成一个男性的或女性的存在，这个存在能够区分两个区域并把自己的所有精力放在意愿那些成事不在我们的东西之上，进而能够如是地意愿它；同时这个存在还要意愿那些成事在我们的东西，以便能够异样地意愿它。大家对超人的这样一种热爱，这同样是我的看法。但是对于他的强力意志理论，我无话可说、无可指摘。

有一天，我在读一卷尼采的遗稿时，读到这个独一无二的表达："斗牛士桃花心木"，我便已经理解了尼采那里的强力意志是什么。就这孤零零的一个词，此外无它。没有解释性的注释。它就被放在那儿。我于是开始搜寻，看看在他的著作全集——遗著或者发表过的著作——的其他地方，这位哲学家是否使用过这个表达。结果发现他在《善恶的彼岸》第 258 段中第二次提及。这本书是他所有具有最浓烈哲学酒精味儿的作品中的其中一本，甚至能使最微不足道的健康个体沉醉不已。

尼采认为，强力意志和它的运行"就像这些爪哇的攀援植物——人们称之为'斗牛士桃花心木'——它们把它们渴望阳光的臂膀伸向一棵栎树，它们把树缠绕得如此之紧、如此之久，并最终矗立在树木之上，当然，它们还靠树支撑着，不断地、成功地提高着它们的顶点以向阳光张开双臂。"我同样强烈地希望，有一天能够驶向南半球的大海，去看看信天翁在空中翱翔，自从少年时代，我就阅读了波德莱尔的诗篇，就渴望去爪哇看看尼采式的强力意志。

当我再次打开旧日的笔记本，在那里我曾收集了关于斗牛士桃花心木的笔记，我重新找到了一封没有地址的信件，这封信就在欧仁·勒巴扎伊（Eugène Lesbazeilles）于 1884 年由阿歇特出版公司（la librairie Hachette et Cie）出版的书中：

所有这些物种，所有这些个体，如果紧紧地拥挤在一起、纠缠在一起，就会相互妨碍、相互损害。它们表面上的平静是骗人的；实际上，它们彼此之间保持着持续的、难以平息的斗争："那些向着空气和阳光生长最快和最高的，它的枝桠、叶子和树干，对邻居没有任何同情。"我们可以看到，一些植物就像长着爪子抓住其他植物并压榨它们，人们恨不得厚颜无耻地说，这是为了自己的繁荣昌盛。指导这些野蛮的荒僻之处的原则当然不是通过自己努力活着以表示对他人生命的尊重，这种树木寄生植物就是证明，它们在热带森林中非常常见，人们把它命名为斗牛士桃花心木，也叫作刺客藤（la Liane assassine）。它属于无花果科。它的茎的下部无力支撑上部的重量，斗牛士桃花心木于是就在另一种类的某棵树上寻找支撑。它跟其他的攀援植物并没有什么区别，但是它利用某物的方式却尤其残忍和不忍直视。它扑向它想要依附那棵树，它的根茎铺展开来以充分利用，就像浇铸石膏一样，把支撑它的树干的其中一面盖满。然后向左向右生出两条迅速伸长的藤蔓，或者不如说是两只臂膀：人们也许会说它们就像两条流淌着逐渐变硬的汁液的河流。这两条臂膀紧紧抱住受害者的树干，并且在背面重新接合并联合在一起。

它们从低往高以差不多合规律的间距生长，因此那棵可怜的树就像身上缠着止血带一样被无数纹丝不动的链环缠绕着。这些链环逐渐增大、增多，让这个阴险的扼杀者不断长大，并且这些链环一直不会折断，直到它的叶冠在上空与被它勒得喘不过气来的受刑者的叶冠融汇在一起；而在后者身上，树液的流动被阻止了，于是它一点一点地日渐衰弱并死去。人们这时就会看到，这种自我中心主义的寄生植物的这个奇异景象，它的臂膀依然紧紧地抱着这个它为了自己的生长而牺牲掉了的僵死和腐烂的树干。它因此而达到了自己的目的；它自己开满了花朵、结满了果实，它繁衍了后代，传播了自己的种类；轮到它的死期到了，它将跟它所杀害的树木的腐朽树干一起死去，它将跟塌陷在它下面的那个支撑物一起倒下。

斗牛士桃花心木可以被看作激烈斗争的象征，这种斗争在原始森林的神秘深处不断地发生着。没有哪个地方的生命竞赛及其悲剧性结果能比在这无数的植物种群里以更加令人印象深刻的方式显现出来，这无数的植物种群不断产生过分肥沃的土壤。正如我们已经看到的，某些树木为了能够安置自己的根，被迫探出土地占领领空，它们花了很大的力气，就像其他的树木为了向空气和阳光开辟一条道路以铺展它们的枝叶使它们的果实成熟而花费不少力气一样。正是它们这种寻找自己生命的需要、寻求有利于自己的兴旺发达的需要，以及巴特斯（Bâtes）先生创造性地提出的事实，导致了大部分热带森林的植物都倾向于改变自己的特性，使自己的腰身变长、变柔软，收缩自己的外形和特别的姿势，一句话就是变成攀援植物。这块土地上的攀援植物并不构成一个天然的科。它们所拥有的性能源自以某种方式养成的习性。这是一种习得的特点，源自事物的力并且变成了一大堆不同科的物种都共有的特点，这些科一般说来并不是攀援植物。豆科（Légumineuses）、金丝桃科（Guttifères）、紫葳科（Bignoniacées）和荨麻科（Urticées）提供了大量这样的物种。甚至有一种印度人称为攀援棕（Jacitara）的攀援棕榈科植物。它已经形成了一种瘦长的、易弯的茎干，茎干自己扭在一起，像一根电缆一样盘在一些大树上，从这棵树爬到那棵树，有着不可思议的长度——几百米长。它的羽状叶子，不是像其他的棕榈一样在树冠上接合，而是以巨大的间距从它不分枝的茎干上长出来，并且叶子的末梢有着长长

> 的弯曲的棘刺。正是用这些刺，这些真正的爪子，它紧紧地钩住树木的躯干向前攀援。

我继续我的研究，但是大部分我询问过的人——植物学家、博物学家、生态学家都答不上来。每个人都用互联网上兜售的关于这些课题的东西打发我。有个我不想透露名字的“城市植物园林园艺学组织和咨询”方面的专家，指给我看一棵不起眼的植物上的三条线。原本的不解变得更重了。这种特别的树，尼采是如何得知它的？为什么在《善恶的彼岸》中会出现这个形象，为什么在《遗稿》（*Fragments posthumes*）中会有这个简洁的注释？

我们在19世纪的博物学家、旅行者的解读中可以看到，大家都毫不吝惜地宣扬一般的神人同形同性论（anthropomorphisme），尤其是道德学的，甚至是道德说教的评论：藤本植物变成了凶手，因此是恶毒者，是扼杀小国的大国，因此是凶残者，它靠它所杀害的其他植物的滋养而存活、发展、开花、结果，因此是野蛮者。至于汲取土地中的物质而滋养自己的植物，或者吃草或腐烂物质的昆虫、吃昆虫的小鸟、吃小鸟的猛禽，人们不置一词，并没有说它们也显得恶毒：捕食是所有存活之物的律法，尼采想要思考的是超越善和恶的东西，是研究存在之物——强力意志——的物理学家领域内的东西，而不是研究不存在之物——毁灭的意志——的道德学家领域内的东西。

在我看来，这些文献只是重复了已经说过的关于这种植物的东西，而没有增加任何东西——它榨干了另一种植物来服务自己以爬上树冠并享受阳光。同样，我也在克劳德·列维-斯特劳斯那里寻找过，看看在他卷帙浩繁的著作中对于这种勇猛强悍的植物有否写下什么。我期望看到一则故事、一桩轶事、一个神话、一段奇遇。我曾经非常喜爱《忧郁的热带》，它和皮埃尔·克拉斯特[1]（Pierre

[1] 皮埃尔·克拉斯特（1934—1977），法国人类学家、人种学家，以其在政治人类学、在巴拉圭的瓜亚奇的田野调查和无国家的社会的理论而著称于世。——译者注

Clastres）的《瓜亚奇的印第安人编年史》（*Chronique des Indiens Guayaki*）一起，曾经让我思考过要不要在我进行哲学研究的时候从事人种学事业的问题。克劳德·列维－斯特劳斯好像对此没有说过什么。

但是，为了确定此事，我于2009年5月11日从阿尔让丹（Argetan）寄出了一封信。我向他表示，我正着急解开这个简短的批注的谜底，即在尼采的遗稿中提到的斗牛士桃花心木。我跟他写道，“我有点进入死胡同了，斗胆向您求助，求助于您的百科全书式的学识：您是否有任何关于这种尼采式的……藤本植物的相关资料？”他异常和蔼可亲地回复了我，信件的日期标注着2009年5月18日：

> 亲爱的同事，
>
> 斗牛士桃花心木，在葡萄牙语中的意思是“藤本杀手”，确实属于勇猛彪悍的民间传说，但我对这种信仰没有任何特别的记忆了。所以，我非常抱歉，由于老年昏耄，不能够对你有帮助。祝您一切都好！
>
> 克劳德·列维－斯特劳斯

显然，这封由一个垂垂老者颤抖着手写下的文字深深感动了我。同时，这些话语道出，曾经有过勇猛彪悍的民间故事，因此关于这种植物还有许多人们所不知道和没有说过的东西，人们不断地重复着自己所知道的和说过的东西，并且对于她的天性说得甚少，更多地是在谈论提起过此事的人。因此，这种植物是在用寓言的方式言说强力意志，但是她也言说言说她的人，言说她所拥有的看待自然的方式，而这种方式常常遭到门外汉的嘲笑。被这同一个尼采所诊断的有毒物质妨碍了我们看到存在之物，并且使我们把阐释当作现实，把观点当作事实，把判断当作视见。克劳德·列维－斯特劳斯的记忆已经丢失了可能只有他才知道的、能展现这个主题的原始智慧的东西。

斗牛士桃花心木保留着自己的秘密。

我们今天从植物学家们那里学到的东西使我们能够依靠植物学而以非道德的方式来理解强力意志之现实、它的超越善恶的运行、它被经验和知识所确证的存在论的和物理学的真理。如果我们要追寻生命出现的时刻及其从不是它到变成它的时刻，那么我们就会遇到植物，它们是从无生气的到有生气的、从无生命物到有生命物、从衰落的恒星到有朝一日知道恒星衰落的人类过渡的关键一环，人类源于恒星。当拉美特里写作《人是植物》（*L' Homme-plante*）时，他不知道他说得多么有理啊。

地球上有几十亿年没有生命——同样，地球消失之前生命很可能从地球上消失并且持续几十亿年没有生命及有生命的有机体，地球也可能被宇宙中运作的、我们绝对无法知晓其运作规律的巨大力量所耗尽。但是，在生命出现之前，什么也没有。存在着的就已然是尼采式的强力意志了：它是一种驱动所有存在者的力量，无生命物和有生命物、天体的运行和一条鳗鱼的繁殖、宝石的晶体组织和一对智人繁衍生息都受它的驱动。

在生命出现之前，地球就是海洋。海洋覆盖着一切。而大气层则包裹着覆盖地球的海洋。整个地球翻滚着有毒的浪花。可怕气体的粉末、毒液的舞蹈、恶臭气体的漩涡、毁灭性的化学物质的大漩涡，在这样原初的地狱里，没有任何生物能够存活。闪电划过还没有空气的天空。从其他世界来的人们并不知道，有生命物是从这个魔鬼般大气层降下来的，还是从黑暗、充满闪电的金色光芒的天空来的，抑或源自从地球的心脏贯通到海底燃烧着的出口，在岩浆还没有奔涌到海面上之前。

最初的分子往往是一些细菌，这些没有细胞核的生物，它们身上携带着有朝一日变成这一行行字的作者和读者的东西。强力意志命名着这些经久不息的变化、这些力量和力量的游戏。当这些细菌，这些世界上最古老的生命形式，产生出一种能够吸收阳光的叶绿素分子的时候，植物就发端了。从起源上来说，整个世界都源自太阳和它的光明；这就是为什么，在所有宗教之始，我们会发现对太阳和阳光的崇拜。由于这种植物性物质的积累，光合作用使氧气得以产生，氧气在大气层中积累和分布。臭氧层形成了，它使太阳能够滋养而不具杀伤性，能够使万物生长而不夭折。于是，生命变得可以实现了。没有植物，生命是不可能的：它实现了从无生命物到有生命物的过渡。

因此，最初的生命出现在海里，海水保护着它们不受紫外线的伤害。在几十亿年中，这些绿色的细菌存在着，除了自己的存在，它们没有产生其他的东西。它们在自己的存在中存在并延续着。然后，人们似乎还不知道什么东西支配着这个最终的常识，但却可能存在着成千上万种其他无果而终的尝试，这些叶绿素细菌与其他比它们大的细菌相结合从而产生最初的细胞。细菌是一种形态，基因材料就分散在这种形态中；细胞也是一种形态，细胞核在这种形态中聚集这个基因材料。

这种含有叶绿素的带鞭毛的细胞能够游动并滋养自己：这个使它能够在液体中移动的鞭毛在人类那里也可以找到，那就是精子的鞭毛。最初的植物性细胞能够自我组织，它们属于藻类。我们人类从猿猴繁衍而来，而猿猴又从藻类繁衍而来。这种长期的缓慢的变化构成了以能够自我组织的强力意志为主旋律的不可思议的变体。它们展现着柏格森非常正确地命名为创造性进化（l’évolution créatrice）的东西。这个进化的轨道推定了植物在生命之链环中的位置。

在大量的藻类中，某些藻类——绿藻——离开了水。它们不得不找水来滋养自己。于是，它们发展出一种能够寻找水分并在土壤中找到水分的系统。它们发展出能够伸长并且进入泥土中的细胞；接着它们就不断调整而发展出一种根系，这个根系使它们能够占据大陆，离开水而在牢固的大地上传播、生长、发展。离开水、把细胞扩展到肥沃的土壤中、产生一套根系——这其中自始至终都有强力意志在运作。强力意志非善非恶，它只是一种向着生命和生物的扩张而运作的力量。

为了生长，植物创造了小枝椏，从而使它能够通过毛细血管（capillarité）把液体从土壤中运上来、运输到叶子上，然后才能保证叶绿素发挥功能，继而树液再往下流。一种循环系统于是就被创造出来了，它保证了这种生命的存在和寿命。创造出小枝椏的这种古老植物（暂时还没有创造出树干，每一样东西都需要时间）叫作五加科植物（Cussonia），它酷似灯芯草。这种有着细枝、花萼、根系、叶子的植物跟藻类、苔藓和地衣不一样，后面这些植物不知道为什么没有进化过，一直保持着它们原初的样子。

植物的进化与动物的进化同时发生，相互交融：第一批植物离开海洋，接着是第二批，第二批在第一批那里寻找养分。强力意志创造了奇形怪状的海洋动物。巨大的海底保守着它的神秘，在月亮上都行走过的人类，对深渊之中的动物群和植物群比对他们居住于其上的最亲近的行星更加无知。无影无形的巨型枪乌贼充斥着这些黑暗寒冷的所在，也许在等待着自己的时刻，等待人类最终消失了，它们能够朝着与人类不同的形态进化。

植物的进化持续着。进化的道路很明确，就是通向一种能够展现适应性的进化。各种形态移动着、变化着、消失着、突现着、死亡着、生长着、存活着，但它们构成了有着同一个唯一的主旋律的所有变体：那就是强力意志的主旋律。引导着细菌演变成藻类、苔藓演变成地衣的东西，同样也引导着能够存活三千年的银杏演变成新近才出现的柔弱的兰科植物，它表达着一切有生命的东西中这股同样单一且活跃的力量。

植物学家们确信，花朵还在进化，它们趋向于套叠。强力意志创造了膜被来保护植物的子房。从子房的诞生到现在，已经有过五次巨变；第六次好像要出现了。风继续传送着花粉；昆虫也是，但蝴蝶和蜜蜂正慢慢地死去，被人类这种捕食者中的捕食者发明的产品所摧毁。花朵发明了无数的花招来引诱动物们，没有它们，花朵这种植物就无法存活下去。在这一方面也一样，这一方面依然体现着强力意志的效应。

它们致命的香气、它们令人陶醉的美、它们令人头晕目眩的树液、它们令人惊叹的颜色、它们令人浮想联翩的形态、它们诱人的颤动、它们柔滑细腻的花瓣、它们令人沉醉的花蜜，都构成了同样多的迹象和信号，其目的是引诱鞘翅目昆虫，这些昆虫是花朵这种植物繁衍所必需的。花朵有着褶皱唇瓣的性器、有着被精细地折叠的肉、有着植物性的毛皮的腹部，它们服务于大自然所有元素构成的无声的语言。强力意志。

植物生长着、遭受着痛苦，它们回应着外界的刺激。只有神人同形同性论才能阻止我们作出这种结论——素食主义者们给予动物一种植物所没有的存在学地位，他们不认为植物能够遭受痛苦，或换句话说，体验使自己的生存受到威胁的情感，但神人同形同性论使素食主义者的观点站不住脚。众所周知，金合欢事实上能够传达和按照它们同类发出的信息而行动。除了植物对人类而言的象征意义外，还存在一种植物的语言，它使昔日的莫里斯·梅特林克[1]（Maurice Maeterlinck）能够谈论植物的智能。

在一个给定的领地上，具体说就是在植物的世界里，金合欢会交换信息，这些信息使它们能够存在（成为有生命物）、不屈不挠地存在，并使这个种类能够延续且欣欣向荣。当哺乳动物、瞪羚、黑斑羚数量很大的时候，它们就会吃掉大量的树皮，树木的减少就会使树栖动物的数量受到威胁。树木通过一种恰到好处的回应来应对这种过度消耗的信息：分泌一种使食草动物中毒的物质，使它们生病，以杀死某些动物并使幸存者停止它们的挥霍（déprédation）——它们的捕食（prédation）。

为了做到这样，植物的智能于是采取生产乙烯的形式，乙烯

[1] 莫里斯·梅特林克（1862—1949），比利时剧作家、诗人、散文家。——译者注

使它能够通过空气流通和风来进行与其他树木间的化学交流。在此过程中，存在一种对困难问题的理解、对入侵的感知、对这种侵袭的记忆、对反击的准备、对压力的反应、对树栖动物的各种特异性之间的互动、对由于被过度消耗而死亡的利他主义风险的预测，以及为了告知同类而与之进行的交流。总的说来，这些都展现出一种真正的社会智能，这种智能以存在为目标，意愿存在，意愿群体、全体和社群的延续。许多人都没有这样的创建共同体——共和国（république），从词源学的意义上说——的能力。

我们对植物之生命的不了解，我们对植物、花朵、树木维持与世界的一种智能关系之能力的一无所知，来自这样的事实，即我们把我们的时间——不是它们的时间——作为典范并因此而使我们无法抓住它们的生活方式。就像在别的方面一样，在这里我们也把跟我们的行为不同的行为称为野蛮。如果说素食主义者能够很容易听到动物的哭喊，那是因为动物用的是一种能够为人类的耳朵所听见的频率，但人类似乎听不见金合欢的呻吟，因为金合欢不是用人类惯于使用的语言发出呻吟。如果人类能够感知乙烯，那他就能够理解金合欢所说的语言。

因为植物能够感知无数来自与人类共有的世界的刺激 磁场、电波、发光的强度、昼夜节律、月光效应、声脉冲和重力变化。现在，研究者们常谈论植物神经生物学，以使人相信这样的理念，植物能够感知细胞生物学、生物化学、电生理学，还有其他人类共享的领域里的东西。低等植物的细胞的鞭毛和精子的鞭毛显示，人类从猿猴演化而来之前源自植物，因为所谓的高等哺乳动物源自所谓的低等哺乳动物，而低等哺乳动物自身又是从能够进行光合作用的绿色细胞演化而来。

因此，感知、感觉、情绪并不必然地需要神经元、突触、神经元的连接、大脑中枢。植物没有所有这些复杂的设备也能够感知、感觉、有情绪。这些复杂的设备似乎还窒息和阻碍了与宇宙直接感觉的基本生理学。人们几乎可以作出这样的假设，神经元的设备越复杂，人们就越难抓住本质性的东西，人们就似乎越善于理解次要的东西，而次要的东西蒙蔽了本质性的东西或者使它变成第二层次的。总的来说，从外表上看，植物拥有识别初级事物的精细智能的地方，而那些被假定具有复杂性的人类则似乎拥有能够解码精巧之物的器官，但却错过了基本的方面。

没有复杂语言的植物言说着，它们所说的东西使它们能够生长和存活，而能够写出《神曲》的人类——至少是人类中的一位——却不知道解译对他的存在有威胁的东西。金合欢通过交换乙烯来保护自己的家族，而人类却凭借语词来制造其同类的毁灭过程——这不禁让人想起阿道夫·希特勒的《我的奋斗》（*Mon combat*）。在多刺灌木那里有着比德国在 1930 年代欲将人类推入战火和血腥之中的国家社会主义组织更多集体的和共同体的、词源学意义上的共和国的智能。

植物神经生物学提出这样的假设，植物的大脑位于根系之中，其实就在每条根中有一百多个特定细胞集中的那个点上，在几毫米的狭窄区域里。这个特定的区域累积着最高含量的氧气，跟人类神经元中的情况一样。国际植物神经生物学实验室（Laboratoire international de neurobiologie végétale）的主任斯特凡诺·曼库索[1]（Stefano Mancuso）博士（他同时也在佛罗伦萨大学教授园艺学和植物生理学）就常谈到植物的智能，特别是当他着手研究植物就其环境所给予的信号而作出决定和解决问题的官能时。灵敏度、记忆、学习、期待：作为我们的起源的植物保留着比我们想象的还要多的东西，而我们人类则已经失去了比我们想象的还要多的东西。

反对这种植物神经生物学的人拒绝承认这些假设——它们太达尔文主义了。我们不要忘记了，在他的畅销书出版四分之一个世纪后，达尔文和他的儿子弗朗西斯出版了一本名叫“植物的运动本领”（*Le*

[1] 意大利植物神经学说的奠基人之一。——译者注

Pouvoir du mouvement des végétaux，1880）的不知名的书。十足的人类中心主义的犹太—基督教模式构成了巴什拉[1]（Bachelard）命名为阻碍实验观察的一种认识论障碍，实验观察在植物的智能这个问题上能够突显自己。

旧时的科学家们赞同这样的事实，即植物细胞和人类细胞诞生了有着相似起源、有着共同祖先的事物。然而，机械论的实证主义者们不否认植物适应机制的复杂性，他们求助于因进化而发生选择这样的规律：当一棵植物对土壤发出的干旱信号作出反应并抢在自己的同类之前意识到节省水资源的必要性时，它无非是遵从了自己的荷尔蒙的和化学的特质，而不是遵从自己的电容。因此，它只是简简单单地遵从生存的机制和行为。确实是这样的。但是，神经生物学的知识也好，荷尔蒙的知识也罢，重要的不是知识的形态，而是知识的可能性，这似乎是获得性的。以此为证。

利害关系再一次使机械论的实证主义的拥护者们和能量论的活力论的拥护者们针锋相对。昔日的古老争论发生在进步的唯物主义者和保守的活力论者之间——机械唯物主义者们管理着上帝的家政学，而活力论者们则从大门进入机械论者通过窗户逃离的神性。但是，两个世纪之后，无神论者霍尔巴赫和自然神论者波尔丢[2]（Bordou）或自然神论者爱尔维修和信教的德勒兹之间的争斗却有着正好相反的结果：经过两个世纪的实证主义后，显得保守的正是他们；而活力论者，经受了两个世纪的迫害，却显得离有生命物的真理最近。强力意志的概念允许在施行旨在获得可信结果的实验结论之前就有一种貌似最合法的预设，而唯物主义机械论就栽在反对这个事情的人上面。

好像看不见的东西我们就无法构想它似的。然而，人们今天能

---

[1] 加斯东·巴什拉（1884—1962），20 世纪法国哲学家、科学家、诗人。——译者注

[2] 特奥菲尔·德·波尔丢（1722—1776），法国哲学家、医生，活力论的著名代表人物。——译者注

够通过新的科技手段更好地构想我们所构想的东西：因此，通过这些新的科技手段，对植物运动的低速摄影证明了那些我们永远不想在花园里看到的植物之间的交互活力，比如覆盆子灌木丛的横生漫长，紫藤的蔓延，竹子的生长，草坪的生长，稗草——牵牛花、荨麻、绊脚草、蓍草、野燕麦、苦苣菜、野芝麻、野豌豆——的生长，蕨类植物的蔓延，蔷薇科植物的贪吃的藤蔓等。

在低速摄影中，植物的时间能够用人类的范畴加以把握，这些范畴使我们能够以我们的方式来感知时间。因此，借由图像的加速，我们的肉眼能够具体地看到植物对重力、风，还有藤蔓植物的根须通过强力意志而瞄准的一个小支柱、一个支架、一个支撑等近旁的激励之物的反应。按照人类的速度、人类的肉眼、人类的目光、人类的时间，精致的枝桠显得木然不动。

一两天以后，人们以为觉察到了变化，但是人们对此的记忆和回忆从来就不精确。人们只知道这枝小枝桠在花园范围内的哪个地方，更短、没那么长，或者别的，但是却无法在时间和空间中精确地意指。植物的时间不是观看者的时间，人们看到的无非是与我们粗俗的兴趣相关的东西：该砍削了，该修剪了，该捆绑了，该砍倒了，该截成段了。我们的时间使我们无法把握和理解植物的时间，植物的时间是独立的、完整的，是强力意志的时间，它捕捉自己所需要的时间。

只要我们稍微用摄像机的速度捕捉这种时间，只要我们稍微用比较高的速度投射这些影像，通过加速，我们就看到这个貌似不动的世界在舞蹈、扭动、歪扭、转动；瞄准一点进而站稳脚跟、失去这点又重新再试、依然没有抓住就另外再试图到达某个点；转动、依靠自己螺旋上长；为了张开而绷紧，把自己投射出去；为了寻找力量而打结，在一个环结中积聚能量，这个环结将会弹起来并把小枝桠送上去；在继续自己的路线之前击中一个点并在该处固定下来。

我们的整个时间对植物的时间一无所知，我们对细节一无所见，我们把植物的时间性弃置一旁。我们满足于诸多参照：冬季的干燥树林，春季的元气改变了森林的颜色，白色的嫩芽，折叠着的毛茸茸的叶子，舒展开的绿色的叶子，含苞待放的花朵，它们的淡紫色、新鲜的肉色，夏季花朵柔和的香气，被白天的不同时刻所改变的芬芳，早晨的雾，清晨初升的太阳的苍白，正午的炙热阳光，火热的下午，有着最温柔的光线的傍晚，暮色苍茫，夜晚的来临，夜晚降下来的湿气，月亮的白色光芒，深沉的夜——同样多的颜色、香气、芬芳、香馨。

正如我们对一个过早离世的伴侣的生活视而不见一样，我们对紫藤的生活也熟视无睹，它凋零得很快，然后在下一个季节再回来，两者亦同亦异。有时候我们好像不太情愿，没有太注意就可能已经发现了干燥的树林，嫩芽的绒毛，鲜活的花朵，花朵的绽放，花朵的消亡，花瓣飘落到地上，哪棵树木枯木逢春。一旦白雪覆盖了花园，我们知道夏天已经过去，春天即将回来，但我们对春天的运转和夏天的运转熟视无睹。强力意志起着作用，但我们却看不到，除非在不经意之间——如果不是通过沉思的有意识的愿望。

在实验室拍摄的影像显示，植物有自己的意识。实际上，它们很可能拥有对自身弧度的知识，以使在不够直的时候纠正自己。这就是为什么，在森林里，树木有着笔直的躯干，从任何意义上说都不旁逸斜出。植物根据地域的特质变换质量、重量、倾斜度、扎根点。在大山的侧面或者在一片牧场里，在一个大坑的边沿或在堤岸的斜坡上，植物都笔直生长。它们永远不会与土地平行，而是总与某个方位角垂直。事实上，植物遵循地心引力定理。在失重状态下它们惊慌失措、找不到自己的方位时，植物就随意生长，枝桠和根部纠缠在一起：它们的根部——植物的大脑——在极端状态下发出的电子信号便是凌乱不堪的。

通常，跟动物和人类一样，植物也有把握自己的形状和运动的能力。它如此这般构想自我的能力，它感受万有引力的可能性，使它能够激活腰部的反应，以便笔直、直立、垂直生长。如果园丁把栽植物的盆子倾斜，出于垂直生长的需要，枝椏就会朝一种调整过的方向生长。倾向性的每一次调整都会引发植物的某种反应，它会通过一股调整了的力量对这个刺激作出回应。向性不仅涉及向着太阳运动，还包括那些使垂直生长成为可能的因素。我的花园里有棵植物栽得不好，这使我观察到，为了恢复因栽种的失误而被逆反过来的垂直性，这棵植物扭曲了它的球茎。

可以说，对植物的漠视的根源就在于犹太—基督教的意识形态。我们回想一下诺亚方舟上植物的缺席。《创世记》的文本中没有提到植物。动物是为人类而被创造的，人类可以猎杀、饲养、屠杀动物，将它们砍碎、吃它们的肉，套上轭，什么事都让它们干，让它们从事农业和战争，把它们的毛纺成衣服，喝它们的奶，让它们陪伴和劳作；植物是为动物而被创造的，动物可以吃植物，从而维持它们的生存，然后为人类服务。此外，这些植物与人类处于同样的有用性的关系之中，人类可以培植它们以制造他们的面包（小麦、双粒小麦），饲养他们的家畜（大麦、燕麦、驴食草），种植蔬菜（大蒜、洋葱、四季豆），家里放一小块以佐烹饪（月桂、百里香、欧芹），或者种一园的草药（玻璃苣、春白菊）。如果我们不赋予植物哪怕像动物那样最微小的存在论尊严，就根本不可能把植物当作一种生物来思考。

通过花粉的科学，史前考古学教导我们，死者曾被放在花床上。用花来装饰的传统，甚或象征性的向性，因此可以上溯到最远古的年代。几个世纪之后，异教世界赋予它们重要的地位，人们在主持祭祀的司仪和献祭的动物头上，在祭坛之上，在寺庙里的异教神祇的头上，在作为献祭品的神圣的家具脚下，都可以看到花环。同样，死者被献上许愿弥撒献祭品以示纪念，祭品往往是花。特别是玫瑰。

异教世界对花朵的大量使用可以解释基督教为什么禁止在宗教

仪式上使用花圈和花环。德尔图良[1]（Tertullien），亚历山大里亚的革利免[2]（Clément d'Alexandrie），米奴修斯·菲利克斯[3]（Minucius Félix），查斯丁[4]（Justin）都写过文章反对使用鲜花。这些批评所指包括所有显得奢侈的东西：香火、香水、服饰、宝石、金钱、家畜的部位、水果。说是不要混淆了真正的价值：天国的基督的金色花环与虚假的、尘世的花环。一个是永恒的、珍贵的，而另一个则是脆弱的、有死的、易腐的。

然后，渐渐地，随着充满基督神话的历史故事结晶固化，荆棘的花环成为唯一可能的和可想到的。如果受凌辱的基督被弑神的罗马人戴上了荆棘，这些荆棘刺破了他的前额使他流血，那人们怎么能够头戴玫瑰、茉莉、木犀草制成的花环来纪念受难的上帝之子呢？在基督教中，模仿扮演着重要的角色。因此，如果人们想配得上他的天堂，就应该象征性地戴上荆棘的花环，把他的生命变成眼泪的山谷，在这个山谷里，鲜花由于其超凡的美、艳丽的外表、迷人的芬芳而代表着他必须避开的一切——生命的愉悦。

由于基督教是围绕着一个历史上不存在的人物耶稣构成的，并且借助一种具有强烈象征性力量的对等物，所以它所见的无非是隐喻、相似物、寓言、象征、讽喻：从穿过针孔的骆驼到装在旧酒袋里的新酒再到指明弥赛亚诞生之地的流星，基督教从来不会失去这些时机，它让真相隐入第二平面，以便在大部分时间都说着真相以外的事情。

《圣经》的诸多讽喻显示，书里并不缺乏植物：有着生命之树

[1] 德尔图良（150—230），著名的基督教神学家、哲学家，生于迦太基，也死于该地。——译者注

[2] 原名为提图斯·弗拉维乌斯·革利免（Titus Flavius Clemens，150—约215），基督教神学家、早期教父、亚历山大学派的代表人物。革利免博学多才，他用正统基督教不敢用的哲学方式来解释基督教信仰，认为基督是智能的来源，是人类一切心智和道德的源头。——译者注

[3] 米奴修斯·菲利克斯（生年不详，卒于约公元250年），罗马神学家。——译者注

[4] 查斯丁（约100—165），古代基督教教父，生于巴勒斯坦。——译者注

和知识之树的花园，后来成为苹果的禁果，灼热的荆棘，不结果的无花果树，好的麦粒和稗子的区分，主的葡萄园，做圣餐面包的小麦，秘密生长的麦粒，黑芥的种子，野百合。强力意志的维度完全消失了，而让位给了道德和精神的感化。寓言代替了植物学。真正的花园被抹除了，让位于心灵的花园。现实消失了，被象征所窒息，象征杀死世界并代之以符号、代码、多样化的语言的宇宙。

于是，不再有迷人的颜色、强烈的芬芳、冲天的香味的场所，而只有信息的场所：玫瑰诉说圣母玛利亚的童贞和纯洁，葡萄藤宣示着圣体；同样，小麦、百合也表达童贞女玛利亚的纯洁——与之相随的是西方绘画史上的天神报喜像。鸢尾花代表着基督和人类的联结；苹果象征自由意志、选择的可能；石榴宣告着丰产；蒲公英，这种苦涩的草，象征我们总是在受难的十字架下面看到的痛苦；海索草代表耻辱和忏悔；睡莲，这种水生植物，代表洗礼的闪光品德；西番莲（passiflore）是一种受难（Passion）之花。诸如此类都是因为基督徒们认为，人们能够在其中找到与基督的最后时刻相关联的明证：雌蕊和花冠的外形，还有多种多样的花瓣让人想起荆棘的花环，十字架受难的锤子和钉子——更确切地说，从药理学上说，十字架受难具有镇静和缓解焦虑的作用。

基督教对世界视而不见是因为他们总是不断地在真实世界中寻找他们的上帝的存在，是因为他们在真实世界里追捕隐藏的意义——一切神奇思想的标记。把玫瑰掰开，以便发现里面有五片花瓣，这似乎象征着十字架的交叉，或者，如果是九瓣就似乎表达了天堂知识的至高奥义，每一片花瓣都包含着一群从尘世的再生中解放出来的灵魂。在玫瑰身上发现童贞女玛利亚的符号，她被称为“不带刺的玫瑰”，其理由是，按圣安波罗修[1]（Saint Ambroise）的说法，在原罪发生之前玫瑰是没有刺的，上帝的母亲逃过了原始的错误。在玫瑰那里发现神秘的符号，大教堂的建造者们因之而建造了他们

[1] 圣安波罗修（约340—397），米兰的主教，基督教著名教父。——译者注

的蔷薇花饰建筑，所有这一切都绕过了花朵的真理。花朵的真理就是纯粹的内在性 / 世间性，异教徒们早就看到了这点并且心领神会。

我们知道，尼采并不喜欢基督——十字架上的蜘蛛。哲学家充满寓言、象征、讽喻的世界缺少花朵。众所周知，尼采用一大堆动物来表示太人性的人类本性，以及对超人的美德的期待：鸵鸟的自欺欺人，水牛的懦弱，驴的跪服，猫的狡猾和虚伪，骆驼心情甘愿地被奴役，狗的顺从，猪的粗鄙，大象的笨重，蚂蚁的吝啬，苍蝇的记仇，蚂蝗的机会主义，狼蛛的怨恨，蝰蛇的恶毒……但是，作为对人类野兽的解毒剂，也存在超人的野兽：目光如炬的老鹰的至福，鸽子在确信中的平和，说着“我意欲”的狮子的意志主义，咬着尾巴的蛇的永恒轮回，公牛对大地的感知。

动物的充裕，动物寓言的丰富似乎吸收了尼采的所有能量。当这位哲学家谈及花卉、蔬菜或植物时，则常常是出于它们的隐喻用法，并且大部分时间是在《查拉图斯特拉如是说》的语境中出现：滋养人的栗子，充满糖分的枣子，多汁的丝瓜，腐蚀人的蘑菇，舞蹈的棕榈，罂粟的毒性，常春藤的花冠，腐烂的水果，种子的潜能。他同样能够非常自由地长篇大论，但这并不是说，他会把这种或那种植物与观念的谱系相联系：比如大量食用水稻导致佛教的产生，过量食用马铃薯导致酗酒，咖啡、茶、巧克力的营养学和形而上学品性，啤酒——啤酒花经发酵和酿造——产生德国的形而上学。在这方面他同样能够醉心于实践诗歌上的破格，在《狄奥尼索斯酒神颂歌》（*Dithyrambes de Dionysos*）中，这种诗歌的破格使他把似乎在倾听的松树（pin）比作似乎在等待的冷杉（sapin）。但是所有这些都不具有重要的哲学地位——除了这个斗牛士桃花心木。

有一天我终于在哥伦比亚的麦穗林（Medellin）植物园看见了它。我当时是去南美洲参加一系列的会议，并且被邀请在该地一家最好的餐馆吃午餐——有人对我说，这是当地五家最好的餐馆之一。这个当代建筑就建立在这座秀丽的植物园内，无数的小鸟在热气中唱着摄人心魄的旋律。黄色的、热情大方的热带花朵，鲜红的花冠里太阳般的雌蕊，宁静的天使的喇叭，而在这座大公园的那一边，大暴雨正倾盆而下，高高的棕榈树消失在深蓝和紫色的天空中，斑斓的蝴蝶巨大的翅膀上常常带着一对什么也看不见的眼睛，不知名的昆虫像卫星一样绕花朵飞翔，长鼻子探入一朵超炫的紫红色和黄色的花的心脏，采集花蜜，耳听着长尾小鹦鹉的喧闹，眼看着这种彩色的小鸟叽叽喳喳地飞来飞去，绿色的、黄色的、蓝色的、红色的，食肉植物就像用一层薄膜覆盖着的虎斑管道，只要有昆虫一不小心降落在花冠的边缘，管道就会关闭，妖娆的兰花就像奇货可居的织物的褶皱，花朵的长脖子就像黄到极度的红色水果，橙色的花瓣具有令人头晕目眩的结构，就像一朵古老的玫瑰，但却带着美丽的绒毛，正值花期的颀长的棕榈向天空喷出，就像一个祭品，根须从天空垂下来寻找大地，姜有着血色的花朵，木槿张开了……

然后，在热带森林的厚重轮廓的拐角处，便是斗牛士桃花心木。我终于站在了一棵大树面前，它被小小的藤本植物包裹着，藤本植物将其环绕、紧裹，利用树干向树冠爬去以便享受阳光。镣铐的数量说明非要这么大的树干不可。阳光透过来，就像被筛过一样，暴雨的天空使以太变得厚重黏稠，光线落在树叶上形成无数单眼和斑点，就像猎豹的毛皮或蝴蝶的翅膀。这些黄色的斑点颤动着、跳动着，随着温柔地吹拂着植物的微风轻轻移动。

在斗牛士桃花心木所拥抱的这棵树的树干上，恋人们刻下了他们的姓、他们的名和心形图案。他们当然不知道，这棵树是强力意志，斗牛士桃花心木是强力意志，森林是强力意志，蝴蝶是强力意志，光是强力意志，叶子是强力意志，吹拂一切的微风是强力意志，汲取花蜜的昆虫是强力意志，扎进土壤的根是强力意志，向着太阳迅速奔跑的树顶是强力意志，太阳是强力意志。

同样，他们也不知道，他们的爱情是强力意志，他们的身体是强力意志，他们的诺言是强力意志，他们的爱情的终结是强力意志——因为一切存在的东西都是强力意志，并且它超越善与恶，在一切道德的考虑之外，没有任何邪恶和美德的忧虑，是诸必然性中的最绝对者。上帝并不存在，因为强力意志，这个自身就是一切、不是上帝也不是上帝的代名词的东西，不会给任何不是强力意志的东西留下余地。我触摸着斗牛士桃花心木，它也触摸着我：我们是同样的木质构成的。

2

向死而生：厌光的鳗鱼

> 厌光：拉丁语。Lux，Lucis 表示光，Fugere 表示逃避。动物学术语：逃避光线者。
>
> ——利特雷[1]（Littré）

夏天，小河在叶子构成的拱顶下面就像流淌的金银，因为河水的表面反射着透过树隙的阳光。被筛过的光线形成了变幻莫测的光的马赛克。阳光穿透鲜活碧绿的树木。这是短暂在永恒本身之中的绝好教益，恒星的火焰滋养着有生命的一切，而有生命的一切都要死亡。小鱼的尸体，鼓胀着，肚子朝向天空，筋疲力尽的鳟鱼轻柔地倒向虚无那一边，断了气的秏子，被蚂蚁吞食的小家鼠和田鼠，成群的黑蝇和丽蝇把啮齿动物鼓胀的小小尸体变成骨架，灰褐色的毛皮依然附在骨架上，因腐烂和被昆虫殖民并吞食而开膛破肚的蛇——自然远比教会教给我们更多的空无。

在这条名叫迪夫（la Dives）的河里涌动着生命，这个名字表达了里面可能流动了几个世纪的水的神性。当泥沙挣脱束缚，形成一团悬浮的微粒，并迅速地被柔弱的水流吸收之时，石头下面的鲇鱼慢慢地飘上来，罪过的鲦鱼，浸养在水桶中，然后被油炸着吃掉，像滨螺这样的小小的淡水贝类，还有蚂蝗，以前人们常说如果谁碰了它们柔软无力的身体，它们就会吸谁的血。经验很快抛弃了这些幻想，小珊瑚鳟鱼有着橙色和灰色、棕色和蓝色的单眼状斑点，所有这一切都生活在一种我自己也要遵循的节律中：自然生命的时间并不归结于它的测量，而是归结于它的经历。钟表的时刻跟遵循着

---

[1] 埃米尔·马克西米连·保罗·利特雷（1801—1881），法国作家，词典编纂家。——译者注

柏格森命名为创造性进化的动物的内在时钟没有任何关系。

在水生动物中，我记得一种小鳗鱼，还不到20厘米长。我轻轻地搬起石头，发现它们就在下面，在泥沙的微尘中、在土壤颗粒和浑浊颗粒的小小涡流中，它们出现了。它们的真空吸盘状的嘴会贴着皮肤，当人们把它们放在前臂上，它们就会用会吸附的嘴吸住，像一条条小蛇一样翻卷。于是它们便垂在空中，棕色中带着绿色的反光，晶光闪闪，有一种花边状的肉冠在背上颤动。将它们重新放回水里，它们有时懒洋洋地、轻轻地拍打着水流，形成欢快的曲线。然后它们才离开，慢慢地朝着水中央游去。

有时候，水面上会冒出一条真蛇的脑袋。它冲开水面，在水面画出一个V字，尖尖上的那点产生了小小的逆流，这些小小的逆流消失在长长尾部的蜿蜒游动所产生的优雅的图形上。我已经学会分辨蝰蛇和游蛇：长着长方形的头的是蝰蛇，长着椭圆形的头的是游蛇；游蛇的身体是渐长的，而蝰蛇的尾巴短而粗像是被削短的，关于有毒液的动物的危险和猛兽的无毒性，有人说过，毒蛇曾爬到母牛的后腿上，并凑到乳头上以便吮吸牛奶。我父亲已经让我有所防备：如果不能确定并肯定地区别这两种动物，那就不要信任蛇，它可能通常都是有毒的和致命的。这个教导也可以用在人类身上。

在实际的类目中，一旦碰到它们，我能够区分出玻璃蛇、游蛇、蝰蛇和鳗鱼。玻璃蛇几乎没有头没有尾巴，就像一根钢管一样发亮；游蛇优雅而胆怯；蝰蛇有剧毒的倒钩；鳗鱼，史前的动物，挖着泥沙，头被砍去后还能挣扎几个小时，一旦切成块全身跟触了电一样，在此之前，厨师，在这种情况下是我母亲，会用一只报纸做的手套来抓住它，这是卡住它的头的唯一策略，否则它就溜走了。尽管它们具有同族的形态，但无论是玻璃蛇、游蛇，还是蝰蛇，都不能摆上餐桌，而鳗鱼却可以。

就像父亲教我关于星星的东西，告诉我它们的光线在几百万年前就发出了，直到现在才到达我们，而它们可能早就消失了。同样，他也向我讲述过，神秘的鳗鱼出发到马尾藻海去繁殖，关于此事人们甚至也不太确定，因为大家从来没有见过，它们总是隐藏着。他还告诉我，它们要游无数公里以便在世界尽头的咸海里产卵，在那里死去，同时它们的幼崽会返回迪夫河的淡水里，在那里生长，在那里生活，然后轮到它们出发前往安的列斯群岛的方向，为万物的永恒轮回添上一笔。

通过星辰，父亲教给我时间和绵延；通过鳗鱼，他教给我空间和迁徙。北极星的光辉把我幼年的生命铭刻进无限的绵延之中；鳗鱼的波动把我幼年的生命铭刻进一颗行星的波动之中，在这颗行星上，一切都处于与自然的融洽关系中。我的村庄上空缀满星星的苍穹和涌动着史前生命的河流里河水的汩汩声，它们在那里让我进入一个活生生的世界——并且使我永久地自我安置。我曾是的孩童是我所是的成人的父亲[1]；而我的父亲，是这个孩童的父亲。大熊星座和小鳗鱼都最确切无疑地把一颗灵魂导向通往实用的存在论的道路，很久以后，书本是远离这些实用的存在论的。我不知道这些事物的教益怎样充满了我灰色的材料。

半个世纪以后，鳗鱼的神秘已经有点消退。确实，要是我们想知道它们是什么东西、它们在做什么、它们如何行动、为什么行动、它们行动的动机、它们去往什么地方、它们怎么去那里、它们移动的方式，那么我们今天所拥有的技术手段几乎没有进步。人们从未见过鳗鱼繁殖、交配、产卵。不知道它们是独自还是以群族的方式迁徙。人们不知道是什么使得它们可以像它们所做的那样，向着它们永远在寻找的地方移动。尽管专家们展开了对整个地球的研究工作，观察到了人们所知道的关于它们的东西，但却无法进行解释。在这方面人们真的比亚里士多德撰写《动物史》（*Histoire des animaux*）时的时代知道得多得多吗？也许并没有。

---

[1] 此句可能化用了英国浪漫主义诗人华兹华斯的著名诗句：孩童是成年人的父亲。——译者注

我在尚布瓦（Chambois）的迪夫河看到的鳗鱼，跟记述征服者威廉[1]（Guillaume le Conquérant）的贝叶挂毯（tapisserie de Bayeux）上的鳗鱼一样，都是从马尾藻海游过来的，离我孩提时的村庄有六千公里，并且它们要准备返回那里配对、产卵并死去。这片没有被任何大陆包围的海域位于北大西洋，它的表面拥有大量的植物，挡住船只前行，并使叶绿素变得稀薄，这就形成了一个对像鳗鱼这样的厌光物种来说的理想场所；它离神秘的百慕大三角不远，传说有无数船只消失在这里，没有留下任何蛛丝马迹。在《海底两万里》（*Vingt Mille Lieues sous les mers*）一书中，儒勒·凡尔纳[2]（Jules Verne）报告称，这种保护着鳗鱼对黑暗的喜爱的神奇绿色，来自从已经死去的亚特兰蒂斯（Atlantide）高原脱离出来的植物。亚特兰蒂斯可是布莱兹·桑德拉尔[3]（Blaise Cendrars）都愿意葬尸其中的地方。

墨西哥湾暖流很好地解释了这种神奇植物的聚集：洋流使这个巨大区域中的东西作离心运动，并将它们集中在一个漩涡中心，这个漩涡中心在它的幽深之处为欧洲鳗鱼的交媾提供了庇护。大家可以想象，这个曾经拴住过载着哥伦布去发现新世界的船只好几个星期，并且使神秘的鹦鹉螺号（Nautilus）完成它的形而上航海历险的区域，集中了马尾藻海这片广大海域中的所有船难的木头残骸。马尾藻海域从东到西有三千公里长，从南到北有一千五百公里宽。

漩涡不可见的神奇涡眼，鳗鱼繁殖的地方，一直隐藏着。亚里士多德曾经以为它们是不繁殖的，因为人们从未见过它们的卵——我们还是没见过。《论生成与消亡》[4]（*De la génération et de la*

[1] 威廉一世（1027—1087），英国国王，1066—1087 年在位。他本是法国诺曼底公爵，自立为英王威廉一世，号称“征服者”。——译者注

[2] 儒勒·凡尔纳（1828—1905），19 世纪法国小说家、剧作家及诗人。——译者注

[3] 布莱兹·桑德拉尔（1887—1961），生于瑞士，后移居巴黎，欧洲现代主义最重要的先行者之一，更有人认为他是第一个现代主义诗人。——译者注

[4] 亚里士多德的作品。——译者注

corruption）的哲学家作者以为，它们来自大地的脏腑，诞生于大海或者河流之中，在很多腐败的东西中自发产生出来。因此，这种泥沙动物只能来自泥沙，泥沙以无法解释的方式使它诞生。物以类聚，人以群分——我们几乎无法逃出这种神奇的思想。古代世界将其解释为海膳和蝰蛇交配的结果，有人已驳斥过这种传奇说法。鳗鱼是鳗鱼生的，而后者依然是从神秘中诞生的。

儒勒·凡尔纳在这个以著名的藻类命名的马尾藻海里看到了玫瑰色的星形八方珊瑚，长着长触须的海葵，绿色的、红色的和蓝色的水母，以及有着紫色齿形边饰近蓝色伞状形体的居维叶（Cuvier）根足水母。但没有看到鳗鱼。他们依然生活在无比深邃的海床上。作为光的敌人，它们看见光亮就目眩眼花，它们只喜爱冰冷的模糊的黑暗深渊，在那里恐怖的气压压力产生了适应原始生命的形式——长长的、尖细尖细的水蛇，这种形状使它能够钻来钻去。后来，在人类狭窄的想象中，鳗鱼成了隐匿的象征。

可以肯定，亚里士多德从来没有亲眼见过鳗鱼，但是他也没有读过关于鳗鱼交配的记述，尽管他自己是百科全书式的作家。然而，23 个世纪后，人们依然无法看到亚里士多德没有看见的东西！甚至连弗朗索瓦·埃里克·范腾（François Éric Feunteun）这位百里挑一的世界级鳗鱼专家也没有见过，他曾潜入世界上的所有海域，见过盘成一团团的五十或上百条鳗鱼，就像一团团的蝰蛇一样，但是从没有见过它们之间的性行为。这种动物在恐龙灭绝以前就出现了，已经有一亿年了。姑且说吧，它们诞生于马尾藻海，全欧洲的鳗鱼都来自那里。以它们存在之初便延续下来的同样方式，它们一旦完成了相反意义上的旅行之后就全部返回：在遥远海洋的漩涡中诞生，迁徙到欧洲的小河中，穿越大西洋，整个身体都变形了，以便能够进入淡水之中，再沿大河上游直到小河里，到达下诺曼底某个村庄洗衣池的鳞波细浪中，在那里生活、成长、积蓄力量并再次离开，完成回归的轨迹，重新回到马尾藻海，在那里交配，产下成千上万的卵之后精疲力竭地死去，而这成千上万的卵中，只有其中一些能产出鳗鱼，这些鳗鱼又重演这个循环。生命、性交、死亡。此外无他。

因此，在孩提时，我手上拿着的就是这整个历史的浓缩。从史前到一个还不满十岁的小男孩的单纯状态，一个同时代的历史很容易无限期地重复——如果人类不使这种代表人类最原始记忆的动物的存在陷入危险的话。作为对地球的记忆，鳗鱼在它原始的肉身中携带着我们依然携带着的东西，我们也同样在我们的爬行动物的脑中枢中携带着它们依然携带着的东西。在后工业特大城市的居民的大脑中，我们总是能找到我们曾是的鳗鱼的微型脑中枢。这种蛇类是我们的祖先。死去了的恒星的光芒与活着的小小鳗鱼的游动共存。

让我们再次详细论述这个使人类历史黯然失色的神奇的奥德赛吧。它们诞生于马尾藻海域，进行着秘密不可见的交配过程。性行为发生在幽深之处：三百米下。有个日本的研究者塚本胜巳（Katsumi Tsukamoto）花了三十多年时间，于 1980 年代在太平洋发现了日本鳗鱼产卵的地方：玛丽安娜海沟（la fosse des Mariannes）。鳗鱼在一个极度幽深的地方的一座海底山脉附近产卵，这个令人惊异的地质构造在海平面以下十一公里。我们知道，它们成年后能够攀着洋流来到一千米的高度——有些鳗鱼甚至到达了大江大河的源头，我们是用高度来丈量它们从大海深渊到小河流之间的轨迹的幅度。

一条雌性鳗鱼能够产一百多万个卵，大概一百五十万个，只有两个或三个能够进入成熟期：活着的靠死去的滋养，短暂的存在从无限的虚无中突现，存活者需要一大堆尸体供养。生命的涌动以大量死者为代价：父母已完成它们的任务，这就是它们来到这个星球的原因，就是要确保种类的生命和存活，它们去世了，瘦骨嶙峋、精疲力竭、生命被掏空了，传递给它们的后代。

在它们存在的这个时期，还不能叫鳗鱼，而只能叫小头鱼（leptocéphale），lepto 是“小”的意思，céphale 是“头”的意思。这些幼体有着柳叶的形状。它们被洋流携带六千公里。没有人知道它们如何发现其路线，只知道它们逆流迁徙，等待湾流把它们带到欧洲。似乎海底的压力、温度的变化、它们下颌中所包含的铁粒子、光线的变化、磁场的变幻，所有这些参数在一种不为人所知的秩序和重要性中受到重视，并提供了决定这些幼虫完成来到我们身边的旅程的信息。

它们在 200 ~ 500 米深的海水中穿越几千公里。在这整个时间中，它们靠海洋雪[1]（neige marine）的絮团和因极度轻薄而永远不会沉到海底且悬浮在海水里的云状物中脱落的微粒来滋养自己。海洋雪由降解并矿物化了的微生物构成，这些微生物对海面下的生态系统的循环有巨大作用，因为它们会产生营养盐。两到三年——不同人有不同的意见——后，终于有一天，这些幼虫到达欧洲海岸。

为了完成从大西洋的有盐环境穿过大江大河入海口的盐水区再到小河的淡水环境的过渡，小头鱼不断变形成为幼鳗（civelle），它获得了鳗鱼的管状形态和蛇形。“pibale”是幼鳗的另一个名字。它这时拥有一只非常大的鼻子和两只小小的眼睛。这种动物超乎寻常的嗅觉使它能够分辨出极度稀薄的微小分子——它能够觉察并跟踪一个稀释了上亿倍的 25 毫克的猎物——顺势疗法的支持者们的一个观点。有人设想，纳米微粒会发出可能关涉水流中包含的金属或它们同类的信息素的信息。获得这些信息后，幼鳗就找到了向水流回溯的正确方向。

在这个时候，它们时而被成吨成吨地捕获，并成为精致而昂贵的佳肴——过去它们曾是人们桌上的简单菜肴。就像肉食性鱼类竹签鱼和梭鲈一样，人类也是捕食者，他们消灭了数目难以想象的品种。它们在回游到小港湾的时候被捕获，并被食醋杀死，在葡萄酒奶油汤汁中烫熟；有时若没有被杀死就直接用橄榄油烹煮，配以埃斯佩莱特（Espelette）的辣椒，然后端上波尔多人的餐桌。人们同样可以

[1] 在深海中，由有机物所组成的碎屑像雪花一样不断飘落，被称作海洋雪。海洋雪起源于海洋上部透光层的有机物生产活动，主要由已死或将死的动植物、浮游生物、原生生物、硅藻、细菌、粪便颗粒、泥沙和尘土等构成。——译者注

看到它们在西班牙、葡萄牙或中国的餐馆里以天价出售。那些逃过了这第一次捕猎（捕猎的量非常巨大，法国每年达到四千吨：要知道每条幼鳗只有 0.3 克，你便能想象它们牺牲的个体数量）的鳗鱼，则继续朝着小河流方向游去。

在这个时期，幼鳗是没有性别的。幼鳗生下来没有雌性，它们是后来变成雌性的。它们是在选择整个种类能更好地生存并存活的条件的过程中变成雌性的：正是这种生存的条件指引着雌性和雄性数量的产生：在种群非常稠密的情况下，雄性所占比例最为重要；在种群不甚稠密的情况下，则雌性占上风。必须确保种类的延续，当有很多个体的时候，它们就会相互为敌，并在战斗中大量死去。雄性成熟较快，它们很快就确保了后代的繁衍，进而保证了种群的存活。根据斯宾诺莎所心仪的生存能力概念，这种规范性的机制保证了繁殖和繁衍的最大力量。

在海里游了三年之后，它们终于到达小河的淡水里。它们生活在四十多公里长的空间中。然而，这个不可思议的长途跋涉只不过是它们生命的前半部分，这一部分奉献给了对繁殖的准备。在这些地方，它们将被人类抓捕。人类把它们曝露在超市昏暗的光线之下，在 层碎冰之上，然后用它们做成烤鳗鱼、红酒水手（matelotes au vin rouge）、慕斯、烧烤串鱼、烩鱼块、色拉、熏鱼、果酱吐司、鱼干、肉馅（拉・封丹[1]［La Fontaine］著名的鳗鱼肉馅，它使我们的寓言作者能够每天都吃上最美的佳肴并在饱足之后写出诗行，这里提到的肉馅是最美丽的女人的隐喻），如果他们不烟熏鳗鱼并就着涂有黄油的面包的话。

在小河里，它们遵循着有一天将把它们再次带回马尾藻海的向性。它们变得粗大，进食以为那个伟大的行程积蓄脂肪，它们因此变成了雄性或雌性，它们的性腺出现了。性腺是某个叫弗洛伊德的

[1] 让・德・拉・封丹（1621—1695），法国古典文学的代表作家之一，著名的寓言诗人。——译者注

医生研究的首要对象。他在其神奇的思想获得国际性成就之前，曾经徒劳无功地对近四百个标本进行解剖，然后又跟这些动物的睾丸度过了六个月，但是没有任何进一步的发现。这位维也纳的医生将从鳗鱼奇异的生殖系统中推断出一种神奇的双性理论，这种理论使弗洛伊德主义者和他们的无数追随者欢欣鼓舞，如今所谓的性别理论的支持者们就是其中之一。

它们的生长与它们所在的地方息息相关：雄性 3 ~ 10 年，雌性 4 ~ 40 年。在南欧，鳗鱼的生长远比北欧慢。它可能会因为外部的事件而停止生长：温度的改变，缺乏养料，大量的捕捞。但是，一旦成熟，达到它们最佳的身长，它们就会准备重新上路，游向马尾藻海。为了这次回归自己出生地的旅程，一种新的变形发生了。

鳗鱼的眼睛发生了变化：在体积上增大了四倍，以便在半明半暗的深水处拥有最佳的视线。如此它们也武装了自己以对抗捕猎者。它们的皮肤变厚了，颜色也改变了：背部非常灰暗，肚皮非常白。这个变化能够让在它们上面或上面突然出现的动物上当受骗。那些从上方靠近鳗鱼的动物可能会把它们背部的颜色跟海床的颜色相混淆；而从下方靠近的则会把它们的白色等同于天空的光亮：在两种情况下，那些欲对它们图谋不轨的动物都无法将它们从它们在其中移动的周遭环境中分辨出来。为了在深海游行，它们胸部的鳍不断变长并且变得极度尖利。它们停止吃东西，消化道缩小，并堵上了自己的肛门。它们失去四分之一的重量，八分之一的长度。两侧边线，以及能够感知压力的器官也不断变化。就是这个东西告诉它们水流的方向和水的深度——对运动非常有用的两种信息。一旦上述准备工作完成，它们就出发了。

当代的科学家们几乎不比亚里士多德或普利尼[1]（Pline）进步多少，同样并不确切地知道是什么东西开启了它们的离开，诸多可

[1] 老普利尼（Pline l'Ancien）（23—79），古罗马博物学家，著有《自然史》。——译者注

能的原因推动着鳗鱼离开，朝着马尾藻海方向前进。人们把它们从欧洲的淡水游向大西洋的运动叫作洄游（dévalaison）——其反向的运动叫作上溯（avalaison）。鳗鱼的洄游伴随着特定的光线条件：必须有微弱的光照。月光在这个历险中扮演着重要的角色。厌光的动物不喜欢巨大的光亮。它对遮蔽月光的云很敏感并且其迁徙跟月亮的相位保持一致。盛大的启程发生在没有月亮的晚上。后来以同样的方式，在到达目的地之后，鳗鱼便在新月之时产卵。

它们同样受惠于秋天的洪水，因为洪水的动态效应让它们能够在运动时节省能量，节省的能量刚好能够使它们在接下来的几个月中完成穿越海洋的旅程。这个时候，水温相当低，只有 10℃，这同样也保证了猎杀者们相对麻木。它们完成了回归的行程，而且，这次是从河流的源头，从淡水河流经过咸水的入海口，向着巨大的海床游动。鳗鱼永远遵循着自然的宏大方案，这个方案给予生命一种机制，为了繁殖生命而创造生命，鳗鱼一往无前，对它将要繁殖和死亡的命运一无所知。

好像是为了开路和留下踪迹，雄性在 8 月份就先行出发，到 9 月份，雌性接踵而至。它们将游上好几个月，偶尔要半年。在这段时期，它们不吃东西，以避免分心使它们远离它们的计划并暴露在猎杀者面前。随后，它们重新进食，但没有人知道从何时开始：甲壳类、昆虫、蠕形动物、软体动物、鳌虾、青蛙、死的或活的小鱼。它们离岸边越远，就越往深处扎。在大海中，它们白天可能下降到 1 200 米处，晚上再回到距海面 50 米的地方游动。在一天之内，它们平均完成 30 多公里的行程，最活跃时将近 50 多公里。

这种交替产生了温度和压力的变化：当鳗鱼向压强大的深处下降时是寒冷的，当它们向光亮回游时是温暖的，或者可以说，是没有那么冷的。它们把在大海的厚度和质料中来回游动的信号储存起来。只有在它们的身体认识了温度、压力，以及区分出欧洲河流与马尾藻海沟的盐度之间的这一系列变化之后，性的成熟才能够出现。

一旦到达某个地点，所有的条件合为一体，如果它们已经逃过了淡水中的捕食者：梭鱼、鳟鱼、鲶鱼、梭鲈和水獭，陆地上的捕猎者：鸬鹚和苍鹭，还有海里的捕猎者：狼鲈、鲑鱼、海豹、海豚、抹香鲸和鲨鱼，那么鳗鱼就达到性成熟了。接着，它们远离人类的视线，就像在几百万年前人类还不存在的时候，它们遵照自然的命令，用数以亿万的卵填满那神秘而幽暗的所在，这些卵在神奇的海藻下蹿动。它们要累积十年的脂肪，无非是为了完成这个可能要搭上性命的旅程。它们活着，就是为了繁殖和死亡——我们何尝不是。

博物学家阿尔弗莱德·魏格纳[1]（Alfred Wegener）发现了大陆的演变。人们从此知道，地质的延伸是从一种原始的陆地形态开始的。有些科学家提出了这样的假设，即鳗鱼所进行的这些漫长旅行（为了去欧洲，为了到达埃及的海岸，它们要游 6 000 公里，来回便是 12 000 公里。除了北极和南极，在世界的所有海域里有 18 种鳗鱼）是因为它们保留着原始地形学的记忆。不管地质如何演变，它们依然带着同样的盲目遵循着它们的存在之曙光的向性。有人可能会怀疑这种想法，它们对那些最适合物种生活、生存和繁衍的行为嗤之以鼻，因为对这些动物来说，如果存在着没有那么致命的解决方法的话，这种以生命为代价的极其昂贵的横越便是没有任何存在理由的。神秘继续着，马尾藻海掩蔽着这一奇异性，也掩蔽着鳗鱼们。

当它们产完卵，筋疲力尽、形销骨立、生命基质空空如也，它们就走向了死亡。这个生命基质已产生了另一个生命力量，最有力的也最有活力的生命力量。亚里士多德和普利尼已经说过，鳗鱼的尸体从来不浮出水面。它们沉没海底为海床提供养料，关于这一点，两位博物学家都认为，这个海床构成了对一种自发的创生天然有益的环境。但是，并不是腐败分解才使构成和再构成成为可能。创生

[1] 阿尔弗莱德·魏格纳（1880—1930），德国地质学家、气象学家、天文学家和博物学家，大陆漂移说的创立者。——译者注

（génération）并非诞生于腐烂。它们死去的生命赋予一种有死的生命以新生。这个星球上一切有生命之物，从浮游生物到鲸鱼，从小草的嫩芽到猴面包树，从蛆到大象，从鳗鱼到人类，都在永恒轮回之中。

我们在哲学上从这种令人惊讶的奥德赛中学到了什么？学到了这点：我们更多地是一条鳗鱼，而不是一条鳟鱼。这不仅是在隐喻、寓言或象征的意义上，它们躲躲闪闪、飘来飘去、像蛇一样蜿蜒而行、逃避我们的视线、偏爱昏暗和没有月亮的夜晚胜过大白天和太阳的光亮、藏在泥巴中让我们看不见，而且是因为其遵循所有生物所共有的史前的时钟。我们拥有一个爬行动物的大脑，确实，这一点我们都知道，但是，潜藏在都市人（我们大部分人都是）的新皮层中的正是鳗鱼的大脑。

达尔文在1859年出版了《物种起源》，我们知道他所告诉我们的东西，但我们生活的方式却显得我们对此一无所知。我们都说，人类是猿猴的后代，但这并没有给予那位英国的博物学家所肯定的东西以确确实实的公道，他肯定的是：我们是某种猿猴的某种进化的产物，这种猿猴自赋予智人以智慧之后就不再以原始的猿猴之形式而存在了。但是，无论我们做什么，我们都依然是并将永远是这种猴子。变成人类似乎使我们离自然更远了，但却实现了自然的计划，怎么可能不是这样呢？理性的狡计：我们以为要在动物和我们之间保持距离，但正是如此行动，我们才显示出自己就是动物，并且我们跟它们一样，遵循创造性进化的向性。

鳗鱼的冒险之旅展现出我们身上的避光原则的行动——难怪路西法[1]（Lucifer），光明的携带者，是一个堕落天使。我们内在而深邃的真理并不在弗洛伊德式的无意识中，也不在形而上学中，而是在这种避光的向性之中。它不是在那个维也纳医生所复活的神奇

[1] 路西法，罗马神话中的晨星，同时也是跟撒旦一样的堕落天使。——译者注

思想中，而是在生物学，具体说就是在显微解剖学中。显微解剖学保存着模糊的记忆，关于这种模糊的记忆，我们知道它携带着生物的程式：为了死亡而出生，为了繁殖和死亡而生，为了实现自然的计划和死亡而忙碌，自以为自由、自称自由，可全都在生命中盲目前行并死去。这个生命意欲我们，比我们意欲它还要多。

斯宾诺莎曾经非常确切地写到，*人类自以为自由是因为它们不知道那些决定着他们的原因*。这个谦逊节制的真理并不会清清楚楚、明明白白地准时出现在人类表现出与他们的傲慢一样巨大的无知、表现出与他们的自负一样强大的盲目、表现出与他们的野心一样膨胀的盲视的地方。最明智的人都知道，他们是猴子并且永远都是猴子；最清醒的人都知道，他们是鳗鱼并且永远都是鳗鱼。出生、生活、繁殖，从这个永恒的循环中汲取滋养后死去：有几个人能逃脱呢？不遵守繁殖的向性，因而表明他们比大多数被世界所占有的东西占有更多的世界，这样就能逃脱吗？

孩提之时，我对这种活蹦乱跳的小动物知之甚少。但我认识了我所见的本质的东西：我时而看见知道自己就要死去的生物令人生畏的力量。在村庄的桥上，一条鳗鱼被垂钓者捉住了：它用一种奇怪的舞姿扭曲着、翻卷着、卷成螺旋形，这种舞姿展现出一个受到妨碍的生命和对危险的反抗、对死亡的抗争，当然，这就是为生命而战。然后，它缠绕在一把想象性的斧子上，世界就是一把斧子。它结成奇怪的扭结，整个生命的扭结，进而放平，再扭成结。在钓鱼线的末端，它的嘴巴大张着，贪婪地呼吸着即将失去的空气，它发出一种无声的呐喊，无声无息地呻吟和嚎叫着，跟一位四处闲逛的隐形敌人——死亡——辩论着。为了面对威胁着它的莫名之物，它编制着一曲活力论的欢歌，尽管它本能地知道那个莫名之物潜在的致命本质。

终有一天，在这座古旧的桥底下，清理河道的工作完成了。在上个世纪，先辈们也曾经挖掘过河里的泥沙，为的是完成开凿的准备工作。我的马蹄铁匠祖父，一个朝气蓬勃的男子汉，脸上长着美丽的络腮胡，也加入工人之中。他双脚站在迪夫河的褐色泥浆中，马步半蹲，跟同伴们一起拉着一根绳索。我那时还是个孩子，记得单斗挖土机就在那里挖起臭哄哄的黑色泥巴。在白天阳光的照耀下，一窝鳗鱼冒了出来：它们乱蹿乱动，就像一卷蝰蛇。腐烂泥浆的臭味中这一包抗拒着死亡的灰暗黝黑的生命，就居住在我们每个人的身体里。这一来自马尾藻海的避光原则是我们首要的动力，是我们的本体论因果性——我们的真理。

3

寄生：自由意志的虚构

在我童年村庄的河里，看不见很大的生物，但有非常多小鳗鱼，很多鲦鱼，很多淡水贝壳，很多绿藻，长长的丝绦充满叶绿素，随着波涛尽情摇摆，摄取着太阳的光芒以滋养自己的颜色。有很多可见的生命，还有一条有淤泥的小河汩汩地流淌着，村里依然有孩子在里面钓鱼，他们从迪夫河里抓来瘦骨嶙峋的小鱼，这些小鱼在他们脚边的塑料桶里打转——人类处境的隐喻。

老练的钓鱼者能钓到鳟鱼和鳗鱼，但是前者，假的青点石斑鱼（Fario），其实是钓鱼工会放出来的饲养鱼，它们不再具有野生鱼在鱼线的末端闪闪发光、活蹦乱跳的那种美了。我兄弟的儿子，好像是护林员，只要水里有的他都能钓上来，他有时候会带回一些身材非常漂亮的鳗鱼给我母亲烹煮，这证明1970年代开始的污染依然没有得到治理。那个时候，村里的干酪业老板都把工厂里的有毒废料倒进河里，再加上农民为了增加收成而在他们的土地上播撒杀虫剂，造成了下层土的污染。

但是，在这个星球的其他动物种类令人不安的消失中，鳗鱼令人恐惧的消失并不仅仅是人为造成的（笛卡尔主义者们有所不知，人类早把自己当成大自然的浮士德式的主人和恶魔般的占有者！），因为要把人类与自然对峙，尤其需要从这样的原则出发，即人类不是处于自然之中，而是在自然之外，在旁边，在自然的对面，在自然的边缘，在别处！人类与自然这个表达式是一个虚构，这个虚构与人类是自然这个现实针锋相对。即使通过教育、教导、无数知识的传播而经历文化适应、培养、转化、改变，即使受到似乎跟自然相悖的几个世纪的文明的去自然化，人类还是在此过程中变成了一个碎片，以致当他变成猎杀者之中的猎杀者时他完全遵循着自己的天性，以致他对自己的环境不断破坏、蹂躏并带着偏见。

当人类像动物吐出毒液那样播撒杀虫剂的时候，他意得志满地展开着自己的计划，这个计划就是他的天性。文化是自然的一种分泌物，尽管它看起来是一种反自然。因为在自然中有谁能够逃脱自然呢？一切都是自然，一切都来自自然，唯一的独一无二的自然，此外无它。在自然中，如果我们用分形图形的方式寻找细节和多样性，我们就会发现里面无非是复制着无限大的无限小和复制着无限小的无限大。制造使人类去自然化（dénature）的文化是人类程式之中的事情，因为这是他的天性。

当我们以为自己已经挣脱自然，其实我们是遵循着自然；当我们以为自己已从自然中解放出来，其实我们是屈服于自然；当我们以为自己已把自然抛在了后面，其实我们是服从着自然的秩序。我们只能是自然意愿我们之所是。当卢梭认为，随着财产的出现，我们就离开自然状态而进入了文化状态，他说错了：即便出现了滑稽模仿自然的文化，我们依然处于自然之中。因为财产向来只是领地的人种学逻辑所采取的合法形式；保护财产的治理方式源自对像猎狗一样相互争夺的力量的安排；保护财产的司法系统源自力量的博弈和占统治地位的男性以及他们的法庭的恫吓；民法典把那时确立为管辖权的丛林法则变成了文字——最强者的法则已变成最大多数人的力量的法则，法律正是这种变化的词语的结晶。尼采已出色地论述过这种谱系学。一群猎犬的胜利。

人类遵循他们自己的向性，为繁殖和死亡而活着，就像我们的姐妹鳗鱼一样；人类为了给养而贪婪地吃肉，就像我们的副本食肉动物一样；人类建造特大城市，就像蚂蚁和白蚁垒起它们的蚁窝；人类制造潜艇以在水下生活，就像我们的祖先两栖动物一样，水是他们几百万年前的原始元素；人类为了占有天空而建造飞机，就像我们的表兄弟飞鸟一样；人类征服地球、征服宇宙，在陆地、海洋，然后在蓝天上殖民，就像动物标记自己的领地；同样，人类也保护自己的领地，他们从鸟喙和鸟爪、兽爪和獠牙中汲取灵感制造武器，就像他们的同类野兽一样；人类自以为是自由的，但却服从哺乳动物的动物规定性。

再没有比在战争事务中更能展现人类的动物世界的非理性了。达尔文已经证明了这样的事实，男性具有游牧特性，为了保卫或者扩大自己部落的领地而发动战争；而女性呢，具有定居特性，她们看守火炉、火，在其周围养育孩子，女孩子是用来生育战士、生产者、保卫者的。用我们现代社会的高科技模式来理解，在战争中，人类展示出他们依然是野兽，在他们的防守、进攻、建立和保卫边界的逻辑中，他们做出跟野兽一样的行为，就像动物用气味浓烈的尿液、大便和分泌物来标记领地一样，他们也有着同样的逻辑。

为了攻击、自我保护、杀戮、自我隐藏，从元素——水、土、气——中解放出来并掌握火的使用，人类均以野兽为榜样。因为生命以死亡为前提，幸存就是被赋予死亡，以避免不得不承受死亡。生和死就像同一枚勋章的正面和反面，一片独一无二的叶子的正面和背面。性、血、死亡：没有哪个动物能够逃脱。即使人类中的某些人展示出他们能够通过爱（Éros）而不是死亡（Thanatos）来呈现自己的生命——这是所有配得上“哲学”这两个字的哲学的任务——从而逃脱性、血和死亡，但很明显，人类并没有更厉害，他们还不如其他物种。

老鹰的爪子、狮子的趾爪、狼的利爪、秃鹫的钩爪、雄鹿的角的尖端、驼鹿的角、犀牛的独角、大象的巨牙、鲨鱼的牙齿、鹿角锹虫的钩牙、蝎子的螯针、胡峰的毒针，这一切都便于攻击；豪猪的刺、犰狳的外壳、刺鱼的尖刺，则便于防御；变色龙的色素和乌贼的墨汁，便于隐藏和逃脱——同样，还有动物领地和人类战场的许多共同活动。大狒狒和指挥官的相似之处远大于不同之处。

猛禽的爪子、野兽的兽爪、狼的爪子等是用来放血的：人类发明了削尖的石头，楔入木柄中、绑在灯芯草上，做成弓箭和标枪，投掷的武器，用它们来屠宰同类并剥皮、切取内脏。乌龟的甲、犰狳的壳、甲壳动物的壳也成为模子，几千年来帮助人们想象和制造出战士的头盔、甲胄、网衣，直到现代坦克的钢甲。蛇的毒液给毒药提供了模范，这些毒药可以除掉一个帝王、一个暴君，其他动物的毒药则被国防部命名为“NBC”——核武器、生物武器和化学武器——的东西提供了典范，从用箭毒浸泡过的箭头到现代战争中的窒息性瓦斯再到原子弹。军队制服中的伪装服、隐藏军用物资的油彩、在沙漠中使用沙色、在欧洲战区使用绿色和栗色，这都是模仿变色龙的颜色变化，效仿某种鞘翅目昆虫对某些水果颜色的模仿，仿照北极狐冬天的白毛和夏天的棕毛，借鉴某些蝴蝶对树叶的模仿、竹节虫对树枝的模仿、鳊鱼的皮对海床的色差的模仿，还有斑马的条纹，它使得猎食者无法在群体中把它们识别出来。每一次，人类都是为了生活和生存、为了在一个领地上居住并且保卫这个领地而模仿动物们的办法。

当人类想要摆脱空气的束缚时，他们就模仿飞鸟：热气球、系留气球（ballons captifs）、齐柏林汽艇（zeppelins）、飞艇，各种驱动的飞机——从螺旋推进器到尾喷管、滑翔机、直升飞机、火箭、无人机，每次都关系到对翅膀的强调、蜻蜓和蜂鸟的静止式飞翔、鹫鸟的俯冲、候鸟对气流的利用。为了从海洋的元素中解放出来，他们模仿海里的鱼，发明了水面上的船只，海洋深处的潜水艇；他们重新认识了海底世界，以便带着声纳在海里移动，就像鲸鱼和海豚一样。他们模仿毛毛虫和它们的移动方式，以便装备出履带式……装甲车。1972 年，当代警察使用的电手枪的发明者杰克·卡佛（Jack Cover），就是掌握了电鳐的电流这种寓言般的火种，才构想出了电手枪。

因此，人类跟享有捕食者名号的其他动物并没有区别。像所有动物一样，他遵循自己的程序。人类为了自己而以自己的方式挑起争斗，于是在与人类相关的东西中就有了所谓的犯罪、谋杀、他杀、刺杀、过失，或者为了他人、为了维持秩序而演变成的军事冲突和战争，以及爱国主义、英雄主义、牺牲、效忠、克己忘我。人类顺从了好斗的向性。在一种情况中，这种向性被罚以监禁；而在另一种情况中则被予以粉饰。在此处是社会的斥责，在彼处则成为民族国家（Nation）的褒奖。

自然并不是田园诗般的，就像自然主义者、生态主义者、新万神论者、礼拜天的郊游者、远足者和其他自然之友们常常想象的那样。它存在于善恶之外，它容纳生命也容纳死亡，容纳出生也容纳消逝，容纳互助互利也容纳互残互害，容纳母性的本能也容纳死亡的冲动，容纳下崽和哺乳的雌性也容纳吞食自己的幼崽并破坏同类的巢窠、洞穴、领地的雄性。在大海捕鱼的鸟类把鱼保存在它的嗉囊里，将之预消化后，塞到自己的幼崽的喉咙中，它并不处于善中，就像追逐羚羊、用利爪抓住它、把它杀死并吃掉的猎豹并不处于恶中一样。不过，我们既是哺育幼崽的小鸟也是令受害者流血而死的猎豹。

我常常想起有关战犯希姆莱[1]（Himmler）的一则令人瞠目结舌的逸事。整个欧洲都应该为这场战争的最后解决付诸行动。这个人自1928年起就担任希特勒的助手，有人在清理纳粹冲锋队（Sturmabteilung）的长刀之夜[2]（la nuit des Longs Couteaux）后碰到他，他胜利了，以人们所说的第三帝国的显贵达人、党卫军（Schutzstaffel）和盖世太保（la Gestapo）的绝对领袖、希特勒内阁的大臣、1933年达濠的第一座集中营的创建者、集中营和种族灭绝的指挥者、神秘的异教徒的身份出现，他围绕某些次等的北欧神话重新组织生活，他积极地服务于雅利安民族优生学，这种优生学认

---

[1] 海因里希·希姆莱（1900—1945），法西斯战犯，历任纳粹党卫军队长、党卫队帝国长官、盖世太保首脑、警察总监、内政部长等要职。——译者注

[2] 长刀之夜又叫蜂鸟行动或血洗冲锋队，是发生于1934年6月30日到7月2日的一次清算行动，也被德国人称为罗姆政变。纳粹政权处决了一大批政治异己，其中多为纳粹冲锋队队员。——译者注

为雅利安民族个个都是人类种马——就是这个人，当他在某个工作日进屋的时候，竟然脱下鞋子，只是为了不吵醒在笼中睡觉的他的金丝雀。

为了使人物刻画更加精细，让我们再讲明确一点，这个纳粹的象征性人物战前在家禽养殖业里臭名昭著，他曾为这个事业而把他妻子的嫁妆投资进去。1929 年他宣告倒闭。他在养殖业中的无能使他有空闲为纳粹党效命。就是在那时，他渐渐地在国家社会主义德国工人党（Nationalsozialiste des Deutsche Arbeiterpartei）的组织机构中和希特勒的身边获得越来越重要的地位，希特勒把他当作忠实信徒中的信徒。也就是这个人，消灭人类就像消灭家禽一样（某些作家甚至指出这样的事实，即纳粹把动物屠宰场当作毁灭犹太人的过程的典范。1978 年诺贝尔文学家得主 I. B. 辛格[1]［I. B. Singer］，2003 年诺贝尔文学奖得主 J. M. 库切[2]［J. M. Coetzee］，哲学家德里达、伊丽莎贝·德·冯德奈[3]［Élisabeth de Fontenay］、彼特·辛格［Peter Singer］等人都这样说）的人，认为他的金丝雀完全值得他的注意和兴趣，以至于他穿着袜子悄无声息地走进自己的卧室。

我上面已经明确指出，鳗鱼的消失就是人类行为所致，就是由于他们对幼鳗的非理性捕捞，由于他们对水生环境的污染，由于他们致命的涡轮机水坝或水库，尽管这些水库拥有人类建造的少之又少的人工溯流产卵地，但还是阻碍了海里的动物向淡水游动，也阻碍了它们从淡水游向大海。事实上，这还有另一个自然的原因：有一种名叫克拉苏鳗鱼寄生线虫（Anguillicoloides crassus）的蠕虫，以及一种叫酯化雌激素（EVEX）的病毒。这种鳗鱼寄生线虫可能是通过一个进口日本鳗鱼的养鱼者引入欧洲的，这种杀手线虫几乎污染

［1］　艾萨克·巴什维斯·辛格 (1904—1991)，美国犹太作家，1978 年获得诺贝尔文学奖，被称为 20 世纪短篇小说大师。——译者注

［2］　约翰·马克斯韦尔·库切（1940— ），南非作家，2003 年获诺贝尔文学奖。——译者注

［3］　伊丽莎贝·德·冯德奈（1934— ），法国当代哲学家，巴黎第一大学哲学教授。——译者注

了所有的海洋。

在鳗鱼的一个囊中平均可能有 7 ～ 10 条这样的线虫，它们吸食鳗鱼的血，损坏鱼囊，使它的伸缩性减弱，甚至将其毁坏殆尽。这种病理学极大地阻碍了这种动物的浮动性，使它再也不能够到达大海足够深的地方。精疲力竭的鳗鱼再也无法完成繁殖所需的旅程了。到马尾藻海的旅程必须花费 6 个月，然而，在被污染的情况下，它们的行动力降低了一半。于是，它们还没能繁殖就已死去，这极大地影响了物种的存活。

这种寄生虫是怎么起作用的？成年的线虫是被宿主吃进去的，这个宿主可能是一个小小的淡水或海水甲壳类生物，也可能是一条鱼。这个寄生虫守着这个吃它的动物，而这个动物有一天将被鳗鱼吃下。蠕虫又把鳗鱼的囊当作殖民地，在那里产卵，这些卵通过鳗鱼的消化道排出来，飘落到淤泥或泥沙中，等待下一个动物把它们吃下。就这样无限循环下去，整个鳗鱼种类都被它们寄生了。

通过一种寄生在蟋蟀身上的线虫，我们非常清楚地认识到寄生的机制，当然还有其他昆虫：蜘蛛、螽斯、蝗虫、螳螂。这种捕食的逻辑被运用到人类身上就会令人不寒而栗——然而，智人逃无可逃。确切地说，这种线形动物门（nématomorphe）操控着昆虫的行为，昆虫就是靠这种行为被孕育、诞生、生活、繁殖并死去，换句话说，用哲学的词汇就是——存在，并在自己的存在中坚持不懈。创造蠕虫的东西跟创造昆虫的东西有着同样强烈的意志：蠕虫和昆虫遵循着同一种生命冲动，这种生命冲动把大自然的计划转变为工具。在这种转变中创造性的能量发挥作用，使生命和对生命的追求成为可能。

那种把蠕虫当作蟋蟀奴隶的主人的黑格尔式解读忽略这样的事实，即两者都服从这样一种不容置疑的力量，由于这种力量的一方能够穿透另一方，在那里居住、利用它并实现自己的计划，那就是生活、繁殖和死亡。意欲蠕虫的东西跟创造蟋蟀的东西同样充满意欲，而蟋蟀自己同样有自己的意欲。无论什么都无法使我们认为，人类之为人类就可以逃脱这个进程，逃脱自己的肉身，这个肉身尽管表面上意欲，实际上却拒绝成为大自然之蓝图的工具，也就是这个把其中一些创造成线形蠕虫而把另一些创造成被寄生的昆虫的大自然。如果达尔文所说的有道理，我相信他所说的有道理，那么智人——众多猴子中的一种——就没有任何理由被免除这种使整个世界成为意志和捕食之合力的法则。

一般来说，蟋蟀生活在树林、森林、田野里，而不是在水流旁边。然而，偶尔也会发生这样的事，完全偏离它们众所周知的风俗习惯，某些蟋蟀来到一个水潭、一条小河、一汪水、一片湖或一口池塘，甚至一个游泳池，如果不是厕所或市镇野营的淋浴旁。它们被一股不可抑制的、盲目的力量所推动，被它们体内的一种意欲生命的强力所引导，这些昆虫跃入水中。在那一刻，蟋蟀好像死了，它大肚朝天飘在水里，萎靡不振、脚爪瘫软，一条长长的蠕虫刺破它的腹部从里面出来，来到它赖以生存并继续实现其计划的水中。

蠕虫可能有 10 ~ 70 厘米长。蟋蟀的肚子——在这种情况下是它的腹腔，而不是肠胃——能容下 2 ~ 3 条寄生虫。蠕虫需要动物的器官来寄生。它是如何进入一个宿主、寄生在那里、让宿主活得足够长，以便宿主能够庇护这个令人惊愕的过程，以它为食，操控它的大脑，不去损害这个宿主，它控制着它，让宿主去做在自然中通常不会去做的事情，然后让它毫发无损，但并不总是这样，它是怎样一次就实现了自己的计划的呢?

若要被传染的话，蟋蟀自己得先吃一个已被感染的动物。这个过程需要一个中间的宿主: 水里的螺丝或淡水中其他软体动物、昆虫，范围足够大了。自然不是旁观者，她不得不遵循自己的法则。蠕虫产下的卵，被那些虫子吃了，进而被感染了，幼虫就在它们体内生长，然后等待摄食进入一个昆虫的躯体。蠕虫是一个令人生畏的制造奴役和支配的简易工厂，但在主宰者那里，它也是自己天性的奴隶。

蠕虫没有捕食者，除了它所寄生的宿主。但它却具有令人敬畏的能力，可以挫败它的受害者所遭受的捕食。因此，蟋蟀可能被——比如一条鳟鱼或一只青蛙——吃掉。在这种情况下，蟋蟀死了，但蠕虫并没有死，它以自己特有的方式出来，通过那条鱼的鳃或那只两栖动物的嘴巴，实现它为之而生的东西：它慢慢行进，通过动物的胃、消化道、口腔并逃出来，以便在水里找到伙伴一起繁殖。观察显示，多达 5 条相当长的蠕虫能够从胃里逃出来，它们的受害者已在胃里死去，但它们没有。

蠕虫通过改变蟋蟀的大脑装置而控制它：它设定了这个昆虫，让它产生过量的神经细胞，这些神经细胞不是按照蟋蟀的而是按照它们的逻辑联系。这种由蠕虫产生的模仿性分子被这个昆虫的中心解码系统重新认识。由于如此被制造的蛋白质使大脑紊乱，蟋蟀便违背了它自己的兴趣而行动，从只对蠕虫有益的视角去行动。符合蠕虫的结构的蠕虫分子需要蟋蟀服从它的结构，屈服于蠕虫的意志，也就是它的生命意志，这种意志同样铭写在蠕虫自己所遵循的结构中。

当被寄生的动物向寄生的动物屈服时，它就可能会死去，因为各种条件将操纵着它走向死亡，但它并没有进入必死无疑的程序逻辑。被逼迫跳进水里、以便蠕虫能够穿透它并挣脱出来的蟋蟀可能屈服了、淹死了。但这种死亡不是被预见到的、被设定好的，在此它显得像个偶然事件。然而，这个过程却改变了被寄生动物的未来，它无法生育后代。这个蟋蟀保持着一个成年动物的外表，但在生物学上却依然不成熟。健康的雌性能够受精和授粉；但被寄生的雌性却再也不能受精和授粉，它能够产卵，但这些卵将永远都不会成熟。

如果蟋蟀没有被淹死，它们就需要一段时间康复。蠕虫所实施的操纵是可逆的。昆虫重新回到一种正常的步调、正常的形式、正常的节律，而感染却使它们更加活跃。但是宿主在繁殖方面的最佳时机却已经过去了：它们使寄生者确保了其种类的延续，而它们自己却没能被铭写进这种世系之中。在其他动物那里可能的东西在它们身上却戛然而止了。

为了达到自己的目的而寄生在一个他者身体上的蠕虫好像是在意欲他者，而它们自己也被同样的力量所意欲。正是由于这种能量，它们才能繁殖。在水流中，雄性蠕虫缠绕在一小块木头、一段树枝或一切使它们能够结成团的东西周围。没有人知道它们是如何找到对方的，也没有人知道雌性是如何辨识出那个集合体的。我们能够想象，正是这种能够辨识极微小的分子的能力把这些动物转变成顺势的智能，这种智能比人类能传达更微妙的信息。因为这种语言不会模棱两可，不像我们的语言能够滋生谎言。

蠕虫交配以后，雌性产卵，卵变成幼虫，幼虫在被感染的昆虫的水生幼虫中形成包囊。如果是一只蜻蜓，幼虫爬到陆地上，被一只蟋蟀吃了，那么这个被感染的蟋蟀的腹部将携带着这些蠕虫的幼虫，然后幼虫再变成蠕虫。接下来要发生什么大家都知道。如是，循环重复着。为了制造生命而生，为了制造生命而死；为了制造生命而寄生，此处对雄性的阉割和使雌性不育是为了彼处生命的制造；一个大脑被另一个动物支配，而另一个动物本身又被制造生命的目的所支配。

寄生主义的逻辑在自然中非常广泛。它还关涉大量其他的动物。可列一大堆出来。支配性的动物不仅自己被支配，它们也进行着支配：大自然充满盲目的程序，它们相互交织、相互联系、相互疏远并促成了生命的增殖，生命的增殖以个体的死亡为前提，这是种类的生命和存活的代价。人类自己也要进入这种使他成为被寄生的寄生者的逻辑，而没有任何理由不是这样。文明需要假设人类拥有自由、自由意志、选择的可能性，以便使人相信他们不是大自然的产物而实际上是文化的产物，文化定义着所有使人类从大自然中解放得以可能的东西——在文化中，只存在自然的计划。

弓形虫使我们认识到一种叫冈地弓形虫（toxoplasma gondii）的寄生虫。这种原生动物只在猫身上繁殖，它们利用小家鼠或耗子来达到自己的目的。这种寄生虫对这些小型哺乳动物采取行动：它消除了它们对猫的天然恐惧，当老鼠在猫的附近活动时，正是这种恐惧指导着它的行动。但是，在被抑制、妨碍、操纵、指导、决定之后，这个啮齿动物就会接近这个猫科动物，被它吃掉。寄生虫感染了啮齿动物，被猫吃掉以后，就轮到猫被感染了，接着人类又被猫感染。

人类以不同方式感染这种寄生虫：吃了煮得不够熟的被感染动物的肉，通常是猪肉或羊肉，吃了不干净的生食食品，喝了受污染的奶，在没有洗手的情况下意外地吃了被感染的猫的大便上留下的微粒。感染也可能发生在器官移植或输血的时候。母亲同样也可能在妊娠期感染她的孩子。由此可见，耗子、家鼠、猫和人类有着足够同源的机体，使得这种原生动物能够流转于整个动物链，人类是其中一环。当神经科学家们极其严肃地向人们展示，消除那些小型哺乳动物对其捕食者的天然恐惧并把它们导向死亡的弓形虫同样也可能影响男人和女人的行为之时，事情变得更加复杂了。那样的话，弓形虫就有可能包含一种与人类的神经病——包括精神分裂症——的出现有关的因果关系。精神的压抑、自杀的想法，可能都源于寄生虫导致的这种机能障碍。

事实上，弓形虫很可能会改变神经的布局并从根源上干扰愉悦和恐惧的关系。因此，大家可以想象，那些性情美好愉悦、幸福快乐的人，那些乐观主义者，那些显示出长久的生之喜悦的人，跟那些在另一个存在论行星上的性情阴郁悲伤、伤感不快的人，那些任何东西都不能使之快乐并且在无止境地诅咒生命中度过一生的人，都是有原因的。于是，自由意志不过是一个虚构，是诸虚构中的一个，它是一个寓言，掩盖了我们对安排着我们的决定论的无知。

流行病学研究证明，弓形虫影响了世界上三分之一的人口——20 亿人。西方的形而上学，然后是基督教，接着是欧洲哲学在这个观点上是一致的，即人与动物的区别在于他们的选择能力。人类是自由的，而动物是被奴役的；人类被赋予了自由意志，而动物却盲目地服从它们的程式。当人们想要为责任，并因此为有罪、为过错、为惩罚说明理由的时候，这种公设是有用的。如果夏娃在品尝禁果的时候，是顺从一条控制了她的大脑的蠕虫而不是出于选择、不是出于意愿，而是被一种控制着她的力量所意愿，那么人们又能在这件事情上希望她去做什么呢？谁会在这个行为上把一种不存在的过错归罪于她？自由意志是人类的一个幻想，他们不顾一切代价想要同动物划清界限，并宣称有一条分割线把这种两足动物划分到一个世界，而把另外一些小动物划分到一个平行的宇宙。

许多我们今天还不知道具体原因的疾病都借助神奇的思想而得到假设性的解释：关于一种非物质的心灵的心理学寓言（fable）（咽炎作为不是咽炎的疾病的征兆）；弗洛伊德关于无意识的传奇（皮肤病表明俄狄浦斯式的瘙痒）；关于身心病学的果代克[1]式的（groddeckienne）虚构，这种身心病学遵循象征、比喻和寓言（allégories）（心脏病的发作表明心脏上有脂肪，腰痛说明背部肉太多了，癌症说明直肠太满了，等等）；拉康式的能指，它被建构为决定着我们的病理的语言（膝盖的疼痛隐约地显现出一种“我—我们”［je-nous］关系）；闹剧般的社会学的因果关系（乳罩是乳房癌的原因）；21世纪的迪阿法吕斯[2]（Diafoirus）医学故事（乳房癌是由于缺乏运动而产生的），如此等等。所有这些就像是一种有趣的耐心训练，人们在等待必然到来的那一天，对世界进行唯物主义解码的那一天。

质料是一体的，并有各种各样的变化。我们源自其中的陨落的恒星，在同一个运动中既赐予我们线虫，也赐予我们摩西（Moïse）；既赐予我们原生动物，也赐予我们弗洛伊德；既赐予我们单生的蠕虫，也赐予我们爱因斯坦；既赐予我们幼鳗，也赐予我们共和国的总统。它连锁地产生了要回到马尾藻海产卵的鳗鱼和克拉苏鳗鱼寄生虫，这些寄生虫就在那段时间大量消灭正游向它们的出生地——

[1] 乔治·果代克（Georg Groddeck，1866—1934），瑞士医生、作家，身心医学的先驱。——译者注

[2] 法国剧作家莫里哀的作品《没病找病》（1673）中的角色。——译者注

大海——的鳗鱼。它同时创造了石英的晶体和猴面包树的叶子，食人鱼的鱼刺和疣猪的防御武器，还有达西·汤普森[1]（D'Arcy Thompson）所追问的所有形态，这些形态被他以独特的方式带回到某些原始的形态，表现出同样的谱系学内核。

动物无非是做我们的伴侣或给我们提供便利：有供抚摸的猫、有陪着散步的狗、有用来剪毛或用来吃的羊、有供我们把玩的小鸟、有等待烧烤的肉鸡、有在培养池供参观的乌龟。它们无非还是新的动物伴侣（nouveaux animaux de compagnie），能够促使反社会的患神经官能症的人得到锻炼——拥抱一条响尾蛇、抚摸一只狼蛛、逗弄一只鬣蜥、给一只白鼬喷香水、在自己的鱼缸里观察荧光鱼（GloFish），这些基因已被改变的鱼在紫外线的光照下呈现出绿色、黄色、红色的荧光。

蠕虫、寄生虫、病毒、细菌、微生物、病菌、杆菌等跟亚洲象、大草原的狼群、非洲的长颈鹿、北极狐，当然还有人，共享同一个名称——生物。生命在它的野蛮、简单、一目了然中表现出来。线形虫的戈德线团[2]（nœuds gordiens）绕着一根枯死的树枝而形成，它们等待着交配、繁殖，然后死去，它显示着世界的本原：一种原始的智能、一种野蛮的力量、一种盲目的能量、一种以死亡为代价的生命意志、一种以生命为代价的死亡意志、一种持久的循环，以及无数服从程式的个体，这个程式为了种类的利益而意欲个体，个体为种类牺牲一切，而个体被意欲之时却以为自己只是在意欲。

产卵、感染一个幼虫、为了被别人吞下而无所不用其极、居住在一个陌异的躯体中、在那里生长、占据了腹部的整个空间、不破坏宿主的生命器官、制造出控制宿主大脑的蛋白质、知道产卵期到来的时刻、按照自己的需要来指挥动物、把那只动物引向自己生命

[1] 达西·汤普森（1860—1948），苏格兰动物学家，把自然历史和数学相结合，发展出一套研究生物进化和成长的新方法。——译者注

[2] 戈德线团源自一个传说，这个传说跟马其顿的亚历山大大帝有关，据说这个绳结连亚历山大大帝也无法解开，只能挥剑将其斩断，后世用它来比喻棘手的问题。——译者注

所需的水中、使那只昆虫一头扎进水波中、穿破它的腹部、离开那具精疲力竭的身体、继续自己的生命、寻找性伴侣、交配、繁殖、死去的线形虫，是的，就是这只线形虫，如果人们赋予它意识和言语，以便运用斯宾诺莎的寓言，那么它就会肯定地说，它意欲过产卵、感染、被吞掉、不破坏、控制、穿透、生活、交配、繁殖，但没有意欲死亡。然而，它将被意欲。

作为寄生与被寄生的人类——但他们却自以为他们所谓的自由使其幸免于这些远古的循环——我们就处于这些盲目的程式的十字路口，这些盲目的程式抢占我们、抛弃我们、抓住我们、拒绝我们、再抓住我们、整合我们、再分解我们。从宇宙的角度看，那些乱蹦乱动的线形虫团、清澈的水波中的白色蠕虫、小河水流中几近半透明的长长的幼虫，与我们在夜晚航班飞越大洲时看到的超级大都市中人类的麇集蹦动相比不多也不少，迪拜、新加坡、孟买、东京、首尔、墨西哥城，看起来就像闪烁的火焰，一种巨大的炭火，其中燃烧着出生、生活、相爱、交配、心碎、自杀、痛苦、死亡的人类——就像鳗鱼在马尾藻海冰冷黑暗的深渊中死去，在那里它们从未消失。一个人类大脑的神经元就是线形虫，不停地蹦动，然后按照程式设置的那样消失到虚无之中。在生命这样的物质领域，没有非物质的位置。

4

通灵的肥料：生物动力农业

我喜爱红酒，并且，如果我能够哪怕喝一次根据生物动力农业的原则构思的一大杯红酒的话，我就不会拒绝鲁道夫·施泰纳[1]（Rudolf Steiner）的哲学，因为他的思想会被自己的产品验证生效。唉，我从来没有喝过生物动力学酿制的红酒，它可不是一种糟糕的用水果渣酿制的饮料。当我向那些通过我的味蕾来征服我的心灵的这个或那个东西（时不时地会有）打开自己的时候，我有权利作出两种反应。

第一个观点：我的味觉已经被多年的科学主义格式化了，这种科学主义使我把原本是坏的东西当作好的，因此我把原本好的东西当作坏的也就很正常了。我的口味判断遭到化学物品、硫酸盐、化肥等的毒害，当然也遭到了被呈现为意识形态的酿酒学话语的毒害。我有时候也会听到这样的话语，认为滴金（d' Yquem）葡萄酒、柏图斯（Pétrus）葡萄酒、马尔戈（Margaux）葡萄酒是在癌症疼痛的情况下最好不要饮用的真正毒药，认为应该把它们倒进洗碗槽的洞里！

第二个观点源自不那么执着于自我克制而更能认识到现实中存在善且善曾发生过的活动分子：他们一直认为，也许，标准并不只有一个，我似乎很难作出正确的判断。但是他们发现了一个红酒之外的原因，以此来为这样的现象辩护，即红酒的口感并没有如生物动力学理论所宣称的那样好。酒桶的运输、保存、操作，尤其是日期、地点、时刻、消费的日子，这些都不能随随便便，而是应该根据月亮的阴晴圆缺来选择。作为一个被描述为能够感知月亮运动的活着的有机体（为什么不呢……但其他酒也一样），红酒便不必非得在

[1] 鲁道夫·施泰纳（1861—1925），奥地利哲学家、社会改革家、建筑学家和默秘学家。——译者注

这样的时刻喝了——借口红酒与星星存在某种亲密关系，进而妨碍了红酒复原它在品酒者口中的真实性。

尽管如此，红酒在过去也并不美味，它是糊状的、浓稠的、浑浊的、不黏的（跟蛋液差不多）；它像果汁一样稠，并且带有悬浮的微粒；口感粗涩，没有任何回味；它散发出一种红酒从未有过的香气——旧酒窖、肮脏的酒桶、醋和泥土的余味——其中任何一个都不讨人喜欢；它跟我们所熟知的一切都不相似，当然大家也不想知道关于它的任何东西。

我知道这种酒更少地与葡萄相关，而更多地与理念相关，并且它源于一种信仰，这种信仰赋予它法则。生物动力学是一种神奇的思想，就像所有神奇的思想（包括精神分析）一样，能够在那些相信它的人中产生效果。这种对红酒的门外汉来说难以入口的液体却成了对味觉而言最有名的玉液琼浆，这个味觉为了迎合 1924 年默秘学家（ésotériste）鲁道夫·施泰纳在其题为“农业：生物动力学方法的精神基础”（*Agriculture. Fondements spirituels de la méthode biodynamique*）一书中所形成的基本原理而背弃了其味蕾。生物动力学红酒是一种弥撒红酒：它只给信仰者带来迷狂。

鲁道夫·施泰纳（1861—1925）是德国观念论的纯粹产物，这种观念论清楚地通向神秘学、默秘学。康德划分了容易被经验把握的现象（phénoménal）世界和理性与知识无法进入的本质（nouménal）世界。施泰纳超越了康德主义，并认定我们能够进入本质领域并通过直觉认识它。如果——正如我一直认为的——一切宗教的特点都在于用一个彼岸来解释此岸这样的世界观，那么施泰纳就是在提出一种宗教；如果——正如我同样一直认为的——一种宗教就是一种成功了的教派（secte），那么我们就可以说施泰纳是在提出一种意图成为宗教的世界观，并且，由于这种世界观只是部分地成功了，这种观念便构成了一种教派，换句话说，就是一种小规模的宗教、一种少数人的宗教。

在《宇宙和人类的节奏》（*Rythmes dans le cosmos et dans l'être humain*）中，施泰纳论述到，每个人都知道其之前的生命，我们都是转世的。我们从来不曾是动物或其他卑微的形态，而是曾经活过另一次生命的人类。施泰纳区分了物理的身体、以太的身体、恒星的身体。死者的灵魂可以等待一千年然后转世。经历过智力的苦行这种高级精神训练的活着的人类灵魂可以等待更长的转世和降落尘世的时间，因为它们享受这个有着特别慈爱的世界。因此，人智学就是一种神智学。

施泰纳在知识结构上是德国观念论的一部分：康德、费希特[1]（Fichte）、歌德、席勒[2]（Schiller）、让·保罗[3]（Jean Paul）、叔本华[4]（Schopenhauer）。1891 年，他甚至还支持过费希特的一篇论文。他认识并经常阅读卡夫卡、康定斯基[5]（Kandinsky），他加入过共济会（franc-maçon）并且从德国观念论哲学过渡到神秘主义和默秘学。他作过大量讲座，有 6 000 多场，并被编纂成一部完整的包罗万象的著作，有 370 卷之多。他跨越教育学、医学、农业、政治，几乎涵盖了文化的全部领域。一些具体的学派、药剂，以及一个制药实验室都受惠于他，那个实验室在顺势疗法、植物疗法和生物动力农业技术——与红酒相关——的主题上作出了一系列的改变。

如今地球上好像有 2 700 个农场夸耀自己是生物动力学农场，有 92 000 公顷农业土地被选中进行生物动力学耕作。德米特（Demeter）这个商标便是用来认证通过生物动力学所收获的产品，并且在法国，

[1] 约翰·戈特利布·费希特（1762—1814），德国哲学家，古典主义哲学的主要代表人物之一。——译者注

[2] 约翰·克里斯托弗·弗里德里希·席勒（1759—1805），德国著名诗人、哲学家、历史学家和剧作家，德国启蒙运动的代表人物之一。——译者注

[3] 让·保罗（1763—1825），原名约翰·保罗·弗里德里希·李希特（Johann Paul Friedrich Richter），德国浪漫主义作家。——译者注

[4] 亚瑟·叔本华（1788—1860），非理性主义哲学家、唯意志论的创始人和主要代表之一。——译者注

[5] 瓦西里·康定斯基（1866—1944），俄罗斯画家和艺术理论家，现代艺术的伟大代表人物之一，与蒙德里安和马列维奇一道，被认为是抽象艺术的先驱。——译者注

有另外一个强大的商标恰好被命名为生物动力酒（Biodyvin(!)），这个商标也同样保证某种酒是用鲁道夫·施泰纳的方法生产出来的。这一法国商标是由国际生物动力农业葡萄酒酿造者辛迪加发行的。

生物动力学的理论出现于施泰纳 1924 年 6 月 7 日—16 日所作的一系列讲座中。因此，它们是在上面提到的书名下出版的。施泰纳从一个人们无法否认的判断出发：工业化了的农业使用化学产品和对人类和人性有毒的化肥。讲座者痛斥机械化，哀叹传统的终结，极力赞美昔日农人的民间智慧，赞扬历书中积累的农业经验知识的优点。

64 岁，将要逝世前不久，鲁道夫·施泰纳向前来听他关于农业的谈话的听众坦承，他强烈谴责无法再体味儿时的土豆和年少时所喜爱的农产品的味道了。他把这些食物的好滋味的消失跟 1920 年代的工业生产相联系。因此，他运用了一种怀旧话语的原型，这种话语断言过去更加美好，但他连 1 秒钟也不愿想想，他可能被我称为普鲁斯特原则的东西愚弄了，根据这种原则，正是记忆美化了滋味。然而，我们吃的不是食物，而更多地是它们象征性地承载着的年少之时对世界的原初体验。

人智学的思想以摩尼教[1]的（manichéenne）方式把两种世界相对立：一个是消极的现代性（modernité）的世界，带着它的唯物主义、科学主义、理性、化学、化肥、物质、死亡；一个是积极的人智学的世界，带着它的精神、纯净的身体、传统、宇宙、星相学、默秘学、神秘学、直觉、自然、生命。如果全世界继续按照现代性的原则生活，鲁道夫·施泰纳预言世界将消失；如果世人想要自我拯救，他们只要遵循人智学的原则就够了。于是，施泰纳提出一种与救赎宗教相似的救赎论的（sotériologique）思想。

在农业学方面，施泰纳不承认任何理论的、概念的、统计学的、

[1] 摩尼教，亦称为明教，为公元 3 世纪中叶波斯人摩尼（Mānī）所创立，是一种带有诺斯替主义色彩的二元论宗教。——译者注

大学的边界，并敦促大家到田野、森林、饲养牲畜的牧场等具体的领地中去观察。大自然的世界，地质的、植物的、动物的宇宙，这些东西的真理不需要到书本中去寻求，而是必须直接询问真实世界，并弄清比如甜菜为什么要以及如何与大地的宇宙环境保持一种亲密的关系。

因此，合理的及推理性的理性就不再是我们思考世界的工具了。施泰纳更喜欢以直觉为工具——直觉使他在述行的语域中能够比较自由，而不用感到有必要论证、证明，并诉诸于一种实验方法，这种实验方法使他可以通过重新进行一次新的实验来确证假设，从而达到普遍确定性。施泰纳因此才写道，“在土壤里存在着某种以星体的方式运行的东西”（55）。人们过去不知道怎样去命名、思考、限定、定义这种某物，同样人们过去对这种作为信仰行为的行动模式视而不见。另外，人们曾徒劳无功地试图寻找这种神秘的星体的方式的细节。施泰纳以述行的方式继续他的论述，并且不加论证而强迫大家接受他的观点。

因此他可以说水就是水，换句话说就是一种化学合成物，它能够还原成氢原子和氧原子，即众所周知的 H_2O，因为在人们知道一种与宇宙相关的力之后，水就不仅仅是水了。比如雨水，并不是（诺曼人……）所熟知的气象学上的降水，而是来自诸行星的力的媒介。同样，巴什拉在他勃艮第寓所的壁炉中所用的木柴超越于原木分子之外：它的热能，施泰纳肯定地说，根据这棵树是种植于这个或那个宇宙时期而全然不同，不同的宇宙时期偏爱一种生物甚于另一种。

不是用理性的方式，而是用直觉的方式，施泰纳诉诸于比拟，这些比拟据他看来就是理性。巴什拉似乎曾在自己的知识表述中痛斥过神秘主义者所触发的许多认识论障碍。对于熟知这位元素论思想家所提倡的“客观知识的精神分析”[1]的读者来说，这位写作《科学精神的形成》（本质主义的、语词的、万物有灵论的）的哲学家

[1] “客观知识的精神分析”是《科学精神的形成》的副标题。——译者注

所指出的某些障碍一目了然。

述行者施泰纳有着同样的逻辑：因此，他把大地与植物、土壤、底土的关系图式用于思考人与头部、隔膜、脏腑的关系。于是，在农业领域起作用的东西就从与人类领域的比拟中类推出来。植物就像人的头部，要经受邻近的天体——太阳、水星、金星和月亮——的诸效应的影响；地质学上的底土就像人的脏腑，要接受遥远的天体——木星、土星和火星——的诸效应的法则。土壤被表述为有机体的一个器官：它是一个横隔膜，是农业领域的腹部。因此，施泰纳赋予一切存在之物以一种神奇的生命，一种与来自宇宙的隐形力量相关的生命。

这种众所周知的宇宙从来不直接作用于植物，而总是通过它的媒介——大地而起作用。施泰纳提出，底土的生命以一种特别的方式标出节奏，“在 1 月 15 日到 2 月 15 日之间”（62），底土从大地的邻接处解放出来，直接进入最遥远的宇宙力量的影响之下，而这些最遥远的宇宙力量就活跃在大地的内部。有一种“结晶的力量”。施泰纳除了述行语——*就是如此*——之外，其他概不支持。表述的简单行为造就了存在。逻各斯是主动态的（actif），因此是行动。说出的动词变成做事（faire）。言说使某事发生。因此，施泰纳可以继续说道，“正是这些事物总有一天将拥有精准数据的价值”（62），不需要给予更多的精确描述，只要预言假想总有一天会成为真理就够了，假想不再是假想并变成了事实上的（de facto）真理——这似乎是在谈论弗洛伊德……

如是，施泰纳断言，在活的底土（而它上面的土却是死的）中，有“一种内部生命原则，某种有生命的东西”（61）。这位人智学家没有受缚于细节：*某种东西*似乎就够了。我们所知的是，讲述这种生物的语域既非原子论的，亦非科学的，更非唯物论的，它跟现时代科学的任何东西都不相关，施泰纳谈论的是太空和星辰之物——比如，他谈到“土壤之生命的以太”，没有特意详细说明土壤中无形的、非物质的、无法表达的、难以描述的但却扮演着主要角色的东西。这种召唤无形的原则来述说有形世界的真理的方式在我看来正是对宗教逻辑的定义。

因此，施泰纳利用星体来解释此时此地：如此，花朵的颜色可以用它们与行星之间的关系来解释：玫瑰的红色与火星相关；向日葵的黄色与木星相关，还与太阳的宇宙力相关；矢车菊的蓝色与土星相关；绿色与叶绿素与太阳相关。水果的味道也一样，它们也跟星体相关："在苹果中，我们吃的实际上是木星；在李子中，我们吃的是土星"（73）。动物亦如上面提到的那样，从口鼻到尾巴的整个轮廓都受星体的影响——从与太阳相关的头部到与月亮相关的臀部。思想家出于怎样合情合理的理由而能够肯定类似的论题？没有人会知道。它就是如此。大师如是说（Magister dixit）：别畏惧矛盾修辞法（oxymore），如果不是矛盾（contradiction）的话，那么这里涉及的就是一种"精神的科学"（107）！

施泰纳接着提出一种关于牛角和鹿角的理论：为什么在现实中奶牛有牛角而鹿有鹿角，而不是相反呢？很有意思的问题，确实！答案很简单：奶牛的角是来自星体的电流中转的地方，从外部流向内部。相反，鹿角无需在其机体内聚集星体的电流，而是把电流从内部通过"一定的（原文如此）距离"（122）导向外部。

因此，牛角是一种特别的精神性的物质，因为它能够在动物的身体内聚集星体生命的力量。以一头奶牛为例，费希特的追随者提出了特别容易被误认为是经验知识的一种实存经验（expérience existentielle）："如果你在它的肚子里，你就能在气味里（原文如此）感觉到生命之力的电流从牛角向着内部流淌"（123）——对于有着同样作用的蹄子，他们也说过类似的话。

我们都明白，人智学的理论在一个理性不再是法则的世界里能够不断演化（这跟弗洛伊德的思想一样。弗洛伊德的思想也来自中欧，并且常常通过其认识论的品质及其以述行的方式将个人的一切反复无常转变为普遍的科学真理的意图让人想起中欧［的思想特征］）：星体对生物的神奇影响；底土所具有的与太空和星体相关的特征；从宇宙而来的力量传递到生物内部的过程中，奶牛的牛角所扮演的动态角色。这就是一种离奇的存在学的诸要素，生物动力农业就是由这些要素构成的。

这种生物动力理论同时也是一种实践，鲁道夫·施泰纳在1924年6月12日的讲座中详细地论述过这种实践：生产一种“灵媒肥料”（127），以适用于再生、肥沃、滋养底土，从而肥沃土壤，而这种生产是基于一些对我而言宁可报以一笑的实践。施泰纳保留了塞缪尔·哈尼曼[1]（Samuel Hahnemann）所珍视的观点，哈尼曼是顺势疗法的发明者。这是在一种神奇的凝神聚精中召唤母牛的粪便和牛角的礼仪，通过这个礼仪中的一种旋涡实践升华出微小的稀释物。

秘诀就在这里：通过拣选当地的母牛来发现牛角，因为“源自家乡的其他母牛的牛角之力可能会与附着于这个地方的土地之力相冲突”（137）；不管它们的年龄有多大，只要它们不会太小，也不会太老就可以了；施泰纳不害怕矛盾，在回答农民的提问时，他说，牛角可以重复使用3～4次，但需要“尽可能新鲜的”（136）牛角；大家要避免使用去势的公牛或公牛的角，只有母牛才是合法的，牛角应该在30厘米～40厘米；如果人们想要重复使用这些牛角，那就要把它们放在一个四边垫着泥炭的箱子里。如果有人不得不在母牛角中使用马的粪便，那他就应该注意给牛角缠上马的鬃毛。

接下来：用母牛的粪便塞满牛角；冬天的时候立即把它埋在土壤中，不要太过沙质的土，埋在50厘米～75厘米处，如此，施泰纳写道，“我们就在土壤里保存了母牛角惯常施加于同一头母牛内部的力，也就是太空和星体的返照”（127）；这种冬眠[2]能够赋

［1］ 塞缪尔·哈尼曼（1755—1843），德国医生，他发明了顺势疗法并杜撰了对抗疗法。——译者注

［2］ 原文是hivernation，查无此词，疑是讹误。根据前文所说的冬天，故译为“冬眠”。——译者注

予牛角中的填充物以生气；因此人们在牛角中获得了一种极度浓缩、具有催生力的肥沃能力——为什么会这样？这是如何发生的？依据怎样的原理？按照怎样的化学过程？施泰纳是不会说的，他只提供处方（formule）。

再后来，等底土完成它神奇的工作之后，把所有这些东西都挖出来，取出里面的粪便，那位人智学家教导我们这个粪便“没有任何味道了”，他接着又补充说，“在这些粪便中包含着星体和太空的巨大力量。”接着把粪便放在水里稀释：一枚牛角中的填充物必须要用半桶水来稀释，而这个量足够给 1 200 平方米的土地施肥——为什么不是 1 000 平方米或 1 500 平方米，人们不得而知，就像对于他的其他主张一样。

当肥料在那桶水里的时候，必须晃动一下，以产生一个能够直通桶底的剧烈漩涡。接着，就像玩魔术一样，要突然朝相反方向转动以便产生涡旋。这个工作必须在一个小时之内完成。施泰纳解释说，他希望最好能避免动作的机械化，而更倾向于用手来完成。这是因为，通过掌握先辈的方法，农民可以把自身的信息传输到桶里装的东西上。这位人智学家号召我们在星期天发动朋友或家人，把这个仪式转变成一种娱乐。一旦得到这种珍贵的与星体和太空相关的液体，就要把它当成顺势疗法的药剂（我再说一次：1 200 平方米 / 桶）喷射到如此被重塑的土壤之上。毫无疑问，人们获得的是跟伊甸园相称的水果和蔬菜。

鲁道夫 · 施泰纳还提出了另一个秘方，把精磨细研的石英当作一种谷物的粉。重复同样的操作：塞到一个牛角里；夏天的时候埋下去（跟牛粪正好相反，牛粪要冬眠，而石英要避暑）；到秋末挖出来；一直保存到春天；拿出牛角里面的东西；这次吸收的是“一种小豌豆（原文如此）的价值”——“甚至一枚大头针的针头的价值可能就足够了”；把这几毫克粉末倒进一个桶里，这个桶的容量不必太精确，一个瑞士桶即可，施泰纳说；将它转动一个小时，不要忘了反方向的动作；然后喷到植物上。魔法就得到了保障。

生物动力的耕作者相信一定数量的效应：按每公顷一桶喷雾的标准使用这些牛角里的牛粪，以刺激土壤、根系，建立起土壤的结构，促进微生物的活性、腐殖土的形成、根部的吸收、水份的保存；按每公顷四克使用牛角里的二氧化硅，人们依据“阳光的喷雾化”原理处理植物露天的那一部分，据说这种活动能够给植物带来更好的光线质量，并且通过筛选，喷雾有助于提高某些植物的活力或者减低植物的繁茂；药水同样还可以预防病害。

鲁道夫·施泰纳在农学方面的怪诞想法远不止这些。1924 年 6 月 13 日，他完成了自己的肥料理论，宣称他重新思考了微小物质的巨大能量的顺势疗法论题。为此，他谈到“顺势疗法肥料”（158）。为了加强和巩固肥料，并使它能够获得生物动力农业的卓越性所必需的某些物质——钾、钙、铁、硅酸、磷——的最大益处，他提出了六个秘方。

为了做到这一点，根据与牛角粪和牛角二氧化硅同样的原理，施泰纳提出了一半是巫术仪式一半是戏耍的秘方。**第一个秘方：**收集蓍草的花朵，蓍草是治疗由星宿的孱弱所引发的疾病的一种完美植物；它的力量是如此强大，只要它在场就能发挥作用；把采集到的蓍草花装进一个缝制好的鹿的膀胱中——鹿的膀胱跟宇宙是直接相联的；在夏天时把这个成果挂在开阔的、尽量有日照的地方；秋天的时候取下来；冬天的时候浅浅地埋下去；等它出土之时，把它跟一大堆肥料混合起来：根据某种“非凡的辐射力”（162），施泰纳肯定地说，“这种光芒就发挥作用了”。

第二个秘方：采集一些春白菊并将它塞进黄牛的肠衣中：“如今全世界人都用黄牛的肠衣做香肠，而我们要做的是，用早已说过的那样准备好的春白菊来做香肠”（164）。把这些香肠埋到土里，等待白雪将其融化。春天的时候，它们便全都不见了。把它们混合到肥料里，经过在土里的扩散，它们能够使泥土充满生机，并刺激泥土，使它能够长出更好更健康的植物。

第三个秘方：其做法与用蓍草和春白菊一样，先采集一些荨麻，它们天然会吸收铁，并因此而清洁土壤。把它们直接埋在土里，但是要盖上一层薄薄的泥炭。让它们在土里过一个冬夏，也就是一年。然后施泰纳写道："现在让我们把这个准备好的东西掺到肥料里，就像我们根据上面的提示对其他秘方所做的一样，让我们赋予这个肥料一种灵敏性（sensibilité，原文如此），我已经提到过（原文如此）一种灵敏性，因此这种肥料现在就好像具有理性（原文如此）一样，它使肥料的某些元素比较容易分解，使氮从中冒出来"，等等。这种理性的肥料使土地也变得理性了，这位人智学家接着说到。

第四个秘方：依同样的方法使用栎树皮，栎树皮必须弄得粉碎。施泰纳继续道，"然后，从我们的家畜中选取一只，无论什么家畜都行，取下它的头盖骨、头颅骨"（171），把准备好的东西塞进去，然后"尽可能用骨头"把口子堵上。举行死神仪式，在这个仪式中，狗或猫的头骨就成了一种神奇的魔力的接收器。把它浅浅地埋在泥炭里，挖一条小沟以便把雨水引到整个东西上面，它就像一个容器承接雨水。把它埋上一个冬天和一个秋天。将它加到肥料里，这样这个肥料就变成了一种神奇的药剂，可以预防植物的病害。

第五个秘方：找一些蒲公英，把它们缝到黄牛的一个肠系膜里。再把它们掏出来。这里可以确定的是："它们已经被宇宙的影响力有效地（原文如此）、整个地（原文如此）穿透了"（174）。将它们加入肥料，并按照顺势疗法的原理这样来处理，用几克埋在土里的容器中的蒲公英，它们能激活农场院落中的一大堆肥料。这种升华并扩散了的肥料使植物变得灵敏：于是它们便能够吸收所有无法吸收的东西。

第六个秘方：鲁道夫·施泰纳提议生产一种只含有这五种植物中的一种的肥料，但是，他又不惧矛盾地加上了第六种——缬草。把缬草放入温水中稀释，将它放到粪便上，它对磷有极好的吸收作用。

这就是这位人智学家阐述这种生物动力农业的方式，他先是精彩地确认化学产品对农业底土的污染，并表示希望一种没有污染的生态农业，然后他从老太婆那里借来这些秘方，从巫术和魔法思想中借来这些仪式。

这次讲座结束后，鲁道夫·施泰纳回答了听众的一些提问：鹿的膀胱应该选雄鹿的；荨麻应该选雌雄异株的；粪堆不能堆太高，必须确保它跟大地的接触；不能把它放到石制容器里；栎树皮不能取自一棵英国栎树。但是，人们没有质疑顺势疗法的原理，没有质疑花朵与据说被花朵所肉身化的矿物质之间诗意的对应关系。大师已经说过，大家不要讨论报告的基础，而要提一些细节问题。

牛角里的牛粪和硅石[1]，鹿的膀胱里的蓍草，母牛肠衣里的春白菊，家犬头盖骨中的栎树皮，黄牛肠系膜中的蒲公英，在那里已经构成了一个光怪陆离的神奇仪式的系列！我们不由得去想象：农民取出一头鹿科动物、小牛犊和母牛的内脏，为了回收骨骼挖出他们的家畜的尸体，准备他们的荒诞秘方，把他们极其微小的产品掺入一堆堆堆积如山的粪便中，以便给予这些恶心地混合了花朵和下水的排泄物以能力，使其能够捕捉到来自宇宙中最遥远的行星的力量。当我们喝生物动力农业酿造的红酒时，要避免去回想，制造这个酒必须要用到动物的大便、粪、内脏、缝在肠衣里的花、塞到小狗的头盖骨中的树皮，曾几何时，小狗的主人还抚摸着这条小狗呢。

当然，为了发展他的生物动力农学，鲁道夫·施泰纳还添加了其他荒诞不经的东西——尤其是把焚烧加以理论化。继埋葬和腐化之后，这个神秘主义者又提出其他的解决办法，以作用于宇宙之力，并从中获得更好的效果，那就是焚烧并把灰挥洒出去。我们不能不思考人智学用这种新的仪式提出的假设：利用死的东西，我们可以作用于活的东西，用腐烂的东西可以获得新生，动物的尸体焚烧后

[1] 此处原文是 cilice，疑有误，可能应为 silice，故此处根据上下文翻译为硅石。——译者注

可以产生具有强大活力的物质。

在他 1924 年 6 月 14 日的第六次讲座中，他谈到了稗草的问题并把它们写进了宇宙的布局中——当然，它们的生命都具现着源自星体的、被底土所升华的能量。鲁道夫一直坚持这样的顺势疗法的逻辑，即一枚大头针的针头这么大点儿的物质就能够作用于好几公顷土地，所以他提出了一些用于保养、治疗植物，预防病害，防止摧残作物的流行病卷土重来的新秘方。

一次又一次，这些出自星相学、默秘学和神秘学的理论所提出的实践性建议都局限在巫术实践、魔法仪式、老太婆的秘方这些所谓植根于大地之子的几千年的知识范围内。我们回想一下，这位嘲讽理论而夸耀农民的优点的农业理论家施泰纳，他本人从来没有亲身直接接触过田野劳作：他只满足于在扶手椅上思考农业。

人智学的原理给一种让世界过度知识化的态度投以某种不信任，并希望跟真实世界直接接触，但是，与它所宣称的东西相反，它加重了一个思辨的、书本的、研讨班的、课程的、讨论会的、理论的、概念与具体现实极端分裂的文明的种种讹误。这个作了 6 000 场讲座，出版了 370 本书的人，已经建构了一个纸上的世界、一个概念结构图的城堡，这个城堡回响着德国观念论里最著名的哲学家中最粗糙的经验论和唯物主义。

在施泰纳那里，观念是在一个剥去了现象的粗糙表面的世界里运行的：树木、森林、田野、植物、花草、水果、蔬菜永远不过是概念而已，是树木的概念、森林的概念、田野的概念、植物的概念、花草的概念、水果的概念、蔬菜的概念……并且这些大写的偶像并不是它们所提供的对存在者（即某棵树、某片森林、某片田野等）的印象，而是一种寓言、一个象征、一种力、一种隐喻，与某些无形的、难以表达的、无法形容的但在它们的述行性顿悟（épiphanie performative）中被假想的全能的力息息相关。

我们回到稗草这个问题：鲁道夫·施泰纳提议采摘它们的谷粒，

放在柴火中焚烧，并把这些充满宇宙强力的灰（他也说过“胡椒粉”）收集起来。只要把这种粉末撒到我们想要处理的田地里就可以了，两年中，我们能看到（至少他是如此肯定的）稗草没有那么茂盛了，然后，再过两年，也就是总共四年，我们能确切地看到稗草已消失不见。如果有人想要清除他牧场上的蒲公英，如果他这样做了，并且经过了四年的周期，那么那些蒲公英就会从田野里消失。

在他作这个报告时，鲁道夫·施泰纳提出了其举措的认识论（为了方便，我们权且用这个词吧）：确实，事情是不是这样发生的并没有什么证明，但也无须等待证明，“因为我确定，确定以及肯定（原文如此），这是行得通的。我知道：在我眼里，精神科学的一些真理自身就是真实的。它们不需要其他上下文、借助其他从属于感官知识的方法来证实”（198）。在精神科学方面（人们将赞赏某种矛盾修辞法），人们能认识事物是“因为它们内在地被接受”（198）。

生物动力农业是一种信仰行为，它拒绝并否认实验的方法，它在科学领域——提出假设、做实验、确定有效、反复实验、反复确定有效、假设为真理的结论变成科学的法则——里只有传统的普遍有效性的应用，这些都是再确定不过的。鲁道夫·施泰纳求助于信仰、信奉、直觉、本能、内心的感受，对他而言，言说就足够为他的原理奠基了。

因此，为了抑制田野里田鼠的大量繁殖，他又开出了一个秘方：抓住一只田鼠，然后——我们看看施泰纳怎么说：“我们可以将它剥皮，剥下这只田鼠的嫩嫩的皮”（199）。但是，重要的、关键的东西，没有它魔法就无法运作的东西是，这个活体解剖必须“在水星处于天蝎座之中的时期”执行。如果不这样的话，整个操作必定失败。接着，要将这只牺牲掉的小动物的皮焚烧，把灰烬回收起来，在灰烬里“保留着对抗田鼠的繁殖力的否定力量”。为什么会这样？无须详细说明——就是这样。

然后，要把从田鼠身上剥下的皮，“如此得到的胡椒粉”（201）

撒出去。因为在他的精神宇宙中不矛盾律不构成法则，施泰纳写道：“大家还可以用更具顺势疗法效果的剂量。不需要装满一汤盆粉末。”但是，他肯定地说，在同样的活动中，“要当心，这些动物有的是胆量（原文如此），它们会再次出现，一旦播撒粉末时漏掉了某些地方的洞。在那没有粉末的地方，田鼠会重筑它的巢穴。”在他的报告之后的问题讨论会中，有个提问者问他如何在田地里撒灰。他不慌不忙地回答：“大家完全可以像给某个东西撒胡椒粉那样进行。这个灰有很开阔的辐射范围，只要真真切切地穿过田野、撒上灰就足够了”（222）。

不顾一切健全而简单的逻辑，施泰纳竟然可以说：（1）一只田鼠的皮就足够应付整片田野了；（2）到处都要撒到，因为没有撒到灰的地方田鼠还会来；（3）零零星星地撒一点就够了，这个产品的活力是如此强大，大家只要穿过田野撒一点就足够了。这等于是说，只要播撒一只田鼠皮的灰就够整片田野，这片田野因此便全都得到了“治疗”——但是，无论如何，整片田野都得到了“治疗”，因为理由很简单，这个准备好的灰具有强大的力，但没有撒到灰的地方，田鼠还会再次出现。因此，反面来说，施泰纳赢了；正面来说，他的提问者输了。他还向提问者补充说，如果邻居没有根据人智学的方法撒上灰，田鼠将会再次出现！

如果有人想要“治疗”一片田野，让昆虫不再来，他同样要焚烧昆虫并把它的灰撒到田里。如果有人想要跟锈病作斗争，他可以准备一种用田野里的木贼做的浓缩的汤剂，把它稀释了，不是通过喷雾，而是通过洒水将其扩散，那么他将获得一种针对所有隐花病的“治疗”。不需要喷雾器，洒水“对超远距离都可以起作用，尽管只洒了非常少量的汤剂”（212）。如果你要对治某些动物，必须把骨髓在中央的与其他骨髓在脊柱中的动物区分开来：对于前者，要焚烧整个动物；对于后者，只要焚烧它的皮就可以了。如果要对治水生植物，可以根据同样的逻辑进行，但要把汤剂洒到堤岸上——

施泰纳走得如此之远，竟发明了水的记忆。

让我们就此打住。总之，喝一杯按照生物动力农业制造的酒是一种不同寻常的历险，在其中你将与粪便或母牛牛角中的碎石粉末、雄鹿膀胱中的蓍草、肠衣中的春白菊、家畜头盖骨中的栎树皮、腹膜中的蒲公英、缬草的汤剂、剥了皮的田鼠、烧成灰的田鼠毛皮、烧成灰的昆虫和幼虫、播撒的灰烬相遇，你还将与通过底土传递给植物和树木、传递给水果和蔬菜的来自宇宙中的行星的信息等相遇。

施泰纳发现，在欧洲，人类是在马铃薯来到这片大陆的那一刻变成唯物主义者的。实际上，他的精神科学是作为拥有这个名称的科学的解毒剂而起作用的。他希望，对他的生物动力农业理论的习得首先是默秘学的，只限于信奉他的信条的门徒。他相信那一天终会到来，那时，人智学农业的理论能够默启最大多数人。那时，在这个星球上到处都有这种农业的支持者：对于这种农业的信徒来说，这简直是在浪费时间。

然而，还有某种人智学医学、某种人智学药学、某种人智学教育学，它们都有各自实体的学校。一种酒不堪入口，没什么大不了的。农民在市场上贩卖尝起来有雄鹿膀胱里的蓍草或他家猫头盖骨里的栎树皮味道的产品，没什么大惊小怪的。但是，如果给病人的药物和治疗，给小孩子的教育都是根据人智学的星相学、神秘主义、默秘学的原则胡乱滥用的话，那就比较严重了。活力论不需要这样的朋友。

5

会跳的豆子：文明 vs. 野蛮

在文字出现之前，言语通过心被熟记、被记忆。于是人类保存这成千上万个语句的能力造就了诗歌，诗歌首先是声音的：在部落里，为了追溯王室最遥远的先祖（当然，往往就是神），会由一个人记述谱系，在接纳参加祭礼的时刻，他说着仪式性的话语，他转述传奇故事，这些传奇往往解释世界的创造、天地的分离、人类的出现、死者灵魂的归宿、精神世界的力量、与神对话的方式、祭献动物时要说的言语等。他用言词创造世界，用世界创造言词。

在口头语时代，在被诗歌祝福的时代，诗人说着大自然、世界和宇宙的言词。他是一部事物的百科全书，也就是一部如何与自然、世界和宇宙，因而与其他事物和谐共存的百科全书。他知道的东西包罗万象。因此，为了记住这些连祷文就需要记忆术——此外，连祷文也是这些方法中的一种。因为原始的诗歌就是连祷文、清单、目录、格律分析、重复、叠句、套话、陈词滥调、重复出现的固定词句、歌曲、吟唱，它是被吟诵、被朗诵、作为唱诗被唱诵的，因为一个词带动另一个词、一个意向牵动下一个意向、一个声音引领另一个几乎相似的声音。祈祷世界的内在神灵的佑护，那就是最初的诗歌。

在黑非洲和白非洲交界处的桑海（songhaï）民族，是非洲最大的帝国之一高（Gao）帝国的后裔。可惜该民族的伊斯兰化，就像其他民族被基督教化（同样可悲可叹！）一样，标志着口头传统的终结和一神论的殖民化所必需的书写的开始。在通布图（Tombouctou），15 世纪的穆斯林文人书面记录了这个民族直至被摩洛哥人征服为止的历史故事。这个民族的原始思维是内在的，与一切超验性相反。

如果你愿意，你可以说这种原始思维发现了最极端的内在性中的超验性。事实上，它关心的是土地的古老占有者，第一批到达水源地的人，河流、天空和灌木丛的神性。在这个民族抑扬顿挫的历史叙述中，我们能够发现，组成这个民族的所有人、诸祖先的种族、帝国的创立者、水的守护神、闪电的独眼守护神、风的猎头守护神、雷石的锻造者、雷电的守护神、天空的主宰、在小河里帮助母亲的孩童、女仆——她们是同胞间手足相残的商议者和修复者；我们还可以看到拥有邪恶和畸形灵魂的小偷守护神、稀树草原的主宰、令人闻风丧胆的战士、醉人的森林的主宰。

记述这些故事的文本被仪式的乐师、葫芦的打击手、小提琴的演奏者所吟诵和演唱，在仪式中由祭司辅助，在这一过程中还有如痴如醉、如鬼魂附体的舞蹈。最初，每一个索尔科斯人（Sorkos）都知道这些言语；随着时间的推移，只有仪式的主持祭司才知道；今天，它们已经被写入通布图的中世纪手稿中了。因此，这些祈祷文跟诗歌是一样的，至少不是相反的。祈祷文使仪式能够带着面具进行——一种盛大的仪式节日，当然，节日中能够看到传统意义上的面具，但这个面具指的是一个整体：服装、饰品、身体上的装饰、仪式性的祈祷、舞蹈、宗教仪式本身、祖先的临在、萨满教式的灵魂附体、神灵降临狂喜的肉身、音乐、复杂的节奏、节奏刺耳的重复、打击乐、死去并成为鼓面的动物的力量，这些死去的动物在仪式进行的时候回到活人的世界。拥有书写文明的西方已经揭去了口头文明的面具，使其成为艺术品，也就是说，掏空了它们的实质，为的是使其成为商品。

与商业利用及最终在艺术的幌子下对非洲的新殖民主义利用相反，泛灵论的、图腾的、多神论的非洲守护神已经被西方剥夺了所有权，经过弗拉曼克[1]（Vlaminck），接着是德朗[2]（Derain）、

[1] 莫里斯·德·弗拉曼克（1876—1958），法国野兽派画家。——译者注

[2] 安德烈·德朗（1880—1954），法国野兽派画家。——译者注

马蒂斯[1]（Matisse）、毕加索[2]（Picasso）、阿波利奈尔[3]（Apollinaire）、莱热[4]（Léger），西方把这股原始力量当作摧毁阿波罗式西方价值的狄奥尼索斯式手段来使用。从这些面具上剥下的碎片——有时是面具本身——如今以印象派油画的价格出售给一大群买主，这些人买画可能更多的是一种投机行为，而不是与黑人守护神的情感同化行为。

事实上，达达主义[5]就利用黑人艺术作为他们自身哲学和精神价值的战斗机器，这不是因为黑人艺术自身吸引他们，而是因为达达主义发现它是一个极好的导弹，可以炸毁从古希腊—古罗马，进而是欧洲，亦即犹太教—基督教和唯心论者那里继承来的古典作品。第一次世界大战时，在苏黎世的伏尔泰酒馆（Cabaret Voltaire），在特里斯唐·查拉[6]（Tristan Tzara）周围，人们关心的毋宁是黑人艺术在被欧洲艺术精心梳理过的娱乐中的颠覆性潜能，而不是黑人思想的存在本身。拟声、怒号、呼声、手势，没有了非洲的精神深度，都变成了用来炸毁西方艺术的纯粹形式。从某种意义上说，人们在博物馆里陈列黑人的艺术品只会带来混乱。一次又一次，人们只利用它们却从不帮助它们。

由于不关心非洲的思想，而只凭自己追求美学效果的激情，这些艺术家们用同样的心态攫取黑人艺术。达达主义想要颠覆，进而

---

[1] 亨利·马蒂斯（1869—1954），法国著名画家，野兽派的创始人和主要代表，也是一位雕塑家、版画家。——译者注

[2] 巴博罗·毕加索（1881—1973），西班牙画家、雕塑家。他是现代艺术的创始人，西方现代派绘画的主要代表。——译者注

[3] 纪尧姆·阿波利奈尔（1880—1918），法国诗人、戏剧家、散文家，法国未来主义文学的领军人物。——译者注

[4] 费尔南·莱热（1881—1955），法国画家、雕塑家、电影制片人。他在早期创造了个性化立体派风格，后逐渐简化形成大众通俗的艺术风格，并成为流行艺术先驱。——译者注

[5] 达达主义是1916—1923年的艺术运动，由一群年轻的艺术家和反战人士领导，试图通过废除传统的文化和美学形式来发现真正的现实，通过反美学的作品和抗议活动来表达对资产阶级价值观和“一战”的绝望。——译者注

[6] 特里斯唐·查拉（1896—1963），罗马尼亚人，达达主义运动的创始人。——译者注

摧毁西方艺术；就在同一时期，艺术家们想要通过从非洲这个活力论的活鱼舱汲取纯美学的材料而不断地进行投资，进而重振西方艺术：画家们，痴迷于非洲雕塑的形式，在那里发现了灵感的材料。深度？思想？世界观？哲学？存在学？非洲的形而上学？无所谓。形式，纯粹的形式：那才是革命之所在。

因此，不是黑人艺术本身具有肯定的价值，就像对谢阁兰（Segalen）而言异常珍贵的多样性遭遇一样，而是它只具有相对的、否定的、实用的和实际的、功能性的和功利性的价值。非洲的精神退居次要的层面，并且在巴黎，人们醉心于多贡人（Dogon，西非马里［Mali］地区的一个种族）或埃通比人（Etoumbi，加蓬［Gabon］的一个种族）面具的抽象形式，醉心于昌巴人（Chamba，尼日利亚［Nigeria］的一个种族）或芳格人（Fang，加蓬的一个种族）所谓的立体主义雕塑，他们启发了马蒂斯和毕加索，或者费尔南·莱热所心仪的桑哥人（Songo，安哥拉［Angola］的一个种族）或措克威人（Tschokwé，安哥拉的一个种族）的管状作品，我们在《亚威农少女》（*Les Demoiselles d' Avignon*，1907），马蒂斯的肖像画：比如他妻子（1913）和伊冯·兰兹伯格（Yvonne Landsberg，1914）的肖像画，以及费尔南·莱热所画人物的脸部、四肢或身躯中都可以看到这些形式。

这些艺术家们毫不关心非洲的人种学或历史、思想或精神特质、人类学或哲学。安德烈·布勒东[1]（André Breton）把所有脱离他的文化或他不理解（不知道如何理解或不想去理解）的东西称为魔幻的（magique）艺术：蒙素·德斯德里奥[2]（Monsu Desiderio）的绘画是魔幻的，复活节岛上的雕塑是魔幻的，史前的洞穴壁画

[1] 安德烈·布勒东（1896—1966），法国著名诗人、艺术家和社会活动家，超现实主义的“舵主”。——译者注

[2] 蒙素·德斯德里奥，实际上是三位17世纪的画家的合称，其中一位不知是谁，其他两位分别是弗朗索瓦·德·诺美（François de Nome）和迪迪耶·巴拉（Didier Barra）。——译者注

是魔幻的，波利尼西亚的雕塑是魔幻的，伊努伊特人的面具是魔幻的，阿兹台克或玛雅人的建筑是魔幻的，博斯[1]（Bosch）的密集绘画是魔幻的，荷尔拜因[2]（Holbein）的变形是魔幻的，阿尔钦博托[3]（Arcimboldo）的泛神论肖像是魔幻的，C. D. 弗里德里希[4]（C. D. Friedrich）的油画是魔幻的，高更和海关报关员卢梭[5]（le Douanier Rousseau）是魔幻的，库宾[6]（Kubin）或古斯塔夫·莫罗[7]（Gustave Moreau）是魔幻的，印度尼西亚的盾牌是魔幻的，纳瓦霍人[8]（navajos）的象形符号是魔幻的，高棉（khmers）的寺庙里的雕塑是魔幻的，巨石阵是魔幻的，斯堪的纳维亚的北欧古文字是魔幻的，凯尔特人的釜是魔幻的，埃及人的艺术是魔幻的，罗马人的三角楣是魔幻的，当然，非洲人的面具，也是魔幻的！

会跳的豆子（haricots sauteurs）也是魔幻的。有一段趣闻描述了布勒东与凯卢瓦[9]（Caillois）间的对立，它告诉我们是什么使神奇的超现实主义思想和石头[10]诗人的理性主义审美思想相互对立，这段趣闻使我们可以理解，在法国这样一个笛卡尔和理性、笛卡尔主义和启蒙、理性和逻辑的故乡，在多大程度上魔幻的思想在主流知识分子中总是占据第一位的：动物磁气说（mesmérisme）的小木

[1] 希罗尼穆师·博斯（1450—1516），真名为耶罗恩·范·阿肯（Jeroen van Aken），文艺复兴时期的荷兰画家。其画作多描绘罪恶与人类道德的沉沦。——译者注

[2] 汉斯·荷尔拜因（1497/1498—1543），德国画家，以油画和版画著称。——译者注

[3] 朱塞佩·阿尔钦博托（1527—1593），意大利画家，以怪诞的风格主义构图著称，用水果、蔬菜、动物、景观及其他物品来拼成人形。——译者注

[4] C. D. 弗里德里希（1774—1840），德国画家，浪漫主义风景画大师。——译者注

[5] 这是人们对法国画家亨利·卢梭（1844—1910）的昵称，他是后期印象派画家，也被称为“原始主义”画家。——译者注

[6] 阿尔弗莱德·库宾（1877—1959），波西米亚血统的奥地利人，版画家和插画家，被认为是重要的象征主义和表现主义代表画家。——译者注

[7] 古斯塔夫·莫罗（1826—1896），法国象征主义画家。——译者注

[8] 美国西南部的某些美洲印第安人。——译者注

[9] 罗杰·凯卢瓦（1913—1978），法国知识分子、社会学家，他把文学批评、社会学和哲学融合在一起。——译者注

[10] 凯卢瓦的著作《石头的书写》，揭示的是一块普通的石头所包含的历史和想象。——译者注

桶、法国人对顺势疗法的信仰、对动物的磁力的迷信、巴尔扎克式的（balzacienne）颅相学、通灵论的狂热、沙尔彼得里哀尔学派[1]（Salpêtrière）对歇斯底里的剧场化、哲学家们的弗洛伊德主义、巴黎精英们的拉康主义、法国人对纯粹无理性的趣味。安德烈·布勒东也做了自己的贡献，他歌颂秘术、炼金术、炼金术的神秘学说、超自然之物、数秘术、星相学、魔鬼崇拜、通灵论、神秘主义、玄秘、精神分析、魔法、卡巴拉（kabbale）。当你知道《打开禁域之门的钥匙》[2]（*La Clé des champs*）的作者在巴黎，也就是在法国的文化机构中扮演着重要角色，你就可以衡量出对理性损坏的程度了。

那么，我们就来看看会跳的豆子：1934 年 12 月 26 日（这一年 9 月，年轻的凯卢瓦在布拉格参加一个研讨会的时候遇见了加斯东·巴什拉，但却是在一个夜间酒吧里，如果你相信这位年轻人所吐露的隐情的话），凯卢瓦、拉康（凯卢瓦后来对拉康的在场忽略不计）和布勒东聚在一张桌子周围，桌上摆着可能是本杰明·佩雷特[3]（Benjamin Péret）从墨西哥带回来的五颜六色的种子。这些被一种奇怪的向性所激活的豆子时不时地用一种无法预料的方式跳起来。

凯卢瓦建议把豆子劈成两半以知悉其中的秘密；拉康拒绝了，并借口说唯有观看者的惊讶才是最重要的；布勒东表示赞同并劝说要先满足惊讶直至感到非常渴望为止。作为一个理性主义者，凯卢瓦不支持布勒东和拉康对知识的拒绝，他们希望保持其魔幻而不顾知识——这是他们的原则。凯卢瓦写了一封决裂信给布勒东：他愿意接受运用理性反对魔法，诉诸于智慧来解构非理性的东西。他向超现实主义说“拜拜”了。当 1978 年他发表《符号的场域》（*Le Champ des signes*）——其副标题为：知识的和想象的物理世界的统一

[1] 沙尔彼得里哀尔学派是 19 世纪末欧洲精神病学研究最重要的学派之一，该学派对用来治疗歇斯底里的催眠法和暗示法的运用构成了与德国的实验心理学研究迥然不同的传统。——译者注

[2] 布勒东的一篇有名的文章，全名叫《疯子的艺术，打开禁域之门的钥匙》（*L'art des fous, La Clé des champs*）。——译者注

[3] 与布勒东同属于超现实主义艺术阵营。——译者注

性与连续性概览或一种广义诗学的首要要素（*Aperçu sur l' unité et la continuité du monde physique intellectuel et imaginaire ou premiers éléments d'une poétique généralisée*）——之时，人们不可能想象不到这个题目是针对布勒东和苏波[1]（Soupault）的，他们在1920年发表了《磁场》（*Les Champs magnétiques*），这是关于自动写作实践的第一篇文章。与这种破坏理性的东西相对，凯卢瓦更愿意使用交叉科学。

为了击败西方艺术两千多年的阿波罗精神（l' apollinisme）——这种超现实主义在达达主义那里比布勒东所言及的要显著得多——把狄奥尼索斯式的非洲人的精神特性当作工具。黑人艺术，在《超现实主义宣言》的作者那里，就是与西方理性而不是别的理性相对的魔幻的非理性。把这种艺术简化为一种魔幻的艺术也就是不愿意用理性的武器来理解它，也就是与会跳的豆子一起舞蹈，发现它不可思议但又拒绝理解它的逻辑，因为害怕它的神秘会不翼而飞。

美化非洲艺术，把它放在珍奇屋中，屋里堆满了收集而来的带毛的手杖、圣水缸、烘蜂窝饼的铁模、模具的主机，或者蝴蝶、贝壳、矿石、根茎、穿山甲的壳、海胆化石，以及哥伦布发现新大陆以前的面具、霍皮族的卡钦萨部落（Kachinsa des Hopis）的玩具娃娃、新几内亚（Nouvelle-Guinée）的吉祥物或伊努伊特人的面具。因此，美化非洲艺术就是与这种完全异质的思想的不可思议的自主力量擦肩而过，对其招兵买马，纳入一场与西方文化的战斗之中；也就是又一次将一种文明西化，这种文明不可能按照我们的文明来加以评判，而必须被思考为一种其衡量尺度不假外求的完整的多样性。

阿波利奈尔也参与了对黑人艺术的博物馆化，并因此而将其大脑化 / 知识化（cérébraliser）、西方化，使其接受西方的检验。今天，任何人都会目瞪口呆，当他们知道早在1909年《图型诗》（*Calligrammes*）的作者就希望有一个异域艺术博物馆，用于展出

[1] 菲利普·苏波（1897—1990），法国作家、诗人、小说家、批评家和政治活动家，先参加达达主义，后与布勒东共创超现实主义。——译者注

先前被当作珍奇古董或文献保存在人种学博物馆中的作品。想要取消这些作品的人种学维度，从而取消它们的历史维度，把它们转移到博物馆中，在那里它们以美学特质吸引眼球，这就是这些人的计划——这个计划在科切克[1]（Kerchache）和希拉克[2]（Chirac）两人创办的凯布朗利部落艺术博物馆（le musée des Arts Premiers du quai Branly）内得以实现。说目瞪口呆还不足以表达责备，因为博物馆是展出僵死的作品的地方，就像把蝴蝶放在匣子里。

当然，人们首先会认为阿波利奈尔赋予了这种艺术之前所没有的尊严。但是，他自己也没有发现非洲的精神特质的伟大，尽管已经把它铭写进了西方艺术的经典提要中。对他来说，希腊人从非洲雕塑中学到的东西比人们所知的多得多。怎么会这样？非洲艺术由于埃及艺术而得到提升，成为希腊艺术家的创造之源。普拉克西特列斯（Praxitèle）？非洲雕塑的一个产物！

这种精神的游戏极具诱惑力，就像在阿波利奈尔那里经常发生的一样，但他很难解释是什么样的知识和造型关系联结着他收藏的那些作品（一个维利[3][vili]的圣骨盒，一个塔克族[teke]的小雕像，一个刚果库育人[kuyu]的木偶，一个涅康德人[nkonde]的雕塑，一张加蓬普奴人[punu]的弓，一个古巴的靠椅颈托）与波留克列特斯[4]（Polyclès）的《戴带状头饰的人》（*Diadumène*）以及菲狄亚斯[5]（Phidias）为雅典卫城创作的《雅典娜》（*Athéna*）！思考非洲的精神特质，把它与古希腊的精神特质相比较，甚至不无悖谬地把前者当作后者的启发者，这从属于那种通过颠倒这个时代

[1] 雅克·科切克（1942—2001）是巴黎一位杰出的收藏家和交易商。2006年落成的凯布朗利部落艺术博物馆是由他提议修建的。——译者注

[2] 雅克·希拉克（1932—），法兰西共和国总统、安道尔大公，1995年当选法兰西第五共和国第六任总统，并连任第七任总统。——译者注

[3] 中部非洲的一个种族。——译者注

[4] 波留克列特斯（约公元前5世纪—约公元前4世纪），古希腊著名雕塑家，代表作有《持矛者》和《受伤的阿玛戎》。——译者注

[5] 菲狄亚斯（约公元前480年—约公元前430年），古希腊著名雕塑家。——译者注

广为流传的愚蠢观念——一种艺术成为古典艺术的起源跟艺术本身无关——来否定非洲思想的特异性的诡辩。

在弗拉蒙克（Vlaminck）和查拉（Tzara）、毕加索和马蒂斯、布勒东和阿波利奈尔之后，同样被认为是黑人艺术向西方传播的摆渡人的米歇尔·莱里斯[1]（Michel Leiris），在对非洲的精神特质的另一种形式的工具化中享有盛名。众所周知，莱里斯通过他的《非洲幽灵》（*L' Afrique fantôme*）或《黑非洲：造型的创造》（*Afrique noire. La création plastique*）为这项事业贡献颇多，前者记述了他于1931—1933年在达卡－吉布提（Dakar-Djibouti）的科学探险；后者于1967年在伽利玛出版社出版，收入安德烈·马尔罗（André Malraux）主持的引人入胜的“形式之宇宙”文集，当然还有他在大学任教时所写的关于扎尔（Zar）——神灵附体的精灵——的作品。

但是，莱里斯自己也说过，跟他一起从东部穿越到西部、研究黑色非洲的人民和土地的科学家们也劫掠了他们经过的无数村庄。在两年的时间里，米歇尔·莱里斯似乎踏上了寻找自我而不是非洲人民的旅程。作为人种学家的他，保留了这次探险的日记，其中详细记录了这些劫掠。这次旅行对他而言首先是一次个人经历，他想从自己的肤色中走出来，最后在旅行中找到另一种肤色。这次经历也是且尤其是一种身体的经历：极度的炎热、卫生条件的欠缺、疟疾、黄热病、腹泻，更别提在这些野蛮地区旅行固有的危险、剥皮、绑架、谋杀等。有四名队员没有坚持到最后，他们被痛苦、疲劳、体力耗尽所击垮。

莱里斯参加过割礼仪式，参加过舞蹈和神灵附体活动。在指挥探险的研究多贡人的专家马塞尔·格里奥尔[2]（Marcel Griaule）的陪伴下，他建立了他们的面具档案，初步学会了他们的秘密语言，

---

[1] 米歇尔·莱里斯（1901—1990），法国人类学家、艺术批评家和作家。——译者注

[2] 马塞尔·格里奥尔（1898—1956），民族学者，因对多贡人的研究而闻名。——译者注

他对他们进行调查研究，向他们询问，填写会议记录，为这种谨小慎微、令人讨厌的工作不胜其烦，他给那些主观性在其中扮演着重要角色的工作带去科学的审慎。这位忧郁的美学家实际上常常给予那些所谓客观的观察以色彩：在他的内在生命中，僭越、神圣、禁忌令这位叫乔治·巴塔耶[1]（Georges Bataille）的同道中人心醉神迷，这些范畴也浸染着他的工作。

受法国政府的委任，马塞尔·格里奥尔拥有逮捕证（permis de capture）——这是官方的说法——这个证使他能够合法地占有他所觊觎的一切：换句话说，这就是一张盗窃证。这种古老的军事行为使他的职业成为一种预审法官和侦探的工作；他为那些为达到他的目标而使用的阴谋诡计和恫吓——为事实——辩护。不放弃任何时机斥责殖民地的政体的莱里斯，带着这种为不法行为辩护的合法性不断升级演变，就像水里的鱼一样：人们掠夺非洲人的财物，但……是为了他们好。先进的科学、进步的知识、深奥的知识，它们剥夺构成土著人存在之形而上学保证的崇拜物，没关系。因此，队员们敛聚了数量惊人的物品：面具、小雕像、陶器、乐器、死的或活的动物、纺织品，还有……70 颗颅骨，用一种当时的人种学方法加以研究！据格里奥尔记载，他们为特罗卡代罗（Trocadéro）博物馆带回了 3 500 件物品，也就是说 3 年内非洲人平均每天失窃 3 件物品。在《非洲幽灵》中谈到他们的苏丹之旅时，莱里斯提到一种“真正的偷光拿光”。

他们最明目张胆的抢掠发生于 1931 年 9 月 6 日，在巴姆巴拉（Bambara），他们抢了一个克诺（kono）。克诺是一种带有壁龛的祭坛，壁龛里装满了颅骨和覆盖着干血和泥土的祭祀牲口的骨头。要进入祭坛就必须做出牺牲；克诺的首领告诉了他们方法：割喉宰杀一只童子鸡之后，人就可以进入木板搭建的小建筑。格里奥尔表示同意后，便一个人出去寻找童子鸡，但是这位人种学家发现所需的时间太漫

[1] 乔治·巴塔耶（1897—1962），法国评论家、思想家、小说家。——译者注

长了：他违背自己说的话，拆掉了木板，进入祭坛，研究它并在其他装满面具的葫芦里翻寻，将两只长笛据为己有，把它们插进他的长筒靴，走了。那位首领宣布，格里奥尔和莱里斯应该找到自己的祭司，他们的男仆拒绝了。这两名同伙威胁克诺的首领，如果他不把他的克诺以几生丁出售给他们，他们就会进行报复。格里奥尔和莱里斯恐吓这位首领，对他说警察——据称就藏在卡车里——将会把他们、他和那些头面人物带走，带到最近的村庄，在那里交给行政法庭跟他们算账。这两个无赖命令大家去找克诺，所有人都拒绝了，因为它是神圣的、是禁忌，女人和没有受割礼的人都不能见到它，否则就会遭灭顶之灾。于是，莱里斯和格里奥尔进去，偷出了那个物品，而那位首领，惊骇异常、恐惧万分、拔腿就跑，并拍打女人和孩子示意他们回到自己的茅屋里。偷了面具后，莱里斯承认，他们"带着满副恶魔和流氓的神气"离开了村庄。

第二天，他们又开始了。格里奥尔未经授权就闯进了另一间茅屋。莱里斯一个人干了盗窃："我的心跳得非常厉害，因为，自昨天的丑闻后，我十分敏锐地感觉到我们所干的事情的骇人听闻。"这次，他偷了一只小动物，一种涂有凝固的血的乳猪。这只乳猪重 14 公斤。尽管被包装在面具里，但它还是被盗了。在下一个村庄，他们又开始了：谎话连篇并威胁部落首领，告诉他，他们已经收到了征用命令。莱里斯走进茅屋，毅然决然地犯下了重罪。两个非洲人在围猎区内紧紧跟随。他评论道："我惊愕地发现，当你是一个白人并且手中拿着一柄刀时，你依然能开心地感到自信满满，只是这种惊愕某段时间之后就会转变为恶心……"（196）。

这个物品跟千千万万其他物品一起进入人类学博物馆收藏。1980 年，它作为人类学博物馆的 100 件主要作品之一被法国借给了纽约的纳沙泰尔人种学博物馆（musée d'Ethnographie de Neuchâtel），在一个名叫"收藏激情"的展览会上展出。如今它被放在凯布朗利博物馆，有人说，这个博物馆是诸文化对话的地方。

莱里斯的一个文本跟这个作品放在一块儿。但是，难道我们应该惊愕的不是那位记述盗窃发生的情况的人吗。

当《非洲幽灵》面世之时，莱里斯把它题献给马塞尔·格里奥尔，而后者并不支持将自己的行事方法公诸于世。他跟作者闹翻了。该书再版的时候，便不再提及探险负责人的名字。莱里斯在他的《日记》中的 1936 年 4 月 3 日那一天记录到，波朗（Paulhan）恳求国家教育部长，让图书馆买这本书，他念了政府报告中的这一选段作为回应："跟理智紧密相连的作品只能归功于情感的卑下。"在一封 1931 年 9 月 19 日的信中，莱里斯曾写道："询问所采用的方法似乎更像预审法官的审讯而不是友好的交谈，收集物品的方法，十有九次，不说征用，也可以说是强买强卖了。这一切都给我的生活投下了某种阴影，我的良知只有一半的安宁。所有的因素都考虑在内，像克诺这样类似的经历并没有给我留下悔恨，因为没有别的办法能拥有这样的物品，并且亵渎圣物本身就是一个崇高的因素，同样，经常性的购买令我困惑不已，因为令我印象很深是，人们在恶性循环中打转：人们借口教育大家认识和热爱非洲人而劫掠他们，也就是说，考虑到所有因素，培育另外一些同样热爱和劫掠他们的人种学者"（《非洲之镜》，204）。并且，在同年 9 月 13 日的另一封信中，他写道，"我尽管行事有点儿像一位探险家，但是我不后悔：有些崇高的物品，你出钱买比把它们偷走要卑劣一千倍。"

这个漫不经心的偷盗者、没心没肺的劫掠者、厚颜无耻的强盗莱里斯忘了，1923 年，当未来的《西方的诱惑》（*La Tentation de l'Occident*）的作者马尔罗在柬埔寨的丛林中为了把 7 箱他想要拿去交易的高棉雕塑运回法国而损毁了女王宫[1]（le temple de Banteay Srei）的时候，他公然地站在了马尔罗的对立面。当他被判三年监禁的时候，一批

[1] 女王宫，又译为女皇宫、斑蒂斯蕾，是位于柬埔寨大吴哥东约 21 公里荔枝山旁的一座印度教寺庙，供奉着婆罗门教三大天神之一的湿婆。——译者注

法国知识界的社会名流签名为他请愿——莫里亚克[1]（Mauriac）、阿尔朗[2]（Arland）、波朗、莫洛亚[3]（Maurois）、苏波、阿拉贡[4]（Aragon）、加斯东·伽利玛[5]（Gaston Gallimard）以及请愿的首倡者安德烈·布勒东。刑罚变成了一年监禁，缓期执行。

当考察队到达阿比西尼亚[6]（Abyssinie）时，格里奥尔和他的人偷了一些壁画——莱里斯把这叫作"给画去裱"（572）——这些壁画来自圣安东尼教堂（l' église Abba Antonios），是17世纪皇帝约翰尼斯一世[7]（Yohannès Ier）向神许愿之后建造的。小偷小摸之后，加斯东-路易·鲁[8]（Gaston-Louis Roux）立马用一些链接在一起的复制品取而代之——可能这是能减轻罪行的情节，据莱里斯所言，这些复制品"令人眼花缭乱"（572）。对另外一个教堂的劫掠没有进行下去，因为村民们有武装并且反抗顽强。

抢夺一座非洲教堂里与路易十四同时代的壁画，盗窃3 500件物品，掠夺泛灵论者的仪式和礼拜的材料，通过威胁、强制、谎言来侵夺财物，两年内到处横征暴敛，把偷盗作为方法，对他者（l'Autre）最私密内在的东西报以玩世不恭的蔑视，这一切怎么能够被当作科学研究或者一个旨在认识他人（autrui）的文明的人文主义工程？

为违法乱纪的丑闻沾沾自喜，为亵渎他人的圣物乐此不彼，兴高采烈地体会着做一个佩带武器的强健有力且无所不能的白人的滋味，不受一丝良心的谴责，不去关心非洲的原件，而是关心取代被

[1] 弗朗索瓦·莫里亚克（1885—1970），法国作家。——译者注

[2] 马塞尔·阿尔朗（1899—1986），法国短篇小说大师。——译者注

[3] 安德烈·莫洛亚（1885—1967），法国作家，长于传记和小说写作，是在两次世界大战间登上法国文坛的重要作家。——译者注

[4] 路易·阿拉贡（1897—1982），法国诗人、作家、政治活动家。——译者注

[5] 加斯东·伽利玛（1881—1975），法国出版界的传奇人物，创立了伽利玛出版社。——译者注

[6] 也就是埃塞俄比亚。——译者注

[7] 约翰尼斯一世，埃塞俄比亚皇帝，1667—1682年在位。——译者注

[8] 加斯东-路易·鲁（1904—1988），法国设计师、画家。——译者注

盗之物的复制品过于令人眼花缭乱，口口声声夸耀科学和研究，米歇尔·莱里斯对他另一方面极力批评（1945年10月26日，他在自己的《日记》里如是写道：“我所身临其境的不可能性，比如，不可能让所有或远或近的人听从你，这个不可能性在殖民问题上关涉一种不同于反殖民主义的立场，其目的是不让挣脱了《非洲幽灵》的我的形象被揭穿”）的殖民主义的贡献远甚于他对民族间睦邻友好和对非洲文明的认识的贡献！人种学家的主观性，他在殖民军队那边的政治参与——尽管他对体制进行过理论的和想象的批判——使得非洲对他来说实际上就是幻影——大家都明白为什么和怎么会这样。

无须把黑人艺术作为摧毁西方艺术或者给疲惫的阿波罗式旧形式再生新鲜的狄奥尼索斯式血液的工具；无须博物馆；无须把黑人艺术编入艺术史，以便在其中，经由埃及的艺术史，缕清西方艺术的谱系；无须美化他们的产品以便更好地消除它们所蕴含的异教的神圣性；无须骗取、偷盗、侵占、掠夺他人的财物，借口热爱他们的文明、使它为世人所知，这样做反倒毁坏了它。除了博物馆，只需一位电影工作者兼人种志学家拿着自己的摄像机，在胶卷上固定下非洲的精神特质的那些令人头晕目眩的东西就可能足够了，这些胶卷会诉说和展示、报告和呈现、讲述和叙说、通告和传递它们的形式。

但是电影的形式自身并不能保证对人种志的报道具有良好的认识论功用。人们不知道把好的电影跟坏的书本相对照，因为，很显然，与其拍成一部坏的电影不如写成一本好书。电影所保证的口头性只保证口头性，而不保证口头性的真实。在写作中存在的谎言在言语中同样存在。一部让·鲁什[1]（Jean Rouch）的人种志电影不会因为它是一部电影就不偏不倚，而是因为导演说了真话。

然而，关于多贡民族的真实性，或许马塞尔·格里奥尔的著作《水

[1] 让·鲁什（1917—），法国纪录片大师，真实电影的创始人，人种学家。——译者注

神》（*Dieu d' eau*）和让・鲁什的电影作品都更多地是白人的虚构、西方人的书写、神秘化的叙述，而不是对多贡人的思想、存在论、哲学、形而上学和宇宙学之真实情况的报道。格里奥尔这个白人的象征、战前非洲守护神的掠夺者和战后殖民当局的助手，似乎事先就希望他所看见的事情发生，而不是看到了他想要的东西。格里奥尔，索邦大学的人种学教授，他的建构似乎更少地属于一种认识论的工作，而更多地属于一种主观的意志，想要看到多贡人最后终于向他展示的东西。

在让・绍伟（Jean Sauvy）题献给他的朋友让・鲁什的一本回忆著作《我所认识的让・鲁什》（*Jean Rouch tel que je l'ai connu*）中，作者引用了1941年12月26日鲁什从尼亚美(Niamey; 尼日尔[Niger])给他寄的一封信，信中可以读到这样的文字："在一次随意的交谈中，当我提到格里奥尔和拉布雷（Labourey）（？）的时候，我听到一阵哄堂大笑，有人开始不厌其烦地跟我说，这两个寄生虫最好不要回到这里来，曾经有人把他们赶到外面踢他们的屁股。我曾竭力保护过他们。"另一封日期为1942年1月2日的鲁什写给绍伟的信提到了一个非常自命不凡的50岁左右的年轻学者。他在古尔芒彻（Gourmantché）地区工作。关于他，鲁什给绍伟写道："我听人说过的几种类型的人都表现得比格里奥尔更糟糕，格里奥尔自己不会乘着嫉妒到天堂去（字迹不清）"（64）。读过这两封信后，格里奥尔似乎就没有那么不可匹敌了。

但是，对绍伟和鲁什而言，他们在索邦大学就是跟随格里奥尔这位教授学习人种学课程的。从那以后，当他联系上过去这些正在莫菩提（马里的一个地方）的学生，并于1946年11月25日在班吉阿加拉峭壁（Falaise de Bandiagara）与他们重逢的时候，绍伟和鲁什进入了一种兴奋得要晕倒的状态。绍伟所使用的词汇把这次重逢变成了梦幻：为了刻画这次重逢，他说到"眩晕"、"狂喜"、"着迷"、"不可思议的场景"、"似醉似醒"、"无法忘记的题外话"——

所有这些都写进了一个题为“与格里奥尔教授的神奇重逢”的章节。鲁什认为绍伟以某种方式肯定了自己的热情。两个人在战时逗留非洲期间，也就是1943年1月10日，星期天，参加了巴马科（Bamako）的宣誓：总有一天要沿尼罗河而下，创造历史，记述它的生命并为非洲的事业做善事。

不管格里奥尔是何许人也，战争期间在他身上时常表现出怎样的贝当分子[1]（pétainistes）的软弱；不管丹尼斯·帕尔默（Denise Palmer）、安德烈·谢夫纳（André Schaeffner）和米歇尔·莱里斯怎样认为，即使1941年底《非洲幽灵》在法国被纳粹列入禁止出售的书目——这就意味着销毁现存的样书，也许都必须看到马塞尔·格里奥尔在维希政府周围的直接参与。不管格里奥尔怎样取代了马塞尔·柯亨（Marcel Cohen）——他的因犹太人身份而被撤职的老教授——的位置，并于同一年成为国家东方语言与文明研究所（Institut national des langues et civilisations orientales）的教师；不管他如何于1942年拒绝在《非洲问题协会会刊》（*Journal de la Société des africanistes*）上刊登德波拉·里弗席茨[2]（Deborah Lifchitz）关于埃塞俄比亚手稿的文章，因为后者是犹太人并且即将被逮捕，绍伟和鲁什都与他们的人种学老教授保持着一种心醉神迷的关系。鲁什的非洲电影集锦是一种圣徒传记，是为格里奥尔的荣耀树立的纪念碑，是一种声音和光影的回响，它所采用的人种学家的话语更多关注的是想象而不是方法，与浪漫传奇式的虚构而不是科学研究更加合拍。鲁什的那些关于多贡人的电影支持《水神》的作者所采用的奇幻式的版本。

[1] 亨利·菲利普·贝当（Henri Philippe Pétain，1856—1951），法国陆军将领、政治家，也是法国维希政府的元首、总理。曾在“一战”期间担任法军总司令，带领法国同德国作战，被认为是民族英雄。他在1918年升任法国元帅，但在1940年任法国总理时，他向入侵法国的德军投降，至今在法国仍被视为叛国者。他在战后被判死刑，后改为终生监禁。——译者注

[2] 德波拉·里弗席茨（1907—1942），犹太人，生于俄罗斯，法国埃塞俄比亚闪语专家，1942年被捕并死于纳粹集中营。——译者注

为什么是奇幻式的？因为格里奥尔想要的科学却在一种文学的领域里发展。先前一部 1934 年面世的题为“人类的大赌徒们”（*Les Flambeurs d'hommes*）的书，于 1935 年获得甘果瓦文学奖，这使它的作者得以开创一种思想家、哲学家或人种学家们用来搞科学的很法国式的方法——文学的方法。不用数据、不用调查研究、不用描述、不用细节、不用图表、不用解释说明，而是一种叙事、讲述，一种故事，这种故事更加不关心事实，因为格里奥尔提供了最大量的信息。因为想要世俗化，格里奥尔更少关心人种学，而更多关心怎样编织传奇故事——还记得，1907 年谢阁兰希望以《远古时代》（*Les Immémoriaux*）一书冲击龚古尔文学奖，这本书拥有同样的叙事样式，挂着人种学的羊头，卖着传奇故事的狗肉。

《水神》值得用我在《哲学的反历史》一书中所使用的方法来阅读，这种方法把著作全集、书信和各种传记都纳入视野，这就是我命名为“实存论解构”（déconstruction existentielle）的方法。西方赋予多贡人以面容的叙事在一块类似于共济会的画布上被呈现出来：一个已被接纳的会员刚刚找到一位教外之人，正通过秘密的传达让他获得秘传的知识。在该书中，一个盲人老者，奥格特莫里（Ogotemmêli），引荐了格里奥尔，在这个人身上，他看到了自 1915 年以来一个多贡人领地上的考察者的行为。在 23 天的时间里，老者把自己民族的秘密传授给了他。

这个盲人能看到比其他人更多的东西，目光更加敏锐，因为他拥有内在的眼睛；神秘的视力是获得高超的视力的必要环节；这个教内之人看着那个教外之人的生活，并且因为自己所见的一切而决定把自己的秘密传授给他，为的是“瓦解世人的体系”（14）；口头的传达以及圣经（la Parole）和圣言（le Verbe）作为真理入口的重要角色——圣经和圣言甚至等同于真理；直到 33 年之后，不是 32 年也不是 34 年，而恰恰是 33 年，就像共济会对耶稣死时的年龄的最高级模仿，诸如此类的东西都显示了共济会的西方图解。

多贡人的神话体系等于赫西俄德[1]（Hésiode）的神话体系，追随从埃及到班吉阿加拉峭壁这条路线的非洲思想构成了古希腊—古罗马直到犹太教—基督教的西方思想的谱系，语言（格里奥尔曾上过语言学家马塞尔·柯亨的课）构成存在之物的真理，这些都是《水神》的几个重要观念。但是，在格里奥尔的所有这些预测之前，就有一些研究者，包括乔治·巴郎蒂埃[2]（Georges Balandier），表达了类似的观点和构想，他们比较了自己的笔记本和记述，从中发现了矛盾之处、表意的歪曲：文献所加工的人种学、作为魅惑而起作用的异域风情、给多贡人的迷宫提供阿里阿德涅之线（fil d'Ariane）的西方秘传之网、稀释于浪漫传奇的形式中的科学调查，甚至或多或少地意识到1934年面世的《非洲幽灵》的那种模型，这一切对于一本自诩为科学的书都有作用，但却属于浪漫传奇化旅行的古老叙事传统。

人们料想被格里奥尔化了的多贡人和被柏拉图化了的苏格拉底一样需要被解构。这就是从今往后，从《黑曜岩的头部》（*La Tête d' obsidienne*）的作者马尔罗到凯布朗利人民大学（l'Université populaire du Quai-Branly）（原文如此），人们在西方谈论的多贡人的艺术、面具、各种仪式，它们在大部分时间都源自格里奥尔的讲述和为自己的教授痴迷不已的让·鲁什在自己的电影里所展示的东西。因为对于格里奥尔所想象的东西，鲁什通过证实他教授的观点的图像、声音、镜头、评论、蒙太奇、胶片而赋予了它确实可靠性。所以，既然鲁什把格里奥尔所写的东西都展现出来了，还能怎么怀疑它呢？前者所想象的东西，后者证实了它。

然而，鲁什所展现的东西，常常也是他自己的发明创造。因此，在1967—1974年拍摄的《锡圭的节庆》（*Les Fêtes du Sigui*）中，他

[1] 赫西俄德，古希腊诗人，生活于约公元前8世纪，被称为“希腊教训诗之父”。——译者注

[2] 乔治·巴郎蒂埃（1920—），法国人种学家和社会学家。——译者注

就提议要拍摄一种在60年中错开进行的多贡人的仪式。但是，这个仪式的展开需要几个人的一生，鲁什的一生是不够的。除此之外，鲁什在不知情的情况下还去了一个伊斯兰村庄拍摄这种泛灵论的仪式，在这样的村庄里那些先辈的仪式，尤其是这个锡圭仪式，有时候已经以《古兰经》的名义被暴力地清除了。对于那些没有保留下来的东西，鲁什就从格里奥尔的记述出发再造出来。过去之物一去不返，但却被格里奥尔虚构出来了，然后鲁什再把虚构之物展现出来，就像如其所是地相继展现一个事件。

仪式的真正时间跨度——60年——已被破坏，从而产生了一种重构的时间，即电影的时间：多贡人的时间的真实性让位给了电影的虚构，而电影的虚构取代了现实。电影用一种虚构的西方人的时间（就像格里奥尔和莱里斯用从埃塞俄比亚盗窃来的壁画一样）取代了真实的多贡人的时间，在这个电影里，鲁什盗窃了真实的多贡人的时间。当然，这个谎言是在所谓善意的名义下进行的，是为了让世人认识多贡人，但这是被呈现为真实的一种谎言。还有什么比用歌颂复制品来取代其存在的真实更有损于一个民族呢？

为了这部电影，鲁什招募了一些演员。当然，都是些黑人，而且确实是非洲人，但毕竟是演员。正常情况下，在真实的情景中，那片土地上的年轻牧羊人会唱一些歌曲，并随节奏跳舞，但电影工作者会招募一个更有经验且更容易在屏幕上制造更好的声音、视觉和美学效果的成年人。因此，在应该看到青少年的地方，观众看到的却是近50岁的精通乐器的人。年轻人被更年长的人所取代，这怎能不让人觉得仪式的意义会受到影响！

让·鲁什提到要践行他称之为“民族－虚构”的“电影－真实”，他也不怕矛盾！一部通过提出虚构而言说真实的人种学电影，这就是一种独特的处理方式，也就是这种方式，正是这种方式，损害了非洲思想的真实，非洲思想并不需要这些新的假朋友、如假包换的真正造假者。关于多贡人的言说已被西方人，格里奥尔手下非洲人的盗窃者、掠夺者、拦路抢劫者，鲁什手下的瞎编者、修修补补的人、骗子，两人手下的鉴赏家们制造出来了，它再一次阻碍了人们通向相似的灵魂。

最后的结论是什么？从1905年弗拉蒙克（Vlaminck）在阿尔冈特伊（Argenteuil）的一家小酒馆里发现黑人艺术到1973年让·鲁什在电影《埋葬合贡[1]》（*L' Enterrement du Hogon*）中拍摄格里奥尔所记述的多贡人领地上的葬礼；从1907年毕加索使黑人艺术进入西方绘画到1934年米歇尔·莱里斯为一己私利而掠夺和剥削非洲人并毫无羞耻地将此事记录在《非洲幽灵》中；从1909年阿波利奈尔想要创建一座博物馆以便把这种艺术锁进玻璃橱窗里到1948年格里奥尔在《水神》中虚构多贡人；从自早年就开始收集非洲艺术的布勒东到2006年凯布朗利博物馆开张——这家博物馆展出了大量收藏的作品，这些作品是从它们各自的发源地被劫掠过来的。上述这些无非是对非洲的对象化、对非洲的物化，是追随殖民行为的另一种方式，只是在更加良好的意图的掩护之下？可能吧，极有可能。

因为谈论非洲的艺术就是把目光导向人们指定给卢浮宫的物件，好像指定给卢浮宫就为它们提供了更好的、更令人艳羡的未来似的！人们只见手指，却不见手指所指的月亮。换句话说，人们忽略了这个民族的异教的、泛灵论的、图腾的精神特质，人们放弃了这种精神特质可能赋予的教益，这种教益不是从我们的基准着眼而是以内在的方式从他们的参照系出发。非洲的精神特质之自我估量的尺子无非就像普拉克西特列斯在他们的雕像的美、赫西俄德在他们的神话的复杂性、托勒密（Ptolémée）在他们的宇宙观的精确性、荷马在他们的诗歌中的品质，甚至杰苏阿尔多[2]（Gesualdo）在他们的音乐的复杂性中的位置一样，从这方面来说，它们值得放在卢浮宫，

[1] 合贡是多贡人的最高精神权威。——译者注

[2] 卡洛·杰苏阿尔多（1566—1613），韦诺萨亲王、孔扎（Conza）伯爵，意大利文艺复兴晚期杰出的音乐家、鲁特琴演奏家。——译者注

在那里我们能够为它们打开几扇门，因为它们似乎也很配得上它！

说起非洲艺术，或黑人艺术，或最初的艺术，或原始的艺术，也就是同意这样的事实：它跟艺术有关。然而，争论不应该针对称呼，而应该针对实质。因为，人跟自然没有彼此分离的时候，哪里还有艺术呢？当超越没有在一种将人从世界中抽离出来的垂直性中，而是在一种使人类能够在世界之中深入、穿透、活出和体验而不是认识世界的水平性中发现其意义时，哪里还有艺术呢？当西方人命名为艺术的东西必须为了西方人而放进博物馆，而对一个非洲人来说，艺术却是世界的神圣性、原始的力量、创造性的生命力、祖先的灵魂、从死亡到生命和从生命到死亡之时，哪里还有艺术呢？

一旦仪式结束，这些非洲人就会抛弃作为通向内在的神圣的媒介物的面具和小雕像。雨水、湿润、白蚁很快就会吞噬这些覆盖着泥土、血液、毛皮、稻草、毛发和织物的木质物神。当生者抛弃了那些物品的生命时，艺术不过命名了僵死的东西。艺术的存在无非是为了言说死去的踪迹、分解后的残余、残次品。博物馆、画廊、收藏家和拍卖市场都属于尸体搬运工的逻辑。西方的虚无主义者们是看不见非洲人的生命活力的；基督教的阿波罗精神是不可能体察黑人的狄奥尼索斯精神的；这些书本之子是看不见那伟大的泛灵论的康健的；黑人的活力、激情、热情、健壮、大笑的力量，使在一神论体制下生活了上千年之久的人类的疲惫不堪的躯体惊恐不已。

殖民主义曾妄图用大屠杀、折磨、种族灭绝、灭种、人口灭绝来征服这种黑人力量。它毁灭了肉体，也毁灭了村庄、宗教活动、语言、风俗、仪式、存在和行事的方式、思考和言谈的方式、生和死的方式，以及忍受痛苦和感受世界的方式。伊斯兰教和基督教，奴隶贸易、肉体罪责、灵魂腐烂、鄙视黑人肉体的众多始作俑者，与殖民者并驾齐驱。殖民者用的是军刀，宗教用的是洒圣水器。有人把物神、面具、仪式的物品投入火中，而有人则玷污那些民族纪念祖先的祭坛。

那些自诩文明的人却对那些被他们称为野蛮人的人行野蛮之事。

非军事的和军事的力量总是串通一气，从来就没有热爱非洲人至死不渝地热爱着的生活。那些书本上的宗教只热爱和赞颂不热爱生命的人。它们曾大量屠杀那些鲜活的、狄奥尼索斯式的民族，为的是把他们变成贫血的、阿波罗式的人口。把仪式的物品转变成黑人艺术，跟基督教和伊斯兰教对这些民族的损耗是齐头并进的。给一个非洲的面具欲求并提供一座卢浮宫就是给那些在侵略黑人民族的战争中获得的战利品提供一座陵墓。给圣日耳曼德佩大教堂（Saint-Germain-des-Prés）绘制黑人艺术，让黑人艺术舞动在蒙巴纳斯街区（Montparnasse），为人类博物馆抢夺黑人艺术，把黑人艺术变成浪漫传奇，把黑人艺术拍成虚构的电影，想要给黑人艺术一座巨大的博物馆、卢浮宫或者其他地方，今天的凯布朗利就是把涨水的尼日尔河塞进一个针眼里。有人可能努力这样去做，也有人更喜欢听取黑人的教益——希望文明之黑夜所统治的一切地方处处都有阳光。

第 3 部分

动物：不一样的他我

动物 我父亲把它们分为家养的动物、亲密的动物和其他动物。他很喜爱他劳动的马，它们承受着他加给它们的重量，一张黑白老照片可以证明这一点。对于屋里名叫“小发卷”（Frisette）的小狗，他也常投以温柔的目光。这个单纯而忠实的伙伴常常会去肉店老板那里找牛排，在嘴里叼着，不损坏它。我母亲曾经且一直对家养动物保留着一种更加监狱式的理解：据我的记忆，笼中的小鸟、金丝雀、梅花雀、黄鸟，再后来，父亲逝世以后，由她精心打扮的一只喜鹊——它住在屋子里，睡在厨房隔壁的车库里——飞走了，并降落到最近的教堂的屋顶上，后来母亲叫它的时候，它飞回来落在她的肩头上。之后，很可能是本堂神父曾经的一个女仆，她本该爱护同类的，有一天却用虐待狂似的方式把它的头给拧了下来。

在幼儿园，还有以“监狱”为主题的不同形式，那里关着小啮齿动物，仓鼠或者豚鼠，它们被限制在凉拌生菜叶子、刨花做的窝和不得不走的路之间，这些毛茸茸的小西西弗斯们在这条路上拼命地、兴奋地跑着。曾有一段时间，一只广口瓶中养的金鱼对于童年的我来说，就是人类境况的一个明显隐喻：活在一个封闭的空间里，转着圈儿，在空无中游来游去，吃着颗粒状的食物，在肮脏不堪的水中排泄还要吃进自己的排泄物，小心地张望着，不知道容器的玻璃后面是什么样的世界在谋划着。我母亲是只猫，而我父亲则是条狗。父亲喜欢忠诚，母亲更喜欢神秘。

母亲的猫会在村里追求公猫，并不可避免地让自己怀孕。一胎小猫出来之后，摆脱无力安置全部小猫的窘境的责任就落在父亲身上了。他不得不承担起家里没人想要的“母亲”身份，并且他就是这么做的，他只想显示他不得不去做的事情的意义，因为我们不得不去做。他毫无二话地完成了这些任务，但是，从来不钓鱼（跟他祖母相反，她用竹子做的钓鱼竿现在还在谷仓里）从来不打猎的他，一生中从来没有拿过猎枪的他，我无法想象他竟然会毫不反对地就完成了这个薄情寡义的任务。他的沉默保护着世界，即便在世界不保护他的沉默之时。

“为人类而活的动物”（第 1 章）提出了一种区分的谱系，要区分人们喜爱的马（因为他们与它们共同承担田里的劳作）与人们要活活溺死的瞎眼的小猫，受爱抚的小狗和被去掉内脏、被宰杀和吃掉的兔子，或者被砍掉头部、拔去羽毛、挖掉内脏、被烘烤的肉鸡和公鸭，被爱抚的仓鼠和被捕鼠器逮住的家鼠，取了名字的金鱼和油炸的鲦鱼。我母亲杀鸽子的时候把它们的头浸到一杯烧酒里。它们最后跟豌豆一起煮了，但是对于她的猫，母亲保持着温柔和爱抚。就我而言，我对所有动物都有着同样的怜悯，除了那些偶尔令我烦恼的动物，但这几乎不会超出蚊子之外。

在这个意义上，我是达尔文主义者：我知道，在人类和其他动物之间并没有本质的区别，只有程度的差别——请看“虐待动物：从动物到野兽的转变”（第 2 章）和“达尔文的教谕：非人类动物的出现”（第 3 章）。体制内哲学的做法显得好似达尔文从来没有在 1859 年发表过《物种起源》。实际上，这本书把西方思想史切成了两半，并且，若没有这本书，那么开创了哲学新纪元的尼采或许永远不可能提出他对世界的看法。我的尼采主义就源自这种废除了形而上学、欲使元心理学成为不可能、以一种唯物主义的存在论为旨归的思想。人种学是人类学的谱系，而人类学自身又是伦理乃至道德的谱系。

对于具有最基本的观察感官之人来说，动物能感知、知道疼痛、有认知能力、具有交流能力、会感恩或记仇，这是很显然的。它们能够体会感觉、情绪、情感、感知，它们拥有智力、预见的能力，它们会使用自己精心制作的工具，它们拥有一种时间和绵延的意识，它们会互帮互助，它们能够把自己投射到未来并对过去保持某种记忆，然后相应地行动，这些也是显而易见的。不能只跟它们保持一种有用性、对象化、征服的关系，而是要尽可能地保持一种复杂性的关系。

与它们的良好距离应该是这样的：既不要毫无区别地把它们当作为我们服务的工具，也不要把它们变成搭档；既不要把它们动物化，也不要把它们人化。在“动物的解放：反物种歧视的悖论”（第4章）中，我考察了反物种论的（拒绝在人类和动物间做本体论的区分）和物种论的（直言不讳地肯定本体论的区分）观点。反物种歧视可能指引着一位当代哲学家，具体说来就是彼得·辛格[1]（Peter Singer），他认为，如果不给动物造成痛苦，跟它发生性关系都是合理合法的；物种论可能引导着另外一些哲学家，比如马勒伯朗士[2]（Malebranche），他们把动物等同于人们可以各取所需地使用的物、对象。

人们既可以不去为辛格跟一匹母马的放荡行为辩护，只要他自己愿意；也可以不去为屠宰场里毫不顾惜动物的死亡的工业化辩护。在我青少年时期，我知道在我出生的村庄有一个爱护动物的人，我父亲的工作伙伴，也是一个农业工人，有一天大家都很惊讶，为了纪念一头母牛，他高高地坐在一捆稻草上，对我来说，这似乎意味着人性的一种进步。此外，每当我在路上碰到一群即将出发去往屠宰场的动物，母牛或阉公羊、猪或鸡，无不切身地感受到一种严重的肉体恐惧。该不该因此而像某些人谈论“永恒的特雷布林卡[3]（Treblinka）”那样来讨论这个问题呢？我不认为如此。

问题在于要不要吃动物。当我思考的时候，我得出否定的结论；当我吃的时候，我的做法却好像我从来没有思考过，也没有得出过什么结论似的。这个棘手的矛盾使我不得不说，在素食主义这件事情上，我是一个信仰者，而不是一个身体力行者——即使我从没有给自己买过肉，并且只给我的朋友们煮过肉，因为我知道他们喜欢

---

[1] 彼得·辛格（1946— ），澳大利亚著名伦理学家、哲学家，1975年发表了其代表作《动物解放》。——译者注

[2] 尼古拉·马勒伯朗士（1638—1715），法兰西科学院院士，法国天主教主教奥拉多利修会神父，著名神学家和哲学家，17世纪笛卡尔学派的代表人物。——译者注

[3] 纳粹集中营之一。——译者注

吃肉。素食主义者们不吃动物的肉，纯素食主义者们不吃动物的产品，铁杆素行者不用任何来自动物的东西（羊毛、蚕丝、皮革、蜂蜜……），戒除人类对动物的一切使用（实验室做实验，当然，还有跑马场、马戏团、动物园、宠物店）。

我赞成一大堆这样或那样的论点：我赞成废除动物园，那是人们羞辱动物的地方，许多动物患上了严重的疾病；我赞成禁止马戏团使用动物，为了训练它们，人们在那里虐待动物，在灯光的圆形舞台上取笑它们，对它们进行商业上的剥削；我赞成，狩猎应该消失，一切形式的狩猎，当然，还赞成，斗牛术也应该消失——“死亡崇拜：斗牛术的破镜”（第5章）——它是隐藏着最原始的施虐主义的一种知识上的欺骗。同样，我也同意有必要给动物提供伦理身份，把虐待、非人地和可耻地对待动物的行为归入犯罪。我同样相信，在所有动物中，新型的陪伴动物，蛇和狼蛛，以及有异域风情的动物，猴子和鹦鹉，应该被禁止交易和贩卖。

铁杆素行者们指责素食主义者们站在栅栏的恶意那边，跟食肉者们同流合污，因为他们消费动物的产品，而动物的产品需要他们的开发——比如，牛奶是以母牛的母性为前提的，并且为了拥有它的奶必须要消灭牛犊；为了获得鸡蛋，同样要求大量宰杀经出生后性别鉴定的被捣碎的公鸡，等等。铁杆素行者们说得在理：按一切正常的逻辑，素食主义者们的论点是站不住脚的，只有铁杆素行者们的观点看起来符合逻辑。

但是，不再吃肉，以铁杆素行者为模范，也就是说，拒绝动物们产出的产品，拒绝一切以动物为消遣的活动，戒绝蜂蜜和丝绸。如果以归结主义[1]者（conséquentialiste）的方式思考，如果没有普遍化的积极安乐死，这就意味着让家养动物呈指数增殖，直到它们再次变成野生的，意味着这将激活一种被动的安乐死，这种安乐死

[1] 归结主义，又称结果主义、效果主义或者效果论，是一种伦理学说。该学说主张一切行为的对错要视该行为就总体而言是否达到最高的内在价值来判定。——译者注

会把人类置于一个蛮荒的群落生境，在这个群落生境中已经消失的狗将让位给狼群（所有家养犬类的先祖，可以这么说），牛（bovin）将让位给野生原牛（aurochs），猫将让位给其体积庞大、强壮有力的祖先——猫科动物，其他种类的家养动物都会回到其源头的先祖。然而，由于任何狩猎都将无法阻止这种最难以遏制的重返自然，人类将会消失，被野生动物屠杀，人类对野生动物将无能为力。可以想象吗？铁杆素行者准则的普遍化将通向人类的灭绝。某些深层生态学哲学家希望如此——我不希望。素食主义在理论上的不可能性，素行主义在本体论上的不可能性，有待于建立饮食节制，尽可能少食用动物。

1

为人类而活的动物

我们与动物的关系被一千多年的基督教所建构：我们对鸽子的爱和对蛇的恐惧，对陪伴我们的狗或猫毫不吝惜的爱抚和带着恶心对蟑螂的清除，对蚂蚁无动于衷的毒杀和对蜜蜂的不忍灭绝；牛肉、猪肉、鸡肉、鱼肉，生吃、熟吃、烤着吃、煮着吃、烤成烤串吃，而蛇肉或狗肉、中国人的蝎子汤、柬埔寨被烤成串的狼蛛，西方的食客带着厌恶嗤之以鼻；公牛在斗牛场、在如痴如醉的知识分子或享受着施虐狂冲动的斗牛爱好者们的赞许下被杀死，而对于激起同样冲动的对狗的虐待，则会向犯事者投以怀疑；素行者的宗教或对生肉牛排的激情，所有这一切都植根于犹太教—基督教。并且，尽管表面上存在一种去基督教化，我们依然生活在这种范式里。

当然，起初是《圣经》——这个起初的起初，所有开始的开始，就是创世记。人们大都或多或少地知道创世的叙述、创世工作的经过、把虚无从万有中分离出来的辩证的接续、神之灵运行其上的混沌，以及女人，对创造的完善，因为在次序的排列中，她是在男人之后到来的，对于善于阅读的人而言，这就固定了与动物之间的最大距离。在男人和女人中，前者比后者更接近猿猴，女人离猿猴稍微远一点儿——可这“一点儿”一点也不少！男人比女人有更多的兽性。换句话说，夏娃比亚当有更多的理性和知性——这体现在她对品尝禁果，即知识树上的果实的欲望上，以及她在男人只满足于顺从的地方所体现出的求知意志上。

就这样，上帝创造了天上的飞鸟，海里的海生巨兽，然后是人类——按上帝自己的形象。我身处其中的种种拙劣的语言，推论出造物主的不完美，因为他的造物受到嫉妒、恶毒、争风吃醋、自命不凡、妄自尊大、悲伤痛苦的折磨，这是创造的一个败笔。一种与其自身的存在相矛盾的不完美。但让我们继续往下。这同一个上帝（似乎）说过：“我们要照着我们的形象、按着我们的样式造人，使他们管理（原文如此）海里的鱼、空中的鸟、地上的牲畜，和全地、并地上所爬的一切昆虫”（1.26）。因此，上帝用以言行事的方式造成了人类对动物的统治和管理。在犹太教—基督教的本体论体制下，在所有使动物遭受虐待的谱系中都有这个命令在起作用。

上帝创造了男人和女人之后，他遵循着同样的逻辑：“要生养众多、遍满地面、治理这地（原文如此）。”后来，他对被指名来供人类作食物的植物、树木、种子同样这么做。治理大地、管理动物、控制自然、开发动物和植物领域，这就是基督教的形而上学规划。人类以造物主处置他的造物的同样的方式来处置自然。

因此，在基督教的神话叙事中，上帝创造了一个等级序列：他把动物赐予人类，把植物赐予人类和动物。在这样的本体论体制下，犹太教—基督教的牲口变成了诸多事物中的一种。它将能够通过牵引力而提供劳动力，在和平时期提供一种运输方式，在战争时也可如此；它可以作为食物的加工厂，提供奶、黄油、奶油、肉、蛋；也可以作为毛皮、皮革、毛发、肌腱的储备库，提供穿着、居所、庇护。

因此，经过神圣的决定，人类将能够沉湎于一场巨大的肉的盛宴：为了食物的给养而让犹太教—基督教的牲口流血，吃它们的肠衣、嚼它们的肌肉、用他们的臼齿磨碎它们的睾丸、把它们的舌头放在嘴里咀嚼、嚼碎它们的大脑、吞下它们的肺、让它们的肾液在他们的齿间喷射、让它们肝脏的血跟他们的唾液相混合——一句话：身在彼岸的上帝为了人类的益处和动物的不幸，每天都要将它们杀死并吃掉。

《新约》记述了一个借助隐喻和寓言、传说、神话及对东方的虚构的再加工才存在的人。在《新约》中，动物大部分时间都在讽喻中发挥作用。犹太教—基督教放弃了有血有肉的动物，因为它们关心的只不过是概念上的动物。能指排空了牲口的血液，为的是把它变成一个象征意义上的所指。为了有利于一种讽喻意义上的动物，基督教对真正的动物实行了一场大屠杀。如果说《新约》就像一座动物园，在其中能够发现所有或者近乎所有的动物：从蛇到鸽子、从牛到驴、从猪到狗、从蝎子到鱼，那么这也总是在一种感化信徒的护教论的视角上。

耶稣实际上是从一个关着一头牛和一头驴的马厩里开始他的游历的。大家可以想象，既然犹太人的《旧约》昭告了弥赛亚的到来和他在马厩里出生——看看《以赛亚书》（Isaïe），那么一头牛和一头驴显然就在场，因为它们是农业上用来拖拉的动物。但是宗教的符号体系却希望，这些在《四福音书》耶稣诞生日的诸场景中缺席的动物在随后出现：当基督教被虚构之时，在基督教从被迫害的宗教变成迫害别人的宗教的节骨眼上。这关系到借助于一种在伯利恒（Bethléem）、拿撒勒（Nazareth）和其他与基督有关的地点之外能够轻易地促成联盟的宏大叙事而赋予这个传说一个普遍的意义。

因此，人们在一些伪福音书，比如伪马太福音（Pseudo Matthieu）中能看到那头牛和驴。伪马太福音是在6世纪撰写的一个文本，那时基督教成为国教已经有两百年了。教父们独占着这个动物寓言集，赋予它一种寓言的维度。奥利金[1]（Origène）、纳齐安的格里高利[2]（Grégoire de Nazianze）、安波罗修（Ambroise）、耶路撒冷的西里尔[3]（Cyrille de Jérusalem），以及很多其他的教父都致力于这样的任务：公牛象征被古老的律法所禁锢的犹太民族；驴，这个负重的搬运者，是象征外邦人的偶像崇拜的动物。因此，大家

[1] 奥利金（185—254），又译为俄利根、奥利振，生于亚历山大港，卒于凯撒利亚，是基督教的早期希腊教父之一，更是亚历山大学派的重要代表人物之一。——译者注

[2] 纳齐安的格里高利（330—389），4世纪教会教父，是加帕多加教派的第二号人物，为捍卫三位一体教义做出过突出贡献。——译者注

[3] 耶路撒冷的西里尔（315—386），基督教早期教父之一，神学家。——译者注

将会想起这个象征，以便理解耶稣骑在驴背上进入耶路撒冷更多表现的是一个使那些被转变成役畜的偶像崇拜者、异教徒、外邦人归顺的先知，而不是一个由上帝所造的骑在一头驴（Equus Asinus）上的人。如果人们要追寻驴（âne）作为……愚昧无知（ânerie）的象征性角色的谱系，那么我们就要在这个马厩里停留一会儿！

耶稣在约旦河里受洗的那天，圣灵以鸽子的形态降临到耶稣的头顶。稍后，当他在沙漠里受到魔鬼的诱惑之时，他发现——按照福音书的说法——自己身处野兽之中。无需细节，我们就能想象，里面肯定有蛇（我们知道蛇的过往是消极否定的），还有蝎子（这是与恶和恶毒的言行相关联的动物）。因此，天国的鸽子对地上的蛇、来自苍穹的动物对泥土上爬行的野兽、超验的禽鸟对内在的爬行动物、作为天使的有翅膀的野兽对被判处肚腹永远与大地接触的无足的野兽，这一对动物，象征天国之城和地上之城，带着对前者的赞颂和对后者的失信与失望。

这种二元论穿越了动物领域的整体：积极肯定的动物对抗消极否定的动物，基督教的动物对抗无神论的动物。因此，除了鸽子，这个象征纯洁和和平的动物，这个在大洪水之后衔回橄榄枝的动物之外，还有这些积极肯定的动物：鱼，它担负一种完全象征性的任务，即作为运用词语游戏的语义学的承载者；羔羊，作为即将到来的牺牲的宣告者；母羊，它代表着那个决定为了偿还全世界的罪而献出自己生命的上帝之子（l'Homme-Dieu）的无辜；母鸡，它把一窝小鸡聚集在它保护性的羽翅下。

在消极否定的动物这边，除了被魔鬼附体的诱惑者——蛇之外，还有它们：狼，羊的猎杀者、吃羔羊的动物、吞食迷途的母羊的野兽、牧羊人的噩梦——同样也隐喻着基督和他的信徒们；狐狸，猎杀型动物，它杀死因与基督一样具有护犊之德而被爱戴的母鸡，如果我们相信马太所言，耶稣曾把希律王当作狐狸，因为他下令砍掉了施洗者的头；猪，淫欲的动物，在泥浆里打滚，并以此为乐；狗，不纯洁的动物，因为它靠富人钱财的残羹冷炙而生，并树立了利益关系的坏榜样；秃鹫，贪食腐尸的鸟。犹太教—基督教不喜欢也不憎恨那些承担着象征角色的动物。狼和母羊这一对动物代表了吞食天真无辜者的坏人：它寓言性地聚集了所有基督教的奇遇。

基督教与鱼保持着一种完全象征性的关系。当然，耶稣的奇遇被预言在提比里亚湖边发生，鱼就构成了这个地方的基本食物。12个使徒中有5个来自沿海城市，而且是渔夫。但是这些貌似真实的鱼源自象征性的鱼，它是在藏头诗的原则上被编造的，源自古希腊语中鱼的能指（即“ichtus”）和下面几个词——“耶稣基督/上帝的/儿子/救世主”（Jésus / Christ / de Dieu / le Fils / sauveur）——中每一个的古希腊语首字母（ikhtus）间的同音。在真实的鱼下面永远隐藏着一条象征性的鱼。

因而，鱼是耶稣所偏爱的食物以及他主要的隐喻武器库。当把他渔获物变多并用两条鱼招待了成千上万个宾客，当他显示奇迹并让一副渔网网来153条（据圣哲罗姆［saint Jérôme］记载，153代表人类全体，因为那个时代被编目在简的就是153种）鱼时，耶稣宣布，他的名字被召唤，要遍及寰宇。因此，鱼代表基督，在死去和复活这一点上，他吃了两次鱼，作为对其门徒再认的标记，以证明他就是他所是，证明同样的寓言性食物正好关涉十字架上死去的基督和三天后复活并向门徒们显形的基督。

因此，犹太教—基督教教给我们两样东西：首先，是犹太教《旧约》的教义，上帝曾对人类说，他一定会让动物臣服于人类的意愿，直至把有生命的东西变成一个物，相比一块石头不多也不少；其次，是基督教《新约》的教义，它认为应该排除动物温热鲜红的血液、它鲜活而颤动着的肉、它的肌肉和淋巴、它的神经系统和本能、它的目光和活力、它的能量和力量、它的力比多和颤栗，换句话说，就是要除去它的真实性，以便拥有一种纸上的寓言性的动物学，一种象征性的动物寓言集，这个动物寓言集是为了叙述对耶稣所命名的动物概念的虚构。

教会圣师著作研究构建了这种宗教的传奇故事。教父们掌握着《圣经》提供的主题：管理这些动物，一千年来，人类醉心于实施这句恐怖的短语的各种形式。奥利金奠定了基调。他是公元 3 世纪伊始一位活跃的亚历山大学派的人物。他研究了塞尔苏斯[1]（Celse）的控诉。塞尔苏斯是 2 世纪古罗马的一位哲学家，为了迎合自己对基督教的厌恶，他变成了伊壁鸠鲁主义者，但他更多的是新柏拉图主义者。大约在 178 年，塞尔苏斯出版了《真实的话语》（*Discours véritable*），这是那时诞生的极端反对基督教的一个文本。

作为讽刺作家萨摩萨特的卢西安[2]（Lucien de Samosate）（卢西安还曾把自己的一则对话《亚历山大[3]或假预言家》［*Alexandre ou le faux prophète*］题献给塞尔苏斯）的朋友，塞尔苏斯融合了幽默和理性、反讽和分析、论战的锋芒和批判的解构来奚落基督教这个具有荒诞不经的信仰的教派：他不相信耶稣的历史真实性，他跟上面提到的几位一样，认为这个虚构激起并凝结了信徒们的热忱，他们在这种旧瓶装新酒的过程中重复利用了许多东方的信仰；他在基督教的道德说教中找不到任何原创性，并且深知，就在基督教里，基督徒们只满足于重新激活异教道德的旧基础；他指出，这种宗教是反社会的，它再现了罗马帝国解体的酵素；他心知肚明，如果基督教一旦胜利，它将赋予一种新的野蛮以充足的力量；作为罗马人，他借助古希腊哲学的范畴来论述，在他看来，古希腊哲学的诸范畴跟信念（foi）、信仰（croyances）和对一切宗教都应该拥有的对理性的放弃是针锋相对的；他知道这个新的宗教怎样高度地怀疑文化，

---

［1］ 塞尔苏斯，生活于公元 2 世纪的古希腊哲学家（本书作者则认为塞尔苏斯是古罗马哲学家），早期基督教的反对者，著有反对基督教的著作《真实的话语》，这部面世于约 178 年的著作是迄今所知对基督教最早的全面攻击。该书已遗失，只有部分引文出现在奥利金的《反对塞尔苏斯》一书中。——译者注

［2］ 萨摩萨特的卢西安（约 120—约 180），古代安那托利亚（Anatolie）岛的萨摩萨特的一位修辞学家和讽刺作家，用希腊语和新阿提卡风格写作。——译者注

［3］ 这个亚历山大是指阿伯努泰修斯的亚历山大（Alexandre d' Abonuteichos，约 105—约 175），古希腊的一位神秘主义者。——译者注

把精神的单纯（simple）转变成真理的承载者。

塞尔苏斯的《真实的话语》已经遗失了。没有人知道个中的原因。但是，我们可以推测，它是如其他所有反对基督教的文本那样消失的：当僧侣抄写员们为了抄写过量的基督教文本（在15世纪，古腾堡[1][Gutenberg]印刷的《圣经》第一版样本就用了170头牛犊的皮）而牺牲了其数量令人难以置信的动物以获得毛皮时，他们便选择性地复印或抄写文本。与基督教相容的文献优先（柏拉图式的理念论、亚里士多德式的形而上学、斯多葛派的痛苦有益论），而那些不相容的（昔兰尼加的享乐主义[hédonisme cyrénaïque]、犬儒主义的自由、唯物主义的伊壁鸠鲁主义）则禁止发行。作为基督教公然的反对者，塞尔苏斯很可能直接就被禁止了。

吊诡的是，我们今天只能通过他的敌人奥利金及其超大部头的《反对塞尔苏斯》（*Contre Celse*）一书才得以认识《真实的话语》，在这本书中他大量引用塞尔苏斯，以致挽救了这位他对其极尽羞辱之能事的哲学家近80%的文本。塞尔苏斯也写过一本《反对魔法师》（*Contre les magiciens*）的著作，以抨击基督教形式之外的其他迷信，但是，由于奥利金没有对这部著作发起自己的公诉，它便彻底遗失了。因此，我们还要感谢教父呢，是他们使我们今天能够认识塞尔苏斯和他伟大的作品！

关于动物，塞尔苏斯发展出了一种跟犹太教—基督教完全相反的话语。受其宗教的教义问答的强烈影响，奥利金相信，上帝为了人类而创造了动物，因此人类能够像使用事物、物品、一切为人类服务的财产一样使用它们。塞尔苏斯毫不羞耻地肯定：动物在理性方面超过人类；它们会表现出巨大的政治和城邦智慧；它们拥有语言并且使人能够理解自己；从此以后，人们能够谈论野兽的智力；它们会表达怜悯、同情、互帮互助；它们对神圣的东西具有某种认识。这是一种值得研究的革命性的思想。

[1] 约翰·古腾堡（1398—1468），德国发明家，西方活字印刷术的发明人。——译者注

因而，上帝创造的一切似乎都是为了人类，当然，包括动物。正因如此，人类才有可能打猎、捕鱼、杀死动物以供食用、把动物的皮制成皮革、收集动物的油脂，等等。塞尔苏斯反对犹太教—基督教的这个主要观点。他是如此反对它以至于提出了截然相反的观点：万一是上帝为了动物而创造了人类呢？只要看看我们周围，就可以观察到在多大程度上正是动物自然而然地猎杀并吞食掉我们。为了获得一些凶猛的动物毫不费劲就能够获得的东西，我们必须表现出多么巨大的创造性、花费多么大量的时间来提高技术、制定多么巧妙的策略！一边是网、砍削好的石头、标枪、长矛、陷阱、猎犬、猎人的谋略和战术活动；另一边是爪子、獠牙、肌肉、速度，慷慨的大自然大批量地提供了一切，自然好像已经选择了阵营。

60年后，基督徒奥利金对某种类似的论据感到恼火。人类具有一种优越于动物智力的智力，其证据是，被赋予了精神和理性的个子小小的人类能够杀死大象——这些庞大的、极具威胁性的、危险的野兽。当然，动物拥有身体的力量，但人类拥有一种能成功地应对这种力量的智力。我们懂得如何杀死它们，确实，但我们也知道怎样驯养最危险的猛兽，抓住它们，把它们关进笼子里，从而限制它们在那里生活。人类还知道如何把动物关在墙围里，把它们养大，以便将来有一天把它们杀了、烤了、煮了吃，以汲取营养。因此，上帝赋予了人类一种主宰动物的能力，动物则没有这种能力：这个两足动物围捕它们、猎杀它们、捕捉它们、杀死它们、饲养它们、驯养它们、吃掉它们。

奥利金思考了驯化的问题：这又是上帝赋予人类的一种动物所没有的能力。训练有素的狗能够为牧羊人或牧牛人保护、引导和驱赶他们的羊群或牛群。那些牛，也是被驯化了的，套上犁就可以耕地，于是便有了播种、收获、收割麦子、做成面包，进而才有了食物。有了轭，这些牲畜就成了劳动力，多亏有了它们，景观才得以创造、修饰、转变。其他载重的牲畜，马或驴，还有骆驼，则能够运送沉重的物品。于是，货物的运输使交易、买卖、商业活动得以开展。因此，动物的驯化使农业和商业都成为可能。在这种逻辑中，人类显示出他相对于动物的优越性：任何人都从来没有被一只动物拴住，也没有被它抓住、帮它干活。

教父继续他的分析并且涉及了狮子或豹子以及野猪的问题。为什么要创造这些动物？之所以这样问，是因为大家有目共睹，食物和穿着、农业和商业是如何佐证了一种人们后来称为物种论的目的论。但是，这些被认为凶猛、残忍、恶毒的动物的存在本身呢？为什么它们会被上帝创造出来？奥利金的回答是：为了让人类能够表现他们的勇气。伯纳丁·德·圣-彼埃尔[1]（Bernardin de Saint-Pierre）曾盛赞上帝在蜜瓜上设计了瓜瓣，以便家里人能够最容易地分享它，这是他一目了然的家庭主义的目的论的证明，同样，奥利金把动物的存在重新引向人的本质：动物为人而存在，这是上帝的意愿——就像人是为上帝而存在。人类之于上帝就像牲畜之于人类：一个受恩者。

塞尔苏斯表明，人类只知道大放厥词：因为人类创造了属于文化的东西——比如城市，所以人类就比动物高级。就此，他事实上还提到了蚂蚁和蜜蜂这样的社群动物的建造能力。奥利金反驳说，人类依据知性建造城市，而动物是根据对理性动物的模仿。一边是文化的存在者，另一边是自然的存在者；这边是通情达理和能言善辩的理性，那边是人们后来称为本能的东西；一种是亚当后代身上的意欲着的意志，一种是蛇和其他原始动物的“儿女”身上对自然需要的服从。

如果说蜜蜂酿蜜，奥利金认为这是饶益人类：为了滋养他们，使他们强壮和治愈他们的疾病——实际上，人们还通过经验知道了这种甜美的香膏的抗菌价值，并认为它们制作这种产品是出于它们的本质、出于它们的完美、出于它们的存在，也有人认为甚至在人

[1] 伯纳丁·德·圣-彼埃尔（1737—1814），法国作家、植物学家。——译者注

类出现在地球上之前，大概一亿年前，就有蜜蜂酿蜜，这是没有问题的，但这位教父根本不思及此，他只满足于履行《创世记》所提出的主题的各种变体。

1859年，达尔文教导我们，动物的兄弟情谊有助于物种的进化和对更好地适应了环境的个体的自然选择。在稍后的1902年，克鲁泡特金还写了一本名叫“互助论”（*L'Entraide*）的书来进一步阐述这种论点。远在这两人之前，塞尔苏斯就断言，动物们知道互帮互助。比如，他声称，蚂蚁会放下肩上的重担来照顾精疲力竭的同类。因此，塞尔苏斯向我们展示出，自然的兄弟情谊，一种本能的同情，是存在的，这使奥利金大为光火，对奥利金来说，基督教的怜悯不属于一种大自然的活动、一种本能的向性，而是一种意志的、理性的，一句话，人类的决断。

塞尔苏斯补充说，动物们还有先见之明，换句话说，即使事情没有明白地显露出来，它们也能够把自己投射到未来，它们知道，冬天时，必须得拥有食物储备，以便能够存活下来，等待美好日子的再次到来。按奥利金的说法，这是属于非意志的并永远是本能的、大自然的努力。这位基督徒说，这种活动存在于没有理性的存在者那里。在这一点上没有任何理由宣称，动物和人类在这样的行为中是平等的。

根据前面的证明，《真实的话语》可以作为反物种歧视主义者的首次论证来阅读！事实上，奥利金用质问的方式写到，塞尔苏斯似乎在说：“所有的灵魂都属于同样的物种，人类的灵魂在任何方面都并不优越于蚂蚁和蜜蜂的灵魂。正是系统的逻辑，使苍穹的灵魂下降，不仅进入人类的躯体中，也进入其他的躯体中”（IV.83）。

对于一个像他那样相信人类的灵魂是按照上帝的形象被创造的，相信神圣性是不可能跟受造的动物纠缠在一起的，对于像他那样一个基督徒，要让他相信上面的话是不可能的。但是，奥利金很好地提到了哲学的问题：要么是二元论、唯灵论、观念论、柏拉图主义、基督教，以及其他假设了一个天国的思想，如此，在这个虚构之上就可能构建出一种动物理论，在其中动物被理解为一个事物、一个物品、在本体论上远比人类低下；要么是原子论、唯物主义、伊壁鸠鲁主义，一种从实在之物出发思考实在之物的哲学，如此，动物便不是下属的动物，人类也不是创造之物的顶点，而是跟其他动物一样，是生物这个主题之上的变量。

在宣告了它们的智力、展示出它们是建筑家、具有同情心、能够预知未来之后，塞尔苏斯提出了另外一个支持对人类和动物间的关系进行本体论上的打磨（lissage）的观点：蚂蚁会埋葬它们的死者，它们会选择一块地方堆放它们的尸体。对于那些认为坟墓是人类和动物之间的极端分割线的人，塞尔苏斯援引了这些事实——它们也为普林尼[1]（Pline）、克里安西斯[2]（Cléanthe）和普鲁塔克[3]（Plutarque）所证实。

同样，据这位非基督徒作家所言，动物还会交流。也就是在这点上，依然是在这点上，正是那些宣称语言把这两个物种完全分开的人所殚精竭虑的地方。塞尔苏斯实际上肯定了蚂蚁会交换信息，这些信息使它们永远都不会走错路："因此，在蚂蚁那里，有足够的理性，对某些普遍的现实状况的共同认识，有指示性的声音、事件、被意指的意义"（IV.84）。

当然，远在卡尔·冯·弗里希[4]（Karl von Frisch）和博物学家们的著作——这些著作使今天的我们知道蚂蚁用化学分子进行交流——之前，塞尔苏斯很可能是以经验的方式，就确信蚂蚁拥有一

[1] 这里指的是老普林尼（23—79），古罗马的百科全书式的作家，著有《自然史》。——译者注

[2] 克里安西斯（公元前331—公元前232），阿苏斯的法尼亚斯之子，斯多葛派哲学家。——译者注

[3] 普鲁塔克（约46—125），生活于古罗马时期的希腊作家，以《希腊罗马名人传》一书留名于世。——译者注

[4] 卡尔·冯·弗里希（1886—1982），奥地利动物行为学家，1973年与尼古拉斯·庭伯根和康拉德·洛伦茨一起获得诺贝尔生理学/医学奖。——译者注

种语言，当然，不是人类的语言，但依然是一种语言。然而，无论如何都不允许分三六九等。从某些角度看来，蚂蚁交流的是一些人类语言可能由于不完美而无法解码的信息。奥利金总结说，这是滑稽可笑的。对于奥利金来说，在动物那里是不存在语言的。

塞尔苏斯进而说道："如果从天空的高度俯瞰大地，那么我们的活动与蚂蚁和蜜蜂的活动有什么差别呢？"(IV.85)。奥利金认为，说出诸如此类的言辞是有失体统的。有失体统，这个基督徒竟然会说有失体统！对于后人——根据科学家们所作的工作，从各个方面为塞尔苏斯提供论据的后人——来说，人类和动物之间确实不存在本质的区别，而只存在程度上的区别。如果从天空往下看，这个撰写论文反对塞尔苏斯的奥利金，同样遵循着必然性，就像一只给同类们指示道路的蚂蚁或者一只酿蜜的蜜蜂一样。

在奥利金看来，塞尔苏斯混淆了驱动人类的理性与赋予动物活力的、我们现代命名为本能的大自然的非理性。奥利金回应了塞尔苏斯，并且宣称，若要从天空往下看动物，"请容许我大胆地说，人们也许只能看到理性的缺失。相反，在理性的存在者中，人们将看到人类共有的逻各斯、神圣的和天国的存在者共有的逻各斯，且既可能是神圣的和天国的存在者共有的，也可能是至高的上帝自己拥有的逻各斯"(IV. 85)。由于上帝按自己的形象创造了人类，"至高的上帝的形象就是上帝的逻各斯"。神圣的逻各斯，也就是人类的逻各斯，与动物的本能相对，奥利金是不会改变他的观点的：人类是站在上帝、逻各斯、理性、知性这边的，而动物是站在自然这边的。

塞尔苏斯补充了一个论点——并且这个论点足以避免把他归入伊壁鸠鲁主义者的行列。他断言，动物会魔法。他举了蛇、老鹰的例子，他写到，它们对自然了如指掌，知道使用大自然提供的药物或石头来治疗其中毒和患病的幼崽。当然，奥利金是拒绝接受动物跟魔法有任何关系的。毫无疑问，他赞同那时的动物学（他怎么可能不这么做），相信蛇会为了改善自己的视力并且使自己行动更加迅速而吞下茴香。普林尼转述了这个教父所修复的这种信仰。

塞尔苏斯是从自己认为被证实了的事实出发的，而奥利金对他的批评则不是基于事实，而是基于一种解读。塞尔苏斯在那里看到了一种动物之洞察力的作用效果，一种动物的知性的全新证据，一种两个种类之间在存在论上平等的证明；至于在自己的逻辑中打转的奥利金，他则认为，这个无可争议的事实证明了动物们在生物学构造方面的一个大自然的馈赠，跟理性没有关系。如果说人类达到了这种智慧，那是以经验的方式通过观察、审时度势、证明、经验的重复、科学的理性达到的，而动物则是通过他自身拥有这种知识这个事实达到的。上帝创造了拥有这种知识的动物以便让它们能够存在，并让它们能够存在得更久。

我们不知道在塞尔苏斯那儿，哪里是挑衅，哪里是幽默，哪里是反讽，哪里是一本正经。确实，他捍卫了这样的观点，即人类和动物之间存在许多共同的品质，并且似乎支持一种存在论上的平等，这种平等是以人类和动物间的程度差别而非本质差别为前提的。但他自己最后同样明确表示动物比人类高级！实际上，塞尔苏斯表示，再没有比预见和预言未来更神圣的了——而动物们却有这样的能力。因此，那些给予征兆的小鸟，就显示出它们比人类要更接近神、上帝、诸神，人类跟这个绝对者离得是如此之远！当今某些科学家甚至肯定，鸟类能够交流，交换信息，告知同类自己要去哪里并且到那里去。大象也一样，如果我们相信塞尔苏斯所说的，它们忠于自己的誓言，并驯服于神圣之物，那么这可能是它们跟神圣之物比较亲近的缘故。

奥利金驳斥这些论点。他遗憾地认为，塞尔苏斯没有诉诸于必然性的（apodictiques）推论——这是奥利金用的词——而是满足于指责基督教信仰者的信仰，而不致力于发现鸟类的预感是不是一个有充分根据的原理。在对这个话题缺少确信的情况下，奥利金的说法似乎是有效的。因此就有这样的争辩者：如果鸟类可以预言未来，那么它们就该知道未来；如果它们知道未来，那么为何它们会如此频繁地陷入如此危险的境地以至于失去生命？哪怕在自己的命运上抢先于人类作出行动，为什么它们不通过预见往这个方向飞就肯定会碰到猎人并丢掉自己的性命而一开始就避开呢？或者避开将要困死它们的网？如果老鹰具有这样的先见之明，它们就会把它们的雏鸟放在远离蛇的地方，这样就可以救它们的雏鸟一命而不被蛇吞食掉。如果它们有这样的才能，它们就总是能够逃脱人类——然而，事情却并非如此。

这位教父肯定地说："任何不具理性的动物都没有关于上帝的观念"（IV. 96）。这个断言不缺乏哲学的尖刻，因为它是一种明证，证明上帝是理性的一种创造物，因为，既然动物缺乏理性，动物也就没有通向上帝的通道——上帝依然是理性的一种虚构之物，是动物所没有的知性的一个纯粹产品，是一个纯粹和单纯的人类寓言，非常人类，太人类了。实际的问题是，为什么上帝不向那些没有用知性工具来编造这一宗教幻想的生灵启示自身呢？

关于大象的布道，奥利金只是苦苦思索，而塞尔苏斯却到处去探寻！事实上，普林尼和狄翁·卡西乌斯[1]（Dion Cassius）都有记述，大象钟爱月亮，在没有得到赶象人的一场盛大的保证它们能平安回来的宣誓仪式之前，它们拒绝赶路。是否该把宣誓看作动物和驯化它们的人之间相处融洽的合约呢？如果是这样的话，那么塞尔苏斯就完全错了，因为有许多证据证明被驯服了的大象有一天可能会变成其主人最可怕的敌人。

塞尔苏斯表示，鹳鸟表现得比人还孝顺，因为它们会给父母提供食物。接着他又补充了一个从希罗多德和普林尼那里借来的趣闻逸事：因此，从阿拉伯迁徙到埃及的鸟儿，有朝一日长大了，会把它父亲的尸体放在一个没药球里运送回去，就好像装在一副棺材里

[1]　狄翁·卡西乌斯（150—235），古罗马政治家和历史学家。其著作仅存残篇，风格模仿修昔底德，内容质朴翔实。——译者注

一样，然后把装着父亲的这个珠宝盒放在太阳圣殿里。

奥利金反击到：如果鹳鸟和阿拉伯的鸟儿有如此的行为，这既不是出于责任，也不是出于理性，“而是出于自然的本能，自然在创造它们的时候，故意在没有理性的动物中放置一个榜样，这个榜样能够使人类在对父母的感恩上充满羞愧”（IV.98）。自然向人类展示了应该做的事情：奥利金，再一次肯定，动物是为了人类而存在的，是为了教育人类，为人类指明道路及方式、方法，但这是因为上帝利用它们来启发和教导人类。

最后，塞尔苏斯表示，世界不是为人类而被创造的，就像基督徒们所相信的那样，也不是为动物而被创造的，而是为其自身而被创造，它完美地存在于它的细节和部分、它的片段和总体中。世界是不会朽坏的，让世界永远不朽的上帝创造了它、意欲了它。这同一个上帝只是创造了人类，对于人类，他丝毫不在意，就像他毫不关心猴子或耗子，每种生物的命运，在它存在的地方，都为创世之完善添砖加瓦。奥利金坚持己见，并一字一顿地写道：“一切事物都是为人类和所有理性存在者而创造的”（IV.99）。

就这样，辩论展开了，几乎在同样的术语中绕来绕去。对于基督徒来说，创世是上帝的工作，他分阶段地创造了世界。矿物、植物、动物、人类，一个接一个地出现在时间的、地球的、世界的区域中。从植物到人，完善性不断增长。动物是上帝的造物，是人的臣民和物品，人类能够将它们变成人类所需要的样子——对于动物，圣言没有禁止对它们做任何事情，既没有禁止对它们的虐待，也没有禁止它们的痛苦；既没有禁止对它们生杀予夺，也没有禁止对它们暴行虐施。作为一个严厉的基督教徒，奥利金在生活中遵循着金科玉律，以至于在读了鼓励象征性的自我阉割的《马太福音》之后，把自己的性器都切除了——这足以证明他跟自己动物性的那部分过不去。

对于塞尔苏斯来说，他给今天的反物种歧视主义者们提供了本体论的论据——尽管反物种歧视主义者们并不赞同普林尼、阿里安[1]（Arrien）或希罗多德的自然史。让我们回顾一下。实际上，对塞尔苏斯来说：动物会展现智力；它们跟人一样会建造“城市”；它们对同类会表现出同情；它们有预见能力，因此能够投射到未来；它们会埋葬它们的死者；它们能够交流并拥有使自己能够明白无误地交换信息的语言；它们拥有一种类似于巫术的医药知识；它们能预见未来；它们能达成契约并遵守自己的誓言；它们表现得富有孝顺精神。异教徒塞尔苏斯没有在自己和世界之间引入书本，他眼中的世界就是世界本身的样子，在世界中永恒性没有改变。

[1] 阿里安（86—146），古罗马时期的希腊历史学家，著有描述亚历山大大帝功勋的《远征记》和描述一位跟随亚历山大远征的军官尼阿卡斯事迹的《印度》。——译者注

2

虐待动物：从动物到野兽的转变

因此，犹太教—基督教的动物是《圣经》和教父们的产物，但这同样归功于体制所尊崇的哲学家们，换句话说，归功于唯心论者、唯灵论者、二元论者和其他业余爱好者们，他们持有非物质的灵魂、以太化的精神、不可捉摸的思想实体、纯粹的概念、缥缈的本体、本体论的超越这类想法。柏拉图肯定是其中之一，当然还有笛卡尔和笛卡尔主义者们，康德和德国的观念论，这些都通过其他方式对基督教神学的延续作出了贡献。笛卡尔的思想以及他的唯心主义的（因为当然还有唯物主义的）追随者们，比如奥拉托利修会（l' oratorien）神父尼古拉·马勒伯朗士，使一般的物种论特别是对虐待动物在哲学上的合法化成为可能。

官方的基督教没有阻止对动物的施暴，也从来没有表示对动物的同情。拉丁文《圣经》希望，在千年的头几个世纪里，通过表达对所有生物的怜悯而批评马戏团的表演。但这个太虚假了。当然，某些教父确曾批评过马戏团的表演，但那是因为他们聚集在一种对戏剧和演出同样的厌恶之下，认为戏剧和演出都犯有使人们远离真正的上帝和祭仪的罪过，而这个祭仪是他们认为人们必须参与的。

那时，异教徒们在体育学校纪念智慧女神密涅瓦（Minerve），在剧院里赞颂美神维纳斯（Vénus），在马戏团里歌颂海神尼普顿（Neptune），在体育场上供奉商业之神墨丘利（Mercure），在圆形角斗场里供奉战神玛斯（Mars）。基督徒们是不可能赞同这种挥汗如雨、血气方刚、又哭又笑、喊声震天的古老的虔诚之举、这些大弥撒的。诺瓦先[1]（Novatien）、德尔图良[2]（Tertullien）、拉

[1] 诺瓦先，3世纪的一个基督教人物，是罗马教会史上第二位伪教皇。——译者注

[2] 德尔图良（150—230），基督教著名的哲学家和神学家，生于迦太基，并卒于此地，因其理论贡献而被尊为拉丁西宗教父和神学鼻祖之一。——译者注

克坦提乌斯[1]（Lactance）、奥古斯丁、萨尔维安[2]（Salvien）、阿尔的凯撒里乌斯[3]（Césaire d' Arles），他们都把剧院当作恶魔的发明。马戏团的表演使成千上万的人长时间地聚集在一种最低俗的狂热之中——在晚期罗马帝国（Bas-Empire），其频率甚至达到每年4次。基督教的帝王们从来没有禁止这些表演。比如在6世纪，在古罗马的圆形剧场就依然有狩猎活动；而在7世纪初的君士坦丁堡，非常虔诚的基督徒、拜占庭帝国的皇帝希拉克略[4]（Héraclius）就多次进入角斗场亲自猎杀狮子。

因此，这些教会圣师著作研究的作者们所厌恶的只是表演、剧场、舞台、兴高采烈的民众、异教的崇拜而已，而绝不是反对对动物施暴。他们慨叹人类相互争斗厮杀，并把角斗士的格斗比作他杀——但对于大量被屠杀的动物，他们却没有表现出任何的怜悯。在他的《灵魂的斗争》（*Psychomachie*）一书中，基督教诗人普吕当斯[5]（Prudence）（4/5世纪）写道："可耻的角斗场只满足于野蛮的野兽，在沾满鲜血的武器中铤而走险，相互杀害。"

公牛、熊、野猪、老虎、狮子、河马、大象、鳄鱼等，从帝国的各个地方被抓来，关在笼子中、关在有栅栏的仓库里，用人肉来喂养，在极其恶劣的条件下被运送到奥斯提亚安提卡[6]（Ostie）

---

[1] 拉克坦提乌斯（240—320），古罗马基督教作家，曾于古罗马高层中供职，著有大量解释基督教的作品，在文艺复兴时期仍然有广泛的影响。——译者注

[2] 萨尔维安（390—484），又被称为马赛的萨尔维安（Salvien de Marseille），是法国马赛的一位神父，著名的基督教神学家和哲学家。——译者注

[3] 阿尔的凯撒里乌斯（470—542），生于索恩河畔的沙隆，卒于阿尔，502年12月成为阿尔的主教，直到去世。通过布道来教育大众并反对未开化民族。——译者注

[4] 希拉克略（575—？），东罗马帝国皇帝。——译者注

[5] 普吕当斯（348—405），诗人，基督教徒，《灵魂的斗争》的作者，该书以寓言的形式描述了美德与邪恶之间的斗争，成为基督教时期的重要拉丁语作品之一。——译者注

[6] 奥斯提亚安提卡是位于意大利中部拉齐奥大区罗马市奥斯提亚的一座古罗马时期的港湾都市。在神话记载中，这里在公元前7世纪就已经有城市。但按照实际考古记录，这座城市的历史可追溯到公元前4世纪初期。在公元前3世纪到公元2世纪，这里曾是罗马海军的主要据点，城市发展达到鼎盛时期。但由于砾石堆积导致港口淤塞，城市人口逐渐减少。罗马帝国晚期，奥斯提亚安提卡被废弃。——译者注

港口，幸存的动物在这里上岸，然后再次回到罗马。为举行斗兽场（Colisée）的落成仪式，9 000 只动物被杀。演出可以持续一百天——大家可以想象一下马戏表演持续不断的七个世纪。在角斗场里，气味是如此不堪入鼻，以至于要不断地燃烧香料，才能盖住尸体的腐臭味。

希腊—拉丁语的基督教圣师著作研究在中世纪的经院哲学中翻了一倍，笛卡尔用他崭新的形而上学将其击得粉碎。他的形而上学否认文本是世界的真理，主张在一种内省中寻求世界的真理，然后发现它，这种内省就通向了西方主体性的创造。《谈谈方法》的作者把《圣经》放在一边，不否认也不拒绝，而是绕过它而写作。通向全新的主体形而上学的一场方法论、认识论、哲学和本体论的革命。

但是，这种形而上学遗忘了动物，并且这种反思的不负责任使犹太教—基督教对动物的本体论定罪更加持久。当然，笛卡尔在西方哲学中踏出了巨人的步伐，因为他赋予了它一种世俗的、理性的、科学的、辩证法的地位，但是，他把没有灵魂的野兽，没有精神的、机械的、对象性的事物这样的命运留给了动物。有意识的主体的发明，从思出发而推导出存在，这种推导战胜了方法论上的怀疑。现代主体性的创造、对由思想实体和广延实体所构成的人类身体的去物质化（dématérialisation），这当然改变了哲学世界。随着笛卡尔的出现，中世纪结束了，让位于所谓的现代。

但是，这个时代对动物来说并不现代。在最糟糕的情况下，这个时代将以现代的方式来思考犹太教—基督教的古老的动物观念，被驯服的野兽、低下的野兽、为人类服务的野兽。大家知道，哲学家笛卡尔的小女儿在 8 岁那年就夭折了，而他的老父亲罹患绝症无药可医，他深受震动，把衰老当作他偏爱的哲学课题，而他自己在斯德哥尔摩给克里斯汀女王上哲学课时偶感风寒，之后便去世了。为了出色完成这项实际而具体的哲学工程，即延长生命的时间和提高生命的质量，这位思想家在向他提供动物的一个屠户家的后院里练习解剖。他做的可是活体解剖？他从家畜的屠宰中获益了吗？或者说，他有没有为了观察而要求屠宰动物？没有人在意这些细节。大家只知道，他身体力行地走进真实世界从而直接思考真实世界，同时，他反对回到宗教文本。这些宗教文本曾是确立什么是真理方面的权威。

实用、具体、实验、经验，为了思考视觉的机制、血液的循环、解剖的结构、消化的装置、呼吸的运作、知觉和感觉的器官、梦境和睡眠的秘密，笛卡尔对肉体进行考察。归根到底，笛卡尔在那里看到了各种构件，像是在钟表或自动装置里起作用的平衡力量，人类身上的全部，都被一种能够还原为血液、精神、在心脏里燃烧的火和无生命物中的其他几种火的植物性灵魂（âme végétative）所激活——用柴堆烧毁尸体时也能体会到类似的结论，因为，如果植物性灵魂不是实实在在的唯物主义，那就似乎属于理解错误了！而定义基督徒们所谓的非物质的灵魂（âme immatérielle）的东西既没有出现在《论人》（*Traité de l'homme*）的字里行间，也没有暗含在该书中。这本书在他死后首先于 1662 年以拉丁语出版，然后于 1664 年 4 月以法语出版。

那么动物呢？笛卡尔没有给予任何特别的论述。但是，我们可以在他的著作或书信的这里或那里找到跟犹太教—基督教对动物的定义非常相容的思考。这很正常。乔尔丹诺·布鲁诺[1]（Giordano Bruno）于 1600 年被烧死在罗马；1611 年，伽利略被公开骚扰，1615 年被教会袭击，1616 年被传唤到教廷的圣职部，同年被教会列入黑名单，1632 年再次被传唤，1633 年被关进监狱，然后被软禁。对于一个已经把“我要带着面具前行”奉为座右铭的人，这必然使他慎之又慎。

[1]　乔尔丹诺·布鲁诺（1548—1600），文艺复兴时期意大利思想家、自然科学家、哲学家和文学家，他勇敢地捍卫和发展了哥白尼的太阳中心说，最后被宗教裁判判为“异端”烧死在罗马鲜花广场。——译者注

在《论人》中，如果我们相信里面一封致梅森[1]（Mersenne）的信，那么很可能从1623年左右开始，伽利略便饱受折磨，因而笛卡尔可以无拘无束地写作，他被科学所激发，并被对真理的渴望所引导，但不打算发表他的研究。比如，他在书中肯定地说，地球是运动的，这跟基督教的地心说是矛盾的。相反，当他出版这本或那本书时，他就要被暴露在监察欧洲思想的教会的批评目光之下了；他必须调整他的言辞。因此，在他生前未发表的著作中，由于没有受到宗教裁判的注视，他更多地体现出一种活力论的唯物主义，而不是已公开发表的著作中的唯灵论的唯心主义。

事实上，他1637年发表了《谈谈方法》，并在第五部分探讨了一些物理的问题，其中就包括动物的问题。基督徒们不是坚信，上帝创造了世界、人类和动物吗？他赞同这种假设（supposition）——“假设”这个词已经相当大胆了。他表明，人和动物在器官的布局、生理的构造、四肢的分配、物质的构成上都相似，但又完全不同，因为只有人类被上帝赐予一颗名副其实的心灵。在这个课题上，我们会发现在笛卡尔的哲学中存在着犹太教—基督教神学观点的循环。

动物没有“理性的灵魂”，而“在它们的心脏里有一种没有光亮的火”，这种火与天气并不特别干燥之时使茅棚下的干草堆发酵或者使置于露天下的葡萄汁发酵的东西是一样的。对于笛卡尔来说，灵魂是与身体截然不同的部分，它使思考成为可能。从此，这一部分便成为人身上非常特别的部分：它在动物身上是不存在的。因此，人就被定义为一种广延实体和一种思想实体通过松果腺非常神秘地联结而成的联合体。

这种哲学——其他的不说——很现代，甚至是形而上学现代性的创始，但它并没有废除基督教，而是用哲学思想的行业语言重塑

[1] 马兰·梅森（1588—1648），17世纪法国著名的数学家和修道士，也是当时欧洲思想界一位独特的中心人物。他最早系统而深入地研究了2^P-1型的数，后来数学界为了纪念他，便把这种数称为梅森数，并以Mp记之，即Mp=2^P-1。如果梅森数为素数，则被称为梅森素数。——译者注

了基督教：因为在笛卡尔那里，广延实体和思想实体的对立大体上恢复了在柏拉图那里身体与精神的对立，这种对立后来成为基督徒那里物质的肉身（chair matérielle）和非物质的灵魂之间的对立。这种二元论打开了一扇通向彼岸世界的大门。因为它为一种词源意义上的形而上学[1]的实体（entité）腾出了位置，形而上学，换句话说就是：超越物理学（au-delà de la physique）。而彼岸世界说的就是各种宗教的真实世界。所有宗教的真实世界。

对于圣职部的二品修士来说，类似的思想可以获得出版许可。实际上，笛卡尔尊重犹太教—基督教的理由：一方面，人类是由一个物质性的、有死的、易朽的、被生育的、易于腐烂的、拘系于大地、拘系于土壤、只具有初级感觉和扭曲的感知能力的身体所构成；另一方面，人类又拥有一个非物质性的、永恒的、无形的灵魂，这是一种精微的、不可见的物体，是一种人们用来编造天使、大天使、圣体、基督和上帝的本体论织物。因此，人类把大地的材料与天空的反材料、把肉体的笨重和精神的优雅、把人类的人性之重和他的神性之希冀、把跟动物共有的器官和神圣的受造物所独有的精神联合起来了。动物自身无非就是身体、土地、材料、肉、繁殖和朽坏。而人类潜在地是永恒的，完全取决于他择取的生活，因为他有能力获得永生；动物难逃死亡之虚无，因为一旦失去生命，它就会解体，并且不会释放任何的灵魂。笛卡尔与《创世记》的作者，跟奥利金或其他教父没有任何区别。

因此，笛卡尔把人类和动物区分开来，因为前者有灵魂，而后者没有。同样，他还增加了另一个论点：只有人类能够思考和说话，而动物从来不能。即使头脑最简单的人也能够说话并且总是能够组织出一些勉强过得去的有意义的短语；而即便最精致的动物也只能给人这样的印象：它要说话，比如喜鹊或鹦鹉，也永远只能发出一

[1] 亚里士多德最初是用形而上学来表示物理学之后、超越物理学的意思，《形而上学》一书主要探讨了万事万物的原因。——译者注

些声音而已，这些声音从来构不成一种能够表达思想的语言。此外，天生聋哑的人还发明了另一种语言，使他们彼此间能够交流，当然，这需要跟同样学习过他们的语言的人才能进行。笛卡尔于是总结道："这不仅证明，动物比人类拥有更少的理性，而且证明，它们因此也就失去了一切"（Pléiade，165）。

笛卡尔继续他的论述，否认动物有语言的能力。他断言，要说话，必须具有一定的理性；而动物，即使相似的物种，通过训练也会显示出巨大的不平等。一只猴子或鹦鹉，随便哪个都体现着它们种类的卓越，在语言的学习过程和语言的练习方面也无法跟一个孩童相提并论，即使这个孩童愚痴或大脑受损。这就证明它们的天性跟我们的不同。

此外，这位哲学家还补充说，确实存在远比人类灵巧的动物，但也不能证明这种灵巧意味着智力或精神。说到精神，正好，笛卡尔写到，动物没有任何精神可言，"并且在它们身上根据它们的器官设置而运作的正是它们的天性：就像我们在钟表那里看到的那样，钟表的构成无非就是齿轮和弹簧，却能够计算钟点和测量时间，我们极尽谨慎也无法做到钟表那么准确"（166）。

据此，他总结到，动物的灵魂是会死的，而人类的灵魂则是永恒的。当然！苍蝇和蚂蚁的命运跟《谈谈方法》的作者的命运也不一样！但是，笛卡尔并没有得出结论说，对动物而言天堂是不存在的，因为对人类而言天堂也不复存在了，而是提出，人类的灵魂是永恒的，因为他看不出有什么东西能够毁灭这个灵魂。这种在哲学上有点儿直截了当的主张有什么证据吗？没有。至于动物，既然它们是不同的，那它们必然就不拥有这种灵魂，灵魂是人类的标志。奥利金的那一整套基督教神学论述真是经久不衰啊！

在他对《第一哲学沉思录》的反对者所作的《对反对者所作的第六个回应》（*Sixième Réponse faite aux Objections*）中，笛卡尔重提这个论题。他再一次断言，动物身上是完全不存在思想的。我们可以在它们身上看到生命、肉身性的心脏、感官的知觉，但没有思想。笛卡尔的反对者们认为，动物是有思想的，当然，跟人有程度上的差异，但我们依然可以说它们有思想——但这位哲学家仍旧固执己见：动物是没有思想的。事实上，没有哪个猴子能够宣称“我思，故我在”。

书信中含有对这个课题的反思的蛛丝马迹：在一封 1649 年 2 月 5 日致摩罗斯（Morus）的信中，他坚持认为，把思想归属于动物的观点是遵循一种古老的陈见，即通过生理的相似性推断出，我们应该赋予动物一个灵魂。对于我们的这位哲学家来说，他是不可能同意把“我曾定义为思想的物质的这种灵魂”（1318）归属于动物的。笛卡尔写到，要论证动物具有思想是不可能的，证明它们没有同样不可能。

在动物的智力方面，笛卡尔是一个不可知论者。穿透动物的心脏对人类来说是不可能的事情。但是，性情再次占了上风，就在意志薄弱的不可知论时期之后，笛卡尔又一次断言，蠕虫、蚊蚋、毛毛虫没有灵魂。其证明是，这些不由自主的运动，就像在抽搐的时候一样，表现出独立于意志的机械本身的生产活动。同样，人类制造具有运动能力的自动机的能力，证明了运动能力并不代表思想的在场以及对所有运动能力的意志决定的在场。最后，没有哪种动物能够完美地发明一种像人类那样的语言。然而，语言是思想的明证，而动物的缄默表明在它们那里思想是不存在的。笛卡尔把语言当作动物和人之间的分界线。

另一封在 1646 年 11 月 20 日致纽加索侯爵的信使笛卡尔能够再一次详述他的思想。在信中，他肯定：当然，动物做事情比人类做得更好，但这是天性使然，按照它们的构造，就像自动装置一样，因为它们之所是的这个样子是由它们的生理决定的，因为这些行为不受任何类似于有意的选择、理性的决定、有意识的计划之类的东西的影响。

动物就像没有任何智力可言的钟表一样运行。当燕子在春天归来，它们靠的不是理性、意志、智力，而是靠挂钟，它在中午的时候就指示我们到中午了。蜜蜂酿蜜的时候也是一样，或者排成队列飞过天空的鹤，或者同样为了在冲突中保持自己的位置而相互斗争的猴子，或者埋葬它们的死者的动物，或者像猫一样以强迫症一般的行为掩藏排泄物的动物。当然，这些动物在生理构造上酷似我们，但它们与我们完全不同，因为它们没有灵魂——思考的物质，如果它们拥有它的话，就可以用它来思考，然后言说。

然而，只有一封致梅森的信才包含了一种运动，这个运动经由马勒伯朗士，将使笛卡尔变成物种歧视主义者，不管他具体怎么想。物种歧视主义者在拥有灵魂的人类与不拥有灵魂的动物间、在由于思想实体的在场而得到拯救的人类的广延实体与没有思想实体的动物的纯广延实体——这个纯广延实体使动物在地球上遭遇地狱之诅咒——间强加了一道不可逾越的分界线。

就在 1630 年 5 月 18 日，笛卡尔写给梅森神父的一封信中，他举了一个例子，这将长期伴随他并把他变成以物种论方式思考的大师！根据先驱者巴甫洛夫[1]（Pavlov）的书里记载，这位法国哲学家断言，“如果就着小提琴的声音使劲抽打一条狗五六次，一旦它再次听到这段音乐，它就会开始狂叫并逃走”（926）。从行为主义心理学的观点看，它很有理性！但这个比喻跟他的一个追随者尼古拉·马勒伯朗士的一些论点产生了共鸣，并将使后者能够提炼出法国哲学的一个老生常谈，这个老生常谈似乎无迹可寻，也没有明确的证据。

尼古拉·马勒伯朗士可以算作一个笛卡尔主义者。我们随时可以修正这种解读，并把《谈谈方法》的作者和《真理的探索》（*De*

[1] 伊凡·彼德罗维奇·巴甫洛夫（1849—1936），苏联生理学家、心理学家、医生、高级神经活动学说的创始人、高级神经活动生理学的奠基人。他创立了条件反射理论，并于 1904 年获诺贝尔生理学奖，是第一个在生理学领域获得该奖项的科学家。——译者注

la recherche de la vérité）的作者[1]针锋相对。《谈谈方法》的目标就是让人们从书本的一切控制中解放出来，以便从坚实但又内在、具体和实用的基础出发进行思考。而《真理的探索》则试图调和柏拉图、普罗提诺（Plotin）、新柏拉图主义、奥古斯丁，换句话说就是基督教和试图从中解放出来的笛卡尔所喜爱的整个古代遗产。笛卡尔把他的“我思”建立在一种把上帝晾在一边但没有抛弃上帝的内省之上；马勒伯朗士则把笛卡尔从窗户打发走的上帝从大门再次迎进来。因为这位奥拉托利修会的神父、这位天主教的神学家、这位与开启了通往自然神论（déisme）之道路的笛卡尔正好相反的一神论者，通过他的偶因论（occasionalisme）原理而在哲学史上青史留名。

什么是偶因论呢？一个用于表达一种归根结底非常简单、与世界一样古老的神学观念的复杂词汇。这个神学观念就是：天意上帝（la Providence）。一切发生之事只有通过上帝才是可能的。就这样。存在之物永远不过是一些次级的偶因的总和，而它们唯一的、独一无二的、第一位的原因，就是上帝。如此，最具体的现实不过是一种原因的产物，这个原因意愿现实要如此这般，这个原因就是上帝。因此，动物是其所是，因为上帝希望它们这样。

并且，在动物这个问题上，马勒伯朗士表现出一种正统的笛卡尔主义。历史硬是使这位奥拉托利修会会员在阅读1644年出版的笛卡尔的《论人》时被深深折服。这个26岁的年轻人汗流浃背，感觉自己的心脏加速跳动：他马上就皈依了笛卡尔的自动作用论（automatisme）。像笛卡尔一样，他辩护到，人类身上存在着一种永恒的、会思考的灵魂；像他的老师一样，他断言，动物是没有灵魂的，它们遵循自动的机制。

这位奥拉托利修会会员把痛苦与原罪联系在一起：这是因为，正是由于夏娃犯下的这个大错，世上才出现了否定性。痛苦、死亡、劳作、羞耻、在疼痛中分娩。然而，动物没有犯罪；因此，它们不

[1] 指马勒伯朗士。——译者注

用遭受这个罪恶（peccamineuse）之因的后果，它们也因此没有痛苦。证毕。有一个修辞学教师、一个诡辩论者、一个巧舌如簧的辩证法论者提出把蛇当作罪恶之源的问题，但马勒伯朗士默默地略过了这个谱系学的动物事件。

对马勒伯朗士来说，动物食不知其乐、哭喊而无悲戚、生长而不自知、无所欲求、无所畏惧、无所认识，它们没有智力、没有灵魂。它们看起来好像是被智力推动而行动的，那是因为人们没有看到它们的动力完全只是上帝——天意——的善意。对此，偶因论有一个例子：我们把动物身上属于经由上帝的意志而放入动物中的一种本能的东西误认为是智力。天赋以本能的形式得到体现。

为了论证的需要，在马勒伯朗士的著作中出现了一些狗：在打猎之前坐立不安的狗，并以这种方式显示它们的“机器”开动了；热烈欢迎它的主人的狗，依然是遵循着本能的辩证法，而本能是神的意志。但恰恰是著作中看不见的另一条狗使这个奥拉托利修会会员（恶）声名远播。尽管在他的著作全集中只有一处明确的引用，但人们事实上还是津津乐道，说马勒伯朗士曾朝他的狗的肚子踢了一脚，因为它朝着一位来访者狂吠。当来访者惊讶不已之时，他回答说：“这家伙虽然叫了，但它是没有知觉的。”

就像一个哲学家（当然也包括非哲学家的男男女女）的名气总是意味着累积在他名下的误解的总和，尼古拉·马勒伯朗士，基督教偶因论的严肃思想家，也就变成了借口狗没有任何感觉而猛踢它的肚子的哲学家。从笛卡尔那里被隐喻性地安排的、就着小提琴的声音被抽打五六次的狗到猛踢自己的狗的肋部——借口它是一种没有意识、理性、语言，被赦免了原罪，毫无知觉的生物——的思想家，只不过是一步之遥。只要还存在一种哲学传统，它拒绝承认动物拥有能感觉和能感受痛苦的生物所拥有的权力，那么虐待动物的行为就可能继续下去。

通过把动物转变为野兽而被替换的犹太教—基督教动物的诞生，

打开了其后人类对动物施加暴力的康庄大道。动物（animal）是一种活生生的存在，在词源学上该词可以追溯到气息、生命、灵魂的意义；而野兽（bête），词典告诉我们，被定义为“所有动物，除人类以外”。被赋予灵魂和气息的动物成了野兽，并且后来在18世纪产生了一系列具有否定性含义的词：兽性的（bestial）、愚蠢的（bêta）、傻乎乎的（bêbête）、愚笨的（bêtise）、愚蠢地（bêtement）、装傻（bêtifier）、笑话集（bêtisier）、使愚笨（abêtir）、使尴尬（embêter）、又装傻充愣（rabêtir），或者人们把“野兽”这个词跟白痴、无能、傻子、愚痴、不聪明、迟钝、笨蛋、傻帽等相联系，或者把它与灵巧、精明、有创造才能、聪明、才智横溢、敏锐相对，在这种变化中丢失了什么？

《创世记》，一个纸上虚构的耶稣的寓言性和隐喻性的动物，一门心思注释上帝之言的教父们，为了小心翼翼地提出现代性的基础而费尽心思保留犹太教—基督教方案的笛卡尔，被展现为笛卡尔主义的象征性人物，人们将他与这个很可能是编造的趣闻逸事相联系，而他却如此出色地重拾了《谈谈方法》的作者所提出的哲学主张的马勒伯朗士，在遵循笛卡尔式的命令——应该“把自己当作自然的主人和所有者”——而被工业化了的西方的这个胜利的世系中，正是这些人将带来大家用以形容血流成河而称之为永恒的特雷布林卡的东西，在这血的河流中，每天都有成千上万的动物被割喉屠杀，就为了人类能够吃上它们的肉。笛卡尔对此一无所知，但他却在哲学上为这种尸体（动物）的狂欢作了准备。动物的尸体被未来的尸体（人类）所吞食，不带一丝怜悯。

3

达尔文的教谕：非人类动物的出现

在西方哲学的历史上，动物的地位显然不是一成不变的，如果我们站在机构和官方的谱系中，即唯心主义、唯灵论、犹太教—基督教、笛卡尔主义、康德主义、德国观念论的谱系中，或者如果我们借道另一条路，即集合了毕达哥拉斯派、感觉主义者、唯物主义者、阿布德拉学派[1]（abdéritains）、伊壁鸠鲁派、功利主义者和其他自由思想家们（他们认为哲学并不一定要服务于神学，而是要服务于真理、正义、适当［justesse］、理性以及由达尔文——他有一天将证明人类和动物间只存在程度的差别而没有本质的差别——所集中归纳的德性）的道路。

1859年面世的《物种起源》，确定无疑地在非人类动物的本体论可能性的出现之科学谱系这个问题上，革新了西方哲学；同样1871年出版的《人类的由来》（*La Descendance de l'homme*）和1872年出版的《人和动物的感情表达》（*L'Expression des émotions chez l'homme et les animaux*）也是革新西方哲学的两本著作——如果人们至少聆听了达尔文的教诲，一种在唯心主义哲思团体中永远也听不到的信息，这些团体首先通过摒弃事实而开始一切反思。

为什么这三本书构成了一次革命呢？因为它们把犹太教—基督教文明的历史一切为二：在达尔文之前，上帝制定律法、创造世界，接着创造了男人和女人；在他之后，当然，上帝一直存在着，他是“造物主”，但是这位博物学家几乎把他排除在这个偶然事件之外了。当然，上帝给予了一种原始的推动力，他利用规律而非奇迹来制造他的作品，他创造了人类，但是，从某种意义上说，他是从容不迫

[1] 阿布德拉城是古希腊的一座小城，是伟大的智者派哲学家普罗泰戈拉（公元前490或480—公元前420或410）的出生地，故阿布德拉学派也意指智者派哲学家。——译者注

地且利用了自然选择来最后制造出他最完美的造物——人类。达尔文看起来像一位自然神论者，他试图不用与基督教完全相反的论点来打击一神论者，并且为创造论和从虚无中把人类作为其完美作品创造出来进行辩护。

《物种起源》为达尔文赢得了不少声誉，但是在这本书中，并没有谈及人类，而只谈到非人类的动物。我们可以在书中发现自然选择理论的展开，根据这个理论，在大自然中，物种过量繁殖，产生了超数量的个体，其中一些必须死去。如此，在大自然组织的竞争中，它就会优待这样一些个体，它们更能适应生活并在一个弱肉强食和充满生死斗争的世界中幸存；同时它也会除掉那些适应能力比较差的个体。这种选择的目标是提高生物在一个充满敌意的环境中更好生活的能力。达尔文谈及植物和动物，但没有提到人类，如果不是在一个晦涩的句子中他宣称他的发现使我们能够解决人类的起源问题的话。

因此，只有在12年后的1871年所发表的《人类的由来》一书中，达尔文才明确地开始讨论这个问题并声称人类是一种猴子进化的产物，这种猴子产生出人类以后就消失了——这是跟这种进化同一的现象，而其他种类的猴子依然是猴子，这是一种不同的进化的现象。猿猴（singes-singes），我们这样称呼它们，一直保持着一种在森林中树栖的生活模式，它们的前臂根据在树木间移动的实用性而得到发展。相反，人猿（singes-hommes）是从树上下来的猿猴，为了行走在稀树草原上，它们的双足得到了发展，而双足行走则有助于把双手解放出来使之能自由使用，尔后它们通过使用工具而占有了世界。随后，其大脑的重要性不断增长，智力不断发展。因而，对达尔文而言，智力是生活模式变化的产物，是一种结果，而不是它的原因。

智力是一种改变了的生活模式的产物——是树上猴子太多吗？在这个树栖空间中没有足够的食物？猴子太多，因此食物不够，这就迫使它们从树上下来？对此我们不得而知，但是达尔文提出了这样的假设：留在树上，猴子还是猴子；离开树木，其他猴子变成了人类。在森林里是非人类动物，在稀树草原就是人类动物了。人类动物和非人类动物间的分割在1871年随着达尔文这本书的出版在本体论上得以实现。

在这本革命性的著作中，达尔文指出，动物和人类奇怪地相似：骨骼、肌肉、神经、血管、内脏、脑、某些疾病的传播、生理跟星体的关系、伤口愈合的过程、繁殖的机制、胚胎的演变，等等。解剖学的比较还可能列出成倍的例证。为了论述和支持解剖学上的相似，达尔文动用了动物行为学、人类学、人种学、分娩方面的学科等。

但这种解剖学上的相似并不能说明一切。如果猿猴和人猿从同一棵树上下来，那么就会出现这种情况，它们在共同体的形成方面相互区分开来。人猿是在一种社会意识（sens social）中进化的，这个社会意识通向和平社会、团体道德和集体宗教的创造。非人类动物和人类动物间的这种区分使反物种歧视主义者们能够在争辩中言之有据，不过他们只是据于一部分信息，确实，猿猴和人猿的共通点就是它们都是猴，而非人类。

当然，这种共通之处不小，但是它也不再能说明一切。因为《人类的由来》显示出，达尔文并不是达尔文主义者——如果人们这样理解这个词：一个借口自己最符合自然选择理论并具有最佳适应性的自由主义政治制度的辩护者。通过证明一种道德意识和一种社会本能（它将这种动物引向所谓的人类）的存在，达尔文提出在猴子家族中这种分离主义的猴子所蕴含的人类的起源。

变成两足动物以后，这种人猿因而便已开始使用工具来占有世界了。它因此开发出了它的智力，颅骨骨腔容量的增大就是明证。因此，自然选择不断努力地导致了它的消失，这真是理性的狡计、独特的辩证法效应：对个体来说，自然选择排除掉了那些先天不足的、畸形的、柔弱的、较难适应残酷大自然——在其中，捕食的法则统治一切——的个体，以便适应能力更强的个体能够繁殖、生存并把它们的品质遗传给物种。在斯宾塞[1]（Spencer）那里，右派的社会达尔文主义依据达尔文所发现的这个部分大作文章，忘记了达尔文同样也发现了另外的东西，这些东西使人们对英国自然主义者的右派解读失效。

实际上，物种遵循另外一些法则。达尔文向我们揭示了动物身上的一种道德意识、一种协助意识、一种互助和合作意识，这种意识使最强者能够帮助最弱者、保全柔弱的残疾者、保护生病者、帮助不幸者。某些动物甚至可能为了群体的生存而作出个体的牺牲。除了个体的自然选择外，还存在一种群体的自然选择。因此，教育、遗传、智力的力量、利他主义，你方唱罢我登场。达尔文著作的这一面可以被用于左派解读，尤见于自由主义社会主义者克鲁泡特金。在《互助论》一书中，他依据大家习惯称为进化的反作用的东西而提出了一种牢固的、友爱的、互助主义的——一句话，无政府主义的社会。

因此，达尔文展示了动物和人类的相似性，但与此同时，他也指出了分歧：作为与被称为非人类动物不同的动物，人类因而分享了动物解剖学的很大部分，以及许多动物的情绪、情感、感情，尤其是对这些感觉、知觉——颜色的变化、肌肉的颤动、毛发系统的变换、分泌的开展、出汗的逻辑，等等——的相似的生理反应。

在《人和动物的感情表达》中，他提供了成倍的例子，以表明联系着两个世界的东西：痛苦、愤怒、恐惧、怒火、注意力、快乐、眷恋、惊讶、敌意、侵略性、温柔、害怕、不安、尴尬、惊恐、快感、和平、战争、妥协、满足、悲伤、不快、嫉妒、沮丧，等等。就让我们承认，动物和人类是带着相似的情感光谱生活在同一个可感的世界里，并且同样受到主体间之幸运或不幸的影响。对人类来说，

---

[1]　赫伯特·斯宾塞（1820—1903），英国哲学家、社会学家，众所周知的“社会达尔文主义之父”，他把达尔文进化论学说中适者生存的原理应用到社会学，尤其是教育和阶级斗争之上。——译者注

我们会谈到心理学；对动物而言，我们则谈论动物行为学。但这不过是用两种方式言说同一个世界。

达尔文谨小慎微、小心翼翼、慎之又慎，给基督徒们提供了担保：他并没有排除上帝，他谈论造物主并且按照犹太教—基督教的神人同形逻辑赋予他一种人类的智力、人类的计划、人类的繁重劳动、人类的处事方法。对于这个博物学家来说，上帝不是从虚无中进行创造，不像他的神学和本体论地位所许诺的，而是以这样的方式进行：他慢条斯理地——就像一个人类受造物，非常人类的、太过于人类的受造物——借助于这位科学家所发现的为存在而斗争、自然选择的方法。让我们用最简单的表达：对达尔文而言，为了创造人类，上帝已经成为达尔文主义者！

梵蒂冈没有那么愚蠢，他们才不会让自己掉入陷阱：他们心知肚明，如果他们是从树上下来的，是从猴子演变而来的，那人类就不是从天堂堕落的！从此，人类就不得不在创造论和进化论之间进行选择。创造论显示出一位从虚无中进行创造、用混沌创造了一切的上帝的全能；进化论则表现了一位“上帝”，他在漫长时间里展开他的创造、借用复杂的科学路径而非如此简单的神学高速路。达尔文私密的个人日记显示，他时刻都能意识到教会可能已经给他预定了布鲁诺和伽利略的命运。为了表达自己的观点，他在一种自然神论的表述中隐藏了他的唯物主义。一半的路径由科学家完成，教会自己完成另一半：毫无疑问，教会拒绝这些摧毁犹太教—基督教本体论的论点，但是他们没有把达尔文的任何一本书列入黑名单。强中自有强中手，恶人还有恶人磨。但木已成舟，人们再也不能一本正经地说人类和动物间存在本质的差别了，因为它们无非只有程度上的不同。这是一场彻底的本体论革命，它粉碎了基督教思想。但类似的范式改变在一种文明中是不会以简单、清楚和明显的方式实现的。我们一如既往地生活着，好像达尔文从来没有出现过。

有一个漫长的哲学传统为这位英国博物学家的发现作了准备。

毫不奇怪的是，它是我用了 13 年时间写就的《哲学的反历史》的一部分。这本书动用了原子论者、唯物主义者、阿布德拉学派、伊壁鸠鲁学派、感觉主义者、不可知论者、信仰主义者、自然神论者、万神论者、无神论者、功利主义者、实用主义者的观点，换句话说，他们是与唯心主义传统相抵触的思想家，是反抗或漠视体制——体制待他们的思想并不薄——的哲学家，他们更多地直接从世界本身中寻找世界的真理，而不是去讲述世界的书本中寻找真理。

荒谬的是，笛卡尔的思想在笛卡尔主义者中产生了《谈谈方法》的作者都很可能没有的装备。我想起修道院院长梅叶[1]（Meslier）——无神论教士，崇高而庞大的《遗著》（*Testament*）的作者，这本书在他死后才被发现；或者朱利安·奥夫鲁瓦·德·拉美特利[2]（Julien Offray de La Mettrie）——启蒙时期的伊壁鸠鲁主义者，伟大的生灵，美好的生灵，当然，他是笛卡尔的读者，但至死都热爱所有形式的生命，据说，他因食用野鸡肉馅饼所引起的消化不良而死于普鲁士皇帝腓特烈二世的宫廷——据我的一位现已退休的老乡村医生说，他很可能死于心肌梗塞，这位医生在我 28 岁时曾诊断出我得了心脏病！

如果说笛卡尔主义是建构在思想实体之上的，那么它会产生马勒伯朗士，后者提供了一种轻易就能为虐待动物辩护的思想，这种思想在犹太教—基督教的本体论直到复杂的资本主义工业食品的意识形态中随处可见；如果说笛卡尔主义是建构在广延实体之上的，那么它就通向梅叶，后者经由唯物主义者和功利主义者，阐明了一种思想：动物享有受尊敬的同伴而不是被撕碎的猎物的地位。

这两个谱系都有可能通向死胡同：物种主义，它把人类对动物

---

[1]　让·梅叶（1664—1729），法国 18 世纪空想社会主义先驱，著名的唯物论者和无神论者。——译者注

[2]　朱利安·奥夫鲁瓦·德·拉美特利（1709—1751），法国启蒙思想家、哲学家，著有《心灵的自然史》、《人是机器》和《伊壁鸠鲁的体系》等。——译者注

的工业利用合理化了，以至于有人，比如查尔斯·帕特森[1]（Charles Patterson），能够把我们在人类和动物之间保持的关系与纳粹和犹太人的关系相比拟；或者反物种主义，它使反物种主义先锋彼得·辛格能够为人类和动物间的性关系辩护，只要这种关系不会给动物带来任何痛苦。一边是把大屠杀渗透到屠宰场，另一边是把一个人与一头母牛、一只猴子和一头母山羊交配合法化。

主流的历史文献把对动物的第一次关注上溯到边沁[2]（Bentham，1748—1832）。实际上，在《道德与立法原理导论》（*Introduction aux principes de la morale et de la législation*，1789）和《论民事与刑事立法》（*Traité de législations civiles et pénales*，1791）中，这位英国哲学家写到，人类和动物都根据同样的享乐主义原则行事：两者都追求快乐，逃避痛苦，他们都完全希望获得最大数量的享乐和防止最大数量的痛苦。幸福是人类和动物、哲学家和他的爱犬的行动目标。

边沁并不反对杀死动物吃它们的肉，但他反对这样的观念，即认为我们可以使它们遭受痛苦、虐待它们——他随后还提到"折磨"这个词。这位哲学家进行了一个很有道理的对比：曾经有一段时间，人们以使虐待动物合理化同样的论点为奴隶制辩护：他们低人一等、他们是下等人。法律赋予了这种不公正以同样的形式和内容。令边沁欣慰的是，好在有法国大革命，奴隶制被废除了。他希望有一天人们也会进行一场同样的知识和政治革命，以使人们永远不会再给动物施加痛苦。

人们不再从理性思维和语言的能力出发在人类和动物间作出区分。他写下了这样一句后来家喻户晓的话："要问的不是：它们能

[1] 查尔斯·帕特森，美国当代著名作家、历史学家、动物权利的倡导者，著有《永恒的特雷布林卡》、《大屠杀和我们如何对待动物》等。——译者注

[2] 杰里米·边沁，英国法理学家、功利主义哲学家、经济学家和社会改革者。他是一个政治上的激进分子，是英国法律改革运动的先驱和领袖，并以功利主义哲学的创立者、动物权力的宣扬者及自然权利的反对者而著称于世。——译者注

理性思维吗？也不是：它们能说话吗？而毋宁是：它们能感受到痛苦吗？” 事实上，既然动物能够感受到痛苦，那么人类就应该尽可能阻止它们遭受痛苦。任何虐待都不应得到辩护、容忍、辩解、准许、允许。接受对动物施以血腥的法律，就是接受这样的事实，人类可以将它们归为己有。因此，边沁猛烈抨击马戏团表演、斗牛、斗鸡、打猎、钓鱼，这些行为——据他说（我同意他的看法）——的“前提必然要么是缺乏反思，要么是以非人性为基础”（《论民事与刑事立法》，I. XVI）。

往上近一个世纪（确切地说：70年之前），这种支持动物的强有力的思想就已经出现在一位法国哲学家那里了，他就是让·梅叶（1664—1729），一本奠定了法国唯物主义之基础的主要著作的作者。他的《遗著》全名为《埃……和巴……的本……神……让·梅……思想和情感记录，论人类的行为与管理上的部分错误和流弊，大家在此可以看到对捕风捉影的虚浮和所有神性之物以及世上所有宗教的虚假的展示，以便他死后能对他的教区信众说话，给他们以及所有像他们那样的人证明真理》（*Mémoire des pensées et des sentiments de J... M... Pre... cu.. d'Estrep...et de Bal... Sur une partie des Erreurs et des Abus de la Conduite et du Gouvernement des Hommes où l'on voit des Démonstrations claires et évidentes de la Vanité et de la Fausseté de toutes les Divinités et de toutes les Religions du Monde pour être adressé à ses Paroissiens après sa mort et pour leur servir de Témoignage de Vérité à eux, et à tous leurs Semblables*）。

“埃……和巴……的本……神……让·梅……”这个表达掩盖的是“埃特列平和巴莱弗比斯的本堂神父让·梅叶”（Jean Meslier, prêtre, curé d' Estrepigny et de Balaives），埃特列平和巴莱弗比斯是阿尔丁（Ardenne）的两个教区。这串神秘的被编码的字符借由这样的事实而得到了解释：这部将近一千页的著作是一个超前的无神论的、唯物主义的、感觉主义的、功利主义的、效果主义的哲学文本。换句话说，它是一个哲学的炸弹，这部著作如果被其作者的上司发现，那他马上就会被放在柴堆上烧死。被教会杀害的乔尔丹诺·布鲁诺和儒勒·凯撒·瓦尼尼（Jules César Vanini）还没有说过这么多呢。

这位独立思考的乡村神父，在没有图书馆也没有巴黎的沙龙（有时，在这些沙龙里，狄德罗、伏尔泰、布丰、爱尔维修、霍尔巴赫、达郎贝尔、休谟、孔多塞会济济一堂）的帮助下，阅读了蒙田和笛卡尔，以及马勒伯朗士和斯宾诺莎。通过抨击《圣经》中出现的所有矛盾、错讹、荒谬、愚昧、奇谈怪论、愚蠢、虚幻、无知、鸡毛蒜皮的小事以及弄虚作假，让·梅叶发明了一种新的阐释。他向我们展示了上帝在多大程度上是一个虚构，而宗教也是一种对权力有用的发明。这些权力因此能够确保对被压迫、被压碎、被剥削和掠夺的民族的统治。他鼓励一种社群主义的、具体的、内在的极端自由主义的共产主义。因此，他可能令很多人不快，不仅仅是教会的人。

让·梅叶在他那小小的本堂神父的住宅里撰写这个文本，单枪匹马，没有抄写员、没有口授的可能，就像蒙田一样。他就着蜡烛的微光工作，在晚上，在他完成（无神论的）本堂神父一天的工作以后。他以这种隐秘的方式工作了 10 年，从 1719 年到 1729 年，从 55 岁到 65 岁。他完成了四个版本，把它们分散，因为他深知如果只有一本的话，万一它被一个虔诚的宗教徒发现，就很容易被摧毁——就像教会在 1729 年 6 月 28 日或 29 日他死后使他的尸体消失于无形一样。

让·梅叶是彻头彻尾的革命者，他同样也身处动物哲学的领域。这个无政府主义的本堂神父站在了卑微的、弱小的、受辱的、被冒犯的弱势群体一方。他站在被虐待的动物一边就再正常不过了。他书写挨打的小孩、被打的女人、被折磨的动物。梅叶透露，他不支持流血的观念，并且在看到为了吃肉而杀鸡、杀鸽子或杀猪时会感到厌恶。“只要看见屠宰场和屠夫我就讨厌”（I.217）。尽管如此，他并不是一个素食主义者并且把这个生存实践变成一种跟宗教实践相似的偏执。他反对屠宰动物来献祭区域神灵以获得他们的青睐并且拒绝吃它们的肉，因为这是以一种在哲学上完全可鄙的神圣化为前提的。

在边沁之前70年，梅叶就这样写道："像人们所做的那样杀死、打死并割喉宰杀并没有做错什么的动物，是一种残忍和野蛮的行为，因为动物跟我们一样对邪恶和痛苦都有很强的感觉能力，尽管在关于动物方面，我们的新笛卡尔主义者们徒劳地、错误地、可笑地说过一些话，他们把动物视为没有灵魂和任何情感的纯粹机器，并且由于这个原因，而且基于一种毫无意义的推理——他们把这个推理应用到思想的本质上，而对于思想，他们认为物质性的事物是不会思想的——他们说动物完全不具有任何的知识以及任何对快乐和痛苦的感受。可笑的观点，有害的准则和可恶的学说，因为它明目张胆地试图在人的内心抹杀掉一切他们对这些可怜的动物本可以有的善意、柔软和人性的情感，因为它给了他们通过折磨动物、毫不怜悯且暴虐地对待动物来聊以自娱自乐的场所和场合，他们的借口是，动物对他们所施予的邪恶没有任何感觉，就像他们投入火中或者撕成碎片的机器一样。"

梅叶继续揭示到，这些行为之所以残忍是因为人类和动物享有许多共同点：他们都是生物、会死、有血有肉有骨头、由活的且有感觉的器官构成；他们都有眼睛用来看，都有耳朵用来听，都有鼻子用来嗅，都有舌头和上颚来辨别味道并选择适合自己的东西；他们都有情感和激情。在边沁之前，梅叶就曾写道："它们对善和恶，也就是对快乐和痛苦，跟我们一样都具有很强的感知能力。"这就是为什么，对于伴侣动物或劳作动物，应该温柔地对待它们，要同情它们的悲惨遭遇。

在他的《遗著》中，让·梅叶还有另外一个针对动物的进一步阐述。他明确地把自己的思想归入蒙田的谱系。蒙田在自己的《为雷蒙·塞邦辩护》（*Apologie de Raimond Sebond*）一书中用很长的篇幅来玩味一些例子，他向我们展示了动物和人类只不过是程度上的不同而非本质上有区别：“有一些差异，有一些次序和等级，但这些都是在一种同样的本质的面貌之下”（II.200）。我们知道蒙田是多么喜爱在田野里骑马、有动物的陪伴、观察动物并跟他的狗在一起。常常说野兽是“表兄弟姐妹”（II.165）的他，公开表示要放生猎物。

《为雷蒙·塞邦辩护》的诸篇章让动物走进了哲学史的大门。人们把动物视作野兽，但是动物可能同样也把我们看作野兽。蒙田告诉我们，动物彼此间会交流，并且也会跟我们交流，如果我们能够注视它们、倾听它们、理解它们。远在达尔文之前，蒙田就成为动物行为学家了，并且对动物用手、头、手势、表情、身体、面容等发出的示意信号进行编目。他谈到猫、马、蜜蜂、燕子、变色龙、章鱼、小鸟、鲸鱼、大象、翠鸟、野兔、寄生虫、狐狸，并最后总结到，动物跟我们一样具有“商议、思考和总结”（II.195）的能力，这些能力有时候比我们还要多、还要好。它们展示出捕猎的智慧，对治病植物的知识，受教育和教育的能力，比人类的忠诚更高级的忠诚，更有趣味的性爱，大度、忏悔、感激、宽恕的能力。

人类征服他们的同类，但是，蒙田写到（谁能说他是错的呢？），任何动物都不会征服另一种动物！人类是一种制造奴役的动物——换言之，在道德上，动物要超过人类。同样，人类相互发动战争，而动物从来不会：即使它们去杀戮或被猎杀，也只是为了吃。它们对人类无比擅长的无缘无故的残忍、以杀死同类为乐或让同类遭受痛苦一无所知。人类是一种虐待狂式的动物。

正是在这样一位蒙田、“明辨是非的（judicieux）蒙田”（III.53）——梅叶写道——的影响下，梅叶写下了他对动物有利的反思。这也是跟马勒伯朗士相反的地方，对后者而言，灵魂的本质在思想之中。梅叶以一种完全唯物主义的视角宣称，身体的内在变化产生快感和痛苦、欢乐和悲伤，动物和人类都同样能感受到这些，因为他们的身体是相似的。这些感觉只有通过大脑才能变成知识，而大脑本身也属于凡俗的物质的身体。根据这位哲学家所提出的物质一元论而推导出的同样的逻辑，人类和野兽都能够感知，因此都会思考。梅叶对长篇引述的马勒伯朗士的论述进行了严厉的批评。

梅叶猛烈抨击马勒伯朗士主义这一类型的笛卡尔主义者，在他们看来，动物不过是机器，无法感知和感受快乐或者痛苦。对“这些先生”（III.65）来说，他写到，物质的运动能够解释动物身上拥有认知，这似乎是无法想象的。但是，感觉、知觉、思想通过一种没有广延、没有身体、没有部分、没有形式、没有形状，换言之，没有现实性、没有存在的思想实体来实施不是更加难以想象、更加难以置信吗？因为所有存在之物都遵循他们的虚构中所没有的这些机制。

因此，笛卡尔主义者们相信，既然动物不能像他们一样用拉丁语来表达，它们就根本不具有任何语言！因而，既然它们不能像人类那样用西塞罗的语言来表达，笛卡尔的门徒们就否认它们拥有情感、知觉、感觉，具有可以像人类那样感受快乐和痛苦的能力。他们同样可以得出结论说，易洛魁人[1]（Iroquois）、西班牙人、日本人或德国人跟动物差不多，因为他们也没有熟练掌握与笛卡尔主义者们共同的语言。

然而，动物拥有一种共同的语言，它们自己的语言，它们用它来传达一定数量的重要的、微妙的、关键的信息，并且，得益于这种语言，它们能够相互呼唤、应答、组成社群、相互认识、相互交谈、相互爱慕、相互亲近、玩耍、消遣、相互憎恨、相互斗争。当人们谈论它们、对它们倾注感情时，它们能够感受到快乐；当人们喂养它们时，它们能够感受到温情；当它们生病、虚弱时，它们能够感受到悲伤；当有人威胁它们或要打它们时，它们会逃跑：“诸如此类都是一种自然的语言，通过这种语言它们十分明显地让大家看到它们有认知和情感，这种语言确切无疑、毫无歧义；它清晰且直截

[1] 北美的印第安人。——译者注

了当，比人类的普通语言的可疑之处更少，人类的语言常常充满掩饰和重复，还有欺诈”（III.95）。

又一次，就在二元论的、唯心主义的、唯灵论的和犹太教—基督教的哲学宣布动物低人一等的地方，一元论的、唯物主义的、原子论的、无神论的哲学反转了视角并且断定动物在伦理和道德上的优越性。因为，就像野兽不会去征服自己的同类或者猎杀它们或者杀死它们以此取乐，它们同样也不会撒谎，不像人类！人类发明了奴役、猎杀、战争、谎言，还有其他一些动物所不知道的丑恶。

这位无神论的乡村本堂神父反对巴黎和沙龙里对美好精神的精细推理，反对笛卡尔主义者们的诡辩术，他们向笛卡尔的著作要求关于世界的真理而不是直接观察世界，他呼吁经过观察而被健康地导向后来将变成实验的方法的卓越之物。他得到了多数人的支持并激发了农民，这些农民，如果有人跟他们说，他们的母牛、马、母羊、绵羊是无法出色完成计划的盲目的机器，是没有情感的机械，是由弹簧驱动的不知道善恶的木偶，他们就会狠狠地嘲笑那些沉浸于笛卡尔主义的先生们。对于这些没有读过笛卡尔但与动物朝夕相处而对动物了如指掌的农民，没有人能够让他们相信，他们的狗既没有生命，也没有感觉和情感，也没有人能够让他们相信，这些动物跟随它们的主人、认出它们的主人、表达它们的满足或爱抚主人，但它们却不能看见他们、认识他们、感觉或记住他们；亦没有人能够让他们相信，这些动物会喝水但感觉不到渴，会吃东西但感觉不到饿，会哭但感觉不到悲伤，遇到狼会逃跑但感觉不到恐惧。

让·梅叶猛烈抨击那些“基督教的榆木脑袋”（III.100），他们宁愿相信他们没有看见的东西而不相信他们只要决心去看就能看见的东西，因为他们已经——特别是在《圣经》中——读到了他们应当相信、知道和思考的关于世界的东西。《圣经》原本的目标是神圣，但却充满了愚蠢、错讹、在所有事物（包括动物）上的无聊争吵，然而信仰者却漠视真实和世界、漠视观察和经验、漠视存在之物和可见的真理，他宁愿遵守教规，信仰自己的虚构而不是现实，他虔信一个提倡与教育我们如何生活的东西相反主张的文本，他更喜欢挑生活的毛病而不是挑他顶礼膜拜的文本的毛病。

作为一个无神论者、唯物主义者、感觉主义者，本堂神父梅叶号召大家同情、怜悯动物。反对那些流行的节日，在其中那些群氓把猫活活地挂在竿子上，然后放在大火堆上烧，人们欢欣鼓舞，让·梅叶希望法官们禁止诸如此类的“令人厌恶的娱乐和愚蠢行为以及令人厌恶的欢乐”（III.104）。梅叶表示，他对给动物制造痛苦、看着野兽流血深恶痛绝，他公开表明自己厌恶屠夫和屠宰场，他谈到动物的人性，并且——有时、常常——谈到许多人的非人性，他承认他对素食主义的兴趣，但他很可能把它跟毕达哥拉斯主义联系起来了，也就是说，跟一种教派、一种宗教联系起来了，然而他厌恶所有这些东西。在边沁之前，并且，如同边沁一样，他希望人类把动物当作能够感受痛苦、能够感觉事物的生灵看待。但两者都没能跨过对素食主义，或纯素食主义，甚至最一贯的立场——极端素行主义[1]的认定和实践之间的鸿沟。我们可以说，在素行主义问题上，他们是信奉者但不是践行者。跟我一样。

[1] 素食主义（végétarisme）主张不吃动物的肉，但可以吃鸡蛋、乳制品等；纯素食主义（végétalisme）则主张只吃植物性的食物；素行主义（véganisme）则更进一步，不仅主张不吃动物性的食物，而且不穿动物的毛皮，不用动物作实验等。——译者注

4

动物的解放：反物种歧视的悖论

怎么办？被笛卡尔重新塑造的犹太教—基督教立场显然令人无法忍受了。但与它刚好相反的立场就可以忍受吗？与它刚好相反的立场叫作反物种歧视论。“物种歧视论”（spécisme）这个词和它的对应物“反物种歧视论”（antispécisme）在阿兰·雷伊[1]（Alain Rey）的《法语文化辞典》（*Dictionnaire culturel en langue française*）中找不到。在《动物的解放》（*La Libération animale*）中，彼得·辛格使用了它们，他在一个注释中写道，“我把‘物种歧视论’这个词归功于理查德·莱德[2]（Richard Ryder）（《物种歧视论》[*speciesism*]）。自从这本书的第一版出版以来，这个词就进入了日常使用范围，如今在1989年牛津大学克拉伦登出版社（Clarendon Press）出版的《牛津英语词典（第二版）》中都能找到”（59）。这个词语出现在盎格鲁-撒克逊土地上是因为事情在那里就是这样。在法国没有这个术语，因为反物种歧视论的斗争依然相当于一种相对秘密的好战行为。

彼得·辛格的著作的法语翻译始于1993年。1975—1990年的英文原版作为补充。彼得·辛格（生于1946年）是一位澳大利亚犹太哲学家，1938年，他在维也纳的家人离开纳粹统治的奥地利来到澳大利亚定居。他的祖父母被关进集中营，他的外祖父死在特莱津[3]（Teresienstadt）。自1971年以来，他的动物哲学指导着素食主义实践。他的著作《动物的解放》可以说是反物种歧视斗争方面的工具书。

[1] 阿兰·雷伊（1928—），法国语言学家、词典编纂家，广播电台名人。——译者注

[2] 理查德·莱德（1940—），英国作家、心理学家，动物权利的倡导者。“物种歧视论”是他1970年在一本同名小书里杜撰的名词。——译者注

[3] 捷克的一个小镇，“二战”时纳粹曾在这里建立过集中营。——译者注

辛格的素食主义并不讨纯素食主义者们的喜欢，更不讨素行主义者们的喜欢。我们知道，素食主义反对消费所有动物的肉；纯素食主义则增加了一点，它拒绝衍生的动物产品，比如：奶、黄油、奶油、蛋；素行主义彻底拒绝产自动物的一切产品：蚕制造的丝，从羊、牛、山羊身上而来的皮革，绵羊的羊毛，蜜蜂的蜂蜜和蜂王浆。彼得·辛格把他的哲学建立在动物所拥有的感受痛苦的能力之上，他反对给动物施加任何痛苦。如果有证据显示一只动物在提供营养或者衍生产品时并不会遭受痛苦，他是不反对的。他不反对，比如，消费禽蛋，如果我们是在开阔的、条件良好的地方饲养家禽，使它们能够过上一种免除了痛苦的生活——这是可能会惹恼素行主义者们的地方。

辛格从边沁的分析出发，把对动物的剥削比作殖民地上对奴隶的剥削。比拟不是理性，这种通过把人类为了废除人类的痛苦而进行的战争带入视野进而思考为了废除动物的痛苦而进行的战争的方式可能会冒犯某些人。1994 年 1 月的《里昂反物种歧视手册》（*Cahiers antispécistes lyonnais*）杂志上有一篇文章统计了为了食物消费而被杀死的黄牛、牛犊、猪、绵羊、山羊、马、家禽、鸽子、鹌鹑、兔子、山羊羔、雄鸭子、雌火鸡、珍珠鸡、鹅、野鸡，该杂志把这篇文章命名为“为法兰西捐躯的死者”。此时，人们就认为，这种想引起人们对动物的关注的（合法的）强烈愿望应该为（低级的）不在乎 1914—1918 年的战争中或反对纳粹占领军的战争中死去的人买单。

反物种歧视论者们想要把动物提升到人类的本体论高度，但这样做时，他们常常满足于把人类下降到动物的高度。因为，假如，钻个牛角尖（家人常常玩这种把戏），一场大火迫使他在家人和伴侣动物中选择一个，且不可能找到任何替代办法，我看不出一个反物种歧视论者怎么可能会在救自己的家人或救他的伴侣动物间犹豫哪怕两秒钟。我敢相信，一个反物种歧视论者会喜爱他的配偶、丈夫、孩子、父亲、母亲甚于他的狗或他的猫，更别说他的金鱼了，不管他对家养动物的感情达到什么程度。

反物种歧视论者的斗争是好战行为。因此，他们往往很极端，不加区别，显得过分。彼得·辛格的《动物的解放》捍卫了一个极其简单的论点：人类源于非人类的动物，而动物来自它们的同类，对它们不可以施加任何痛苦。因此，人们不应该折磨动物，使它们痛苦，把它们当作物品来使用，在糟糕的环境中饲养它们，将它们应用于科学研究，把它们送到屠宰场，吃它们的肉。同时，彼得·辛格还有力地描述了研究者、饲养者和工业生产给动物所施加的痛苦的倒胃口的细节。

这个简单明了的论点，用过量出于好意而陈述的讽刺细节加以辩护。在著作中被提及、描述、揭露和详细论述的所谓科学研究显得特别的弱智：对猴子施加各种辐射，强迫小狗吞下三硝基甲苯（TNT），用一个在某些致命点上会突然勃然大怒或汗毛倒竖的虚拟猴妈妈、一块可迅速从 37 ℃ 降到 2 ℃ 的织物以及一匹塑料的马来饲养猴子，电击或毒死，浸入冰冷的水中，注射致命物质，释放毒气，用除草剂施毒，给动物服用大剂量的药，等等。

在一张恐怖的清单中，彼得·辛格把在动物身上进行科学研究与这一长串可怕的东西联系在一起：加速、环境对神经的刺激、窒息、脊髓损伤、遍体鳞伤、灼伤、导致失明、离心、震动、捕食行为、压缩、冻结、减压、压碎、休克状态、延长饥饿、击打后脚肉垫、出血、肢体被固定、辐射、隔离、实验性神经官能症、空间剥夺、蛋白质缺乏、处罚、焦渴、压力、过热、药物测试，“还有许许多多其他东西”（112）。如果研究必然归结为这一长串虐待狂式的变态行为，那么很显然，必须立刻停止。

当然，类似的现象在纳粹的所谓研究中也出现过。如果有人想唱反调，他甚至可以设想一个打猎、斗牛或者斗鸡的新手，如果科学研究必然归结为一些显然不被允许的施以折磨的场合，那么打猎、斗牛或者斗鸡是不属于科学研究的啊。我当然不想怀疑这些“研究”

的真实存在，但是大家应该批评这种跟研究毫无关系的体验，希望这个或那个实验员的虐待狂行为不要被说成所有试图治愈真正的疾病或病理的人的动力。门格勒[1]（Mengele）医生的实践并不能使所有的科学研究都失效。

相反，对于工业饲养的描述看起来似乎更符合习惯而不是例外。自由资本主义已经充分利用了其宗教的便利，一切都有利于将动物用于商业目的并以折磨为代价扩大利润：动物饲养和运输中的拥挤、在自己的排泄物中度过日常生活、吸入自己的粪便和尿液散发的氨气、神经官能症的产生、变成同类相食的野兽、蚊虫叮咬、伤口、痛苦、去喙、拔除牙齿、活活割掉猪的尾巴、肢体毁伤、去势、热病、压力、药物中毒、清真式的割喉宰杀、屠宰场里地狱般的待遇——彼得·辛格为我们提供了一次地狱之旅。

这个地狱，这就是一个地狱，所有人都把它叫作特雷布林卡。反物种歧视论者们用一种挑衅的方式创造了"物种歧视"一词，就像一个忧虑的护教信徒。它涉及更多的是功效，而不是恰当和真实，即使恰当和真实应该被搁置。因为，很显然，物种歧视论就是像种族主义和性别主义那样被构建起来的——谁曾愿意成为种族主义者或性别主义者呢？即便所谓的优等种族或大男子主义的当代辩护者和最自以为是的厌女症者也拒绝被当作种族主义者和性别主义者。

种族主义者以白人的名义区别对待不同种族，认为他们比其他种族高级；性别主义者通过肯定一种性别是柔弱的而区别对待两性；物种歧视论者有着同样的起源，在人类也（几乎）是一种动物的整体中他们却区别对待非人类的动物。种族主义的长期发展就演变成了纳粹主义，希特勒、最终解决、大屠杀（Shoah）；它跟性别主义

[1] 约瑟夫·门格勒（1911—1979），人称"死亡天使"，德国纳粹党卫军军官和奥斯维辛集中营的医生。门格勒是筛选当时被运抵集中营的囚犯的医师之一，负责裁决是否将囚犯送到毒气室杀死，或者成为强制劳工，并且对集中营里的人进行残酷的、科学价值不明的人体实验。战争结束后，他先是使用假名藏匿在德国，然后逃亡至南美洲不同国家居住，直到意外溺死在巴西，相关人员通过对尸体进行DNA检验才确认了他的身份。——译者注

联系紧密，国家社会主义就是明证；从那以后直至最后一边倒，种族主义、性别主义和物种歧视论被展现为同一个雕像的三个雕琢面。在这种情况下，怎么可能有谁愿意被说成物种歧视论者？对于辛格的读者和他们的同道中人来说，只能在反物种歧视论的好的阵营与纳粹的恶的阵营之间、在素食主义的圣洁与可比作西方之恶的楷模的恶魔般的吃肉者之间作出选择。如果吃了肉，吃了——用辛格的话说——“被宰杀的非人类的碎片”（13），那么我就是纳粹大屠杀的同谋。

彼得·辛格——犹太人，国家社会主义政体下被关集中营的死者的儿子——作了这个言之有理的比拟：准确地说，当动物实验如其声称的那样被实践的时候（无尽的虐待狂行为，对科学发现没有任何好处），他猛烈地抨击它，这时候，他滑向了纳粹主义，并且似乎把所有在动物身上实施的实验，不管好的坏的，都比作纳粹主义：在兔子的一只眼睛里滴入洗发水以测试其危害性及一次新的化疗方法的实验报告，为了测量被砍头颅的存活时间而砍下一些猴子的头颅并对新的手术技术进行外科手术测试……

他是不是应该想一下某些在动物身上完成的并且对人类有益的发现呢？比如：血液循环、胰岛素在糖尿病治疗中的作用、脊髓灰质炎的病毒特性、使消除脊髓灰质炎成为可能的疫苗研发、冠状动脉搭桥的外科手术技术的精练、为避免心脏移植时的排异反应而去了解免疫系统的机制。彼得·辛格怀疑动物实验在这些发现中发挥过任何作用，他接着补充道：“我不想卷入这场争议中”（147）。不管怎样，这就是论题所在。这位哲学家不赞同他称为“把认识放大的伦理”（149）。恐怖的效忠！

一边是把在动物身上作研究的研究者比作纳粹；另一边是有人证明动物的痛苦对医学和外科手术的真正进步有巨大作用。

然而，按照彼得·辛格的功利主义的逻辑，如果动物的一次痛苦有利于产生一项将避免成千上万次人类的痛苦的发现，那这一次痛苦也就能够找到它的正当性了。赦免实验室里一条准备用于科学发现的狗的生命，这个发现很可能对成千上万个人的健康有着革命性的影响，这是一个令人敬畏的反物种论行为，但却是一种难以名状的非人性。

对动物的一次有效的手术记录会对一个人产生同样的积极效果，彼得·辛格对此深表怀疑。为什么他就不考虑一下用深邃的理性来反思这种基本的区分呢？也就是说，动物，确实是另一个自我，但实际上是有差别的！因为我们不能说，动物和人在所有方面都相似，而同时又断言，同样的治疗不可能对人和动物都起作用——证明：尽管存在明显的形态上的同质性，人和动物间还是有某种心理—生理学的、因而是本体论的异质性。

按照我特别欣赏的宗教决疑论的推演方式，彼得·辛格提出这样的问题：为什么在对有生命物进行实验这个问题上，不用“大脑受到损伤并且心智水平相当于他们想要使用的动物的人类”（135）来代替动物呢？这位哲学家总结到，人们并不同意，他补充道：“情有可原。”但是那样的话，为什么用动物就能被接受了呢？要回答这个问题太简单了：因为人们赞同犹太教—基督教和笛卡尔主义的物种本体论就不可能不陷入二选一中的另一个术语，并被反物种歧视论者等同于大屠杀的支持者，这是我的观点。因为把这个问题局限在物种论 / 反物种论这个二选一中，就是只给囚犯在反物种论或纳粹的卑劣行径之间进行选择的机会。然而，事实上，反物种论并不必然就是反法西斯主义的！

查尔斯·帕特森在《永恒的特雷布林卡》中记录的一个故事就是明证：阿贝尔·卡普兰（Abel Kaplan），20 世纪初移民美国的俄国犹太人的儿子，纽约响当当的高级银行家，1959 年皈依素食主义，然后皈依纯素食主义，最后皈依素行主义，他在许多国际大都市居住过——伦敦、巴黎、卢森堡等。他在以色列住了 7 年，在那里发起了反物种论的斗争。他谈到“动物的奥斯维辛”（237）并且强烈反对进行活体解剖的实验室。

阿贝尔·卡普兰在这个问题上跟查尔斯·帕特森有过一次谈话。这里复原当时的谈话："我支持对活体解剖者进行活体解剖。我建议为活体解剖者们建立一个活体解剖实验室。当然，活体解剖者们要关在笼子里，在他们非常熟悉的环境和条件下。然后，我们将对他们进行实验，他们将成为实验室的'动物'。要给他们做所有类型的实验，其目的是改善非人类的动物们的生活"（236-237）。

还用得着评论吗？

查尔斯·帕特森认为，美国的工业化屠宰提供了大屠杀的典型。通过使用"比拟就是理性"的方法，通过把人和动物、屠宰场里的猪和集中营里的犹太人进行比较，通过解释反犹主义者兼希特勒的支持者（他办公室还有希特勒的肖像画）亨利·福特[1]（Henry Ford）发明的连环手法为毁灭大量欧洲犹太人提供了模型，人们也许是为了动物的福利、其福利的提高和解放而斗争，但是为此就不得不把犹太人比作饲养的猪、饲养的肉鸡、去势的公牛，这就通过径直把所有吃屠宰场里宰杀的肉的人变成纳粹而重新恢复了国家社会主义的论点。而谁会想被比作一个纳粹呢？没有人。因此，如果这一论述应该有效、公正、中肯，那么皈依纯素食主义就应该立即行动。

然而，情况并非如此：我可以作证。我自认为是反物种歧视论者，因为我赞同他们对犹太教—基督教本体论、对笛卡尔主义在西方人关于动物观念的建构中的有害角色、对自由资本主义的致命角色、对现代屠宰场中死亡的工业化等的解读，我自己也希望人们不再把人类看作自然的王冠，希望人们不再把动物当作专门为人类服务的来使用，希望人们消减食物的摄取以便尽可能降低对动物的肉的消耗（我从不给自己买肉并且在餐馆里从不选择吃肉）。

---

[1] 亨利·福特（1863—1947），美国汽车工程师和企业家，福特汽车公司的建立者。1919年，他把总裁位置让给儿子后，开始关注自己购买的《德宝独立报》（*The Dearborn Independent*），并在报上发表了数篇反犹文章。——译者注

就像第欧根尼和蒙田，像梅叶和边沁，我希望我们向动物们学习。但是，由于我的包装效果，反物种论的活跃分子们很可能会说，如果在反物种论哲学家们大部分时间都钟爱的护教论情形中，我要是有机会通过牺牲人们所希望数量的大猩猩，或人们所希望数量的猪、母牛、羊，来营救仅仅一位特雷布林卡或奥斯维辛的犹太人，我一秒钟都不会犹豫。显然，我同意这种论点，人和动物之间存在着一种程度上的区别，而没有本质上的区别，但我希望人们不要忘记，在本质区别和程度区别的情形中，两个阵营都同意这个显而易见的事实：不管怎样，区别是存在的。并且，如果人们同意我的这个表达的话：这个区别确实带来了不同。

不管盎格鲁－撒克逊的思想家们以其诡辩论的巧舌如簧或者辩证法的精湛技艺对此说了些什么，被纳粹牵着的狼狗和两手牵着狼狗的纳粹在本体论上具有不同的尊严，即使一个道德卑鄙者的尊严也依然是需要保留的基本伦理必需品，否则这个人很快就会变成非－人，变成低－人，变成……动物，这种本体论的变化就会使己所不欲——虐待或死亡——施之于人成为合法。如果给纳粹的狗开膛破肚是无法想象的，那么对纳粹开膛破肚就更加不可思议了，即便在战后的情势下。

拒绝从哲学上理解动物与人类之间存在区别把彼得·辛格导向了令人惊讶的伦理极端。这位澳大利亚的哲学家拒斥善（Bien）和恶（Mal）的观念，而更喜欢好（bon）和坏（mauvais）的观念。肯定善本身的存在及恶本身的存在，是人们称为义务论（déontologique）的立场的题中之义：比如，康德就相信谎言永远是坏的，因为它取消了公正之源，而不管真实的后果如何。

对于一个康德主义者来说，即使说出真理会产生损害，更别提损失了，也必须说出真理。偏爱善和相对的恶这一对概念是人们称为效果主义的东西的典型特征：一个事物永远不是本身就是好的或者坏的，而是跟它的目的相对而言的。在辛格看来，跟康德相反，我们保留谎言这个同样的例子，对他而言，谎言可能是好的，如果它瞄准一个善的目标（为了避免一次悲伤、一种痛苦，为了谋求快乐）；也可能是坏的，如果它瞄准一个坏的目标（为了损害别人，为了伤害别人，为了打伤别人，为了打击别人……）。

西方的主流哲学传统是义务论的——柏拉图、教父们、圣奥古斯丁、圣托马斯·阿奎那、基督教、康德和康德主义，等等。盎格鲁－撒克逊传统总体上是效果论的、功利主义的——葛德文[1]（Godwin）、边沁、斯图亚特·密尔[2]（Stuart Mill），当然还有彼得·辛格。（让我们顺便讲得明白一点，人们忘了这种盎格鲁－撒克逊传统的法国渊源，具体来说就是莫佩尔蒂[3]［Maupertuis］，他在其1749年的著作《道德哲学论》［*Essai de philosophie morale*］中发展出了这种理论。）

彼得·辛格一直把他的反物种论斗争建立在他的效果主义本体论上。他的意图不是热爱动物，而是发动一场享乐主义的斗争：他热切希望最大可能的快乐和最小可能的不快，换句话说，就是最大数量个体（包括动物）的最大可能的幸福。这个原则一旦提出，他就以这个或那个行为是否能够使人实现这个道德构想来判断一切存在者。能够的就是好的，不能够的就是坏的。因此，一切都在善恶的彼岸而得到实施。

这个哲学立场使他陷入了一些本体论的死胡同，这些死胡同使实践理性感到厌烦，即便他的论辩看似无可指摘。让·梅叶把农民的常识与马勒伯朗士论辩中的疯狂诡辩相对立，并且以召唤色雷斯（Thrace）的女仆的后代来结束他的争论，这个女仆曾嘲笑由于一门

[1] 威廉·葛德文（1756—1836），英国作家和政论家，代表作有《论政治公平》。——译者注

[2] 约翰·斯图亚特·密尔（1806—1873），英国著名哲学家、心理学家和经济学家，19世纪影响力甚大的古典自由主义思想家，边沁功利主义的支持者。——译者注

[3] 皮埃尔－路易·莫罗·莫佩尔蒂（1698—1759），法国数学家、探险家、物理学家、哲学家。他是最先确定地球形状为近扁球的科学家，并提出最少行动原理。——译者注

心思想着天空（理念）而没有看到现实并掉进坑里的泰勒斯，同样，在哲学家们利用诡辩能够声称白天是黑夜或者辩证法可以碎砖的地方，我自己也希望能够让热爱动物、作为动物的朋友的人成为一个评判者，他们最清楚动物到底是怎样的。

在一次值得师范大学的学生聆听的演讲中，彼得·辛格以一种道貌岸然的论证重申了他的论点：享乐主义的论点，它以最大数量的主体——包括动物——的最大可能的快乐为目标。痛苦作为独一无二的标准起作用：制造痛苦的东西就是恶的，避免痛苦的东西就是好的。没有善本身，没有恶本身。就是用这种理论概念的武器库，这位哲学家谈及了与动物的性关系问题。人们是否该为恋动物癖——如果我可以这么说的话——辩护，将其合法化，赞美它呢？彼得·辛格的答案是肯定的。

彼得·辛格诉诸于习惯性的谬误推理，在其上建立起他的所有论证，这个技巧使他能够把所有的比拟变成理性。比如：养殖场里饲养动物等于把犹太人关进奥斯维辛和特雷布林卡集中营；工业化的屠宰类似于大屠杀的技术；物种歧视论逻辑中的动物相当于种族主义逻辑中的犹太人；动物实验跟纳粹对从集中营中抽取的受害者所做的实验有着同样的本体论的和伦理的本质；在工业化的屠宰场里靠切割猪肉赚工资的工人相当于开毒气和刺杀罗贝尔·德斯诺[1]（Robert Desnos）、安妮·弗兰克[2]（Anne Frank）或本杰明·冯达[3]（Benjamin Fondane）以及成千上万其他人的纳粹。从论辩的角度说，当然可以对此悉听尊便，但是从伦理的角度说，这些节略就强人所难了。我无法习惯这样的观念，即认为一个肉食者会实际上给予安妮·弗兰

[1] 罗贝尔·德斯诺（1900—1945），法国超现实主义诗人，是超现实主义的主要成员之一，1944年2月22日被盖世太保逮捕，先是被关押在被占领的波兰的奥斯维辛集中营，然后被转移到布痕瓦尔德集中营，最后于1945年被转移到被占领的捷克斯洛伐克的泰雷津集中营，同年在那里被杀害。——译者注

[2] 安妮·弗兰克（1929—1945），纳粹大屠杀的犹太受害者之一，日记作者，生于德国。《一个小女孩的日记》在她死后被结集出版，引起轰动。——译者注

[3] 本杰明·冯达（1898—1944），罗马尼亚诗人，1930年代定居巴黎，“二战”中死于纳粹集中营。——译者注

克和一头猪同样的本体论尊敬。我是一个难得吃一回肉的人，并且自认为不会信服这种让人稀里糊涂的诡辩，因为它令人无言以对。令人稀里糊涂、无言以对并不足以说服别人。

在哲学上对人和动物之间的交配，比如彼得·辛格和一头母牛之间的交配，可能在纸上站得住脚，但现实会证明某些论点的错误！盎格鲁-撒克逊类型的决疑论扰乱了义务论类型的一切西方论证。因为对于效果论者应该以效果论的论点回应之，对于功利主义者应该以功利主义的论点回应之，对于决疑论者应该以决疑论的论点回应之。对于彼得·辛格，我们只能通过步步紧逼地追问到他所宣称的东西的效果的尽头才能加以反驳。

在一篇出现在《反物种歧视手册》（*Cahiers antispécistes*）（2003年2月，n°22）的题为"动物之爱"的文本中，彼得·辛格将恋动物癖合理化。让我们检验一下他的论点和论证。第一个论点：彼得·辛格宣称，一定数量在今天获得容忍，合理、合法，得到拥护、得到许可、被写入法律的性实践，曾经都遭到反对、禁止、谴责、迫害，有时甚至被处死。因此，跟生殖无关、只关心性本身带来的快乐、为性本身而进行的性行为，避孕，被定义为自我强奸的手淫，肛交，同性行为，口吮男性生殖器等也是一样。在这个主题上我们不能自认为无理：凡事有个过程，并且，事实上，有些曾经合法的东西（童工劳动、女人的低下地位、有色人种的从属地位、对犹太人的仇恨……）都很幸运地不再存在了——至少在西方是如此。循着这个动态，彼得·辛格利用思想所引发的运动来使他的读者感到惊奇，并宣称在人类和动物的性关系问题上将会出现同样的情况。它们的性关系一直被禁止，它们今天依然被禁止，然而，就像一切曾被禁止的东西终有一天成了现代化的、经过修正的、合法化的对象一样，恋动物癖也将会借由理性的进步而变成正常的——对此，彼得·辛格宣称自己是预言者，站在了学识渊博的先锋派的前瞻点之上。

目前，人们都批评人与动物间的性关系。但是，彼得·辛格指出，并且这就是他的第二个论点，这种关系自古有之。然而，事实上杀人、弑婴、强奸、族间仇杀、以牙还牙的报复、性别歧视、仇视妇女、男权主义也是自有人类以来就存在的，那么我们是不是应该为杀人、弑婴、强奸、族间仇杀、以牙还牙的报复、性别歧视、仇视妇女、男权主义辩护并将它们合法化呢？一种行为的古老并不能证明它的合理合法性、它的道德性以及它与道德的一致性。一幅画在岩石上的瑞典青铜时代的壁画，一只可追溯到伯里克利[1]（Périclès）时代的希腊花瓶，一幅17世纪的印度细密画，一张18世纪的欧洲铜版画，一张波斯的画或一张与尼采同时代的日本绘画展现了人类与鹿、与驴、与章鱼的交配，这不过证明了被艺术家升华了的虚构对应于一种道德上合法的现实！想象一种僭越并不是宣布其有效。人兽性交的实践与世界一样古老似乎并不能证明它就是一件好的事情。

彼得·辛格援引了金赛[2]（Kinsey）对恋动物癖的报道：8%的男性，3.5%的女性在他们的性生活中都跟动物至少有过一次性接触——但一种行为的事实性并不能证明它的道德性；金赛强调，这种性行为的频率在乡村地区比在城镇地区高——但没有明确表示，乡村地区的人与牲口棚里的母牛、母羊、驴发生性行为似乎比城市里私人寓所中的人与狗、猫或家养动物发生同样的罪更容易被撞见。他把骑马行为也看作恋动物癖，因为它给女性带来某种性快感——只是远没有被种公马抽插阴道的那种全面通力合作的激情；他求助于犹太教—基督教恋动物癖的本体论背景——但是，某些犹太教—基督教的禁止是好的（比如劝说大家不要杀人）并且一物是好的并不等于另一物就是坏的，反之亦然；他指出其他哺乳动物的性器官

[1] 伯里克利（约公元前495—公元前429），古希腊奴隶主民主政治的杰出代表，古代世界著名的政治家之一，是雅典黄金时期（希波战争至伯罗奔尼撒战争）具有重要影响的领导人。他在希波战争后的废墟中重建雅典，扶植文化艺术，现存的很多古希腊建筑都是在他的时代所建。他的时代被称为伯里克利时代，是雅典最辉煌的时代，产生了苏格拉底、柏拉图等一大批思想家。——译者注

[2] 阿尔弗雷德·金赛（1894—1956），美国生物学家和性学家，他被认为是20世纪最有影响力的人物之一。著有《人类男性性行为》、《人类女性性行为》等，他对人类性行为进行了广泛而深入的调查和研究。——译者注

在解剖上的相似性——但跳蚤也跟人类一样拥有性器官，这是不是证明他们具有本体论的相似性呢？他追溯到一本被遗忘了的书的名不见经传的作者（奥托·斯瓦卡[1]［Otto Soyka］，《超越道德的边界》［*Au-delà des limites de la morale*］），该书宣布要废除对所谓的反自然的性行为的限制——然而，哎呀，并不是出版过的书都能保证这就是真理、这就是恰当和公正的，你看看阿道夫·希特勒的《我的奋斗》；他明确表示，这个作者让人兽性交合法化的前提是该行为不会对动物造成伤害。

这位效果论哲学家又提高竞标价格，他深入细节：人类的阴茎插入母鸡的泄殖腔——排泄和下蛋的口子——对这个动物是致命的，某些恋动物癖者会把鸡的头砍下，因为鸡死的时候会收缩括约肌，这样就会增加性快感。这位哲学家承认，这颇为残忍，但是他接着把这种残忍相对化并说道："比起再活一年，四五只鸡挤在一个凄惨的金属笼子里，那个笼子小得它们在里面都伸不开翅膀，随后跟其他鸡一起被塞进（原文如此）货物箱里并被带到屠宰场，接着被头脚倒置悬挂在一条传送带上，最后被杀死，上面提到的那种残忍会更糟糕吗？如果答案是否定的，那就是说这种残忍并不比鸡蛋生产商们不断给他们的母鸡施加的东西更糟糕。"换句话说：一个鸡奸一只母鸡、撑裂它的屁眼、然后为了体验套在他性器上的鸡屁股的收缩而将其割头杀死的人，从伦理的角度看就相当于工业化的饲养者、集中饲养的倡导者。

在报道了一例灵长目学女学者遭遇一只大猩猩的主动亲近后，彼得·辛格总结到，对于那个动物没什么好怕的，首先因为它的阴茎很小（这就好像强奸只需要根据阴茎的一定大小和长度来证明似的）；其次，因为猿猴和人猿分享着同一个世界，这足以让人们对恋动物癖不会产生反感。这位哲学家希望"这样的一些报道不会对我们的身份地位和我们作为人类的尊严构成一种冒犯"。

［1］ 奥托·斯瓦卡（1882—1955），奥地利作家。——译者注

彼得·辛格的效果论导向了奇特的实存论的死胡同。人们可以像我一样拒绝犹太教—基督教的本体论，它把动物看作物，就是为了如此频繁地为他们对动物施加的虐待辩护；同样，人们也会极其经常地记起人类和猴子在生物学上的近似，尽管这样并没有把人类动物化或把动物人化；人们将显示，人类和动物共享着同一个感觉丰富的世界，带着同样的感受、知觉、情绪、交流、情感；人们将反复强调，两个世界间存在着一种程度上的差别，而不是本质上的差别，但程度差别依然会影响两个世界。

事实上，集中营看守者的狗比奥斯维辛集中营的看守者具有更低的尊严，因为后者属于这样一个物种，这个物种因其具有逃脱捕食之决定论的能力而区别于其他物种。人类区别于其他动物就在于他拥有不杀的能力——世上没有拒绝使用毒液的毒蛇，没有放弃羚羊的狮子，没有放弃羔羊的狼，没有放弃小家鼠的猫，没有放弃田鼠的鵟。相反，却存在可以拒绝杀戮的人类，这是他们在自然中的地位迫使他们做的事情，即便是为了生存。吊诡的是，素食主义者表示，正是人类动物干出了连一个非人类动物都干不出来的事情：对于捕食者决定论，他们毫无异议。在我看来，正是在这点上，素食主义者代表着一种崇高的伦理形式。狩猎、捕鱼、斗牛、斗鸡的反对者同样如此。

但我为什么不是素食主义者呢？我是斗牛的坚决反对者，因为它把对一个动物的屠杀当作表演，这是一种文明中的各种表演里最低级、最邪恶、最卑鄙的表演：从一个动物的痛苦中获取快感，把它变成一种享受，看到流血就欢呼雀跃，把通过一种漫长的折磨总会导致（除了极其罕有的例外，这样或那样的偶然）动物的痛苦和死亡的屠宰变成舞台剧，它悖谬地显示出人类身上兽性向性的持久存在，而不是斗牛文明的文化高度。这种表演没有任何正当理由，没有任何合法性可言。享受强加在动物身上的痛苦和随之而来的死亡只不过是虐待狂症。

然而，在一个屠夫那里并不存在虐待狂症。我们可以指责他习惯于自己的营生、他对动物的痛苦的无动于衷、他对屠宰场之毒的人工耐毒性，但是，如果他是个性情正常的人，那么他会瞧不起斗牛爱好者的快感。他们击掌欢呼、诟骂指责、挥动他们的白手帕，就是为了获得一只耳朵、两只耳朵或者尾巴的奖赏。他也会瞧不起受到真心欢迎、完成荣耀的循环表演（la vuelta）、被仰慕者们扛在肩膀上离开竞技场的斗牛士。屠夫带来了死亡但不会享受给动物施加的痛苦，而斗牛士却把屠宰变成表演，并且在他周围凝聚着那些死亡冲动的顶礼膜拜者们的可悲激情。

在上面我已经说过，在素食主义问题上我是信仰者而不是实践者。为什么是信仰者，大家也许已经了解了，但为什么不是实践者呢？我不是义务论者，并且，像彼得·辛格一样，我是享乐主义者和效果主义者。开端一样，怎么会得到完全相反的结论呢？彼得·辛格宣称他在 1975 年皈依了素食主义。但他既不是纯素食主义者也不是素行主义者。然而，在这种情形中，素行主义者们有理由反对素食主义者们，因为前者是唯一的效果论者。一个既非纯素食主义者又非素行主义者的素食主义者跟食肉者们一样助长了剥削动物的体系的繁殖。因此，这位澳大利亚哲学家不吃动物的肉，既不吃肉也不吃鱼，但却存在消费甲壳类、软体动物、牡蛎、贻贝、鱿鱼、墨鱼、枪乌贼、螃蟹、龙虾、螯虾的问题：它们能不能感觉到痛苦呢？如果能，就不该吃它们。他没有深入这个问题，没有赞成，也没有反对，他采取拿不稳、不开口的策略。

相反，他没有反对消费露天饲养的母鸡下的蛋。然而，在鸡蛋生产的逻辑中，小公鸡刚出生就会被消灭。在工业化的饲养中，雏鸡的性别鉴定会直接导致小公鸡被送到某个地方碾碎并被放回活鸡的饲料中。同样，停止下蛋的母鸡也会被杀掉。此外，彼得·辛格还消费牛奶、黄油、奶油、酸奶。然而，要获取奶制品就需要公牛使母牛怀孕，母牛产下小牛，然后使牛犊远离它的母亲。这整件事情的前提是，一头被限制在繁殖活动中的公牛（他的生命难免痛苦）、一头被物化的母牛（被迫远离她的幼仔的母亲）。因此，在这种逻辑中，牛奶——从伦理上来说——也是一种物种论的产品。

为了为他的非纯素食主义的实践辩护，彼得·辛格提出了一个论点，它可以被一个与他不一样的、拒绝素食主义的人所使用！因为他写道："在我们如今生活于其中的物种论的世界中，要如此严格地坚持道德上正义的东西，不是件容易的事情"（271）。在此，我们发现了一些支持非实践的信仰者的哲学论点。因此，他在此处提议，"一个合理的并且值得捍卫的行动方案就是改变他的饮食，使之符合一种让人们能够感觉舒服的、有节制的节律"（271）——对于反物种论斗争的极端分子而言，这就是物种歧视论的论点！但这是我想要的论点。

素行主义者们把禁欲推进得更远。他们拒绝对动物的一切剥削。当然，我赞同他们对马戏团的谴责，在那里，人们给动物穿上衣服，训练它们在行为上表现出反复无常，人们通过把它们搞成人的样子来奚落它们，把它们关在笼子里面，然后将它们拉出来放到灯火辉煌的圆台上，为了训练而粗暴地对待它们，为了使它们顺从、温驯、屈服而虐待它们。我也赞同对动物园的谴责。在那里，人们使野生动物显得愚蠢不堪，强迫它们过一种与它们所生活于其中的气候条件完全不同的生活。人们剥夺了它们的性活动、生活空间、鲜活的食物、运动、尊严。我支持关闭动物园并禁止在马戏团使用动物。

素行主义者走得更远，并且跟他们的理论期待的结果逻辑一致。理所当然的是，他们禁止自己穿戴羊毛、皮革、丝绸、山羊绒、羊驼呢、毛皮；他们禁止自己使用所有必然对动物带来考验的产品，从药物到化妆品再到保养品；他们拒绝休闲骑马、赛马或猎兔狗比赛；他们在纯素食主义的禁律中加上了蜂蜜；他们不同意饲养家养动物。在其极端性中，素行主义者表达出了反对给动物制造痛苦的斗争的真理。因为素食主义者赞成下蛋的母鸡、产奶的母牛的痛苦；他们也赞成纯素食主义者们所赞同的东西，赞成可以有马戏团、动物园，赞成使用皮革、丝绸等。

换句话说，素食主义者认可有选择的、局部的和片面的义愤，通过吃煮鸡蛋、在干面包片上涂黄油、在咖啡里加蜂蜜使之甜一点儿、在咖啡里加牛奶、给靴子套上皮革、穿丝绸衬衫、穿山羊绒套衫、穿羊毛长裤、给猫吃肉丸子、教孩子骑马、参加前三名独赢的赛马比赛，他们变成了动物的痛苦的传送带。

素食主义者的极端性变本加厉后，被素行主义者谴责的他们发现，他们跟食肉者们一样让动物没少受痛苦。因此，这个二选一不是在素食主义者和食肉者之间选，而是在素行主义者和食肉者之间选。素食主义在形而上学上的不可能性的证据是由素行主义提供的：素食主义者沿着正确的道路前进，但却比那样一些人更接近食肉者，这些人以效果论的一贯性断言，拒绝给动物制造痛苦避免不了素行主义的严苛、冷峻。那些自以为具有革命性的人从真正的革命者那里吸取教训——因此，在那里人们发现，鼓舞素食主义者的东西不可能包含在他们认为是好的理由之中。

如果说素行主义似乎在揭示素食主义的局限，甚至是素食主义的欺诈（如果我们引用素行主义者谈到素食主义者时的语言暴力的话），或至少是素食主义在实践上的不可能性，那么人们大可以通过诉诸于效果论来揭示它：是什么给了素食主义和素行主义一个它们在其中可以发号施令的世界？在素食主义的情况中，如果它要扩大到整个地球、要普遍化，那么它将带来家养动物的整体消失：母牛、猪、马、母鸡，还有人类经过几百万年而选择的狗、猫，事实上，这些动物并不以自然状态存在。

数千年来我们所吃的动物大部分都是家养的：生下我们早餐吃的鸡蛋的母鸡源自始祖鸟，而始祖鸟又源自恐龙；提供早餐吃的培根的猪是野猪的直系后代；掺入茶中的少量牛奶是以把原牛转变为牛为前提的。对于伴侣动物同样可以这么说，吉娃娃和杜宾犬源自同一个祖先：狼；马源自南美土著马；猫源自一种野猫。

换句话说，让满腹书本知识的城市居民认为是自然的标志性碎片的东西早已被去自然化、被转变、面目全非、被重塑、被塑造、被塑形了，以便成为——根据犹太教—基督教有朝一日明确提出的原则——人类手中的工具。动物变成它们现在这个样子以便服务人类，即滋养他们、供他们穿衣、供他们运输、给他们提供劳动力、供他们消遣、逗他们开心。这些动物，就像人一样，是一种进化的产物：驯化是进化、物种选择的一个方面。素食主义者拒绝吃肉和鱼，纯素食主义者进而拒绝牛奶、黄油、奶油、蛋、蜂蜜，素行主义者禁止皮革（牛的、绵羊的、山羊的）、丝绸（蚕的）、羊毛（绵羊的）、阿尔帕卡和开司米（山羊的）：他们的意识形态的胜利可能导致家养动物的消失。还有一些动物，一旦完全将之放任自由，它们就可能重新变得野蛮并且对人类的生存构成问题！

因为在素食主义者、纯素食主义者或素行主义者的本体论的政治体制中，禁止狩猎可能导致重归野蛮状态的动物的大量增殖。至于那些一直未被驯化的动物——野猪、雄鹿、母鹿、穴兔、野兔、狐狸（仅在欧洲范围内）——它们可能会迅速地大量繁殖并且威胁人类的生存。更别提生态系统了，它肯定会受到深远的影响。

自然被如此制造以便文化能够前进！自人类存在以来，文化就作用于自然并将其改模换样。动物的逻辑以捕食为前提，这是一个不争的事实。人类的肉类饮食：素行主义者们不得不人工服用维生素 B12，以便补充他们的饮食制度所导致的缺乏，这证明细菌所产生的这种物质在动物的肉和副产品中可以找到。这种维生素对人类的存活是必不可少的。这自然而然证明，素行主义者的饮食制度，唯一不给动物带来任何真正痛苦的制度，对于个体来说，将使缺乏者致病；而对于动物领域而言，则将导致家养动物的大批死亡，以及一直野蛮和重新变得野蛮的动物的疯狂增长。在两种情况中，这种逻辑的后果都是人类短期的不稳定化及不可避免的消亡。因此，也许正是本想要创造天使者创造了野兽！

在刚果的黑角港（Pointe-Noire），我看到了屠夫的居住区，离赤脚医生的居住区不远。热得令人窒息，气味极其难闻，混合着尿液和屎的味道，还有无法辨认陈腐和腐烂物质的味道。湿气渗透着整个环境。阳光炙烤着污迹斑斑、沾满油腻、由于污垢而绷紧的布。太阳透过缝隙和孔洞斜插进来，然后淹没了布满黑点的水果、蔫了吧唧的蔬菜、缝缝补补的衣服、放着另一个世纪的电话的小货摊，以及一块块无法辨识的肉片或被晒燥的小动物（及其身躯）——蝙蝠、变色龙、蛇头，它们的斑点毛皮，金色的底衬着黑色的眼状斑或黑色的底衬着金色的眼状斑。

在我进入集市的地方，我看见一个巨大的白色搪瓷脸盆，盆沿已经剥落。里面有许多黄色的幼虫，每一个有小指一般大小，成群蠕动着。它们好像有一个栗色的喙，也许是眼睛，或者某种使人能够将其与环纹的身体区别开来的东西，它们的身体摆动着、攒动着，给人感觉是想要往前但只能更混乱，它们相互交叠，从对方身上跨过，但又哪也去不了，因为这一大盆昆虫将要填满一位买主的肚子，他将把它们生吃或者烧着吃。

于是，我想起克洛德·列维－斯特劳斯的《忧郁的热带》中的一个文本，该文本记录了作为人种学家的他在面对部落送给他一碗从树底悉心收集的幼虫时的反应，这是热情款待部落中的白人到来者的盛大豪华、与到来者的地位相当的礼物！这位吃惯了龙虾和螯虾的西方人看到这满满一碗活生生的幼虫，顿时傻眼了。他当然不可能推掉这个礼物来损害他们对陌生人那种不假思索的信任！他超越了自己的欧洲人的成见，把幼虫捧到嘴边，用牙齿活生生地咬断了幼虫。然后它的汁液粘满了他的舌头，就像一种加了糖的炼乳一样，带着一股榛子的味道。这个看起来令人恶心的食物，一旦被同化为一种为大众所熟悉、品尝和热爱的食物，那就会变成完全可食用的，甚至可口的东西。

我的欧洲主人们曾许诺我一餐这种永远不会变成蝴蝶的幼虫——至少当我询问她们许诺的是什么动物时她们是这么说的。我已经同意了要试一试。但我逗留的时间太短，不允许我有这样一种烹调的体验！对于这种生鲜食物，跟很多法国人一样我只知道牡蛎。我在思考的是为什么会有这种偏见，这种味觉的、食物的先验，而在这个非洲的国度里幼虫却是食物——对于许多其他民族而言亦如此。

往集市深处一点，气味变得越来越淡。血的气味。一头猪被绑着，几乎躺在泥土里，身上覆盖着它自己的粪便，它徒劳地在粪便里挣扎。屠夫拿出一头刮干净并且煮熟了的猪，装了满满一大盆：在死亡中纹丝不动的尸体，然后被切割，以便被未来的死者吃掉。刀切入动物的腹部，臭熏熏的内脏流淌出来。在地上，以帕斯卡尔的囚犯的方式，这些囚犯被捆绑在一个洞穴的黑暗之中，跟他们的同伴一起等待着不幸之事轮到他们头上，而且知道有人很快就会来找他们，然后把他们处死，这是这位哲学家眼中人类的本质和人类的悲惨命运的寓言，因此，这头猪在地上，正在度过它最后的几个时辰，在它的锁链中扭动着，好像能够预感到几分钟后它的命运就会把它送上沾满血迹和油污的摊子上。

再走几步，气味又变了。这是烟熏的灌木丛猎物的气味。在血和尿液，粪便和油污之后，是一种挥之不去的柴火的气味。肉很难辨别。一种没有头没有四肢的肉团，有微微斑点的肥肥的一块，像被针刺穿过一样：一只豪猪。旁边，是切下来的羚羊头，脖子周围绕着一根铁丝。切口上爬满苍蝇。两只眼睛睁开着，看不见虚无，而是注视着老顾客。

早上，有人跟我说，那里还有猴子，跟人类如此相近的大猩猩。那是最上乘的肉，它们从集市入口进来。同时还有活的蟒蛇。我想象着，在这些口袋里面，带着被囚禁或挤成一团的蛇的恶臭，有被杀死、被砍去脑袋、被切割成片、被掏空了肚子里半消化的猎物的又长又大的蟒蛇，它们由沾满血污的报纸包着被买走。同样，那些欧洲主人们还答应我要去打听一下，看可不可能买到猴子或蛇肉，让我在逗留期间可以尝一尝。

我觉得自己越来越不像一个穿着短裤的人种学家，越来越像达尔文的孙子！大量像我们人类一样的幼虫蠕动着，我们在地上蠕动着，在宇宙的巨大盆子里，死亡的目光，还有这只被钢丝勒死的羚羊如此活生生的恐惧，其中一头同类被屠宰。这些都使小猪的身体被存在之震颤所摇撼，在那几个小时中，它将解码出所有悲惨、孤独、焦虑、害怕、惊恐、它的同类所引起的恐惧等情感符号。这些昨天还在大自然中生龙活虎的豪猪一下子就变成了僵死的肉块，肉块周围一大群肥肥的黑苍蝇飞来飞去，看到豪猪的这种命运，我离作出承诺以后再也不吃任何肉已经不远了。

更远处，在屠宰场的所谓光亮处，我能看到三只乌龟被独自朝天翻过来。其中一只还在轻轻地、虚弱地活动着，它那小小的四肢已经被刮去了鳞片和趾爪。其他两只似乎动不了了：是已经死了吗？还是太疲惫了？被这种处理它们的方法弄得筋疲力尽……我可曾想过为人性谱写些什么？只要人们不再把它们仰面朝天放着？想要把它们三个被铁丝神秘地捆绑起来的乌龟全买下来，让它们在大自然中回归自由。痴心妄想。我不是曾经买过一条蟒蛇并把它放了吗？

在他的《沉思录》中，马可·奥勒留[1]（Marc-Aurèle）曾经使用过一种所谓心理教育（psychagogie）的方法，使他能够贬抑非哲学家，贬抑一个时代、一种文化、一个时期、一种文明的格式化的受害者所坚持的一切。因此，与一个梦幻的创造物度过漫漫长夜在这位斯多葛派思想家这里就成了与肉体的凡俗部分发生摩擦的序曲，这种摩擦伴随着少许鼻涕的喷射——这没什么大不了的事情，但至少是一个专心致志的课题，它本质上很容易改变方向，即进行哲学思考。

---

[1] 马可·奥勒留（121—180），古罗马最伟大的皇帝（161—180年在位）之一，斯多葛派学者，其统治时期被认为是罗马黄金时代的标志，有著作《沉思录》传世。——译者注

对于那些美食、精致的食物、佩特罗尼[1]（Pétrone）盛宴的业余爱好者们而言，这位斯多葛派的皇帝的行为并没有什么不同：塞满肉馅的母猪的乳头或阴道，浸泡在蜂蜜中的野猪，里面塞进一些兔子，而这些兔子本身又塞满了小鸟，小鸟的肚子里塞满了香料，长颈鹿的脖子或鸣禽的舌头？尸体，不过是尸体，吃下尸体，消化尸体，然后排出尸体，而做这一切的人很快也要变成尸体，因此他自己已经是尸体了。为何要扫一个哲学学徒的胃口呢！

在这个臭气熏天的集市里，深深地触动我的不是尸体，远不是如此，而是人类的意志，竟想要抓住已经占据着这些陈列尸体的摊子的一条动物的生命。活着的猪挨着死去的猪，死去的猪被剥皮，活着的眼睁睁看着人们在吃它之前是如何杀死它的，这种恐怖的景象汇聚了建立在给养之需上几千年的捕猎，这是当然之事，但是，在此之外，还建立在支配这些行为的象征上。

因为巫术的思想是以食物为食物的。离屠宰场的摊子不远处是巫师、赤脚医生、传统医师的摊子。具有史前智慧的当代药剂师们运用了整个自然：矿物、植物、动物——我不知道人类是否在那里发现了昭示着非洲萨满教徒的部分东西。但就算是我也不会感到惊奇——汗、血、泪、尿、粪便、精液都承载着太多寓言的重量。灰尘、云母、泥土、黏土、白垩、彩石上刮下的鳞片（绿色的或蓝色的、栗色的或黑色的，透明的）都被并排放在一种熟悉的混乱中，在这种混乱中有根须、植物、一捆捆草药、煎剂、质量可疑的塑料做成的瓶子中的棕色汤剂、一小包一小包晒干的茎干等。

药典还调动了动物领域：我看到一颗蟒蛇的巨大头颅，从脊柱的根部砍断，它看着我，黑黑的，好像泡在一种昏暗的汁液里；然后是晒干的变色龙，浅绿色的，卷成一团，仿佛它卷曲的尾巴带动了整个身体的运动，以便它那有个滚圆的小眼睛的头能够钻进泄殖

[1]　佩特罗尼（27—66），罗马帝国朝臣、抒情诗人和小说家，生活于罗马皇帝尼禄统治时期，讽刺小说《爱情小说》（意思是“好色的男人”）被认为是他的作品。——译者注

腔里使整个身体首尾闭合；这里是鸟的爪子，那里是啮齿动物的脚掌；蝙蝠保持着它们发出最后的尖叫时的样子，大大的眼睛，小小的犬牙露出来，翅膀折叠着像加了黑色肋条的暗色羊皮纸；不知道从什么动物嘴里扯下的牙齿，狗或猫、狮子或耗子，有犬牙和棕色的门牙，它们昔日捕猎的武器，今日成了吉祥物、护身符和辟邪物；也有蛇的皮，它让人联想到剥皮的情景，一边是一张柔软的带鳞的封皮，鳞片成几何图案，众神的曼荼罗，另一边是鲜血淋淋的肉，沿着脊柱纵向切开，成为人类的肉食；在蛇皮的旁边，用钩子挂着的是一些散发出强烈味道、毛发紧绷、粗糙的皮，小的哺乳动物，被剥皮的啮齿动物，有着暗夜和阳光颜色毛皮的小型猛兽，毛茸茸的眼睛好像在那被太阳和大火炉炙烤着的毛皮中注视着外面；还有昆虫，干的，有着兴奋的小爪子和巨大且充满神奇物质的头。

屠夫卖的东西，赤脚医生也卖。来看传统医师的病人吃的东西，卖肉商人的顾客也吃。因为食物承载着象征的、寓言的、隐喻的内涵。通过吃一种动物的肉，人们就把它吸收了（s' incorpore）——从词源学的意义上说[1]：人们将之吸收进自己的身体——它们的力量（指称的），它们的功效（想象的）。每一种器官对它的功能都有益处：吃下眼睛对吃它之人的视力有好处，吃下性器对生殖力有好处，吃下心脏能增加勇气，吃下肝脏能助益胆量，吃下肌肉能助益能量，喝下血液能助益生命的流动。吃活的幼虫，这很可能是为了滋养他的身体、他的肉以提升生成精液的潜力。也许他们赋予了蛇（有人跟我说，还包括地面上的软壳蟹，然后是牛犊）这种在口头传统、宗教和神话叙事中比比皆是的动物的一些神奇功效？

活的幼虫、熏制的豪猪、被割喉杀死的羚羊、剥了皮的猴子、从甲壳中硬拉出来并浸入将要滚沸的水中的乌龟，以及我路过那里时没有看见的小鳄鱼的肉，这就是跟我们的食物相比具有异域色彩

[1] “吸收”一词的法语原文为 incorporer。从词源上说，“in”是“入”、“进入”、“向内”的意思，而 corporer 与 corps（身体）具有同样的词源，所以“吸收”（incorporer）从词源上说就是内化为自己身体的一部分之意。——译者注

的食物。确实具有异域色彩。但是，在我们的饮食方面，我谈到一个欧洲人，甚至再具体一点，一个像我这样的法国人：吃蜗牛、勃艮第葡萄酒或小灰鼠，甚至青蛙的腿，这难道还不够异域情调吗？

为什么点了一盘蜗牛的品尝者在缺货的日子里要拒绝一碟鼻涕虫，即使（并且尤其是如果）他自己已经准备好了一种吃蜗牛的黄油？这同一个人很可能会意味深长地撇一撇嘴，推开那个没有青蛙的旅店主人给他盛上的癞蛤蟆腿的盘子！尽管如此，从蜗牛到鼻涕虫或者从青蛙到癞蛤蟆，如果它们不是承载了一个文明所具有的寓言的、文化的、象征的重量，还会是什么呢？

人们不吃金鱼而吃沙丁鱼，人们不吃仓鼠而吃兔肉，甚至不吃狗肉而吃山羊，这是因为，大家知道，前者往往是伴侣动物，并且，从理论上说，根据最起码的人性，人们不吃那些被取了怪里怪气、滑稽好笑的小名的动物；不吃那些观赏性的动物，在鱼缸里或在水族馆里，人们常看着它们而陷入沉思；不吃那些人们带着轻微的虐待狂倾向而看着它们在圆笼中疲于转来转去的动物，或者不吃那些人们简直荒唐至极地给它们穿上羊毛织品以防它们尿尿时受寒感冒的动物。

就这样，西方的伴侣动物，印度的猪都能寿终正寝，像人们所说的，它们被疼爱、长得肥肥胖胖、被爱抚、被涂上香水、被饰以饰带；而在秘鲁，人们却几千年来都把它们捧上餐桌。人们称为咀[1]（Cuy）（跟它们“咀咀”的叫声有关）的一种猪，甚至被画在了殖民时期的库斯科（Cuzco）大教堂（库斯科是古印加帝国的首都）和利马（秘鲁的一座城市）的圣弗朗西斯科修道院的壁画上，出现在一个非常特殊的情况中：基督的最后的晚餐。因此，耶稣在骷髅地（Golgotha）升天之前还吃过印度的猪！当代的厨官们建议要把它炸着吃，炸到皮肤金黄且松脆，配上爆炒的土豆，再加点糖醋或者就着花生仁吃。

---

[1] Cuy在法语中指的是一种巨大的印度家养猪，一般是养来吃肉或者作为伴侣动物，这种叫法来自这种猪发出的声音，因此在这里采用音译，以便保留其韵味。——译者注

秘鲁的印度猪、泰国的狗、中国的燕窝、越南的蛇、法国的河狸鼠、澳大利亚的袋鼠、马格里布（Maghreb）的蚱蜢、瑞士的猫、巴布亚新几内亚的人、毛里求斯群岛的蝙蝠、北极圈那头的生的海豹眼睛，还有其他有名的美食搭配：人类吃一切生物。由此观之，为什么在刚果就不能吃幼虫和大猩猩、蟒蛇和乌龟、豪猪和鳄鱼呢？

分界线不在于分开这样或那样的动物，而在于分开动物与那些不能吃且可以继续活下去的东西。不管是哪种被吃的动物（是哪种并不重要），实际上，每次的共同点都是，正是被中断的生命（la vie arrêtée）才永远是消费所需要的。这就是为了生命的死亡。这就是为了滋养生者的尸体。这就是为了赋予生者以生命的腐烂的动物尸体。这就是为了割喉杀死那些动物——它们将成为继续活下去的生者的肉——而向颈动脉举起的屠刀。这就是一种必然性、一种命运吗？

不是的。因为，如果我思考，我就会变成素食主义者。这是因为我没有思考为什么我不是（或者为什么没有成为）素食主义者。因为，思考就意味着知道我盘子里的肉曾经是一个活蹦乱跳的动物的肉，为了我能吃上它的肉而被杀死。屠杀者故意终结一个活生生的存在的生命，以使使我的生命成为可能，有人说，当然，我已经提出，我相信屠夫并不享受他施予的死亡，我把这种悲痛的情感留给斗牛场上的斗牛士们，但是，借口使生命能够存在和继续下去，就需要一个生灵停止生命，这样才会有我面前的这盘肉。况且，谁有权力意欲取消一个生灵的生命？以哪门子所谓的好的理由为名义？

我无权意欲我自己的生命，如果为了它要牺牲无辜的生命。于是，素食主义从理智上讲就势在必行了。但是，纯素食主义者，他们将有他们的理由，他们将争辩说，皮革、黄油、鸡蛋、奶油、蜂蜜、羊毛、丝绸、开司米等会迫使动物陷入一种几乎比死亡好不了多少的被奴役状态。如果生命才是王道，那么耆那教徒们（jaïnistes）就言之有理，消灭跳蚤、蚊子和所谓的害虫就不再有任何道理了。如果我继续深入思考下去，那我就会变成素行主义者。

因为皮外套、用夭折也就是出生便窒息了的小绵羊皮所做的手套、毛皮大衣、黄鹿皮靴、安哥拉山羊毛套衫、丝绸袜子、水貂衣领、羊毛外套等是以动物的饲养为前提的，它们因此而被视为物品、是注定有一天要牺牲并最终成为穿戴在人类身上的衣服和饰物。同样，涂了黄油的面包、煮熟的鸡蛋、蜜糖罐头、茶和咖啡的伴侣牛奶、早餐的一调羹奶油，都同样需要母牛、母鸡、蜜蜂被物化、被客体化、被事物化，以生产出滋养人类的产品。此外，人们自己无法制造的糖果、甜食、餐后甜点也都是问题，因为它们可能含有明胶，一种从动物的骨头里提取的东西。最后还有那些美容的、护理的、用于身体卫生的和化妆的产品，因为它们大都需要动物实验以检验它们在豚鼠上使用是无害的，这些产品也应该拒绝。

一定要走到那种地步吗？为了利用而必须故意杀死动物的行为、以饲养和无需死亡的开发利用为前提的行为、几千年来对动物的和平使用及与其共同劳作的行为，以及只是单纯饲养的行为，上述这些行为都不做任何区分吗？素行主义在本体论和意识形态上意味着对所有家养物种的大屠杀：比如，它意味着所有种类的狗的灭亡，无一例外，仅仅以狼的名义，这是所有狗——从吉娃娃到德国守门犬——的发端。它意味着奶牛的终结，所有杂七杂八的种类，以谱系学上的原牛的名义。从它可以推导出猫的消失，包括各种各样的猫，以便最终回到原始的猞猁。人类难能可贵的纯洁对动物来说却是毁灭性的！

然而，从伦理的、本体论的、形而上学的和精神的视点来看，屠宰场貌似并不像养蚕，也不像剪羊毛或者热爱蜜蜂的养蜂人制作蜂蜜。同样，实验室里虐待狂式的动物实验跟用梳子从安哥拉山羊身上摄取羊毛没有任何共同之处。穿安哥拉山羊毛套衫或者消费蜂王浆并不必然要杀死山羊或杀死蜂后——此外，山羊和蜜蜂远不是它们遥远的遗传学上的原始源头，因为亚洲的羊科动物和产蜜蜜蜂与其说是自然的创造，毋宁说是人类尤其是养殖者的智力历经几千年所意愿的产物。

餐盘是极端的不动产。如果人们反思一下我们所吃的东西或者我们所不吃的东西，反思一下每种文明所爱吃和厌恶的东西，反思一下我们为了烹饪技术而准备的动物的生命；如果人们质问一下当我们拥护生命、享乐主义和共享的欢乐时对生灵所施予的死亡的合法性；如果人们想象一下日复一日血的波涛覆盖着整个星球以使我们能在桌子上摆满食物，那么我们就会发现我们有义务行动起来。如果不这样的话，思想又有何益呢？

我离开了黑角港的集市。生活恢复了原样。那天傍晚，我们去外面吃了一条覆盖着生洋葱卷的大鱼。晚上又热又闷。脸上全是汗珠。天空缀满星星。南半球的苍穹让我如梦如醉。我想到了我的消亡。每个人盘中都有一条大的狼鲈，盘子都装不下，它脑袋上的眼睛泛白，尾巴僵直在虚空中。宴会的宾客中有一位说，这家餐馆的鱼是那个城市最好的。然后，他附带说，餐馆的老板过去几乎家喻户晓，他做的鱼汤是黑角港最好的。理由是他去停尸房寻找他的水源，因为这种水充满死者的力量和能量！

这种说法我提过好几次。这很可能是来自一个嫉妒的同行的恶意中伤？一点也不。不让对他的恶意中伤流传而是将他高超技术的消息外传的正是老板自己：他的鱼汤是全城最好的，因为他去停尸房找水，因而那个水充满了死者的力量。我完全理解。本体论的事情，就这样！为美食产品编织的巫术思想。因此，人们吃的不是这种或那种产品，而是力、能量、力量，管它是不是鱼汤，管它是不是炸牛排。大家吃的是象征、神话、寓言、隐喻。肉食者和素食主义者并不生活在同一个象征的世界里。我吃肉，但我生活在素食主义者的象征世界里。这是我的矛盾。

24小时之后，那个晚上，在带我回法国的飞机上，我发烧生病了——像条狗一样。毫无疑问，在我焦躁不安的那个夜晚，照样有蠕动的幼虫和蟒蛇的头、蝙蝠的翅膀和被砍头的羚羊、嚎叫着走向死亡的拉得自己全身大便的猪和四脚朝天等待着滚汤的乌龟、被制成熏肉矿石的豪猪和散发着非洲猎物的恶臭的鳄鱼片。当然，很可能还有因烧煮而僵直的狼鲈和用人类的尸体做调味的鱼汤。吃自己的邻居对身体来说永远都是一种危险的冒险——对心灵来说也是。

5

死亡崇拜：斗牛术的破镜

> 与公牛做爱，是安全的，是不知廉耻的，是美好的，它走向你，不是要用角把你戳伤，而是为了爱！一拖到地的红绒布旗就像一条舌头，邀请一次深吻，观看者正在偷窥，人们参与的是一场性交，一场集体性高潮，在巴约讷（Bayonne），斗牛场就是阴道。
>
> ——西蒙·卡萨斯（Simon Casas）
>
> 《墨迹与血迹》（*Taches d' encre et de sang*）

> 又一次，人们认出了欢呼雀跃的法西斯分子：死亡万岁！所有高呼“死亡万岁！”的人都是一个法西斯分子。没有任何美能够经受死亡……。当我看到与任何死亡的某种崇拜相关的形式时，我整个人都受到了冒犯。因为这又是一次法西斯主义，这就是暴政。
>
> ——吉尔·德勒兹
>
> 《对话》（*Dialogues*）

一切招摇卖弄的男子气概都常常很好地标明了一种虚弱的男子气概。想要展示他的睾丸酮的欲望在大多数时间都属于一种自我辩护：我们往往显露出我们想要但又缺乏的东西。真正的男子气概无须引人注目、被戏剧化、被展示，它只要存在就够了。斗牛术得到了作家、画家、艺术家、哲学家、政客、诗人不可思议的支持。从戈雅[1]（Goya）到毕加索，从马奈到波特罗[2]（Botero），从戈蒂

[1] 弗朗西斯科·德·戈雅（1746—1828），西班牙浪漫主义画派画家。——译者注

[2] 费尔南多·波特罗（1932— ），哥伦比亚先锋艺术家，以肥胖造型的绘画和雕塑著称。——译者注

埃[1]（Gautier）到阿拉巴尔[2]（Arrabal），从洛尔迦[3]（Lorca）到夏尔（Char），从蒙泰朗[4]（Montherlant）到海明威，从科克托（Cocteau）到萨瓦特尔[5]（Savater），从贝加敏[6]（Bergamin）到莱里斯，无不把死亡的表演当作情欲、艺术和诗歌的所谓阳刚剧场来赞颂。就这样，这种对动物之痛苦的场景的十足享受，这种痛苦因折磨过程的戏剧化而加倍，就被呈现为对一种延续千年的仪式的美学化，这种上千年的仪式跟歌剧有得一比，而歌剧本身，正好相反，却是心灵最完善产品的精髓和升华。

在斗牛的激情和斗牛的狂热爱好者的性欲之间存在某种联系。如果不是拥有深陷其中的力比多，人们不会无缘无故、不顾后果地亲近对动物的杀害。通过号召大家模仿基督受难从而获得拯救，模仿被砍头、被切除内脏、被烹煮、被烧烤、下油锅、被扔石块、被撕碎、被千刀万剐的殉教者的受难从而激发情感，基督教制造了最浩大的施虐—受虐主义的文明。这种基督教产生了一种憎恨生命的文化，斗牛术就处于这种文化之中。

教会一定还清楚地记得，他们于 1567 年通过教宗庇护五世[7]

[1] 朱迪斯·戈蒂埃（1811—1872），法国唯美主义诗人、散文家和小说家。1840 年发表诗集《西班牙》，试图用诗歌来表达造型艺术。——译者注

[2] 费尔南多·阿拉巴尔（1932— ），作家、演员、导演，1932 年生于西班牙，1955 年移居法国，禁忌、凶残、狂欢，是他电影的主题，他的超现实主义作品无法归类到世界电影的目录中。他影片中所涉及的战争、骚乱、爱情、性、死亡、宗教和政治的影像震惊评论界数十年，而且每次放映时都会使观众吃惊，有时甚至激起观众的怒火。——译者注

[3] 费德里科·加西亚·洛尔迦（1898—1936），20 世纪最伟大的西班牙诗人，“二七一代”的代表人物。——译者注

[4] 亨利·德·蒙泰朗（1895—1972），法国小说家、剧作家，其早期小说和散文集《接早班》（1920）、《梦》（1922）、《斗兽者》（1926）和《奥林匹克运动会》（1924），责难第一次世界大战后法国人的精力衰退和耽于幻想，要求人们保持头脑清醒、有荣誉感，提倡在战争或在体育活动中建立的战斗友谊。——译者注

[5] 费尔南多·萨瓦特尔（1947— ），西班牙马德里中央大学哲学教授，著名哲学家，主要作品有《哲学的邀请》、《尼采的思想》、《伦理与政治》等。——译者注

[6] 何塞·贝加敏·居提耶瑞兹（José Bergamín Gutiérrez，1895—1983），西班牙演员、导演、作家、剧本作家、诗人。——译者注

[7] 教宗庇护五世（1504—1572），1566 年 1 月 7 日—1572 年 5 月 1 日在位。在罗马天主教中，他被称为圣人。——译者注

（Pie V）的一道谕旨而谴责这种野蛮的活动，理由是斗牛源自异教徒和罗马人的马戏表演，可正是教会的意识形态的胜利滋养了这种对于受到称颂、被仪式化、被展示、被呈现、被过分赞扬、受到太多掌声和被尊敬的杀戮的致命激情。把挥洒热血当作生命的象征，而实际上却意味着死亡，把杀戮变成美，把颂扬等同于艺术的折磨，把痛苦变成表演，这些奇怪的变态行为只能出现在精神错乱的大脑中，这样的人享受作恶或看着别人作恶。

世界上有斗牛表演的地方都避开了新教或东正教国家并且使天主教国家凸显出来：西班牙，那是自然，当然还有教会的长女法国南部；同样，我们可以在被西班牙征服的南美国家看到斗牛，他们也是基督教徒，墨西哥、秘鲁、哥伦比亚、委内瑞拉，有段时间在阿根廷和葡萄牙也有。殖民国家法国把这种血腥的活动强加给北部非洲，但遭到穆斯林的禁止。我们无法想象具有新教或东正教传统的国度——瑞士或德国，斯堪的纳维亚国家或俄罗斯——里有斗牛。为了品味鲜血、杀戮、残忍的表演，天主教的、来自教廷的和罗马的教育是必需的先决条件，这种教育培育了无数西方的意识，包括那些有时候自以为或者自称是后基督教徒或公然的无神论者的知识分子。

在这个观念体系中，有趣的是，米歇尔·莱里斯，这个斗牛术的伟大思考者，这种野蛮行为的主要知识担保人，在这个主题上至少有两部仪式崇拜式的著作——《斗牛术之镜》（*Miroir de la tauromachie*，1938）和《斗牛》（*La Course de taureaux*，1951）——的作者，也是一个伟大的阳痿者，他的著作中，特别是《日记》（*Journal*）中有大量关于他无法勃起，无法顺利地进行哪怕最基本的性行为的记录。《游戏规则》（*La Règle du jeu*）的四卷中充斥着他对自己的性缺陷的自白。在《成人时代》（*L'Âge d'homme*）中，他写道："今天，我常常倾向于把女性器官看作一件肮脏的东西或者一道伤口，没有一丝吸引人的地方，而是跟一切血腥的、有黏液的、被污染过的东西一样充满危险。”在他那里，性行为只有在痛苦、分离、失败、破裂、疼痛中才显得令人兴奋。因此，他能够把斗牛当作一种通向性行为的道路——按他的原话就是一面镜子——就再正常不过了。

至于乔治·巴塔耶，他则在《眼睛的故事》（*Histoire de l' œil*，1928）中融合了一个在西班牙斗牛的场景，在斗牛的过程中，斗牛士格拉涅罗（Granero）的一只眼睛被公牛的牛角挑出来了，而他故事的女主人公则把公牛的一只睾丸放进阴道里。作家自己都曾对自己的精神错乱供认不讳，布勒东也曾恰如其分地指出过。一些关于他的传记实实在在地告诉我们，他真的曾经对着他母亲的尸体手淫过，他真的考虑过某天要享乐一番，以牺牲柯乐特·贝诺[1]（Colette Peignot）的尸体为乐，而她也同意这种荒谬过度的行为，他真的拿一只猴子代替这个女孩，并且在看到这只动物头脚倒置被活埋而肛门收缩时兴高采烈。这个人和他的作品不断地把色欲和死亡、享乐和渎神、恋尸癖和兴奋、恋粪癖和惬意、谋杀和快感、牺牲和狂喜、血和尸体、精液和腐烂联系在一起。因此，在这个精神错乱的人那里，斗牛可以被认为是一种高贵的艺术，就不足为奇了。

至于蒙泰朗，一部被认为是自传的名为“斗兽者”（*Les Bestiaires*，1926）的小说的作者，一生都在夸耀罗马式的和斯多葛主义的男子气概，在北部非洲的恋童癖和法国学术圈的社交活动之间，在把德国占领时期歌颂为法国人展示其阳刚以及男子气概的一次机会和隐藏起来以躲避解放运动的正义的惩罚之间选择了一种宁静的生活。这位《刺客是我的主人》（*Un assassin est mon maître*）一书的作者曾一度为“一战”中有个战士在狂轰滥炸时手淫的一幕痴迷不已。而在“一战”中，他自己则忙于小心翼翼地寻找对他撰写的传记有用的创伤。斗牛尤其在爱充好汉的人中间大行其道，通过杀戮一头事

[1] 柯乐特·贝诺（1903—1938），法国女作家，以笔名洛尔（Laure）为人所熟悉。她的童年深受“一战”中父亲和三个叔伯之死的影响，加上从小健康欠佳，还受到过一个牧师的性侵犯，因此，她的写作充满愤怒、痛苦和不得体的东西。——译者注

先已经被弄得很虚弱、被砍伤、被折磨、被弄得筋疲力尽的动物，人们妄图与死亡较量，从蒙泰朗为斗牛作过辩护就可以看出来。斗牛就像他的生活：把一种在其中不用冒任何险的战斗戏剧化——在那里死亡的频率跟驾驶汽车差不多大。

我曾拜访过古巴的海明威故居博物馆。为了生存，这个人需要屠戮非洲的猛兽、从三个战场上离开、去打拳击、使意外事故不断增多（他的传记记载了 32 次：打猎、汽车事故、沉船事故……），在一艘小船上钓剑鱼和巨型枪鱼，把钓杆钉入一个巨大的青铜阴茎套[1]上，在钓大鱼比赛中与卡斯特罗[2]一较高低，在《午后之死》（*Mort dans l' après-midi*）或贻笑大方的斗牛专栏里大赞斗牛术，完全丧失理智地自我陶醉和无休无止地吸烟，然后得了糖尿病和其他衍生的疾病（具体说就是血色素病，这种病的结果就是长期阳痿，性生活困难，导致肝脏和心脏问题，关节疼痛，糖尿病，性机能低下［一种阉割］，精神的困扰……），于是，他像他的父亲、他的兄弟、他的姐姐和他的女儿一样，在被宣布将受到失明威胁后选择了自杀。如果人们知道他母亲过去常给他穿女孩子的衣服、戴女孩子的帽子，而他父亲在他 6 岁时就给了他一把步枪，并且在 6 岁之前，他就曾经因为用斧头砍死了一只刺猬而兴高采烈，大家就能很好地理解他后来为什么会成这个样子了。人们也就理解了为什么这个人在 1937 年就胆敢使用《虽有犹无》（*En avoir ou pas*）这个书名了。

莱里斯（1937 年有自杀倾向，1957 年尝试自杀）、巴塔耶（1919 年有自杀倾向）、蒙泰朗（1972 年自杀）、海明威（1961 年自杀）都争先恐后地显示出，男子气概减弱会产生一种补充，这种补充伴随着一种对他们所缺乏之物的狂喜的大张旗鼓（spectacularisation）。

---

[1] 非洲有些部落的男人会佩戴阴茎套，阴茎套的长度和大小象征着一个人在部落中的地位。——译者注

[2] 菲德尔·卡斯特罗（1926—2016），出生于古巴奥尔金省比兰镇，又被称为老卡斯特罗，是古巴共和国、古巴共产党和古巴革命武装力量的主要缔造者，被称为“古巴国父”，古巴第一任最高领导人。——译者注

斗牛（corrida）——被美其名曰“公牛的竞赛”[1]（course de taureaux）这样的反语——就是为这个生存目的服务的。《斗牛术之镜》就是对其他小说家、文学家、诗人和画家们所研究的这种活动进行理论化的书。莱里斯支持斗牛，收藏门票、节目单、小广告、相片和其他斗牛的纪念品。他以这个题材写下并发表了题为“斗牛术”（*Tauromachie*）的一些散文诗，后来被收入《斗牛术之镜》中；他的《成人时代》以《论被视为斗牛术的文学》（*De la littérature considérée comme une tauromachie*）开篇，并宣称，作家在一本书中应该像斗牛士在角斗场中那样赌上自己的小命——这种号召已经在文学中产生了许多损害。

在《斗牛术之镜》中，莱里斯从文化上和知识上对一种景观进行改头换面，这种景观把一只动物的痛苦和对它的杀戮变成了一种所谓的精妙的享受和高雅的快乐。为了获得这种令人困窘的结果，他唤来了一门重型大炮：库萨的尼古拉[2]（Nicolas de Cues）的“对立面的共存原理”，库萨的尼古拉曾经为能够确立斗牛事业的神圣特点的辩证法辩护；波德莱尔的炽热而忧郁的美，他宣称在美中有魔鬼之物、在善中有恶、在白中有黑；弥尔顿的撒旦，弥尔顿在写作中把戴着马尾（对不起：是斗牛士辫子［coleta］，一种吊坠在盘发髻的发网后的小饰物）、穿着长筒袜、穿戴成粉红色、穿着饰有闪光片的衣服的斗牛士当作“阳刚之美的完美典范”；柏拉图的理念，对描述斗牛术的招式的那种“超人类的几何之美”（39）非常有用；恩培多克勒（Empédocle）的火山口，一个注定用来表征与角斗场类似的危险的意象；马塞尔·莫斯（Marcel Mauss）关于牺牲的作品，它们在末尾都倾向于把这种粗俗的屠杀当作一种满可以跟神圣相联

[1]　在法语里，course de taureaux 这个词组就是“斗牛”的意思，但字面意思是“公牛的竞赛”。——译者注

[2]　库萨的尼古拉（1401—1464），神学家、哲学家、法学家和数学家，生于摩塞尔的库萨，故被称为库萨的尼古拉，他主张一切事物都有矛盾，但矛盾是可以协调的，宗教内部的矛盾也是一样。——译者注

系的神圣行为。

作为文学的公牛角的后果，对莱里斯《日记》的阅读不断地向我们坦露他无法很好地完成性关系的秘密——这种作为斗牛术的文学实践的具体练习：他在那里展示了他的弱点、他的挫折、他的缺陷、他的无能、他的厌倦、他的衰竭、他的偶然阳痿、他的疲乏。我们在那里可以混杂地看到妓院里受挫的性启蒙、圣奥古斯丁大街的黑人模特使用人造阴茎的放荡聚会、希望被一个妓女灌满尿液的强烈愿望、酗酒和接踵而至的呕吐、想象着卖淫女而集体手淫、“虐待狂式的贞洁”（234）、化妆成女人、性无能、春梦等。莱里斯常常向婕特[3]（Zette）讲述他的性行为。讲述一个，也就讲述了所有：“一旦放开缰绳，我没有达到高潮就退潮了”（238），这就是他通过抓伤得到的补偿，“就好像我想抓伤她似的”。他对她说，“我的恶毒行为，是无能的恶毒行为，你应该理解这个”（239）。翻过一页，然后是这样一则笔记：“一系列的梦，其中都有斗牛的一份。想要一个斗牛士的男子气概”（290）。

除婕特外，众多女人中的一个叫雷娜的人曾对他说，“嗜血是一种无能的标志”。莱里斯没有作任何评论。不过，这句话非常中肯。一大串作者的无能之处构成了他丰富的自传作品的星群。在这种生存的外观下，关于斗牛的篇章就好像是美学的忏悔录，在其中莱里斯宣称，一次真正成功的性行为是以主角或主角们的死为前提的——他实际上提及的是“只有在死亡的融合中才能达到相通的能力”（52）。他还谈到“做爱后就杀死”的强烈愿望。如果不杀死，性行为就依然是一种徒劳无功的事情，只在增多虐待行为的范围内具有意义。对斗牛的热爱是无能者们的能力——狩猎也一样。

《斗牛术之镜》不停地把斗牛行为比喻成一种性行为：“斗牛沉浸在一种色情的气氛中”（48）。去看斗牛就是去参加约会；街

[3] 德裔法国艺术史家兼艺术收藏家、20世纪法国最有名的画商丹尼尔-亨利·卡恩维勒（Daniel-Henry Kahnweiler）的女儿，1926年与莱里斯结婚。——译者注

道上招摇的广告让人想起妓院的招牌；公牛是一种阳具的形象；动物和人之间来来回回的运动对应于交媾中性伴侣的运动；公牛从斗牛士身边冲过就是一种抚摸，欢呼就是排出爱液，喝彩就是射精；对公牛的致命一击让人想起阴茎插入女人的性器；雌性傻瓜发出的“哦嘞！”就像女人快感时的叫声；与性行为同质的进攻欲望跟斗牛士对公牛的进攻欲望完全相符；最后还有，等公牛死后吃掉公牛的睾丸的快感。死亡，就是享受；受痛，就是享受；杀戮，就是享受；折磨，就是享受：再没有什么比这种对热爱死亡的信仰的公开信奉更能体现天主教的灵魂了。

当莱里斯谈及斗牛的第三阶段，也就是杀死公牛这个阶段时，用了一个恐怖的意象，他这样描述道：“两个敌人满怀仇恨的舞蹈，人把野兽卷入一场葬礼的华尔兹中，在它面前亮出彩色的织物，就像一个虐待狂温柔地抚摸着他意欲割喉杀死的小女孩”（61）。如果你知道在《日记》里一则1960年7月4日的笔记中，莱里斯竟然把玫瑰芭蕾事件[1]（l' affaire des ballets roses）与贾米拉·布巴夏[2]（Djamila Boupacha）事件相提并论，你就会对这个意向的使用更感震惊了——在前一个爆发于1959年1月的事件中，被推到前台的是希求在舞蹈中获得职业成就的年青女孩，并且有人把那些在社会上有地位的老头子们引荐给她们，其中的一位，安德烈·拉·特罗克，第四共和国的最后一位国会主席，被控告参与猥亵罪而被判处一年监禁缓期执行；而后一事件涉及一个阿尔及利亚的少女，她在阿尔及尔的一家咖啡馆准备发动一次炸弹袭击，被中尉夏邦尼耶

[1] 1959年发生于法国的一个众所周知的丑闻。事情发生在巴黎近郊一所属于法国参议院的时尚的乡村寓所中，一群15至17岁的女孩子在进行“芭蕾”表演。活动的出席者都是当时法国政界和社交界的显赫人物，最有名的是当时的法国国会主席安德烈·拉·特罗克，这场表演最后变成了性狂欢。——译者注

[2] 贾米拉·布巴夏（1938— ），原阿尔及利亚民族解放阵线的一名战士，1960年在阿尔及利亚首都阿尔及尔试图炸毁一家咖啡馆时被捕，当时的法国殖民军人对她用尽折磨并实施强奸，使其屈打成招，她的供词和审判经西蒙娜·德·波伏瓦和吉赛尔·艾里蜜（Gisele Halimi）的介绍，深深地影响了法国民众对法国军队在阿尔及利亚的行事方式的思考。贾米拉·布巴夏于1961年被判处死刑，于1962年被特赦并重获自由。——译者注

（Charbonnier）和其他一些人折磨和奸污了一个月。

作为民族解放阵线同情者的莱里斯反驳说，“在今日的法国，人们谴责那些拿完全情愿并且在其中能找到自己利益的小老鼠们[1]（petits rats）取乐的人，却将把一个瓶子强行塞进一个阿尔及利亚少女的阴道里的行为解释成一种爱国举动，这种行为唯一的益处是将来被作为烈士载入史册”（553）。莱里斯深感惋惜的是，玫瑰芭蕾事件使拉·特罗克断送了前程，而巴布夏事件却让夏邦尼耶得到升迁，这种把那个恋童癖者当作一个无害的享乐主义者而把他的受害者们当作你情我愿和唯利是图的罪犯的观点一点也不诱人。在同一天的日记里，紧随其后还有一个关于斗牛士的段落。让我们停留在那里吧。

让我们把斗牛的美学的、知识主义和文化主义的华丽俗气的旧衣服褪去，以便直面它，看看它真正（vraiment）的样子其实就是一种施加于一头被判处死刑的动物身上的折磨，一种残忍的行为，一种昭然若揭的施虐狂举动和一种具有明显特征的变态行为。这些话不是价值判断，它们客观地描绘了事实。为了方便起见，让我们查查治安法官比较易于接受的分析。尽管喜欢《利特雷法语辞典》，但我还是回到阿兰·雷伊的《法语文化辞典》中去寻找这些名词的最现代的定义。

动词“折磨”（torturer）是什么含义？词源学追溯到一种产生痛苦的绞扭（torsion）。定义呢？当然也就是“使遭受折磨（la torture；名词）”。还有就是：“使遭受极大的痛苦（身体的或道德的）。”谁能否认，在第二骑兵方阵上场时，为了引起流血，骑马斗牛士用标枪——2.6米长的竿子上配有一个9厘米的致命的钢角锥，斗牛士用投枪——用同样的金属所做的、磨得如刀片一样锋利的6厘米的鲸叉刺破动物的止血带，在这个时候，公牛是被折磨？

[1] 指跳芭蕾舞剧《小老鼠》的那些小姑娘们。——译者注

当失血过多，筋疲力尽，疲惫不堪，前蹄趔趄，血从嘴里、鼻子里流出来的时候，难道牛就不痛吗？

莱里斯在《斗牛》中写道：“勇士们都装备了标枪，他们的标枪有一个止冲器，特意用来阻止钢铁插得太深。标枪的作用是用来减轻公牛的狂躁并使它的脖子疲惫，因为稍后，如果公牛的头抬得太高，持剑斗牛士就无法插入他的剑了。因此，必须用标枪刺入公牛脖子后上方的肌肉块中，而不能刺其他地方”（57）。“减轻公牛的狂躁”、“使它的脖子疲惫”，这些都是委婉的说法，为的是避免使用“折磨”这个真正的词。因为，实际上，钢铁在插进30厘米后，就固定在里面了，这个运动过程撕裂了公牛的颈部肌肉，它就再也无法把头保持在一个较高的位置了，然后再对它发起攻击。

标枪的挤压压烂了肌肉。公牛绕着标枪转，标枪像螺旋钻一样钻孔，进而加大了它的痛苦；标枪的棱边把伤口剪切得越来越深；神经被标枪切断了，颈部韧带同样被切断了；脊柱经过无数次跌倒也扭歪了；标枪、投枪和剑导致大量流血；尽管有十字的止冲器，标枪还是可能穿进50厘米；有些斗牛士要刺上多达10次并且刺在同一个伤口上；瘫痪接踵而至；接着用小匕首切断延髓。1989年7月24日，在桑坦德（Santander），斗牛士瑞兹·米格尔（Ruiz Miguel）刺了一头公牛34剑。而通常在这些文本中，最后的致命一击应该只要一次就足够了。

什么叫残忍（cruauté）？“意图使遭受痛苦（从词源学上来说，就是使流血）”即为残忍。相关的词汇：“野蛮、凶残、非人道、恶毒、施虐狂、兽性。”——根据一则乔治·巴塔耶的引文。谁会否认，在对一个有感觉能力的动物进行类似的折磨行为中存在残忍呢？标枪和投枪的作用不是为了直接致死，杀死公牛的将是捅进80厘米的长剑和插进延髓的匕首（poignard）、短剑（puntilla），而是为了不温不火地杀死、慢条斯理地生杀予夺，也是为了文雅，而避免插得太深的标枪止冲器则使之成为可能——这实际上就是为了让公牛受痛而不立即将之杀死，为了让它受伤，毁掉它、摧毁它。这就是斗牛表演的本质：在杀死动物之前将它的痛苦戏剧化。屠夫宰杀不带取乐，人们也不会为之鼓掌；相反，斗牛士享受给予死亡，并且寻求大众为他野蛮残暴的行为欢呼呐喊。

斗牛用的马匹的处境令人惊愕。起初，这些野蛮表演的组织者们没有选择健壮的好马，而是选择一些被淘汰的、退休的、军队的、准备供屠宰的马。当它们没有穿马衣就被派上斗牛战场的时候，它们往往被牛角戳伤，肋部被牛角戳开，肠子流在圆形斗牛场上。人们有时候会在后台帮它们缝上，使它们重回战场，斗牛结束后，人们把它们也结果了。1928 年，给马穿上马衣成为必须遵守的义务，这虽然限制了损害，但并没有制止这些损害，因为它盖不住颈部和腹部，这两个地方依然暴露在外面。

如今，斗牛的马依照合适的高度来选择，不能太高大也不能太矮小。为了遵守骑马斗牛士的各种灵活而矛盾的命令——转向、反向转向、转弯、半转弯，它们接受训练，变得不能逃跑、不再尥蹶子或挣脱。于是，它们忍受着横冲直撞的公牛的所有狂暴力量。为了使它们不至于在公牛面前露怯，人们蒙上它们的眼睛，给它们的耳朵和鼻孔灌满凡士林、塞满棉花和湿的报纸。人们割断了它们的声线以防止它们嘶鸣。

戈雅、多雷[1]（Doré）和毕加索再现了这些内脏脱出、肠衣掉在斗牛场的情景，这些在西班牙的太阳炙烤下冒着热气、发出恶臭的肠子。习惯于从一种与弗洛伊德主义杂交的超现实主义那里攫取语言要素的他们，对这种伤口极尽美化之能事，把它比喻成张开的女性生殖器。海明威把公牛的死跟英雄的悲剧性终结联系在一起，并且把流光了肠子的马当作一个喜剧人物、一个小丑，就像弗拉泰

[1] 古斯塔夫·多雷（1832—1883），19 世纪著名版画家、雕刻家和插图作家。——译者注

利尼家族[1]（les Fratellini）表演的把香肠绑在身后的那些小丑一样。在《斗牛术之镜》中，莱里斯写道："在关于动物受害者方面，一切从一开始就得到了恰如其分的分配：对于公牛，是高贵的死亡，因为它遭受了刀剑的进击；对于那些马，它们是被动地被戳出内脏，因此扮演茅厕或替罪羊的角色，所有卑劣的部分都转移到它们身上了"（59）。

什么是施虐（sadique）行为？这要回溯到萨德（Sade），当然，而且明显可以回溯到施虐狂（sadisme）。而施虐狂是什么呢？"伴随着残忍行为的淫乱"——这很适合于此。还有一个意思："制造痛苦的变态口味，在他人的痛苦中享受乐趣"——第二种词义。谁能否认，在一句一顿地高喊"奥莱！"和为这种不祥的仪式叫好（bravo）的斗牛狂热者身上存在快感？"奥莱！"就是想要叫好。有些人将"奥莱！"回溯到阿拉伯词源学中的安拉（allah），它的意思是"上帝啊！"。宣泄的力量随着在施虐行为中得到的满足的程度而增长：被施予的死亡中的优雅越符合惯例，阶梯座位上的公众就越乐在其中。

什么是变态（perversion）？从精神病学的意义上说就是："由于精神问题而产生的取向、本能的歪曲变质、偏离正道，常常跟智力缺陷、先天性的精神失常紧密相关。"相关的词汇有："反常、失调。"它的另一个意思是性变态："通过与'正常的'性行为不同的方式（正常的性行为的定义是异性的交合，为了通过生殖器的插入，或者依据社会的容忍程度，用更宽泛的方式达到高潮）寻求性满足的倾向。"相关的词汇有："人兽性交（或恋动物癖）、裸阴癖、恋物癖、受虐狂、恋尸癖、恋尿癖、恋童癖、施虐狂、偷窥癖。"谁能否认，在感受有性味道的快感、表露被杀戮公牛激起的力比多的行为中存在变态倾向？莱里斯对此写道："整个斗牛场及其四周都散发着一股色情的味道"（50）。当西蒙·卡萨斯——古代的斗牛士，

[1] 弗拉泰利尼家族是欧洲马戏世家，以保尔、弗朗索瓦和阿尔贝特三兄弟表演的小丑而闻名。——译者注

这些施虐狂式的仪式的伟大教父，向这种野蛮行为致敬的著作的作者——写道：“当我看到一个年青的斗牛士取得了胜利，我勃起了，这是无价的”，他还需要再说些什么吗？

死亡跟斗牛的联系依然是一种伟大的传统。莱里斯是这样结束他的《斗牛术之镜》的，他大赞这种活动，理由是它使对极端天主教信仰的这种奇怪的公开信奉成为可能：“把死亡吸收进生命里，以某种方式把死亡变得情欲勃勃”（66）。但死亡只在一个唯一的意义上发生作用：公牛从来难逃一劫。即使由于它的坚强而免于一死，这是极少能够达到的，只是为了便于修辞的、诡辩和论辩的用法以显得具有骑士风范，它还是会在公众的视野之外死去，被斗牛场留下的伤口弄得油尽灯枯。

至于那些认为斗牛士是冒着生命危险走进角斗场的想法，这纯属虚构：这个明知危险却故意选择这一手艺的人所冒的风险，并不比每天爬上屋顶的屋面工所冒的风险大，而屋面工的手艺无论在现金报酬还是象征性的报酬上都不及角斗场上的公牛宰杀者的手艺！在小教堂附近的手术区，有护卫外科医生随时待命，大部分时间，他都忙于处理一些良性的伤口，有些伤口是一些笨拙的斗牛士自己被自己的尖细武器划开的，而对于那些想要在其他地方冒生命危险的屠杀者，死亡只是工作上的意外。

事实总能够终结神话：埃里克·巴拉太[1]（Éric Baratay）和伊丽莎白·哈德温-弗吉耶[2]（Élisabeth Hardouin-Fugier）在一本难得的关于斗牛的卓越小书中就此作了报道：“1901—1947年，宰杀71 469头公牛（平均每场斗牛活动有6头被杀）有16人死亡，也就是1∶4 467；1948—1993年，宰杀136 134头公牛有4人死亡，也就是1∶34 033。”有多少木匠或屋面工死在他们的工地上呢？持剑斗

[1] 埃里克·巴拉太（1960— ），国立里昂第三大学的历史教授。——译者注

[2] 伊丽莎白·哈德温-弗吉耶（1931— ），法国大学教授，艺术和思想史学家，致力于研究人和动物的关系。——译者注

牛士的死是一种老生常谈，它的作用就像给3岁小孩讲的故事中的狼一样：它就是吓吓人而已，从来不吃任何人。

如果大家满足于纯粹的词汇学，那么斗牛就是一种折磨；斗牛就是一种残忍行为；斗牛就是施虐的；斗牛就是一种变态。斗牛的狂热爱好者们把词汇的正确用法转变成道德的判断，这是再正常不过了：因为没有哪个变态的人会承认自己是变态，没有哪个施虐狂会说他就是施虐狂。甚至这些疾病本身，对于那些以这些疾病装扮自己的人也显得并不变态和残忍。比如，西蒙·卡萨斯，尼姆地区（Nîmes）斗牛场的老板，就恬不知耻地宣称："我以真诚的爱爱着公牛，我一旦想起公牛要遭受痛苦，我就会马上停止！"这是犬儒主义还是废话？

跟斗牛的业余爱好者同属一个"家族"的猎手，从来不说他会以猎杀为乐，而实际上他就是以猎杀为乐；让动物流血并从中取乐的人，实际上就让动物流了血；以终止动物的生命为乐的人，实际上就终止了动物的生命；以享受剥夺生命的权力为乐的人，实际上就以剥夺生命为乐。在享受死亡却又不想说、不想知道，也不想让别人对他说或让他知道的人那里，抵赖便是王道。因为享受生杀予夺就意味着自己已经部分地死亡了，就是让自己身上已经衰朽、腐烂的部分招供。

如果我们要相信他，他语言的可怜要素总是一成不变——猎手猎杀是因为他热爱动物；他蹂躏自然是因为他热爱自然；他是因为对野猪的爱而向着野猪的心脏瞄准他的箭（如果有机会的话）；他是因为爱鹿科动物而杀死高贵而庄严的鹿；他是出于对麻雀的爱而炸死了这些小鸟，它们多漂亮啊：在他的盘子里，被一张餐巾纸包着，连头一起被一口吃掉；他是出于对这个躺在自己血泊中的小动物的爱，明明看到它眼中的泪水而把它屠杀了——那么这就意味着他自己已经部分地死亡了，就是让自己身上已经衰朽、腐烂的部分招供。

斗牛士也一样，他是一个打扮成女人的猎手：他杀死公牛是因为他热爱它、敬重它、尊重它；他使它受痛是要向它展示他的爱；他使它筋疲力尽、满身伤口，让它血流如注，永远是出于爱的激情；他为了自己好而派骑马斗牛士来虐待这头动物，是因为要在一个光影斑驳的斗牛场给它一个美丽的死亡，而去势了的家养公牛在屠宰场里被宰杀没有任何高贵可言；为了刺到心脏，他把自己的长剑刺进公牛的身体，有多长刺多长，无一不是为了表达他对这头动物的爱。我们敢打赌，存在着对被爱者没那么有毒的爱，并且被类似的败类所爱也不是什么好事。

斗牛士或猎手所杀者，是生命——因为他偏爱死亡。斗牛被展现为与其实际所是相反：斗牛不是公牛的庆典，而是死亡的崇拜仪式；不是对崇高动物的礼赞，而是丧葬和病态的盛大节日；不是对动物的颂扬，而是葬礼和肃杀的仪式；不是神话学的哺乳动物的欢歌，而是血腥和野蛮的祭祀。公牛，是力量，是强力，是生命，是健壮，是能量；而斗牛，是虚弱之力，是无能之强力，是死亡之生命，是孱弱者和病弱者的健壮，是精疲力竭者的能量。

在古代的宗教中，公牛因其繁殖力和授精能力而被尊奉，它是凶猛的雄性，是呼啸的猛兽，是桀骜不驯的动物，是雄浑的生殖力，是男性的战斗精神，是宇宙的活力，是馄饨的地狱之神的力量之体现，是新石器时代的偶像，是所有神话里的动物，因其繁殖力而成为月亮神话的动物，因其精子而成为太阳神话的动物，它与农耕的崇拜紧密相联。它跨越各种文明，各种文化，各种宗教。

显然，基督教，疲惫不堪且元气耗尽的宗教，不可能不憎恨公牛。这个有名的谴责斗牛的16世纪的教皇谕旨不应该造成幻觉：教会不想用邪眼看到这种屠杀他们所憎恨的公牛的仪式，就像他们尊重公牛的反面：肉牛，被去势的公牛。肉牛出现在耶稣诞生的马槽里，这首先就意味着这种宗教处于被割去睾丸的反刍类动物的标志之下。《诗篇》（*Psaumes*）中把公牛当作恶毒的动物，《旧约》把它展现为一种偶像崇拜的牲口。在其《〈出埃及记〉讲道》

（*Homélies sur l' Exode*）中，奥利金把公牛跟肉体的傲慢相联系。异教的公牛对基督教的肉牛：人们可以制服肉牛，给它加上牛轭，带上牛轭，就成了家畜，它将为人类劳作。它将会拖犁翻耕。在四联像[1]（tétramorphe）中，它是跟圣路加相关的动物。在圣婴耶稣出生的最初那些日子里，它嗅闻他的身体。它温柔、平静、充满耐心。它失去了睾丸，却得到了基督教的钟爱。

让我们再补充一点，如果君士坦丁[2]（Constantin）皈依密特拉[3]（Mithra）崇拜的话，它也能变成宗教！克里斯托斯[4]（Chrestos）教派也曾热闹一时。某些罗马皇帝曾经对这种来自东方的太阳宗教深感兴趣——太阳就是密特拉的实体。这种宗教曾经把献祭一头公牛作为崇拜仪式。献祭在地下室里进行，并被如是安排：求神佑者平躺在一种格子上，通过泼洒被放血的动物的血来完成洗礼。在那个山洞里，那些被接纳入教的人——只有男人——接着就在宴会中领受圣体，宴会就在被视为一个宇宙的洞穴的穹窿之下举行——我在20岁时曾拜访过罗马的圣克莱门大教堂下面的一个密特拉教圣坛，这对我来说曾经是一个激动人心的伟大时刻。通过皈依人们所熟知的教派，君士坦丁接纳了基督教。他从不曾停止用他的敕令粗暴对待这个崇拜，并使场地被他的亲信践踏。基督徒们指责这种太阳崇拜在一个洞穴的黑暗处进行，在耗资巨大的教堂的青天白日里，人们还曾经拥有一种对黑暗的崇拜。

---

[1] 四联像，也叫四生灵，它重现了以西结关于四个长了翅膀的动物驾着二轮马车的幻象（见《以西结书》，1：1-14）。它首先出现在《以西结书》中，后来圣约翰在《启示录》（见《启示录》，4：7-8）中再次提到。再后来，教父们在其中看到了四福音书作者的象征：狮子代表圣马可，公牛代表圣路加，人代表圣马太，老鹰代表圣约翰。——译者注

[2] 君士坦丁，指君士坦丁一世（272—337），罗马帝国皇帝，君士坦丁王朝的开国皇帝，306—337年在位，他晚年皈依基督教，是第一位加入基督教的罗马皇帝，他于公元313年与李锡尼共同颁布《米兰敕令》，承认在帝国内部所有宗教信仰的自由。——译者注

[3] 密特拉，古波斯的太阳神。——译者注

[4] 罗马史学家苏埃顿（Sueton）在其著名的《罗马十二帝王传》中提到的一个名叫克里斯托斯的人，说他在克劳狄乌斯执政时期（41—54）在罗马鼓动犹太人动乱，随后皇帝将犹太人逐出罗马。常常有人牵强附会地把克里斯托斯（Chrestos）混同于耶稣基督（Christus）。——译者注

人们还能要求骑一骑神圣的公牛并以此庆祝被理智和理性引导的力量、强力以及与人类的情投意合——人们曾经更喜欢杀死它。然而，如此经常地跟梵蒂冈从来没有抗议过的宗教节日联系在一起的斗牛，却能够引诱基督教并使它心醉神迷，它一方面在此看到它关于动物的理论的胜利，即动物臣服于人的意愿和意志；另一方面它又乐于旁观异教的祭祀献祭动物。

最后，人们称之为异教的这种仪式看起来太基督教了，尤其像天主教，斗牛和教会共享着对表演、礼节、音乐、舞台演出的口味。由精疲力竭者构成的为精疲力竭者所设的斗牛和教会，彼此都乐于杀死生命和活力。他们的教派就围绕着杀死一个替罪的受害者而组织起来。他们以圣餐为召集中心的礼拜仪式是享用流出的鲜血，象征性地喝血。在华而不实的仪式中对崇高的生灵进行大屠杀（holocauste），这就是调和主教和斗牛士、本堂神父和骑马斗牛士、教皇和持剑斗牛士的东西。

对我而言，我更喜欢异教的公牛，人们可以骑着它，以得益于它的力量、它的强力和它的活力——以欧洲的方式：

女人与野兽

1

金子做的裙钗

火做的布匹

银子做的刺绣

云纹的丝绸

腓尼基的公主睡眠正酣

腓尼基的公主好梦连连

2

在那梦中

有两块大陆

有着人的形状

试图引诱

睡眠正酣的腓尼基公主

好梦连连的腓尼基公主

3

离开沉沉睡意

从梦中挣脱

欧罗巴在大海的

芳香中醒来

腓尼基公主轻轻颤动

腓尼基公主瑟瑟发抖

4

三个少女陪伴着她

金黄、铜色和火红的头发

她走向被浪花

熏香的沙滩

腓尼基公主轻轻颤动

腓尼基公主瑟瑟发抖

5

在他妻子面前

宙斯为新的欲望折服

他看上了欧罗巴

他变成一头公牛

腓尼基公主轻轻颤动

腓尼基公主瑟瑟发抖

6

头顶着银盘

月亮形的牛角

浓烈的香气

那头动物在发抖

时间之王欲望满满

时间之王心里盘算

7

公牛信步向前

坚定、霸气、强壮

眼睛看着几位姑娘

鼻孔大张着

时间之王欲望满满

时间之王心里盘算

8

涂着麝香的野兽

浑身散发着欲望

生命的血液熠熠发光

生殖的德能射出光芒

时间之王欲望满满

时间之王心里盘算

9

公牛躺倒在地

在草间打滚

压碎了花朵

露出了性器

时间之王欲望满满

时间之王心里盘算

10

欧罗巴在颤栗

太多的气味

太多的香气

太多的芬芳

腓尼基公主心醉神迷

腓尼基公主失去抵抗

11

公主的手放在了

时间之王的肚子上

放在他的皮肤和他的毛发上

放在他的性器上

腓尼基公主心醉神迷

腓尼基公主失去抵抗

12

在公牛的嘴巴里

番红花触摸番红花

宙斯的气息

把欧罗巴推到

腓尼基公主心醉神迷

腓尼基公主失去抵抗

13

白色的公牛

突然站起来

欧罗巴抓住牛角

再抓住公牛的脊柱

时间之王心意已决

时间之王志在必得

14

野兽跳入大海

小腿间是一束束泡沫

大腿间是奶油般的絮团

精液在翻腾

时间之王主宰一切

时间之王支配一切

15

宙斯在燃烧

欧罗巴柔软如水

水燃烧起来了

双双跨过大海

时间之王主宰一切

时间之王支配一切

16

他们覆盖着蜂蜜

佩戴着大海的光环

浑身披着光彩

两人同登一座小岛

时间之王主宰一切

时间之王支配一切

17

在一棵悬铃木下

公牛进入那个少女

野兽变成人类

少女变成野兽

时间之王主宰一切

时间之王支配一切

18

宙斯拿出三份礼物

一件长袍和一条项链

一条永远咬着猎物的狗

一个只有一根血管的青铜人

时间之王主宰一切

时间之王支配一切

19

三个孩子出生了

然后宙斯将撒手不管

留下欧罗巴而去

把她赐给另外一个

时间之王支配一切

腓尼基公主俯首帖耳

20

克里特国王娶回公主

认了她的三个孩子

欧罗巴渐渐年老色衰

宙斯哈哈一笑

时间之王哈哈一笑

于是

时间之王哈哈一笑

第 4 部分

宇宙：清扫星空

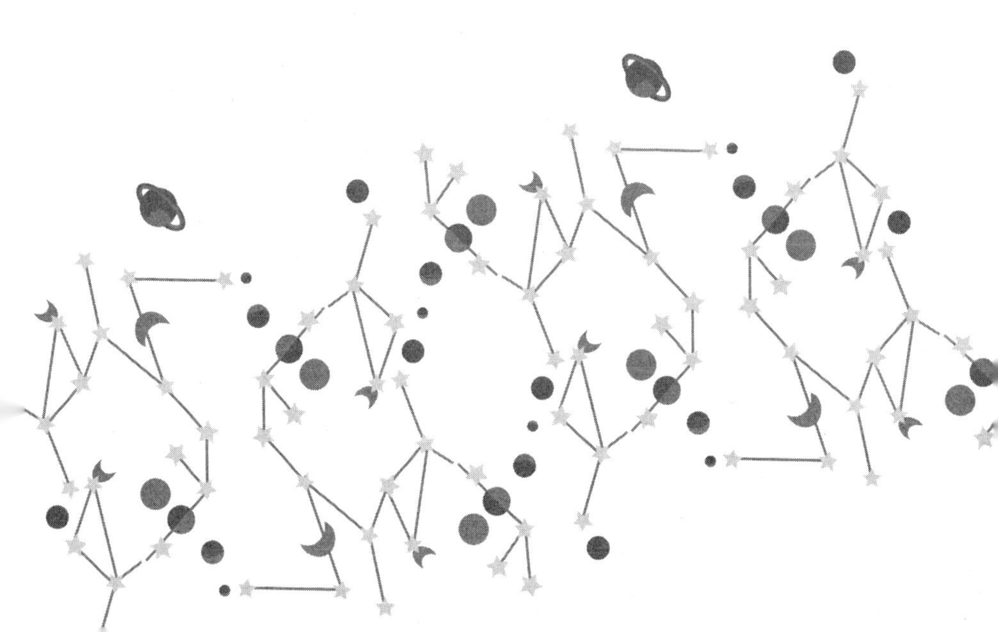

宇宙 天空把我父亲映现出来，它向我解码，它不是基督教的天空。我记不清，曾几何时，父亲跟我说，我从未谋面的祖辈们，就在天上，或者一位死去的邻人也出发去了天空。死亡从不用虚构作为饰带装饰自己：它曾经存在，这就已经足够，人们保持沉默，人们尊重他们记忆中已逝去的人，但我从来都不理解基督教关于天堂、地狱和炼狱的话语，对于这些东西，我们只需在教义问答中能够及格就好了。

我父亲没有受过那种使他能够欣赏对基督教藏而不露的异教的文化熏陶，但是，我相信，他应该会乐于重新回到最古老的多神教节日的伟大宗教节庆中。在“永恒的太阳：光之崇拜”（第 1 章）中，我追问犹太教—基督教的拼贴物之元素：这种世界观是东拼西凑的，它汇聚了各种史前的智慧和它们在漫长的世纪中的变种。对光的崇拜（它能够很好地解释新石器时代的岩画艺术）贯穿了东方的宗教，滋养了万物有灵论、萨满教、多神论和泛神论，这些信仰从来不把人类跟宇宙和自然相分离，因为一神论之前的人类知道它们是万有（Grand Tout）的碎片并且跟它没有一处相分离。

基督教在他们的所有节庆中回收利用了这种几千年的古老的光明崇拜。同样，在几个世纪中，人们所发明的耶稣传记中的伟大日子，赋予了耶稣这个纯粹概念性的人物一种物理和肉体的现实性，这些日子全是异教节庆的日子，跟春分、秋分和冬至、夏至，白昼之时太阳的起落，四季流转中光明的消失和重现挂钩。基督在他的名号下凝聚了所有原始宗教渊源处的光明崇拜。圣徒的故事只有跟它所抄袭的异教思想相比较才能被正确理解。

教堂本身就是一座光的庙宇，由建筑师和砖瓦匠们依据对光的古老知识进行编码从而建造。而对光的古老知识就是“太阳的圣殿：光之仪式”（第 2 章）打算展示的。教堂的基础遵循一种光的仪式。它们的方向象征性地和仪式性地与星体的升起挂钩。眼洞窗使纪念圣徒之日的天顶之光能够进来。从眼洞窗穿过的光线在日晷标明的时辰照射到祭坛上的遗骸盒。躺在墓地里的尸体都面向太阳，以便在死者复活之日能够看见阳光。

此外，基督教里充满了与太阳相关的象征：进入的大门建立在两栋箭楼间，箭楼的方向依照太阳起落的轴线，四联像再现了四福音书作者跟天上的黄道十二宫的关系，细长形状的钟楼寓意征服苍穹，然后把天空的能力散布到圣体所在地方的周围，钟楼上的风信鸡顶端斜插向天空，昭告白昼的来临、时辰和日月的切分，在这个被修辞力量驯化成西方的东方宗教里，处处都跟阳光有关。

基督教已经清空了天空的星宿，代之以他们的虚构。“被神明填满的天空”（第 3 章）提出了有利于神学幻想的对天文学现实的这种排除的谱系学。教会圣师著作的研究有助于使天空布满圣人、天使、大天使、大能天神、第三级天使、六翼天使和被展现为存在模态的灵之外质的整个领地。基督教的护教论旨在劝说大家摈弃身体、肉身、虚妄、吃喝拉撒的需要、力比多以及构成每个人的肉身性生命的东西而去生活。天空成了一种反 - 大地，而天空的居民，则成了一种反 - 自然。

异教的宇宙曾透露出一种实存论的智慧，它使人类能够据之而生活。世界的秩序过去是由一种神秘的力量所规范，这种神秘力量还没有被称作上帝。无论哪个观察过世界的往复运动并理解自然之循环的形式和力量的人，都能看见必然性。我们可以想象，萨满、智者、德罗伊教[1]祭司（les druides）、祭祀的主持们在一个不知形而上学为何物的时代都教授这样的物理的真理——形而上学，从词源上说，就是人们发明的虚构，以便充实物理世界的彼岸。

基督教的宇宙本身也教授一种实存论的智慧，但又不全然相同。它主要涉及模仿耶稣，耶稣也就是基督：上帝之子和童贞女的儿子，没有肉身的肉身，非肉身性的身体——活生生的矛盾形容法，同时也是肿胀的尸体，受尽凌辱的解剖标本，并且，为了给万物加冕，

[1] 古代凯尔特人和高卢人的一种宗教。——译者注

他也是被复活的死者。天堂被赐予所有那些使自己的生命成为耶稣-基督的生命的复制品的人。基督教充满了身体被撕碎、被切割、被砍首、被焚烧等的殉道士。

当神学家们精心地装饰着充满幻影的天堂时，科学家们则仔细打量着缀满星星的苍穹，在那里他们只看见按自己的轨道运转的天体、规则运动着行星、闪闪发光的恒星。天文学的实践，科学的意志清空了如同一个充满污水的水缸一般的基督教的天空。物理学是一种反形而上学，它使一种物质的本体论成为可能。教会谴责科学的人类竟敢如天空本身——崇高物质所构成的纵横驰骋的星体活动于其中的广袤空间——所是地谈论天空。牢狱、火刑、迫害、诉讼暴雨般地降落在这些发现了基督教宇宙下的异教宇宙的人头上。

“反自然的文化：对宇宙的遗忘”（第4章）在我看来比一座当代图书馆的谱系中对存在的遗忘影响更加深远。一神论一直赞扬讲述世界、试图讲述世界之整体的书，为此，他们排斥跟他们讲述世界的方式不一样的书而容忍那些充满了基督教意义的书。在人类与宇宙、自然、真实世界之间，一座巨大的图书馆建立起来了。讲述世界的书本和档案已变得比世界本身还要真实。埋首于书本之中的人类已经不再抬头仰望星空。书本的发明疏远了世界。图书馆已从宇宙抽身而退。

对宇宙的这种遗忘源于作为反自然的文化的全能。星空消失了，它被城市的电灯光所点燃。蜡烛的火焰，蜡烛的光亮，壁炉中的火，以及雕刻着夜晚的黑暗、创造着想象之物在其中吮吸徜徉的微光的神秘火焰，被人工照明取代了。太阳不再支配一切，取而代之的是电。维吉尔式的农人消失了，让位给土地工人。异教的循环时间崩塌了，让位给变成金钱的时间。大地死了，农人亦是：大地变成了化学产品的承载者，由于被生产力的宗教所驱使和逼迫，农人变成了屠杀的工人。

在卡昂大学我的老导师卢西安·耶法尼翁[1]（Lucien Jerphagnon）的课上，我认识了卢克莱修（Lucrèce），他使我们从教条主义的迷梦中走出来。我 17 岁时就已经把我的基督教教育浸泡在这种迷梦中。这片被粗暴对待的土地，这个已被废除的维吉尔式的文明，这些饱受摧残的农民，这种已被毁坏的千年智慧，这种已灭绝的与自然共生的生活，我就是它们的证人。卢克莱修使我们能够遵照这种已消失的智慧来生活。在“击退迷信：超越的伊壁鸠鲁主义”（第 5 章）中，我提议人们去卢克莱修的前基督教思想中寻找材料来为一种后基督教的哲学奠基，这种后基督教哲学保留了伊壁鸠鲁主义身上能够构成一种后现代力量的东西。罗马的思想家拒绝一切对个人的感化和实用智慧的形成没有帮助的东西。我同意这种观念，即摒弃所有不能导致一种实存论实践之结果的东西，实际上，本质性的东西在于，过好一种哲学的生活。

伊壁鸠鲁主义的主要哲学主张在于动用一切来击退迷信，即对束缚我们的错误观念的信仰。使用一种被健康引导的理性可以让信仰后退。科学，不同于作为科学之宗教的科学主义，使大家能够根据唯物主义本体论的逻辑来思考世界：不召唤任何与来世有关的东西，不发动任何求助于形而上学的东西，不动用任何属于元心理学的东西。只有一个世界，来世是不存在的；只有物理学，形而上学是不存在的；只有心理学，元心理学是不存在的。

跟今天特别流行的畏（peur）的考据学和灾变论思想相反，超越之物（le transcendantal）是对抗超验性之便利（les facilités de la transcendance）的良药。比如，唯物主义的本体论有利于启动天体物理学来清空基督教的杂七杂八的天空，并在当代智慧所掌握的天体物理学的原始力量中将其修复。今天的科学证明了许多伊壁鸠鲁主义的直觉是有效的——科学从来没有证明任何基督教的假设有效。

---

[1] 卢西安·耶法尼翁（1921—2011），希腊和罗马哲学史家。——译者注

在过去的半个世纪，天体物理学已经取得自人类观察天空以来最大的进步。在一个充满衰落的恒星、充满多重宇宙、充满吞噬着能量的黑洞、充满诸宇宙可能通过它们而相互交通的虫洞、充满白色喷泉（fontaines blanches）或折叠宇宙的宇宙中，每个人都可以忽略不计。我们的宇宙，一个在其中我们的视觉幻想使我们误以为是广阔无边的宇宙，却是一个小宇宙，因为它是被折射的；我们误以为是当下的宇宙，却是一个已然逝去的宇宙，因为它被推迟了；我们误以为是在同一时间里的宇宙，其实属于不同的时间，因为重力使它弯曲了。

每个人在宇宙中都是一个可以忽略不计的量，这是当然，就得这么理解，但同时每个人又都是一个独一无二的例外，一个绝对前所未有的形态，一种在时间和空间中没有任何可能的复制品的独特性，一种生命和力量、强力和能量的偶然。

这种脆弱且真实、好像不大可能但又现实存在、所有实存（existence）所是的偶在（occurrence），值得我们为之心醉神迷，值得从这种极度的惊奇感中产生崇高的经验。

1

永恒的太阳：光之崇拜

犹太教—基督教是一种异教的、东方的、神秘的、千禧年说的、末世论的巨大杂乱的拼贴画，它回收利用了古代的历史故事，而这些历史故事自身又加入了更加古老的历史故事的流传之中。谁说《创世记》中犹太教—基督教的诺亚大洪水不是直接源自《吉尔伽美什史诗》（*L' Épopée de Gilgamesh*）中的大洪水——《吉尔伽美什史诗》先于《创世记》至少两千年——而这部史诗本身也在其最后几个版本中引用了《亚特拉哈西斯史诗》（*L' Épopée d' Atrahasis*）？犹太教—基督教经历过大暴雨、鸽子的归来、未归的乌鸦、搁浅在山上的诺亚方舟[1]这些故事，但这些故事既不是由犹太教—基督教所制造也不是由它们所署名的。

基督教已经用死亡重新包装了他们已经征用的生命：异教浸透了这种《圣经》的宗教。《圣经》在世界和人之间插入了语言。在书本和文字之前，就在所谓的圣徒的或神圣的书本之前，人类跟世界还保持着直接的关系，换句话说：跟昼夜的永恒交替、四季的循环、光阴的更迭、空中的星辰、地下岩洞的神秘、星宿的运动、月亮和太阳在太空中的轨迹、春分秋分和冬至夏至的出现节律、春天与冬天的辩证关系、入土为安的尸体和跳出母腹的婴孩的永恒对立等保持着直接的关系。

《塔木德》、《圣经》和《古兰经》都窒息了生命，并把生者压在言词、历史、书页、注释，然后是对注释的注释之下。有了这三本书，人类就停止了观察世界，停止了抬眼仰望恒星、天空、星宿，

［1］　《圣经》直译主义者认为，诺亚方舟停留在土耳其东北方厄德尔省的亚拉拉特山区。——译者注

以便埋首于这些魔术书，他们相信这些书里包含着世界的绝对真理。在一个无人过问书本的世界里，只有誊写人宣讲文本所记述的东西：拉比、教士和伊玛目的权力变成了神灵的权力。这三个俗权的机构一直借助教权的支撑来投资政治并且赋予神学进而赋予神正论以充足的权力。

犹太教—基督教是一种历史的、暂时的、具体的、内在的形式，经由古老的光明崇拜而被西方吸收。我们可以想象，在人类之初，所谓的史前人类首先敬重的就是光明的循环力量：它每年的变化对猎手、采摘者、捕鱼者、农民、耕作者来说都比较容易观察到。不需要知道地球是圆的，它自转并绕着太阳公转，太阳也是固定的，可以观察到两个二至点和两个二分点的存在。

异教的知识被整合了。在一年之中，存在光照最长、夜晚最短的时候（夏至）和另一个跟它相对应的时候，在这一天中，光照最短、夜晚最长（冬至）。同样，异教知识还知道，在一年中有两次在同一个时间白昼和夜晚的长度完全相等（春分和秋分）。不需要测量时间的工具，因为人们只知道时间本质上是什么样子的，只要看看天空、月亮、太阳和影子的长短就可以找到时间的位置。

这同样的知识还包括这样的理念，即光使生命成为可能，光的缺席对应于生物的衰弱：光明的增长滋养了生命的返归，光明的减弱意味着通向死亡的旅程。推断宇宙轨迹的实存轨迹很可能就是宗教情怀的谱系和永恒这个观念之诞生的谱系：发生在大自然中一切事物头上的东西不可能不到达每个人。出生、生活、成长、到达卓越的水平、逐渐下降、衰退、进入膏肓并死去——然后重生。

春夏秋冬的接续成了生命的四个阶段的隐喻，而循环形式下的季节的接续则成了万物的永恒轮回的隐喻，这是世界上所有宗教建构的谱系学原型。由于某些原因，在一神论的虚构还没有把人类从宇宙分开的时代，一神论所假定的造物主的受造物，那些个体，他们可曾为自己和其他受造的生灵想象过一种独立的命运？适合植物、树木、蜜蜂、小鸟、猛犸象、原牛、太阳、月亮的东西同样也适合人类：生物处处都遵循同样的规律。

人们忽略了史前人类的所有思想。洞穴、洞穴绘画所表达的东西，它们大部分时间都包含在一些当代理论家的著作的评论中。因此，比如拉斯科洞穴使每个人都能够投射自己的幻想并在以迷的形式被呈现出来的东西中发现那些萦绕在他心头的说不清道不明的东西——阿贝·步日耶[1]（Abbé Breuil）所言的真正的宗教崇拜：天主教的先声，人类对笑、神圣之物、僭越的永恒爱好的俗世标记，巴塔耶眼中爱欲和死亡的联结，勒儒瓦-高汉[2]（Leroi-Gourhan）眼中的结构主义的语义学真理，让·克洛特[3]（Jean Clottes）眼中的萨满教的痕迹，据考古天文学家尚塔尔·耶格-沃尔基维兹（Chantal Jègues-Wolkiewiez）所言，还有使星座图的建立成为可能的天空观测台。

如果在缺乏文字遗迹的情况下，要使无歧义地阅读其中所包含的意义成为可能，那么壁画艺术至少告诉我们一件确定的事情：有一种活跃的力量使一切存在的事物充满活力，并驱迫着遵循这股力量的人类。因为，如果不是这样的话，如何解释在千里相隔的不同地方，在同一个时间里，换句话说，在一个那时刚好相反的地理位置和一个相似的故事中，彼此毫无所知的个体却用同样的风格创造了具有同样造型的同样的艺术——之所以说它们是同样的，是因为差别看起来微乎其微并且可以忽略不计，而相似之处比比皆是。

一双毫无见识的眼睛不知道如何分辨阿舍利文化（acheuléen）、莫斯特时期（moustérien）、夏代尔贝龙文化（châtelperronien）、奥瑞纳文化（aurignacien）、格拉瓦提文化（gravettien）、原玛格达伦文化（protomagdalénien）、索留特累时期（solutréen）、萨尔贝特

[1] 阿贝·步日耶（1877—1961），法国考古学家、史前考古和欧洲、非洲洞穴绘画研究的权威。——译者注

[2] 安德烈·勒儒瓦-高汉（1911—1986），法国著名考古学家，尤精于研究史前的历史和艺术。——译者注

[3] 让·克洛特（1933—），法国史前史专家。——译者注

里文化（salpêtrien）、巴德古丽文化（badegoulien）、旧石器时代晚期、中石器时代的东西，但他知道，这是 25 000 多年前在欧洲展开和呈现的史前艺术——从 35 000 年至 10 000 年内。尽管存在多样性、差别和不同之处，但是同一种本体论风格在同一时刻言说着同一个世界，即使人们无法交流，因为法兰西、斯堪的纳维亚、大不列颠、比利时、德国、乌克兰、俄罗斯、南意大利、西西里岛、爱尔兰西部和葡萄牙之间的距离是无法填平的——我们且停留在欧洲。

在三千年里，彼此分离的人类形成并流传下来一种同样的风格、同样的世界、同样的形象传统：没有任何植物世界的痕迹——草、花、植物、树木；没有昆虫——有人从肖维岩洞（Chauvet）的一个神秘的书法中推断出一只蝴蝶的形状；没有自然的元素——水流、悬岩、山丘；没有天体——星星、太阳、月亮、流星；没有人类的创造——茅屋、村庄、营房、服装；实际上也没有对人类的再现——只有人类和动物组合构成的创造物。相反，动物却有的是：公牛、马、原牛、野牛、狮子、犀牛、母牛、鹿、去势的雄牛、羱羊、驯鹿、猛犸象——但没有任何爬行动物、没有任何两栖动物、没有任何鱼类。

如果有人提出一种图腾崇拜的史前宗教的假想，那么他就理解为什么会有这些动物而不是其他动物了：它们的象征是积极的——力量、活力、强劲、优雅、速度、能量、精力、强壮。而我们能把哪些值得尊敬的、魅力四射的、高贵的品质跟青蛙、癞蛤蟆、蜥蜴、蛇，还有与史前人类共同生活的鱼联系在一起呢？这些被再现的动物身上的生命冲动、活力和积极性是无可怀疑的。正是生物对生命的敬畏意欲并使得人类在相同的时期、用相同的方式在相隔如此遥远乃至游牧民族也无法到处宣扬他们的艺术的地方画下那些画。生命力构成了所有备受尊敬的品质中的第一个——如果你愿意也可以说，备受尊敬的诸神中的第一个。

没有太阳就没有生命力。太阳滋养了植物，植物滋养了动物，动物滋养了人类。阳光是诸神之神，是首要的力量。没有它，就没有其他次生的力量。阳光是植物最先学会的准则。植物学家弗朗西斯・阿莱（Francis Hallé）告诉我们，科学家们在1960年代就发现了光敏色素。它是一种蓝色的植物色素，能够吸收红色射线和红外线。由于这些红色射线和红外线，所有植物，从最简单粗糙的到最复杂精微的，都能跟世界保持一种智能的关系。向光的向性就得益于这种关系，确切无疑的是，它消失了植物就会枯萎，种子的发芽、胚芽的成长、花朵的形成，都得益于它。

这种色素会告知植物白昼光照时间的延长或缩短。它是活动的本源，它把自己的智能赋予植物并使植物对大自然提供的信息作出反应。当光亮减弱时，信息到达植物那里，植物进而就把一种过程付诸行动，这种过程使得植物能够发展出保护性的芽，即使气温维持夏天时的温度。树液离开叶子最外端并重新向根部下降：于是叶子就换上了它们秋天的颜色，然后失去它们的延展性、它们的湿度，它们皱缩、变干，然后掉落。同样，在夏天，当这种化学的信号告知植物夜晚延长了，尽管天气依然炎热，它也会做好准备，迎接冬天的到来：在会迁徙的动物选择炎热地区的地方，植物会放慢生长，产生鳞芽借以抽芽的物质。鳞芽可以保护植物最重要的细胞。死去的果实和叶子掉落下来。树液停止循环。

另一种物质，生长素——小枝桠向着光源弯曲就源于此——能刺激根须的生长，抑制小树苗下部枝条的生长。其他物质（赤霉素、细胞分裂素、脱落酸、乙烯）自有其他神奇之处：刺激发芽、拉长枝条、制造新的细胞、延缓生长、加速果实的成熟，等等。所有这些物质的语言是什么？就是光的数量和质量。

植物会交流，它们甚至显示出某种真正的智能。它们感知光及其颜色；它们对重力作出反应；它们用与动物相似的神经冲动来回应机械接触的刺激；它们展示出某种至少能数到二的数数能力；它们拥有记忆；它们有品位；它们会发出噪音；它们能测量距离；它们知道分辨谁会对它们好，谁会对它们使坏；它们具有交流其痛苦的能力；它们会对潮汐涨落和月亮晦朔作出反应。

同样，植物能预知未来并能够作出行动来保护自己免受危险。南非的瞪羚、扭角林羚会吃一种刺槐的叶子，这种树名为金合欢（Acacia caffra），非洲稀树草原上的一种树。动物吃了一棵树的叶子，然后就离开那棵树；它走向另一棵树，然后又走开；接着亦如此。为什么它要换树呢？因为那些树用了一种新陈代谢来保护自己不被羚羊破坏。这种新陈代谢使它们的叶子有足够的鞣酸，从而使羚羊因为叶子的收敛性味道而放弃它们。

然而，某些刺槐甚至在羚羊接近它们之前就把叶子变成鞣酸的。为什么？因为它们就处在风线上，风捎带着那些被袭击的同类所发出的信息。那些树木散发出一种特殊的气体，乙烯，它会刺激鞣酸的产生，而鞣酸保护树木免于死亡。一旦扭角林羚走过去了，刺槐树又恢复了正常的化学气味，刚刚保护过它们的毒素也就消失了。这证明植物拥有使自己存活的智能本领和实现这种计划的交流能力。跟人类一样，它们拥有亚里士多德称为“在自己的存在中持存”（persévérer dans son être）的艺术和斯宾诺莎命名为“存在的能力”（puissance d'exister）的东西。

因此，植物的生命与光有着密切的关系，生命的数量因季节而不同，生命的质量与春分秋分和冬至夏至有关；同样，植物的生命遵循某种智能，当植物的生命受到威胁的时候，这种智能就会使能够确保生命存活、存在的装置工作起来。在那个我忘了曾放过一把已切去上面叶子的韭菜的篮子里，一丛嫩芽从菜心绽出并寻找着更多光亮以便能够存在，更好地存在、更多地存在。没有任何客观原因说明最初级的生物与最健全完善的生物无关。在蔬菜中起作用的东西根据同样的原理在智人的核心活动。

这种光明令人类心醉神迷，他们自野性思维开始以来就知道，太阳是生命、力量、强力、能量、生命力的星体。这就是为什么为了某些原因人类建造了一些建筑装置来接收这个本源：指向夏至日的史前洞穴，比如拉斯科洞穴，使太阳能够进入洞穴，并且照亮公牛大厅将近一个小时。旧石器时代晚期（30 000 多年）的人类很可能已经在多尔多涅的一块骨板上制定了最古老的月历。这可能跟预测季节的变化有关，目的是为了预知猎物的迁徙周期。

古天文学家尚塔尔·耶格－沃尔基维兹称，几乎所有法国旧石器时代的有装饰的遗址，都朝向地平线上跟循环的一个重要时刻相应的一个点，那就是二分日或二至日时太阳的起落。因此，对洞穴的选择就依照这种异教的知识来完成。史前人类知道如何阅读天空，掌握了行星的运动，认识季节的永恒轮回，根据过去所告诉他们的东西来预测未来并且根据这种知识来为他们的未来作打算。有装饰的洞穴很可能就是第一批在一种众所周知的与太阳有关的知识指引下修建的。

这位并非来自大学“闺阁”里的女人得出了明确的结果：她经过测量发现，在拉斯科，绘画的突出点在史前的绝大部分时间都跟星体遥相呼应。月亮的行迹也跟洞穴岩壁上的可见切口相互重合。机构吹毛求疵、厌恶、抵抗，她却断言，一个类似的发现与为这一发现背书的事物成正比：这不是在一种专家杂志中，而是在一种大众出版物里。教授们拒绝给予支持。但也无妨。让·马洛里[1]（Jean Malaurie），伟大的萨满，比起被法国国家科学研究中心（CNRS）资助的一些机构职员所遵照的近似但认证过的计算，他更相信自由的和极端自由主义的直觉的天赋，他就同意上面这个观点。

巨石阵（公元前第三个千年末期）同样也可以参考太阳而作出解释：这个著名的石头阵列朝向冬至日太阳从地平线上升起的时刻。不列颠、苏格兰或德国的许多其他巨石阵列也一样。这种根据与太阳的关系来布置石头的做法在公元前三千年的时候大行其道。认识星宿的运动，是为了通晓季节；通晓季节，是为了群体的生活和生

[1] 让·马洛里（1922— ），法国文化人类学家、地理学家、物理学家和作家。——译者注

存作打算：猎手—采摘者能够预测动物群的经过、水果和浆果的成熟，农耕者能够预知种植、播种的时节。

一切都与被宗教的仪式队列所赞颂的大自然的神圣相关。在英国的巨石阵里，如今仅存痕迹的石头圆形阵拥有一个木头圆形阵对应物。两者曾经隔河相望。石头的圆形对应于生命，它由一种坚硬的、稳固的材料构成，这个材料穿越几个世纪，把自己铭刻进永恒之中；相反，木头的圆形，是用一种易腐烂的、可破坏的材料建造的。第一个圆形，生命的圆形，与二至日太阳的升起挂钩，因此，也跟生命的回归挂钩；第二个圆形，死亡的圆形，与二至日太阳的降落挂钩。信徒们把从生命通向死亡的轨迹体现了出来，然后他们就陶醉在异教的节日里，饮酒、进食、性交、配对，还有一切歌颂生命力——光明的东西。

美洲印第安人也同样把他们的世界观铭刻进泛灵论、图腾崇拜、万神论中。在这个既没有唯一神也没有个体神，只有一种被自然产生的自然和一种产生自然的自然[1]所共同构成的名目繁多的神祇来表达独一无二的大自然的时期，人类跟动物、石头、河流、星星、太阳和月亮是浑然一体的，并没有一个清晰的、判然有别的、形单影只的主体，只有跟万有（Grand Tout）相联结的部分。

从西伯利亚来到美洲已有三万六千多年的美洲印第安人，奉行一种萨满宗教并且跟自然进而跟自己和谐相处，因为他们从未有过这样的念头，即把自己当作跟自己所处的世界相陌异的人。他们因此依照方位基点来确定村庄的方向：门向东方敞开，这样初升的太阳的光线就能够穿透房子，给它带来光明，并因此带来力量、生命、健康、强力。他们的时间观念不是线性的，不像在基督徒那里，而是循环的：它明显遵循大自然的循环。

美洲印第安人也在土地上用石头书写，他们的逻辑像极了史前

---

[1] “被自然产生的自然”和“产生自然的自然”这种区分是斯宾诺莎的思想，他认为自然就是上帝，上帝就是自然。上帝所命名的不过是产生自然的自然。——译者注

人类在洞穴外面和凯尔特人在他们的一排排巨石中很可能会做的事情。美洲的居民曾制造过医药之轮，它们具有石头圆盘的形状，被分成四个相等的部分，这些部分跟颜色、方位基点、季节、品质、德行联系在一起：北方跟白色、精神、冬季相配；东方跟黄色、理性、春季相配；南方跟红色、肉体、夏季相配；西方跟黑色、心脏、秋季相配。四种颜色意指四个人种。

这种轮子直径有 27 米，包含 28 条射线，换句话说，就是跟一个月亮的周期相同。这个生命的圆圈使人们能够推定夏至日的日期。公元 1000 年左右达到顶峰、16 世纪神秘消失的阿那萨吉人（Anasazis）部落，在科罗拉多州和犹他州（霍文威普城堡［Hovenweep Castle］）之间建立了一座太阳宫殿，它开门的朝向使二至日和二分日的阳光能够以周而复始的计算好的方式照进建筑。新墨西哥州（查科峡谷［Chaco Canyon］）有座类似的建筑同样展现了这种把宇宙的有节律的阳光镶嵌到石头建筑中的艺术。

这个民族的哲学被聚集在这个生命之圆里：三条细绳和一片羽毛表达了这种哲学。一条白色的绳子从中心出发走向圆圈的高处，它穿着 7 个贝壳，每个意指一种物体、一种力量、一种强力、一种善，甚至一对善：永恒、智慧和知识、爱和信任、真实和诚实、谦逊和耐心、信心和勇气、尊敬。这是祖辈的 7 个生命教导。一根蓝绳从中心出发代表天空。一根绿绳意指大自然母亲。中央有一片羽毛，象征造物主的呼吸、个体与大自然、个人与宇宙间的和谐。

在亚里士多德的《尼各马可伦理学》（*Éthique à Nicomaque*）之前数千年，美洲印第安人的这种智慧显示出，一种异教的神圣性不需要超验性，不需要独一无二、爱嫉妒、睚眦必报、咄咄逼人、有仇必报的上帝来提出一种跟宇宙和生命的各种力量紧密相关的——而不是跟它们相对立的——严苛的伦理学。这种大自然和宇宙的哲学可以用斯宾诺莎主义或尼采主义的与时代错节的（anachronique）方式来言说，换言之，就是跟犹太教—基督教的世界观完全相反的方式。

一个苏人的（Sioux）酋长，赫哈卡·萨帕（Héhaka Sapa）（又叫瓦皮提·诺瓦［Wapiti Noir，意为黑色的驯鹿］），曾描绘过太阳之舞。必须把仪式性的东西聚集在一间由鼠尾草装饰的棚子里：长管烟斗、烟草卷、红柳的皮、薰衣草、骨刀、燧石斧头、野牛的骨髓、野牛的颅骨、生皮口袋、鞣过的小野牛的皮、兔子皮、老鹰的羽毛、红土的颜色、蓝颜色、生皮、老鹰尾巴上的羽毛、斑点鹰的骨头雕琢的笛子。这个仪式还需要一面野牛皮的鼓，鼓槌从头到尾覆盖着这种表面还带着毛的皮：这个乐器的圆形象征着宇宙，它的节奏象征着在它的中心搏动着的心脏的节奏，它的乐音象征着连接世界的大心灵（Grand-Esprit）的声音。四个男人和一个女人唱歌。

在部落的象征中，月亮意指被创造并因此服从世界的熵的东西；黑夜等于无知，月亮和星星表示黑暗中的光明；太阳是光明之源、生命之源，因此，它跟大心灵相仿。野牛被称颂为由于其智慧而成为榜样的动物。同时这种动物的皮提供了居住之物，肉提供了食物：它使肉体的生命和部落的生命成为可能。在这个意义上，它值得尊敬、崇拜。

一棵神圣的树，一棵喃喃低语的树，在仪式摆置的中央。这跟一位棉纺织工人有关，在他那里，当他某天发明锥形帐篷的形状时，这些锥形的树叶曾起到原型的作用，这一天，据说，大人们看到小孩拿着树叶玩，然后就制造了这种形状。围绕着这棵树，在各种各样的仪式性动作中，太阳之舞的棚子被构建起来。苏人酋长说，这关系到“形象中的宇宙”（赫哈卡·萨帕，《印第安苏人的秘密仪式》［*Les Rites secrets des Indiens Sioux*，140］）。28 根竿子环绕着这个摆置，这又是朔望的数字。同样，野牛角和一个战斗头饰上的羽毛的数量也是 28。

这个充满各种各样的细节、符号和动作的仪式，它聚集了神圣的言语、词汇和咒语，它把身体、动物的皮、野牛的颅骨和鼻骨向着东方旭日升起的地方，而有人注定会给旭日献上祭品。仪式以舞蹈为条件，舞蹈是象征性的运动，人们用它来建构一种信仰，或者也可以说人们模仿太阳的路线；仪式需要歌唱、抑扬顿挫的声音、舞蹈，它在这棵树的周围展现出来，而这棵树象征着宇宙的中心；仪式需要用火、石头、植物来净化，它求助于红色，这是肉体出生于其中又将回到其中的土地的颜色。当太阳指向地平线的时候，舞蹈者大声喊道："父亲升起来了！"（153）。

在鼓声嘈杂中，在仪式刚刚开始几个小时的兴奋中，8 个穿着野牛皮的舞者被扔到地上并被人推倒，这些人把骨制的短刀插进他们的肉里，鲜血流淌出来，这些仪式的牺牲者们吹着鹰骨雕琢的笛子，这些舞蹈者割下一小块一小块的肉并把它们奉献给那棵神圣的树。这个仪式要持续到太阳落山。长管烟斗点起来了。繁荣昌盛得到了保证，生命一往无前。

我有缘游览了肖维洞穴（还有拉斯科洞穴）。我记得，这次游览最紧张的时刻之一，就是发现有个大厅，里面有个熊的颅骨被供奉在一块从洞穴的顶部坍塌下来的岩石上：是有人把它放在上面。有半打其他的熊颅骨，排成半圆，放在这种异教的祭台周围。石头位于一个地质学的摆置的中心，这个地质学的摆置让人想起一个圆形剧场。石头的一些凸缘给人的印象是，男人、女人和小孩曾在那里坐成一圈，以便参与一种仪式，这种仪式催生了苏人的太阳之物。

我提出这样的假设，在某些没有受到一神论文明的破坏的种群中，依然存在一种化石宗教，它很可能是原始人类的宗教：肖维洞穴中的熊崇拜有 35 000 年了，在非－美洲印第安人（non-Amérindiens），具体来说是诺曼人，到达美洲的土地之前 1 000 年的最古老时期的野牛颅骨崇拜一直存在着，直至苏维埃时期形成的北西伯利亚的萨满崇拜，在独一无二的上帝之前，人、动物、植物、河流、星星、太阳和月亮在一个本体论的视角上并无不同。所有生灵是一体的，独一无二又千姿百态（diversement modifié）。人类是这种千姿百态（modification）中的其中一种模态（modalité），跟熊和野牛、小鸟和火焰、石头和动物享有同样的名字。在这个时期，宗教和词源学意义上的信徒是连接在一起的——一神论分裂了当初曾为一体的东西。

对于那些懂得阅读的人来说，基督教就是一种萨满教。口头的文明拥有一种智慧，它产生于对自然的沉思、对宇宙给予的迹象的反思。事物的永恒轮回，出生、生命、衰老、死亡、重生、新的生命这样的循环，随意所之（ad libitum），把大总体（Totalité）视为一个活生生的物体，而不是一种由不同等级的部分构成的造物：上帝首先变成地质学家（天空、大地、三光、黑暗、黑夜、早晨、水），然后变成植物学家（植物），再变成天文学家（光源），接着变成动物学家（小鸟、鱼类、家畜、爬行动物、陆生动物），最后变成解剖学家（男人，然后是女人，造物的顶峰！）。因此，第一天，他创造了光明，没有它，任何存在之物都不可能存在。

在犹太教—基督教的一神论之前，世界是一个整体，一个物体，一个没有入口、没有出口的球体，一种整全的和整全化着的完满，一种包含着世界的百科全书的纯粹形式：人类跟太阳、太阳跟植物、植物跟小鸟、小鸟跟爬虫是平等的。每一个都包含一切：动物身上有智能，人类身上有动物性，女人身上有男子气概，男人身上有女性气质，植物中有金属，人类身上有植物和金属，在所谓造物的顶峰上有爬虫的影子，蜥蜴身上有智慧。没有什么更高级，也没有什么更低级，因为一切都共享着平等。

犹太人发明了独一无二的上帝，即使上帝是从埃及人那里来到他们中间的。对埃及人来说，金子塔的作用正如一台令人生畏的宇宙的发动机：事实上，在吉萨（Gizeh），法老的墓室通过两个通道接收阳光：一个跟猎户星座连成直线，另一个则跟北极星连成一条线。据让·索雷[1]（Jean Soler）所言，根本就没有时间阻止阿肯那顿[2]（Akhenaton）时期（公元前 14 世纪）埃及人的一神论演变为 8 个世纪后——或者更晚的犹太人的一神论。原初的犹太教并不是传统所教导的那样：说它深受基督教（！）的影响。这就使对犹太教—基督教这个表达的不同理解成为可能。

[1] 让·索雷（1933—），法国作家，一神论哲学家。——译者注

[2] 阿肯那顿，生活于公元前 14 世纪，又叫阿蒙霍特普四世，是古埃及第 18 王朝的法老。——译者注

2 太阳的圣殿：光之仪式

耶稣在历史上是不存在的，其证明就在于这样的事实中，即与这个假想的上帝道成肉身的所谓传记相关的每一个时刻都恰恰对应于祖先的一个异教象征：圣诞节、主显节、圣蜡节、圣枝主日、复活节、复活日、圣灵降临节、圣约翰节、主显圣容节构成了同样多的被呈现为耶稣生平的时刻。然而，所有这些都一一对应于一种几千年的异教神话，这个神话就建基于天空中的行星的运行。奇怪的是，耶稣生命中的伟大时刻总是与春分秋分和冬至夏至似曾相识！这就证明，耶稣指定了那些信靠他的人所制造的拼贴，这些人通过讲述这种拼贴而构造了他。基督是一种异教的以及与太阳相关的以言行事的现实。

基督教，我曾经写道，对于懂得阅读的人来说，就是一种萨满教。在 4 世纪伊始通过君士坦丁的君主的专横决定而变成宗教的这种教派实际上就是一些东方的宗教教派、东方传过来的神秘崇拜、异教传统、美索不达米亚的灵修和犹太的、诺斯替的、新柏拉图主义的教派的一个巨大拼贴物，所有这些东西在教父的熔炉中煅烧了一千年，然后经过几个世纪的经院哲学的雕刻，最后通过圣保罗和宗派信徒们的教会裁判权而强加给地球上的诸多民族。

在基督教中，太阳崇拜扮演着重要的角色，罗马教堂就是作为太阳神庙而俘获世人的。我的童年是在封建古堡和教堂，两幢 12 世纪的罗马建筑间的一个乡村小房子里度过的。我最初的年月象征性地流逝在世俗的权力和教会的权力之间。世俗的权力体现在如今依然是中世纪军事建筑的最美标本之一的方塔上，教会的权力体现在拥有石头钟楼的教堂上。

建筑的象征之物没有被传达出来。如果存在象征之物，往往正是那些共济会的房屋施行着他们逻辑中的解读。如果有人想要一种世俗的——甚至在这个术语的第二种意义上：异教的——译码，他就不得不在虚构之稗草中寻找意义的好种子。目录学往往在秘传学说（如果不是神秘学的话）那里干得一手好活儿。圣殿骑士团的骑士们、共济会成员、骑士精神、炼金术、蔷薇十字会、炼金术的神秘学说、数秘学、星相学、玄秘，这些东西构成了纯粹胡说八道的一个集市，他不得不从这种胡说八道中提取合理的象征。

通过在我们村教堂的钟楼顶上偶然发现的 4 尊雕像——我看见这四胞胎包括一头公牛、一头狮子、一个天使和一只老鹰——我进入了这个象征。我在这座教堂的土地上玩耍，并度过了那些岁月。在这片土地上，我的父亲在我的手臂中去世了，我在这个村庄度过了我的整个童年和少年时期，但我从未见过这个正好位于建筑顶部的四位一体雕像，它就在风信鸡的下面——同样，我也一直不知道，风信鸡本身就是太阳的象征。

人们把象征《四福音书》的四位作者同时也象征黄道十二宫的星座、基本元素和方位基点的四个再现联合体称为四联像，或者同样也叫作四生灵。这就是那个系列：圣路加——去势的雄牛，公牛星座，土，冬至，摩羯座，西方；圣马可——狮子，狮子星座，火，春分，白羊座，东方；圣马太——天使，宝瓶星座，气，秋分，天秤座，北方；圣约翰——老鹰，天蝎星座，水，夏至，巨蟹座，南方。

确立这种认同的第一个文本是公元 2 世纪由里昂的爱任纽[1]（Irénée de Lyon）所著的《反对异端》（*Contre les hérésies*）。已知的对四联像的第一次再现可以追溯到 420 年——有部《福音书》的两个封面被保存在米兰大教堂。在这个时期，人们并没有意指基督，

[1] 即圣爱任纽（130—202），又译为圣依勒内或圣爱纳内，基督教主教，早期神学家，他的著作开启了早期基督教神学的发展，并被罗马公教会和正教会封为圣徒和教父。——译者注

而是使用这个符号。这个符号更多地回溯到几千年来关于宇宙的智慧，而不是一个名叫耶稣的人物的历史。在起源上，这个符号涉及一些半人半兽的形象：鸟头人身的马可，牛头人身的路加，等等。这些造物的身体由动物所取代，这个动物可以追溯到以西结的幻象中拉二轮马车的四种动物。

这就是人们同样能够在约翰的《启示录》（Apocalypse，IV.6-8）中读到的东西："宝座前好像一个玻璃海，如同水晶。宝座中和宝座周围有四个活物，前后遍体都满了眼睛。第一个活物像狮子，第二个像牛犊，第三个脸面像人，第四个像飞鹰。"[1]这四个对以西结的幻象的造型移置标识着四个角度或世界的四根柱子，构成物理世界的四种元素，黄道十二宫的四个最大的星座。

最后，这些动物可以追溯到《四福音书》的起始并且每种动物意指一个神圣的故事：这样，具有人的形象的天使就意指马太，因为在他的福音书中，他是以建立耶稣的人类谱系学而开始的。马可是狮子，因为他展现了在沙漠中呼喊的施洗者约翰（Jean-Baptiste）。狮子也是百兽之王，因此它意指众王之王，众主之主。它的吼声令人生畏，就像令会众担惊受怕的博士的预言一样。路加是去势的雄牛，令人想起献给上帝的牺牲和为拯救人类的基督的牺牲。约翰是笔直地飞向太阳以便被赐予新生的老鹰，它眼睛不眨一下地看着那颗恒星，它让自己的雏鹰面向太阳并保护着那些忍受着火球的注视的人，对于那些低眉顺眼的人，它抛弃他们。老鹰象征着圣人的高超智力和基督的上升，它把巢穴安筑在最高的山顶，因为它蔑视俗世，它以希望和天空滋养自己。

因此，这个四联像位于钟楼的顶部，钟楼本身又是一个太阳的象征。在异教时代，原始的圆柱用于测量这颗恒星从升起到落下的轨迹。两座塔之间的区域标记着冬季的最小值和夏季的最大值之间

[1] 译文引自新标准修订版简化字和合本。——译者注

所构成的空间。然后，人们用两个丈量标记，两个跟二至点相对应的柱子来标记两个极端点。春分秋分轴则通过圣石来设计——这是基督教钟楼的鼻祖。

因此，在这座钟楼的顶端有风信鸡。为什么是这种动物？因为公鸡是太阳的一个象征。在基督教所借鉴的马自达宗教中，它被光明之神——马自达[1]（Mazda）所祝圣；在希腊人那里，它被太阳神赫利俄斯（Hélios）所祝圣。它告知白昼因而告知光明的到来，它传布太阳的到达，它宣布新的美好。在啼鸣之前，它张开双翅拍打两胁振作精神，做好打鸣的准备。因此，它也代表着清醒、苏醒，在宣布使黑暗消散的光亮到来之前的清醒、苏醒。它是摧毁撒旦及其堕落天使们的声音的基督的声音。福音书的文本详细地记述着，基督的复活是在公鸡唱响时分发生的。这同样的声音也将宣告所有死者的复活之日的到来。这个动物常常出现在受难的文本的描述中。在他的四首赞歌的其中一首中，圣安波罗修（saint Ambroise）就把耶稣称为“神秘的公鸡”。

四联像跟宇宙相关，钟楼和风信鸡跟太阳相关，就像教堂房址的地基。建造者们常常选择一个在古老的异教崇拜中已经承载着神圣视角的地方：一座山丘，一条小河，一块林中空地，一块巨石，一眼泉水。接着，建筑仪式从宇宙开始。自新石器时代以来，在词源学上意指出生的东方，是太阳升起的地方，它被等同于生命；而在词源学上与坠落、降落相联系的西方，则被命名为太阳落下的地方，死亡的所在。

圣殿跟太阳的轨道连成一线，因为它旨在使囿于俗世的壁垒中的生命获得重生。俗世的壁垒就是为了拘役生命而建造的。通过实现一年中某个时刻的阳光与教堂所敬奉的圣人间的重合，它旨在重演创世以来的生命进程。因此，其方向定位是从太阳出发而完成

[1] 阿胡拉·马自达（Ahura Mazda），古代波斯帝国琐罗亚斯德教的光明之神。——译者注

的。在他的《大教堂和教堂的象征符号理解手册》（*Manuel pour comprendre la signification symbolique des cathédrales et églises*）中，门德（Mende）的主教纪尧姆·杜兰德（Guillaume Durand）（13世纪）写道，教堂的顶部应该注视东方——因此教堂应该对准太阳、对准光明。异教的神圣建筑朝向旭日的这种建筑学上的方向定位传统被尼塞的喜帕恰斯[1]（Hipparque de Nicée）的《记事录》（Actes）所证实，喜帕恰斯是公元前2世纪巴比伦的迦勒底天文学家的继承人。

具体来说，在耳堂的交叉甬道的未来之位上，建筑师完成了第一个动作：他在地上放一块毛糙的金属面，竖一个日晷。如果在夏至之前的那段时间，这个动作便要在建筑守护神的节日的日出时分完成；如果不是在那段时间，这个动作则要在守护神的节日的日落时分完成。然后，建筑师就会标出金属面上的阴影：阴影的方向规定了东西轴，这个轴对应于罗马的南北轴—东西轴（cardo-decumanus）。它涉及早晨和晚上的阴影间的最大间隔。接着，他标出耳堂的四根柱子在其中内接的一个圆圈。圆圈的模线、纵横轴的模线、十字地基的模线：这就是圣殿建基的三重操作。在传说中的耶稣的所谓诞生之前一个世纪，维特鲁威（Vitruve）在他的《建筑学十书》（*Les Dix Livres d' architecture*）中对圣殿的建造已经有过详细论述。

在我们村的教堂的后墙上，有一个被堵上的眼洞窗，它原先应该是被用来引入东方照进来的光线的。这束东方来的光亮落在唱诗班和祭坛上，就在钟楼、四联像和风信鸡的下面。垂直的、天空的线和水平的、天顶的、地上的线之间的连接点正好确定了神圣之地，也就是圣餐常常在其上进行的地方，对基督徒来说，这是神秘无比的地方；对我这样的无神论者来说，这是跨越世世代代而幸存下来

---

[1] 喜帕恰斯（约公元前190—公元前120），又译为希帕求斯、伊巴谷、希帕克，古希腊天文学家，被称为“方位天文学之父”。公元前134年，他编制了有1 025颗恒星的星图，并创立了星等的概念，还发现了岁差现象。——译者注

的异教的和太阳的中心。

因此，当信徒进入教堂的时候，他是朝着阳光走过去的。他穿过大门，大门本身也是太阳的象征。如果用来测量天空中太阳的运动的成对的塔之间装有一道横梁，那就会有一道门。门厅是一个世界通往另一个世界的通道：信徒从现世生活的有罪的、琐碎而庸俗的世界中来，走向精神上改头换面的神圣世界。外面，里面：门厅代表着从黑暗到光明、从模糊到太阳之明晰的跨越。

大门跟黄道十二宫有某种关系。它整合了与天空之门相当的二至点的门。四季通过这些门而到来，四季跟四个方位点紧密相关，而后者本身又跟四联像的四个形象、四位《福音书》作者的寓言相联系。季节跟地球的运动息息相关：北方和冬至，南方和夏至，东方和春分，西方和秋分。教堂的正门象征天堂之门，天堂之门也就是基督。

在我们村的教堂的入口处，门在柱子和一个具有几何图案的拱门缘饰间赫然显现。柱子的柱头有植物图案。植物和几何绠带饰不禁让人想起凯尔特人的式样，当然也是并且尤其让人想起异教的斯堪的纳维亚艺术的形式。由普瓦图[1]的（poitevin）琢磨工制作的这个基督教的罗马式教堂的入口采用了斯堪的纳维亚的异教图案，这些图案集结了植物的活力，植物的生命，灌木丛、森林、矮树丛、根茎的白霜——一种体现在最内在的现实中的自然力量的强力。

在这个门的垂直线上，在教堂中殿屋顶的顶端，放着一个十字的滴水瓦，它内切出一个希腊风格的十字架，后者具有四个分支，对应于在宇宙之轮的循环中周行不息的四大元素（上面是火，下面是水，右边是气，左边是土）。二至点和二分点的双轴内接于衔尾蛇，不断增长的圆环中的生命。德洛伊教祭司们（druides）曾在宇宙或阳具崇拜的仪式中使用过这种十字架。这种十字架叫作奥丹（Odin），

[1] 普瓦图（Poitou），法国西部旧省名。——译者注

凯尔特人的雷神（Taranis）之轮，它使相反的极结合在一起：人们在其中可以发现新石器时代的痕迹。

基督自己就是太阳。我认为耶稣在历史上是不存在的，犹太人所宣称的耶稣的弥赛亚身份是后天构建的。对于弥赛亚，基督徒认为，他不是即将到来，而是已经到来了，因为他相当于被宣告的内容：通过象征、讽喻、拼贴、隐喻、道德故事、寓言故事、神话、虚构的精妙游戏而宣称一个在历史上没有发生过的奇遇真的发生过，并为之书写历史，这实际上是很简单的事情。许多历史学家都指出过所谓的圣书的不一贯之处，指出过所谓的《对观（synoptique）福音书》[1]的矛盾之处，指出过诗篇文本中出现的东西的滑稽之处，指出过大量的逻辑谬误。

这个成功的教派在公元4世纪伊始通过君士坦丁皇帝的意志而成为宗教。这个宗教的锻工车间在几个世纪里不断扩大，这是以几百年间教父们的贡献，以使用经院哲学的战争机器来锻造被用作意识形态和知识的武器的概念，以创造服务于国王的知识分子（比如该撒利亚的优西比乌[2]［Eusèbe de Césarée］），以不断增设用来判定正统并迫害异端的宗教评议会，以不断增加用于粗暴地区别对待异教徒的教皇御敕，以为了政治目的而使用圣保罗的教会裁判权，以极端而系统地诉诸于神正论，以跟宗教裁判所的法官、十字军战士、征服者和其他嗜血的人同流合污的神职人员的愤世嫉俗等为条件的。

在这种外部轮廓中，基督只是在这个历史时刻所采用的一个名称，而采用这个名称的原则也是神圣之物构建于其上的原则：对生命的崇拜、对生灵的歌颂、对生命的激情，这种激情意欲生命、太阳和作为众母体之母体的阳光。耶稣是一个虚构，而基督是这种虚构的升华版的虚构。基督的神奇生命轶事大量地存在于这个虚构之

[1] 《马太福音》、《马可福音》和《路加福音》被合称为《对观福音书》。——译者注

[2] 该撒利亚的优西比乌（约260或275—约339），巴勒斯坦地区该撒利亚的教会监督和主教。由于他对早期基督教的历史、教义、护教等的贡献，被后人称为基督教历史之父。——译者注

前的古代文献中：天神报喜同样也跟毕达哥拉斯和柏拉图有关；诸神在一具具体的身躯中道成肉身在埃及人那里（普鲁塔克给我们提供了这方面的细节）、在中国人那里、在希腊人那里（阅读或再阅读一下荷马）、在罗马人那里（看看《奥维德》［Ovide］）就已经存在；耶稣诞生于其中的伯利恒（Bethléem）的那个洞穴就是人们供奉阿多尼斯（Adonis）的圣殿；被恒星所引导的东方三王在伊朗、叙利亚的类似故事中有其对应物；对无辜者的大屠杀、圣家族的逃往都是埃及人那里已经有的故事；婴孩耶稣给圣殿的博士们上课，这同样跟毕达哥拉斯、琐罗亚斯德[1]（Zoroastre）、佛陀[2]有关，他们在很小的时候就让那些比他们年长得多得多的智慧大师狼狈不堪；沙漠里的诱惑对佛陀、琐罗亚斯德同样存在，波斯古经的（avestique）文献中就有证据；爱自己的邻人在西塞罗那里就有了，己所不欲勿施于人，在孔夫子那里就有了，宽恕别人的冒犯和以德报怨在法老时代的智慧之书中就有了；末世论的救世主在古波斯就存在了；上帝的名称在叙利亚人那里就存在了；奇迹在所有古代文学中就有一大堆——在众多例子中，既有阿斯克勒庇俄斯[3]（Asclépios）（他是著名的医治者和演奇术者），也有泰阿纳的阿波罗尼乌斯[4]（Apollonios de Tyane）（他救活了一个年青的姑娘），还有恩培多克勒[5]（Empedocle）（他救活了一个死了30天的女人）；耶稣行走在水面上，但狄奥尼索斯同样可以，还有许多印度的对应者骑士（Açvins）亦能如此，据《梨俱吠陀》（Rig-Veda）上所说；

［1］　琐罗亚斯德（？—公元前583），又名查拉图斯特拉，琐罗亚斯德教创始人，该教宣称阿胡拉·马自达是创造一切的神，因此他后来成为琐罗亚斯德教的最高神。该教延续了2 500多年，至今仍有信徒。琐罗亚斯德也是该教的经典《阿维斯塔》中《迦泰》的作者。——译者注

［2］　佛陀，佛教的创始人，生活于公元前第一个千年的中期。原名悉达多·释迦摩尼，是古代中印度迦毗罗卫国释迦族人。——译者注

［3］　古希腊神话中的医神。——译者注

［4］　生活于公元1世纪的古希腊演奇术者、预言家和毕达哥拉斯派哲学家。——译者注

［5］　恩培多克勒（公元前490—公元前430），古希腊哲学家，西西里岛的阿格里根特人，其生平极富神话色彩，相传他为证明自己的不朽，跳进埃特纳火山而亡。——译者注

伴随着复活的死亡是关于神性的老生常谈，看看埃及神祇欧西里斯[1]（Osiris），巴比伦神祇搭模斯[2]（Tammouz），苏美尔神祇恩利尔[3]（Enlil），腓尼基神祇阿里殷巴力（Aliyan Baal），亚细亚神祇阿提斯[4]（Attis），希腊神祇狄奥尼索斯；基督死时的日食现象可回溯到佛陀进入涅槃时大地的震动、罗慕路斯[5]（Romulus）被劫往天堂时的日食和飓风，或者维吉尔在《农事诗》中所记述的与凯撒的死相关的奇事；血作为赎罪的媒介在库柏勒[6]（Cybèle）崇拜和阿提斯崇拜、密特拉（Mithra）崇拜和奥尔菲斯（orphisme）崇拜中都存在；耶稣升天与魔术飞行相仿，佛陀、阿达帕[7]（Adapa）、该尼墨德斯[8]（Ganymède）和许多其他的人和神都是这种交通方式的行家。让我们就此打住，但是我们要知道，这个列举只不过是在这个意义上的例证参考中的沧海一粟。

耶稣—基督凝结了古老的神话、古老的故事、古老的虚构、远古的传奇：他是一个可以进行历史还原、没有任何单一的厚度的人物。他只是出于这样的欲望——从古老的原始资源出发对安慰人心的故事进行加工——而在一个给定的时间、一个给定的地点被接受的形态。这个原始资源就是对生命、对生灵、对太阳和赋予大自然

---

[1] 欧西里斯，也叫乌西里斯（Usiris），是埃及神话中的冥王，九柱神之一，他是一位反复重生的神，他身上的绿色皮肤就是重生的意思。——译者注

[2] 巴比伦的魔偶，可以不断地在大地的子宫中重生。——译者注

[3] 恩利尔，苏美尔神话中的神，是天地孕育之子，但当他出生的时候，他就用风的暴力将父亲和母亲分开，从此成了至高神，他不只是大地和空气之神，也是战神和风神，是尼普尔城邦的保护神。——译者注

[4] 阿提斯，弗里吉亚职司农业的神祇之一。为大地之神丘贝雷被切断的男根化为杏树之种而与河神桑卡利俄斯的女儿拉娜相结合而生。——译者注

[5] 罗慕路斯（约公元前771—约公元前717），罗马神话中罗马市的奠基人，母亲是女祭司雷亚·西尔维娅，父亲是战神玛尔斯。按照普鲁塔克和蒂托·李维等传统罗马史家的记载，罗慕路斯是罗马王政时代的首位国王。——译者注

[6] 库柏勒，弗里吉亚所信仰的地母神，如同希腊神话中的大地之母盖亚和米诺斯的瑞亚，库柏勒体现着大地的肥沃，为溶洞、山峦、墙壁、堡垒、自然和野生动物特别是狮子和蜜蜂之神。——译者注

[7] 阿达帕，巴比伦的半神和第一人，有时被当作亚当。——译者注

[8] 宙斯带去为众神司酒的美少年。——译者注

中的一切存在物以生命的阳光的崇拜。耶稣体现了这样的人类欲望，即恢复对逃脱了死亡和在死亡中重生的生灵之神秘的崇拜。

基督是在一个特定的历史和一个给定的地理中所采用的对太阳的命名：从它形成以来，基督教就进入了异教的与太阳息息相关的“软件”中。Sol justiciae（正义的太阳）：经卷里不停地重复——预言家玛拉基[1]（Malachie）、圣路加、雅典最高法院法官丹尼斯[2]（Denys l' Aréopage）、《诗篇》的诗人们。基督自己也在《约翰福音》（8.12）中宣称：“我世界的光。跟从我的，就不再黑暗里走，必要得着生命的光。”[3]人们赋予基督两种属性：智慧之光和仁爱之热，两者主宰着创造和启示。

太阳运行的规律性提供了基督的秩序和正义的一个完美的形象——或者相反：基督的秩序和正义提供了太阳运行的规律性的一个卓越的形象。圣言（le Verbe）和基督本身的存在乃是秩序（这是“宇宙”一词的词源）的化身。在天顶，正午时分，太阳把一天分成相等的两部分，并因此显示了其神圣的正义；在其移动的位置中，它标志着永恒瞬间的形象，它是主宰自然力（les éléments）的强力的标志。

基督就是太阳，因为他是时间之主，他规范着时间的进程；他规定着昼夜循环的节奏和韵律：基督就是白昼，12个使徒就是白昼的12个小时；他在夜晚9点逝去；他堕入地狱并从晨曦的东方再次升起，经过北方的隐秘路线。这就是为什么宗教生活中的弥撒时分是由太阳的行迹标出格律的：晨经意味着光明的到来和黑暗的消失；颂赞经表示太阳照在教堂东面的祭台的半圆形后堂的时刻结束了；第三遍诵经意指正在上升的太阳之火；午经跟太阳到达天顶同时发

---

[1] 玛拉基，公元前5世纪希伯来预言家，《圣经·旧约》最后一章《玛拉基书》的编辑者。——译者注

[2] 更常被称为伪狄奥尼索斯（Pseudo Dionysius），一位5世纪或6世纪早期的作家、神学家，用希腊文写作，其作品影响了西方精神的发展。他的思想主要与否定神学相关，即认为我们只能谈论上帝不是什么，而不能肯定上帝是什么。当然，他也写作关于正向信仰之道的东西。——译者注

[3] 译文引自新标准修订版简化字和合本。——译者注

生，那时，它点燃了整个世界；9 点祷告，这是耶稣死去的时辰，是世界变得黯淡无光、光明衰退的时辰；在晚祷时分，人们唱诵晚祷；在晚课的时候，人们表达夜晚降临时对光的怀念。晨经将在翌日早晨再次进行，这是 9 点祷告时分死去的基督的复活。

因此，白昼根据与太阳相关的原因而被切割。星期也是一样的，每一天指代一颗行星。在以地球为中心、以太阳为最远点的地心体系中，人们根据行星离地球的最近距离来命名星期几。于是就有：最接近地球的月亮是星期一，火星是星期二，水星是星期三，木星是星期四，金星是星期五，土星是星期六，最后，离地球最远的太阳是星期日，这是太阳之日（dies solis），这一天变成了主的日子，因为君士坦丁在 321 年 7 月 3 日就这么决定了。为了避免废除这个被祝圣给太阳崇拜的日子，这位皇帝保留了这个节日，但是抽空了它的异教内涵，然后给它填塞了基督教的内容：节日继续着，但是没有太阳，至少只是保留了被命名为基督的太阳。

从晨经到晚课，基督教的一天跟太阳休戚相关；从星期一到星期日，基督教的星期跟太阳息息相关；从圣诞节到降临节，基督教的一年同样也跟太阳紧密相联。基督教的大节本身实际上也是按行星的运动编制的：天神报喜、圣诞节、主显节、圣蜡节、复活节、圣约翰节、圣米迦勒节（la Saint-Michel）同样构成了基督教的宗教节日，这些节日跟春分秋分和冬至夏至的活动保持着一种异教的并与太阳有关的关系。

因此，对于圣诞节，在相当长的时间里，基督诞生的日子依然是不确定的。原因是：像基督这样一个虚构、传奇、神话和概念建构是没有确切的诞生日期，无法具体到某一天的。因此，就像许许多多其他的所谓历史的和传记的信息一样，耶稣的诞生融入一种叙事之中，这种叙事以一段漫长的时间中一种漫长的锻造熔合为条件。

在确定为 12 月 25 日之前，圣诞节都是在 1 月 6 日庆祝的。但是异教徒频频纪念 12 月 25 日：与儒略历（calendrier julien）的冬至日，也就是密特拉神，Sol Invictus（无敌的太阳！）的诞生之日相对应的太阳节。就像对星期日一样，教会没有珍视这个节日，他们保留了节日，但是抽空了它与太阳有关的内容，以便把它引用到其虚构之物的诞生日上面。为了帮助太阳重振雄风以便逆转它的运行方向并朝向更大的光明而燃起柴堆，普罗旺斯人为了像阿多尼斯的信奉者们曾做过的那样庆祝种子发芽而在茶托中祭献谷物（稍后添加的作为常青树的冷杉），所有这些都显示出一种鱼龙混杂的基督教崇拜，这种崇拜跟异教没少共同之处。

作为圣诞夜的中心，午夜（minuit）弥撒本身就让人想起出没于夜之中央（mi-nuit）的东西：从华灯初上直到午夜，运动朝向最深沉的夜晚，并导向最大的黑暗；午夜之后，运动倒转了并呈下降趋势，人们走向拂晓的光明，朝着曙光的方向。午夜弥撒处于四个弥撒的一个循环之中：头天太阳落山之时的以马内利弥撒；平安夜弥撒，也就是午夜弥撒；拂晓之前的晨曦弥撒；最后是圣诞日弥撒。对光、照明、蜡烛的运用跟古罗马的农神节的关系是如此紧密，以至于教会常常禁止这些表现形式，认为它们的异教味儿太重。

懵懵懂懂之中，基督徒庆祝着一种跟太阳有关的古老的异教崇拜。就这样，当他们过主显节的时候，也就是在过光明的节日了，不再根据阳历，而是根据阴历：实际分开两个节日的 12 天对应于包含 354 天的阴年与具有 365 天的阳年之间的差别。当阳历被批准时，官方并没有放弃阴历：就这样，人们创造了主显节，以纪念耶稣以东方三王的形式显现于世间，他们是三个不同肤色的人，表明这种弥赛亚式的此在（être-là）的仪式具有普遍的特征。事实上，按照阴历的秩序，这一天是光明的回归的展现，这一天也是圣诞节，但这是按阳历的算法。

用一个带一颗蚕豆的饼来纪念三王的习惯可回溯到一个非常古老的象征，这个象征自身就跟赞颂生命、生灵和在生命中意欲生灵的东西的太阳崇拜有关。饼的圆形，它的烫金色，当然可以回溯到太阳。蚕豆的存在源自古老的异教象征：这种植物是唯一拥有空心的枝条的植物，借助于这个空心的枝条，生者和死者可以交通。利用这个没有纽结的枝条，据说有人曾经从哈德斯（Hadès）的冥府再次攀爬到世界的光天化日之下。

毕达哥拉斯学派曾以为，蚕豆埋在土里或放到粪肥中，会产生神奇的魔力：血的魔力，一个婴儿的头，一个女性的性器官。因此，对于毕达哥拉斯的门徒而言，这种蔬菜是从腐烂物中冒出来的第一个生物，是从分解之物中冒出来的第一种存在，是被阴暗的腐败解除了束缚的东西的第一道光。同时，他们还把蚕豆跟精子联系在一起，也就是生命的本源，理由是，这种被暴露在太阳的炙烤中的豆科植物散发出精液的味道。

圣蜡节遵循同样的逻辑：就像圣诞节和主显节，它也包含在光明之节日的循环中。它遵循着这样的原则，即希望基督的生平与异教的太阳节日系列相符，这个古老的节日变成了对基督显圣（Présentation）的纪念。圣蜡节的蜡烛对应于罗马人一年的变化，这种变化跟罗马人的牧神节（Lupercales）、凯尔特人的圣布里吉德节（l' imbolc）、净身礼的节日相关。异教的光明被基督的光明改头换面。494年，教皇哲拉修[1]（Gélase）把在午夜为净身礼而点燃的蜡烛转变成纪念世界之光基督的大蜡烛。

此外，正如主显节的黄色的圆饼，跟圣蜡节有关的焦黄的圆形油煎鸡蛋薄饼象征着太阳，这个时节实际上也标志着一年中光的进程的加速。同样，农民们（paysans）（让我们回想一下，“异教”[païen]一词的词源——paganus——就是农民[paysan]）就在那时进行播种。家有余粮，农民们就用多余的麦子制成麦粉，他们的妻子再用麦粉做成油煎鸡蛋薄饼。

圣枝主日的星期天，基督徒们庆祝耶稣在群众摇晃着棕榈枝高

[1] 指教皇哲拉修一世，他于492—496年在位。——译者注

声欢呼中进入耶路撒冷，他们同时也纪念基督的死和受难。这个节也叫“鲜花簇拥的复活节”（Pâques fleuries[1]）或“棕榈星期天”（Dimanche des palmes）。当马太和马可记述耶稣的故事的时候，他们重新启用了庆祝植被的更新和土地在这一过程中变得更加肥沃的古老的异教风俗。普鲁塔克记述了这个丰收节（Pyanepsies）期间举行的仪式。丰收节是庆祝水果丰收的节日，在此过程中当然会供奉水果，但也有其他礼品：面包、无花果、蜂蜜、油、酒、草本植物和……圆饼——就像太阳。奥维德记录道，3月初一那天，人们习惯换掉挂在主持崇拜仪式的主祭房子里的月桂枝。

因此，棕榈枝同样也表明复活节、受难、基督的死和被钉上十字架，然后是他的复活。耶稣死了，就像花朵和植物凋谢和枯萎了。但是，根据基督教的神话学，他重生了，从死亡中复活。就像（圣诞节的）冷杉、（圣枝主日的）黄杨、（复活节的）鸡蛋、（主显节的）蚕豆、（圣蜡节和三圣节的）油煎鸡蛋薄饼和圆饼一样，他体现了生命的永恒、生者的强力、叶绿素功能中起作用的生命力、太阳能经久不衰的力量。耶稣是君士坦丁和几世纪的基督教追随者们给无敌的太阳强加的名字。

在日期确定以前，复活节是在3月25日庆祝，这是儒略历的春分——同时也是弗里吉亚神祇阿提斯的受难之日，还是阿多尼斯的节日。又一次，基督教把一个日子吸收到其神话——耶稣——的生命里，并且这是一个普天同庆的、公共的和祖传的日子。14幅耶稣受难图（le chemin de croix）并向其中的每一幅祷告，在埃及的节日里就已经存在了，尤其是在伊希斯[2]（Isis）崇拜仪式期间。

在整个地中海沿岸地区，复活节的鸡蛋都是复活的象征。考古学家在一些史前的墓穴中发现了复活节的鸡蛋，然后，又接二连三

[1] 这个词组在法语中常常直接意味着圣枝主日，为了跟上面的 Rameaux（圣枝主日）相区别，这里按字面意思译成“鲜花簇拥的复活节”。——译者注

[2] 古埃及神话中掌管生育和繁殖的女神。——译者注

地在古埃及人、腓尼基人、古希腊人、古罗马人、伊特鲁里亚人那里发现了这种鸡蛋。如果鸡蛋被涂成红色，那么这种颜色代表基督之光。有时候，在教堂里，基督徒们会悬挂鸵鸟蛋：这是又一个源于天空的故事。据说有只鸵鸟忘记了它曾经下在沙里蛋，当它看到某颗星星后，它想起了那些蛋并回去盖住它们。这个故事的寓意是：仰观天空，看着那光明，具体来说就是看着星星，会不禁让人想到，不能让死亡因而让黑暗取得胜利，而是要意欲生命从而意欲光明。

我在伊斯坦布尔的蓝色清真寺见过一颗鸵鸟蛋，挂在一根长长的钢索中央，钢索从穹顶垂向信徒们，带来夺目的光彩。一位我结识的穆斯林（他跟我说他是《世界报》的记者）告诉我，他知道我的《论无神论》（*Traité d' athéologie*）——并且显然不同意里面的观点。我们开始了一次讨论，并且为了阐明我的意图，我跟他讲述了这颗蛋的故事。他跟我说，这颗蛋无论如何都不可能有异教的渊源：这是为了防止啮齿动物爬上去啃咬那根绳子——钢绳。

星期日、主的日子、太阳的日子、密特拉的日子、无敌的太阳（sol invictus）的日子，在基督教的仪式中对应于纪念复活的日子，而复活自身则是黑暗世界中对光明的许诺。根据基督教的神话学，耶稣是在星期五也就是水星之日死的，并在 3 天之后的星期日也就是耶稣自己的日子复活。就像星期日早已是一个异教欢庆的日子，基督教的权威很容易赞成这样一个节庆的日子，而不会实际地取消它——这是一个不受欢迎的计划——只是要废除它的象征：从太阳的节日变成了基督的节日。

耶稣的变容（Transfiguration）在 8 月 6 日庆祝，一个跟夏至和秋分奇特地相隔同样多天的日子——因此，它处于夏天的中点。根据《福音书》的作者所述，这是基督改变肉体的外貌并以光芒四射的面容示人的时刻。他的衣服变得雪白，跟阳光一样——经书上说。摩西和以利亚（Élie）现身了，基督的三个门徒也在那里：所有人都包裹在一层光晕中。上帝说话了。

最后，圣约翰节放大了基督教的太阳逻辑：在成为约翰的节日之前，它是夏至节日，是夜晚最短、白昼最长的那天——是光照最长、黑暗最短的一天，因而正是白昼的象征。它应该是一个盛大的基督教场合，通过取代异教世界最强有力的仪式而浸染这个仪式。因此，它跟施洗者约翰的诞生有关，换句话说，就是赋予他最大的强力。

因此，最大的强力既不是在圣诞节诞生，也不是在复活节死亡和复活，而是在约旦河里洗礼。在《旧约》中，摩西没能跨过作为应许之地的边界的约旦河。犹太人摩西没能做到的，耶稣却可以：道成肉身的上帝的这个洗礼同样也是犹太教—基督教的洗礼。犹太人的《旧约》所预示的弥赛亚变成了已经来临的、实实在在的、具体的、临在的弥赛亚：对于犹太人来说，弥赛亚是未来的（à venir），而对于基督徒而言，他是已经来临的（venu）——就在那一天，以那样的姿态，他被传颂他已经来临。

他作为道成肉身的上帝之子（Fils de Dieu）到来。作为人，他携带着俗世的罪，就像所有的人类。洗礼赋予他这样的使命：就在仪式的那一刻，天堂敞开了，圣灵以鸽子的形态从天堂降落，上帝的声音在他的使命中证实了圣灵。基督教得以发轫——对于那些支持它的人来说，犹太教在此并因此结束了。这是太阳最明亮的精神性时刻，是大地上黑暗最小的精神性时刻。圣约翰的异教之火变成了基督之光明的显现。

为了总结这个从源远流长的异教宇宙的角度所书写的神圣历史的轨迹，让我们在这里明确地说：如果耶稣的生命重新启用了宇宙中的星辰极具异教色彩的运行图，那么玛利亚——他的童贞女母亲——的生命同样也赋予了他的生命以一个寓言的、象征的、隐喻的版本。跟玛利亚有关的节日对应于库柏勒崇拜和伊希斯崇拜的节日，伊希斯怀里抱着荷鲁斯[1]（Horus）就像童贞女玛利亚抱着婴孩耶稣。上面说的童贞女玛利亚实际上源自大母神（la Grande

[1] 古埃及神话中法老的保护神，一个隼头人身的神祇，他是王权的象征。——译者注

Déesse Mère），她是实实在在的大地之神，是荒野大自然之神。这种崇拜自史前就存在了，它无疑跟埃及人有关，但同时也跟巴斯克人（Basques）有关。关于巴斯克人，人们所知甚少，只知道他们的万神论中有这么个大自然女神，她的名字叫玛丽（Mari）。巴斯克人在他们的圣事和俗世活动中赞颂自然：太阳和月亮、空气和水、高山和森林。

基督徒们的童贞女玛利亚是天堂的王后。在异教的古老世界，童贞女玛利亚的圣母升天节（l' Assomption）的日期是8月15日，据《启示录》（12.1）所言，童贞女"身披日头"[1]，插入了太阳之门和天国之门的守护神雅努斯[2]（Janus）的节日（8月17日）与狄安娜（Diane）的节日（8月13日）之间。狄安娜女神在词源上意指太阳的光辉，是一个贞洁且丰产的神祇，她是太阳的妹妹，被等同于月亮。再一次，象征的和比拟的、隐喻的和寓言的光跟宇宙的和真实的、实在的和天文学的太阳光紧密地联系在了一起。

通过将异教的宇宙改装打扮，给它穿上东方的故事，地中海的传说，犹太人的寓言，诺斯替教的象征，千禧年主义的隐喻，巴比伦、苏美尔、马自达和波斯的大杂烩，基督教使我们失去了它。它使我们失去了真正的宇宙，并把我们安置在一个符号的世界里，这个世界不再有意义，因为在它之前意义已经由宇宙的符号所产生。在必须看到具体事物的地方，犹太教—基督教设置了象征：它废除了月亮和太阳的节拍、星群的运行、星星的示象、昼夜和季节的韵律，让位于一个奇特的故事，这个故事事关一个其父亲不是亲本（géniteur）的小孩，一个被处女母亲孕育并十月怀胎、由鸽子形态的圣灵授精的新生儿，一个只靠象征维持生命并且从未显示过他需要遵循哪怕最微不足道的身体规律（消化、打嗝、排便、交合……）

[1] 译文引自新标准修订版简化字和合本。原文是"天上现出大异象来：有一个妇人身披日头，脚踏月亮，头戴十二星的冠冕。"——译者注

[2] 罗马神话中的两面神，拥有两张脸一个头，是罗马的门神，也是罗马的守护神。——译者注

的人，一个能起死回生、通过死亡然后在第三天复活、直接升入天堂坐在上帝——他的另一个父亲，真正的父亲——的右边并亲自把自己的举动添加到金科玉律（parole）之中以昭示众人的演奇术者。

由于被埋没在基督教的表层下面，异教的真理消失了：农民熟识大自然并终日乞求大自然以获得她的恩宠，而农民的这种内容最丰富的精华已被一种隐喻性的、过分雕琢的、作为催眠故事而编造的叙事所取代。这其实就是通过对一个未开化的民族讲述故事来引诱他们。不可思议的事情是它被用作赋形剂，使宗教的苦饮能够形成。宗教不断地把教权转向俗权，以便使国王在其神职人员的帮助下能够利用对彼岸的恐惧来为此岸的顺从、屈服、温顺、奴役寻找说辞。

在所有文化的源头，都有农业。农业也就是耕作过的（cultivé）田野：田野，这就是自然，而田野的耕种（culture）作为农业，这就是后来的文化（culture）。于是，田野的耕种 / 文化就变成了一个同义迭用。现如今它已变成一个矛盾形容法了，因为文化被当作一种都市的分泌物。农业人员加工田野：他翻耕土地、播种、修剪、维护、收割，然后重新翻耕、再播种、持续维护等，这就是他的一生，就像他的祖祖辈辈所做的那样，就像他希望他的后代所要做的那样。农业工人开启了一种消失了的、被埋葬了的、被毁灭殆尽的、被主流文化所瞧不起的文化。主流文化是城市的文化，是书本的文化，是反自然的文化，是田野文化的对立面。

维吉尔记述了田野劳作是什么样子的：认识土地、土壤和底土的特性，辨别土地的轻薄和丰厚、潮湿和寒冷、硬实和易碎；知晓阅读天空所发出的信息；对富含几千年知识的祖辈的农耕实践无所不知；懂得阅读风的信息，它预兆的是瓢泼大雨还是烈日当空、是发霉腐烂还是天干物燥；熟知修剪和嫁接、压条和扦插这些树木栽培法的秘密；知道在一年的恰当时节在恰当的底土中种下恰当的葡萄秧，对引导葡萄藤的生长方向胸有成竹；对幼苗期的小植物怀有必要的谨慎之心：首先保护刚发芽的植物，然后施予能量；知道恰当地照料油橄榄树、果树和用作细木工木料的树。

以同样的方式，维吉尔也谈到动物的问题：知道如何选择小牝牛和种公畜，利用聪明才智给动物配种；恰当地训练耕牛、战马或用于比赛的骏马；从公牛的智慧中汲取教益；细心留意母绵羊和母山羊，学习剪毛和做奶酪；对所养牲畜的疾病有所了解并知道如何预防或治疗这些疾病；知道蛇的习性；悉心留意蜜蜂，能生产好的蜂蜜，好好地调整蜂箱使其向着东升的太阳；进而认识到遵守自然就能很好地支配自然。最后，要把这些手艺集中于一身，就像一个神祇一样主管着所有这些被完美的机制整合起来的组织。

因此，文化在过去是指农业所必需的知识。在这个年代，人们不会想到要让书本来告诉我们那些我们自己能直接向大自然学习的东西：我们注视着自然，端详自然，观察自然，与自然和谐共存，我们聆听前辈，前辈也曾聆听和学习前辈的前辈。不存在在世界和自身之间插入书本的问题：看太阳、月亮和星星是以一种直接的关系为前提的。大家知道天上存在的东西，不是因为一个有学问的人——比如一个独一无二、脾气暴躁和睚眦必报的上帝、王子和国王，权势熏天的人和战士，有钱人和有权人的朋友——告诉我们应该在天空中看到什么，而是因为人们在天空中发现了这些东西：寒来暑往的永恒循环，在其中人类不是一位旁观者而是参与者。

一神论的《圣经》就像自然和人类之间的一道屏障插入进来，它摧毁了返回自然的所有其他书本，以便强制性地限制那些已远离大自然的人，从而对书本文化有利。有了这本独一无二的《圣经》，人类就变成了文人（lettrés），但是他们没有文化（incultes）。他们读书，但却啥也不懂；他们评论这个、评论那个，但却是睁眼瞎；他们唱赞美诗、朗读、朗诵，但不再观察世界；他们作注释、评注、评论、解释、分析、阐释，但却变得对世界视而不见、听而不闻。了解世界的人已经死在图书馆里了，他们已经让位给了只知道读、写、算的人，让位给了通过词语（verbe）来支配他人的工具。当圣

言 / 道（Verbe）成了一种宗教，大自然也就变成了这种癖好的敌人。冬至夏至和春分秋分，月明晦朔和太阳在宇宙中的运行，昼夜交替、季节更迭和它们的永恒轮回，所有这些都让位给了耶稣、玛利亚、约瑟夫、东方三王、去势雄牛和马槽里的驴、圣父、圣子和圣灵、木柴形的圣诞蛋糕、复活节的蛋、圣约翰的火焰。仰望天空之时，人类已经看不到星座和银河了，他们看到的是乱七八糟的犹太教—基督教的天使等级。

3 被神明填满的天空

耶稣不是天文学家，至少如果是，他也是深藏不露的。实际上，在《四福音书》中并不存在任何对天国世界和它的居民的思考。人们已经看到，这个虚构人物的传记跟异教的星图相符，但他自己却没有表现出对他头顶上发生的一切的任何关心。月亮、太阳、星辰、星座、银河、行星、恒星，都不是他所关心的。我们没有看到任何部分是以宗教的方式去沉思布满星星的苍穹或谈论银河系。

相反，当他预示他小时候给博士们上课的圣殿将被摧毁的时候，这个表面上和蔼可亲、彬彬有礼、爱护通奸的女人、左脸被打右脸迎之的人，求助于宇宙的隐喻来预示与他的到来同时发生的圣殿的摧毁：那么，他肯定知道吧，正是圣殿的毁坏实现了作为犹太教的完成的基督教？可能吧。满怀期待，耶稣宣告：苍穹暗淡，月亮失色，星辰从天空坠落，天国的强力摇摇欲坠，天空中人子（Fils de l'homme）的迹象出现了，被祥云承托着，被带号角的天使环绕着。

君士坦丁将会想起这个预言并宣称已在天空中看到了这个迹象。他将声言在米勒维乌斯桥（pont Milvius）战胜马可桑斯（Maxence）是应该的，这次胜利将决定他的神圣罗马帝国的成功以及皇帝皈依基督教，后者因此而成为国教。由于无敌太阳的崇拜被整合进对基督 - 王和他在地上的代表的赞颂，这位皇帝陛下将使这个受圣保罗浸淫甚于耶稣的犹太—基督宗教发扬光大。这个第 13 位门徒将宣布"所有的权力都来自上帝"，神正论因此而奠定了基础。对作为无敌太阳的皇帝的崇拜跟某种政治是同时发生的，在这种政治中，教士和国王维持着亲密的关系，以便更好地治理人民。教会的教父们建构了这种神正论的机制——这就是为什么人们从来不能在神学院之外教授教会圣师著作的研究：从亚历山大里亚的斐洛[1]（Philon d' Alexandrie）到曼努埃尔二世·帕里奥洛格斯[2]（Manuel II Paléologue），一段经过本笃十六世在大众媒体上大肆渲染而重新变得举足轻重的时间，一千年的思想给予了这个小小的基督教教派一个普世宗教的地位。

教会圣师著作研究填满了神学大杂烩的天空。当公元2世纪托勒密（Ptolémée）在天空中看见那些甚至还不甚有序的东西——因为他要捍卫地心说，即地球在中心安然不动，其他行星绕着地球转——之时，基督徒们就把天空塞满了天使、第三级天使、大天使、六翼天使、小天使和公元500年左右雅典最高法院法官伪狄奥尼索斯在其《天阶序论》（*Hiérarchie céleste*）中所绘制的其他居住者。在《天文学大成》（*Almageste*）和可接触的图表中，托勒密提供了一张星星和星座的一览表，他谈到本轮（épicycle）、均轮（équant）和日（月）食（éclipse），而奥利金（Origène）、亚历山大里亚的革利免、尼撒的贵格利[3]（Grégoire de Nysse）和其他一众教会圣师著作研究的参与者则清空了天空真正包含的东西，将其填满了被呈现为实存之模范的虚构之物。

异教徒们曾在真实的天空中寻找智慧的教益并且也找到了：白昼与黑夜的交替，季节的循环，事物的永恒轮回，为了获得智慧、心理平衡和实存的真理就必须赞同的宇宙秩序，以及一切赋予生命以意义的东西。在太阳中发生的事情：初升、升高、在自己的火焰中光辉夺目、消退、消失、消逝并在第二天再次升起；在自然中发

[1] 原名为斐洛·尤迪厄斯（Philon Judeaus，约公元前25—公元40或45），生于亚历山大里亚的犹太哲学家和政治家。他是尝试将宗教信仰和哲学理性相结合的第一人，因而在哲学和宗教史上有独特的地位，被视为希腊化时期犹太教哲学的代表人物和基督教神学的先驱。——译者注

[2] 曼努埃尔二世·帕里奥洛格斯（1350—1425），拜占庭帝国皇帝，于1391—1425年在位。——译者注

[3] 尼撒的贵格利（约335—395），与该撒利亚的巴西流、拿先素斯的贵格利并称为加帕多家教父。——译者注

生的事情：春、夏、秋、冬，然后又一春，这些似乎跟对应于每天都会到来的事情的流程没什么两样。为什么每天都会发生和四季都会出现的事情不是发生在人类身上的事情的法则呢？

实际上，乳儿的出生、孩童的生长、少年的生命力、青年的力量、成熟的巨大强力、生命的巅峰，接着是生命的衰落、老年的最初表现、最后的年月到来之时生命力的消失、耄耋龙钟，然后是病痛、死亡，所有这些跟人类相关的事情与日日天天和春夏秋冬一模一样。宇宙所教导的东西是一种天空的秩序，它也是一种实存的秩序。我们必须意欲我们意欲的东西，那才是我们能够建构的唯一的自由。要自由，就要遵循事物的永恒轮回之轮所教导我们的必然性。

当基督教清空了天空的这些真理，它又向我们提出了哪些实存的交替呢？宇宙的限制不再是一种现实性，而是从此变成了对上帝之城、对天国的耶路撒冷的期望！在一千年的岁月里，基督教编造了一个天堂，这个天堂有地址、有历史、有居民、有细枝末节、有教会的教父们，当然也有艺术家、诗人、作家、画家、雕刻家：大家想想该撒利亚的巴西流[1]（Basile de Césarée）（4 世纪）、圣比德[2]（Bède le Vénérable）（8 世纪）、瓦拉弗里德·斯特拉邦[3]（Walafrid Strabon）（9 世纪）、但丁的《神曲》、弥尔顿的《失乐园》，以及意大利文艺复兴时期的大师们。

想当初，天堂就在尘世。它诞生于一片作为反－沙漠的沙漠中：在那里，现实就是灼烧和炙烤，沙和炽热的太阳，大火炉，没有水和阴凉，没有动物和食物，没有人也没有生命，而天堂的虚构正好相反：清爽凉快、遍地植物，凉阴绰绰、清风柔和，大量动物平静

[1] 该撒利亚的巴西流（约 330—379），该撒利亚主教，4 世纪教会领袖，被罗马天主教会尊为圣师。——译者注

[2] 圣比德（672—735），英国盎格鲁撒克逊时期编年史家和神学家，也是诺森布里亚本笃会的修士，因其拉丁文著作《英吉利教会史》而被尊为“英国历史之父”。——译者注

[3] 瓦拉弗里德·斯特拉邦（808 或 809—849），生于法国卢瓦尔省，9 世纪上半叶施瓦本神父，神学家。——译者注

地生活着，奶和酒的小溪到处流淌，甘泉鲜活，到处是具有异域风情的花园、芳香的花卉和植物、玉液琼浆和长生不老的食物，丰饶富足、和谐安宁。

在最初的岁月里，人们把天堂想象成并非离底格里斯河和幼发拉底河很远的地方，而是就在尘世的地理中。人们进行过无数次的旅行，去寻找这个作为一切财富——物质的和精神的——的应许之地的地方。毫无疑问，它位于东方，换句话说，就是旭日东升的方向。它是草木繁茂的地方，因而阳光使叶绿素这个第五元素成为可能。天堂，如果它是一个花园的话，那么它也是且尤其是因阳光而使生命永远密集的地方。天堂里的生命之树就是证明。

后来，天堂从地上搬到了天上。这种变换使天堂本末倒置了，它过去跟世界的源头相关，而这之后却跟世界的尽头相关了，它曾经接纳亚当和夏娃的暂住，以后就将接待义人了，也就是那些一生都按照基督教的戒律而生活的人。对过去的怀旧之情催生了对未来的欲望。悲剧性的悲观主义让位于千禧年主义者们的乐观主义——超验性的宗教，三大一神论宗教和许多其他的宗教；内在性的宗教，乌托邦社会主义，包括马克思主义。

基督教用它的神话学来操作天堂的这次迁徙。在《四福音书》中，基督就已经谈到了天堂：他在十字架上的最后时分，他向忏悔的囚犯[1]（bon larron）许诺了天堂，他在《约翰福音》（20.10）中宣告，他会上升到他父亲和上帝那里。在《黄金传说》（*La Légende dorée*）中，雅各·德·佛拉金[2]（Jacques de Voragine）详细叙述了这个家喻户晓的耶稣升天。这是西方中世纪的一本主要著作，它用虚构、传奇、神话、寓言、卫道的传说来滋养基督教的历史。这部著作在一个千

[1] 忏悔的囚犯（？—37），亦称十字架上的囚犯、好囚犯、右盗，是《路加福音》中记载的与耶稣一起被钉上十字架的两名囚犯之一，他驳斥另一位不知悔改的囚犯对耶稣的羞辱，并希望耶稣作王时能够记得他，耶稣答应带他去天堂。——译者注

[2] 雅各·德·佛拉金（1230—1298），意大利热那亚的第八代主教，基督教的圣人和殉教者列传《黄金传说》的作者。1816年被教宗庇护七世封为真福者。——译者注

年的中叶构建了基督教团体。

在这本关于基督教团体的百科全书中，殉道者占有大量的篇幅，他们被切除内脏、被火烧、被折磨、被砍头、忍受痛苦、被处死、被活剥、被烹煮、被扔下汤锅、被烧烤、被放血、被割喉、被千刀万剐、被碎尸万段，身体七零八落，从而向信仰者解释肉体的摧残构成了通往天堂的最坚实的道路。实际上，为了接近天使们，最好的方法就是蔑视肉身、鄙视它、毁坏它，以此方式，人们进而相信，天国（le Royaume des Cieux）就会轻而易举地打开它的大门。

实用主义的雅各·德·佛拉金提出了很好的问题，它们明显具有“7”这个象征性的数字：耶稣从哪里出发？为什么踏上行程之前要等3天？他如何开始上升？谁跟他一起？需要有怎样的功德？去往什么地方？他因为什么而被擢升天堂？答案是：第一，他从迎接清晨的阳光的三光山（la montagne des Trois Lumières）出发，这个地方——橄榄山——生产一种油，人们用这个油来照明，因此，也就产生了无敌太阳的长明。一个教堂已在这个圣地建立起来，但是这里的土壤永远无法铺砌道路，大理石会朝永远无法铺设它的工人们迎面扑过去。第二，他等待了40天以便大家有时间看到他死后还活着。如果用太少的时间，基督可能没有时间向人展示他就是时间的主人。

第三，他是“用一种巨大的强力，借助他自身的力量”迅速升上去的。因此，耶稣在自燃方面出类拔萃。他爬向天空“就像站在一团云上”，佛拉金说道，但他不需要云，就是为了展示造物主在受造物身上想做什么就能做什么。不可反驳的辩证法：所有违反自然的东西都因此而被宣布为神圣的。荒诞不羁的奇迹因此而成了存在着一种神圣理性的证据——上帝的理性自有人类理性所不知的不合理性的理性。升天是在门徒面前发生的，这样他们就会有心步他的存在论的后尘。这是在欢笑中完成的，伴着天使的歌唱。天使没有耳鼻喉这样的发声器官，但却唱得不能再好了。佛拉金引用奥古斯丁的话，后者曾明确表示："天空整个地被弄得局促不安，群星感到惊奇，人群额手称庆，号角吹起来了，把它们柔和的乐曲融入唱诗班欢乐的唱诵之中"（233）。在基督教的天空中，群星感到惊奇——在基督教的天空最粗略地拥有的东西中，我们还没有离异教特别遥远。

上升进行得非常快。基督徒佛拉金引述犹太人摩西·迈蒙尼德[1]（Moïse Maïmonide）和他的《迷途指津》（*Guide des égarés*），后者保证了一种天文学的，并且我们可以说，科学的视角。因为迈蒙尼德写道，每个圆圈或天空的厚度有500年的里程，这是两重天平均分隔的时间，然而，有七重天，因此，从地球的中心到最边上一颗星星——木星——的凹面部分，其里程有7 000年，而到天空的凹面有7 700年。按照一个正常人每天走40英里（约64.37千米）来计算，我们能想象出抵达宇宙中这个如此遥远的点所需的时间。好了，基督"一跃"就完成了这整个行程，佛拉金引用圣安波罗修肯定道。

第四，基督是跟无数个人和许多天使一起完成这个行程的。就在眨眼之间所完成的这一跃的工夫，天使们依然有时间询问耶稣，而耶稣也能慢条斯理地援引《旧约》的文本来回答他们的提问。他们就各种主题质问他，特别是问他为什么还保留着受难的血淋淋的伤口。在如此短暂的过程中，天使依然不遗余力地跟他们的主保圣人相遇。文本告诉我们，耶稣在天上光彩夺目。

第五，他升天是为了真理、友爱和正义三重原因。人们无法理解为什么这三种善能够使升天变得合理，但事实就是如此。并且这个回答并没有把佛拉金调动起来，它链接上第六个回答，后者告诉我们，基督上升到了"诸天之上"，在诸天之上，因为有四重天：物质的、理性的、知识的、超实体的。但这些区分是不够的，它们自身又被其他区分所分割：在物质天中，有气天、以太、奥林匹斯、

[1] 摩西·迈蒙尼德（1135—1204），犹太哲学家、法学家、医生，以代表作《迷途指津》闻名于世。——译者注

火、恒星、晶体和九霄；在理性天中，天空命名了义人的灵魂，智慧的中心；在知识天中，天空对应于天使，他参与美和善，并彰显“隐藏的光芒”；在超实体天中，终于可以找到基督的崇高地点。就像这个虚构的耶稣的想象性传记一贯的那样，他所谓的历史厚度是由《旧约》的碎片构成的：有什么证据证明他已上升到所有诸天之上直到看不见的天空以去往九霄（l' Empyrée）？《诗篇》中有经文说过——如果存在于基督之前的一篇经文作了预示，那必须认为这是真的并且已经发生过的，圣言之外并不需要另一个真实！

因此，九霄就是基督、天使和圣人的居所。这重天在理性（！）、尊严、至高无上权、地位、空间、永恒性（因此它比所有已经是永恒的东西更加永恒）、统一性、不动性、容量和明亮程度上比所有其他诸天都优越！因而，九霄以一种无与伦比的光亮灼灼生辉——如何不让人想起太阳的光辉，光辉中的光辉，新柏拉图主义的太一的光芒，就像火之恒星一样光芒四射。让我们回到我们的问题。

第七，基督升天的原因是，他已经产生了益处——神圣的爱的居所，对上帝的最伟大的认识，信仰的价值，人类的安全感，他是他们在上帝身旁的律师，他们的尊严，他们的希望的稳固，被指明的道路，天门的打开，为义人的到来准备一个处所的可能性。在那里人们可以看到基督教的天空包含了一种高效的天国官僚体制，以管理那些人的死后生活，他们因其基督教生活而理应在一个极其令人向往的地方得到一种永恒的救赎。当但丁着手写他的《神曲》之时，他就为基督教的大厦添砖加瓦了，对于这个大厦我将不作考古学分析。

如果只需在基督教的档案文本上做文章，那么对基督教的天空的关注可能不会引起任何兴趣。雅各·德·佛拉金的《黄金传说》为创造基督教的存在论框架作出了强有力的贡献。我们现在依然活动于这个框架之中，即便，并且可能尤其是，我们既不是信仰者也不是实践者。这个文本不只是一个文本：它是一座宝藏，无数乡村牧师在那里汲取资源来写作他们的布道。通过这位 8 世纪的多明我会修道士的书，传道士们发现了推广天主教的材料。

雅各·德·佛拉金把异教的循环时间变成了线性的时间，我们现在依然按照这种时间生活。就这样，在这本他用了30多年而完成的书的序言中，佛拉金摧毁了来自人类历史的源头的祖祖辈辈的时间，把它逼入一种神学的辩证法，与之相符的是对季节的分割以便更好地取消它们。异教的太阳退隐了，让位给了基督的光明，托勒密的天空变成了奥古斯丁和教父们的天空，星辰不再是行星而是能够自娱自乐的人形化了的物体。当教会圣师著作研究想在知识分子中打造一个读者的时候，佛拉金却对那些跟普罗大众直接讲话的人讲话。

佛拉金把尘世生活的时代一分为四：迷途的时代，它从第一人的罪开始一直延续到摩西——对于教会而言，它关系到从封斋前第三主日（Septuagésime）到复活节的那段时间；革新的时代，或者醒悟的时代，从摩西一直到基督的诞生，这是被预言家所革新的信仰的时代，基督降临节和圣诞节之间的基督教时间；调和的时代，对应于基督调和人类的过程，大概在复活节和圣灵降临节（Pentecôte）之间；漂流的时代，对应于作者写作的时代，当下，一个据他所言的讹误和斗争的时代，是分割圣灵降临节的八日庆期的最后一天和基督降临节的时间。每一个时期对应于对一本经卷的阅读，它们分别是《创世记》、《以赛亚书》、《启示录》、《列王记》和《马加比书》[1]（les Livres des Macchabées）。

雅各·德·佛拉金直言不讳地说，这种即将成为“教会指定的时间顺序”的对时间的一分为四跟四个季节相符：冬天的迷途，春天的革新，夏天的调和，秋天的漂流。然后他不无晦涩地写道：“这种对照的原因是十分明显的”，但却就此打住什么也没有多说。实际上，像这样损害他的逻辑的神奇之处，把它铭刻进某种历史——

[1]　《马加比书》分为《马加比一书》和《马加比二书》，天主教思高版《圣经》译为《玛加伯上》和《玛加伯下》，是一部关于犹太人反抗安条克四世的次经，书中记述了以色列英雄犹大·马加比击败塞琉古帝国将军尼卡诺尔的经过。——译者注

异教的历史——的东西，这位关心对普罗大众进行基督教感化的多明我会修道士是不会去做的。因此，书的规划就遵循这种划分：这种规划使他能够以编年学的视角来书写圣人的历史。时间变成了基督教的时间。

这本书无非是书写了关于时间的一部全新的历史，而该时间对应于犹太教—基督教文明的顶点，他尤其书写了一部身体的历史。该著作毫不隐瞒其护教的目的。作者提议要模仿殉道者的身体，其理由是，像他们那样生活就是争取自己的天堂、抵达天空并在那里见识长生不老的快乐之处。通过使自己的存在成为一条十字架的道路，通过牺牲自己的生命，通过接受痛苦作为通向救赎的道路，通过意欲在自己的身体上留下基督的伤口，通过想要像所有殉道士——他们被展现为基督教品德因而也是基督教神圣性的模范——那样流血，拯救的道路就完全被标示出来了。天主教的天空就是一座活生生的地狱：那里面只有同意牺牲自己的生命、把自己的实存变成眼泪的山谷的信徒。一千多年逃脱不掉的疾痛。

异教徒为了更好地生活、生活得更长久、跟宇宙和谐共存而仰望星空，而基督徒打量天空却是为了想要活在天上并且想要在那里失去他们的肉体以便只作为一具光辉的身体、一具反身体、一具没有肉没有欲望没有激情没有活力没有冲动的肉体而存在。农民的天空充满了易于破译的具体的符号：明亮、光晕、明晰、光明、光环、闪烁、虹彩、月亮的月相、星座的移动、被遮盖的天空；基督徒的天空则装满了虚构，这些虚构被召集来把信徒们的生活也变成虚构。

以这些虚构的名义，教会用非常恶毒的眼睛看待那些胆敢重提这件事情的科学家们，后者认为在天空里，我们看到的是天体和流星，行星的运动和银河的轨迹，而不是天使或神祇，更不是什么超越的上帝。就这样，乔尔丹诺·布鲁诺把基督教的废话、蠢话从天空清除了，并使它重新充满了它自身的内容：一个没有上帝、没有神祇、没有神圣之物、没有神秘，只有物体、力、引力、轨道的宇宙，没有造物主的（démiurgique）干预，没有超验的也没有超越的本原。他肯定地说，圆形的地球绕着自身运转并绕着处于我们星系中心的太阳转动；这个星系不是唯一的星系，还有无数被虚空隔开的世界；太阳拥有无限个复本；宇宙是无限的，没有边界、没有限制、没有表面，宇宙是永恒的；它是由原子和微粒构成的；恒星是巨大的燃烧体；彗星在宇宙中按照椭圆形的轨道运动；整个宇宙是由唯一的且相同的物质构成；世界上存在恒定的数学。所有这一切不用观测也不用计算。

在始终谨慎小心的哥白尼之后，但在所向披靡的科学家伽利略之前；在原子论的唯物主义者伊壁鸠鲁之后，但在一元论的万灵论者斯宾诺莎之前，乔尔丹诺·布鲁诺，这个诗人和哲学家、文人和艺术家、反抗者和剧作家，被教会的瞄准器瞄准了。这个具有多明我会渊源的人否定玛利亚的童贞，嘲讽圣餐变体（Transsubstantiation），否认三位一体的教条，攻击加尔文主义者，粉碎了亚里士多德主义者，贬低托勒密的宇宙学说的支持者。宗教裁判所逮捕了他，将其投入监狱，信职部（Saint-Office）跃跃欲试。经过 8 年的审判，这个清空了天空并发明了现代空间的人被赶上柴堆，他赤身裸体，嘴里被塞上了马衔以防止他说话。1600 年 2 月 17 日，在鲜花广场（Campo dei Fiori）上，这个颇具先见之明的哲学家在烈焰中离开了。他的宇宙才是正确的。

他的万灵论唯物主义构成了对那些唯心主义的著名建构的唯一可能的哲学替代，不管这些建构具有怎样的样式——具有三大一神论的宗教样式，具有柏拉图主义的、笛卡尔主义的、康德主义的、黑格尔主义的、弗洛伊德主义的、现象学的……样式的知识样式。被列入前苏格拉底哲学这一专栏下的阿布德里丹派唯物主义的哲学家们开启了一条有力的世系，一直通到当代的天体物理学。

卢克莱修的伟大诗篇《物性论》提出了一种唯物主义的、具体的、内在的、反宗教的宇宙观，它使一种与基督教的禁欲主义理念相反的伦理学成为可能。对物理学的隐喻式的应用使基督徒们能够创造出这个充满虚构的天空，这些虚构限定了一种弃绝世界的生活，与这种隐喻式的应用相对，唯物主义者们则诉诸物理学来建构一种与世界的平和关系。卢克莱修的伊壁鸠鲁主义的宇宙保证了智慧、和平、和谐、不生妄念（ataraxie）、宁静、清静。物质的天空充满了与宇宙，与自我，与他人、世界（monde）和环世（univers）相调和的契机。

我从此理解了，为什么在我父亲去世后，我突然迷上了卢克莱修的伟大诗篇《物性论》的哲学。在他那里，我发现了基督教天空的对症之药，它曾是人们教给我的唯一一种天空——如果把父亲生前给我指示的天空、他在我怀里去世那天缺席的天空放在一边的话。我 17 岁的时候，卢克莱修就把我从基督教的教条主义迷梦中领出来：一种前基督教的思想许诺了一种与我相契的道德观，因此它可以成为一种后基督教的思想，只需要添加原子弹世纪的同时代人的精确性就好了。自那以后，我就着迷于卢克莱修的书页底部的这些注释。

他的这种甚至在基督教存在之前就有的反基督教的宇宙观说的是什么呢？那就是，管理着世界的体系，包括天空，可以被还原为一个基本的本原：原子。这些原子有着各种各样的形式并通过排列构成物质，在原子和虚空之外什么也没有，因此，诸神也是由这些微小的微粒构成的并且他们并不关心人类，而是作为无动于衷、不生妄念以及智慧的模范起作用；必须理性地观察自然，而绝不能相信做下无数罪恶行为的宗教所提出的各种虚构；没有什么东西是通过一个神圣的强力者的行为而从虚无中创造的；物质是永恒的并在其自身中携带着永恒的生命，换句话说，原子是永恒的，但它们的排列组合则不是；没有什么会归于虚无，因为一切都会分解并重构；气味、寒冷、声音构成了不可见的物体，这些物体跟我们的原子物体发生关系；这些运动在其中进行的虚空是不可触的，没有坚实性，但它却使物质的辩证运动成为可能；在物质本身之中就有空隙；虚空之处没有物质，反过来也成立；最基本的元素是一种充实的物质且没有虚空；在虚空周围存在着某种坚固的物质；宇宙既不是完全充实的，也不是完全虚空的，而是物质和虚空交互存在；排列组合拥有稠密的结构和强大的抵抗力；由于不可变元素，物质中存在稳定性法则；无限大和无限小是一回事儿；最微小的事物也是由无限的部分构成的；构成太阳、海洋、人类的是同样的原子，只是组合方式和运动方式改变了；在受造物的总体之外什么也不存在；宇宙是无边无际的，因为如果存在边际，那么一支被扔到这条界限之外的标枪又会变成什么呢？只存在物质的不断运动；因此空间是无限的；没有任何神圣的智能主宰着宇宙的创造，宇宙是大自然在数百万年中进行的最好的试验的产物；在光线中飞舞的微粒是伊壁鸠鲁式物理学的最恰当的形象：虚空中原子的舞蹈；柏拉图主义者和斯多葛主义者提出了一种错误的形而上学，因为它是唯心主义的并且否认世界的物质性——这也可被用来批评基督徒；在微粒的垂直雨中一个原子的偏斜有一天会成为物质的最初聚合的原因，在这种物质的基础上所有其他物质才得以形成；原子以相同的速度下降，不管它的重量如何；原子是光滑的、有条纹的、钩形的，等等，但在它们的每个种类中数量都是无限的；在整个宇宙中存在着一种毁灭性的力量和建设性的力量之间的紧张；原子从不单独出现，而总是复合的，原子永远都在跳舞；存在多个世界，这些世界有其他种类的人和闻所未闻的动物种类；我们的宇宙诞生、存活、生长、衰退、消失并被另一个宇宙取代；精神、灵魂、气息、身体都是由原子构成的，它们在其复合体中并不是永恒的；存在一种无名的力，不过在查尔斯·吉塔尔（Charles Guitard）（III. 396）的翻译中被命名为“生命冲动”（élan vital）；从物体上脱落的细胞膜构成了在空间中移动并到达我们的大脑的仿像，我们因此能够看见、感知和认知处于物质状态的实在物；事物的这个皮层维持着事物的形状；星星遵循大自然的法则，而不是某些神祇的法则；世界的诞生，太阳的诞生，云朵的诞生，自然的诞生，星辰的运动，地球的平衡，太阳的热，太阳的运动，白昼和夜晚的交替运动，月亮的位相，日（月）食，生命、植物、动物、人类的出现以及随之而来的一切，都遵循最物质性的、最具体的和最内在的大自然的法则；所有存在物从来没有被一个超验的造物主所意欲，而是被一个尝试过以最适合的方式存在并保持在其存在中的自然所意欲；对闪电、火山、海啸、龙卷风、云朵、彩虹这些现象的自然因果关系一无所知是宗教幻想的诱因；通过增加知识，我们就能使信仰退却；最后，地狱就在大地之上——因而天堂亦如此。

对我来说，我依然为一个哲学家拥有如此这般的先见之明感到困惑。他只有自己的智能，却建立起这些被当代科学所证实的命题，至少他具有最大胆的直觉：唯物主义的彻底性、内在的合理性、原子论的辩证法、物质的永恒性、物质的排列组合的可逝性、对所有超验性的否认、对所有造物神的拒绝、“没有什么东西消失，也没有什么东西被创造，一切都在变化”这样的观点、对宇宙的无限性的肯定、多重世界的观念、被一个很可能是柏格森的读者的法国翻译者命名为“生命冲动”的一种力的存在，所有这些此后都通过经验观察、科学计算和一种无懈可击的认识论所认可的有效声明等而被证实。

尽管是由古代的哲学家所假设，但伊壁鸠鲁主义的天空却预告了当代天体物理学家的天空。在伊壁鸠鲁、卢克莱修和他们的著作把物理学与伦理学相关联并把对存在物的知识用于破除神话学、神祇、牧师、神职人员的地方，基督徒们却拒绝一般意义上的科学，特别是唯物主义的科学，因为合理的理性和能理性思考的理性不可能赞同圣师著作研究用来填满天国世界的那些无稽之谈。科学解放诸神，然而西方已经摆脱了科学，因此重新回到诸神。卢克莱修一直是对抗宗教，所有宗教的一剂对症之药——因此三大一神论宗教肯定不会喜欢他。

4

反自然的文化：对宇宙的遗忘

城市已经杀死了天空。小村庄的电力照明污染了天空，以至于我们再也看不见它。我记得，在马里沙漠中一间摇摇欲坠的图阿雷格人（Touareg）的房子的屋顶上，天空浩瀚、充实、星光闪烁，静静地低声吟唱着一种与世界原初时期同质的音乐。一片可以够得着的天空。我从来不曾完全弄懂，在这个地方，繁星璀璨的苍穹到底浸透着多少光明的迹象、成千上万美丽之光的信息、绚丽的星座，因此浸透着天文学，当然还浸透着神话、宗教、虚构。那里的夜晚是我所见过的最黑的夜晚，它变成了装星星宝石的珠宝盒，而今后鲜有人能够阅读这些星星了。

对宇宙的遗忘在我看来是当代的虚无主义的标志之一。当人类了解天空并能够阅读天空的时候，他们跟宇宙是有直接接触的，并且他们的生活是由宇宙的完美无瑕的钟表机制所调节的。一天的时间、一年的时间、一生的时间，保持着一种密切的联系：一个存在的白昼和夜晚，一个生命的实存的季节，循环，循环的永恒轮回，换句话说，循环套着循环，这一切构成了一种崇高且浩大、浩瀚无边的布景，衬托着兆亿人的细小的生命，自宇宙出现人类以来一直如此。

各种各样的宗教已经赋予了这些存在论的真实以一种历史的形式。每种宗教都提供了标注着内在知识的远古资源的外衣：我们处于宇宙之中，它向我们授意它的法则，就像对宇宙中的其他东西一样。人类肯定曾经相信，人类是创世的顶点，因而想象他拥有一种存在论上的治外法权的地位，这就使他错误地相信，与生灵有关的东西并不以同样的方式关涉他。石头遵循着宇宙，植物、动物也是，确定无疑，但人不是。由于他被赋予了智能、理性，且被赋予了一个灵魂（这个灵魂被认为是从外在于其创造的神身上取下的一个碎片），所以他意欲而不被意欲。

有一部分哲学史曾尝试为这种治外法权辩护——唯心主义者、唯灵论者、二元论者、基督徒显然都干过。但是哲学史的另一部分却很好地道说并看到了，真实世界是一而不是二；它是物质的，并非由不可见之物赋予生命；自由意志是一种虚构；自由意欲的可能性，因此也就是选择的可能性，纯属一种欲望、一种幻想，但肯定不是现实。这些哲学家是按世界本来的样子看世界：宇宙不是一个容纳虚构的蓄水池，而是一个遵循法则的世界，跟无限小的东西一样。

农民、耕作者、园丁、养蜂人、航海者、饲养员、葡萄种植者、农场主、佃农、乡下人、育林者，他们都比哲学家知道更多关于世界的东西，关于世界，哲学家常常只知道书本上所说的东西。前者知道泥土的气味、粪肥的气味；他们能够看出从萌芽到长出叶子的绿色的不同强度；他们知道植物具有光的智能，其汁液是它们的辨别力的内部神经流；他们了解月亮在它的上升位相和下降位相中、在它变大和变小的时候，会作用于植物的生长、动物的行为，因此也显然会根据同样的规律作用于人类的行为；他们对鸟类的迁徙运动、鱼群的形成逻辑了如指掌；他们通过观察翻涌着波浪的海面，波浪泛起的泡沫的特点，以及从黑色到蓝色、紫色，再到绿色等颜色的不同变化就能理解大海要说什么；他们知道怎样把蜂箱的方向调整一度或两度就可以让一些蜜蜂比其他蜜蜂更早地飞向花粉；他们望一眼便知道在一条细小的水流上升起的白雾将会对酿酒的葡萄产生怎样的效果，还能预见葡萄的水份过多或过少时的口感；他们将玫瑰修剪得恰到好处，使玫瑰丛里树液的循环达到最佳状态，从而使植物漂亮有型；他们能够依据土壤的干旱程度去推测葡萄根系在土壤中的生长，并且根据他们所选的葡萄苗知晓葡萄汁会有怎样的味道；当夜晚来临的时候，他们察看月亮并从装点着月亮的晕轮获知翌日的天气情况。所有这些大地之子、大海之子、天空之子都（在世界中）直接阅读世界。

相反，哲学家们质问那些评注别人言词之人的文本，而这个“别人”自己也只是注解第三个人所提出的一个观念。这些思想家所缺乏的往往是真实的世界，而他们有的是虚构、概念、理念、观念。关于葡萄树，哲学家所说的远不及葡萄种植者、葡萄栽培者、葡萄采摘者、酒库的主人、葡萄酒工艺学家的解释，他们都挑选和种植过葡萄苗，照料和修剪过葡萄藤，日复一日地观察过气候、阳光、雨、风、冰雹对叶子和种子的影响，决定过在某一天而不是另一天收拢葡萄串，选择过维持还是去除对果梗的压力，着手对收获的果实进行过封装；他们为鼻子和嘴巴构造了一种平衡，他们用一棵从森林中选取的树木的树干做成酒桶并存放在不太干燥也不太潮湿、没有穿堂风的洞穴里，在选好软木橡树的瓶塞之后装瓶。

我记得，有一天我从一个享有盛名的酒侯的业主嘴里听说，有个哲学家，我曾见过他在以前的某个电视节目中就一种非常伟大的法国传统红酒高谈阔论，其谈吐间带着隐喻的力量和矫揉造作的言语，使用着一种精挑细选的甚至故作风雅的词汇，满口抒情的和巴洛克风格的比喻。这位业主说，就是这个哲学家，摇头晃脑，手舞足蹈，但从来没有享受过他所描绘的东西，因为他曾向这个地方的主人承认，在有人由于他说得如此之好而想要感谢他、给他提供这种酒之前，他从来就没有喝过这种酒。这个魅力四射的思想家还以同样的方式谈论过无数他掌握得炉火纯青——在纸上——的课题。

那些制造了这种红酒的人跟宇宙保持着一种真正的关系，直接的、没有中介的关系，真实而自由的关系，因为那时人们尚不知道在物质这个问题上撒谎：一个酒库的主人不会长时间制造幻觉，他的酒会为他说话或反驳他。相反，那个能如此出口成章、夸夸其谈、空有形式，但内容却如此不切实际的哲学家，由于没有喝过这种酒，就对宇宙一无所知，只能道听途说地谈论一番。仰望天空和垂首书本是相互对立的。世界不能被概括为一座图书馆。真实世界不会被关押并囚禁于纸张。

变成了都市的文化、成为城市的分泌物及城里人的汗液的文化，源自农业。对此又有谁记得呢？因此，乡村文化首先是一种同义叠用，它如今却已经变成了一种矛盾修辞法！文化源自农业，就像麦田源自丰饶的土块。为什么？如何演变的？农民的知识就是文化：如果有人不知道种植、播种、锄草、翻土、培植、收割、翻耕的地点、时间和方法，他就无法生活也无法存活。在这种原始的情势下，无知会导致最坏的事情：缺粮、饥荒和族人的死亡。大地之子不会在书本中寻找应该如何对待大地，文字一无是处。

农民是从一种手艺学习、一种口头传授、一个老人的启蒙中获得他的知识的，而这个老人自己又是从一个更老的人那里获得他的知识、他的文化的，以此类推以至遥远的上游。学徒从师父那里接受某种知识、某种本领，同时也获得智慧（sagesse），一种代代相传的、实用的、经验的但又真实的、正确的智慧（sapience），之所以正确，是因为它被经验所证实并被历史证明为有效。他学习地质学的规律，水文学的、葡萄品种学的、林学的、树木栽培学的、园艺学的、葡萄栽培学的、植物学的、气候学的规律，而浑然不知这是地质学、水文学、葡萄品种学、林学、树木栽培学、园艺学、葡萄栽培学、植物学、气候学。这仅仅是因为他学习大地并习得了尼采称之为“大地的意义”的东西。

从洞穴一直到书本的发明，文化就是农业所必需的知识。因此，对“文化”这个词逐渐流行的接受可追溯到1549年，在这一年，印刷术（古登堡《圣经》可追溯至1452年，而第一本在法国印刷的书是佛拉金的《黄金传说》，时间为1476年）的发明使文艺复兴成为可能。为了摆脱大书（du Livre），具体来说就是《圣经》的影响，文艺复兴激活了许多书（les livres），也就是古希腊—古罗马的遗产。柏拉图和普鲁塔克、亚里士多德和塞内卡、马可－奥勒留和西塞罗，他们的著作起着针对犹太教—基督教唯一大书的专制的对症之药——甚至解毒剂——的作用。从文艺复兴开始，文化就脱离了农业，它不再是对大自然的知识、对宇宙的了解和大地的科学了，而是变成了书本知识、对图书馆的了解和讲述大地的符号的科学。

蒙田处于多条道路的交叉点上。《随笔集》充满了对古希腊—古罗马文献的参考。生活在他的图书馆，即藏书楼里的人类，思考着塔西佗、蒂托-李维[1]（Tite-Live）、普鲁塔克、塞内卡、西塞罗，这是在如其所是、如其将是的世界上的耀眼明灯。同时，人类也在如其所是、如其将是的世界中思考世界的真理：他的肉体、他的疾痛、他的物理学、他的女人、他的睡眠、他的菜园、他的品味、他的猫、他的马背事故、他领地中的农民。此外，作为言说世界的书本之子和世界之子，蒙田并没有写作他的《随笔集》，而是将《随笔集》告诉我们的东西——如果我们阅读它们的话！——口述出来。

因此，书本远离了世界。但是，曾经有许多个世纪，至少有四个世纪，是赋有文化（这种文化从世界而来、由世界而起、回归到世界并保持在世界里）的农民的世纪，同时也是在另一种文化（这种文化远离世界的物质）中容光焕发的城市居民的世纪。文艺复兴时期，书本为远离农耕文化所做的，将在 20 世纪中叶由家用电器完成。图书馆偏离了宇宙，水力发电站最终浇灭了所有火焰。夜晚死在了人造的、耐久的阳光复制品手里，这是一种僵死的、冰冷的光，跟来自太阳的自然光没有任何关系。

在使用油灯或火把来照明的洞穴人类和用同样的方式来照明的农民，甚至城堡主人之间，横亘着几千年：中世纪农夫的简朴的蜡烛或一晚上就能烧掉许多蜂蜡的法国宫廷枝形大烛台的狂欢，一个穷困家庭的小壁炉的炉火或凡尔赛的一个巨大厅堂的炉膛里所制造的熊熊烈火，孤烛莹莹的煤油灯或它在每一幢资产阶级房屋的每一

[1] 蒂托-李维（公元前 59—公元 17），古罗马著名的历史学家，以其《罗马史》著称于世。——译者注

间居室里的大量使用，最终无不走向聚光灯的产生。

几个世纪中，人们有节制地给夜晚打孔，用颤抖的光亮给夜晚挖出小窟窿，爱护着被黑暗裹挟的、摇曳闪烁着光的小小林中空地，而黑夜，黑夜主宰一切。因此，在经验上就存在着一种对白昼和黑夜、太阳的光明和夜晚的神秘、天国的生命和地狱之神的死亡之间的交替的意识。在天堂，光明主宰一切；在地狱，黑暗统治一切，被地狱之炭火所照亮。沿袭着祖传的方式，人类在白昼之光下生活和劳作，而在夜晚放下白天繁重的劳作休养生息。夜晚是美梦和恶梦的世界，四处出没的野兽的世界，神秘动物、猫头鹰、女巫的狂舞的世界，性爱的世界。

如果说蒙田是从经验的口头文明向书本的理论文明过渡的哲学家，那么巴什拉就是从火向电过渡的思想家。当他写作《火的精神分析》（1938）或《蜡烛之火》（*La Flamme d' une chandelle*，1961）时，这位哲学家对两个世界了如指掌：炉火、烛火、煤油灯的世界和家电的世界，后者抹除了黑夜并用手术室的无影灯的残暴光亮摧毁了黑暗。当死神带走他的时候，加斯东·巴什拉还写过一篇《火的诗学》（*Poétique du feu*）。

巴什拉把火与想象、沉思、梦幻相联系。他说，人们自然而然地就会在火焰前面陷入幻想。想象是思想的谱系而不是弗洛伊德式的无意识，它的工作原理就像火焰一样：梦幻从精神上构建了我们。这个著名的认识论专家，这个同时也是诗人的哲学家，这个索邦大学的教授，这个写得一手美妙散文的作家，这个脱离了一切知识的羁绊的人，曾宣称：我宁愿“不学习缺少我的晨曦之火的哲学”（25）。

在《火的精神分析》中，巴什拉写道，“对火的沉思把我们重新带回哲学思想的真正源头”（42），并且他把个人的考虑和一般的分析相融合。个人的考虑包括：父亲在生病的孩子的卧室里生的火；小树林里架起的柴堆；壁炉间飞舞的一小把碎刨花；只落在18岁小伙子头上的作为父亲的使命的火；“拨火的艺术”（25）；用壁炉的挂锅铁钩上悬挂着的锅煮饭的祖母；给猪吃的土豆；给家人吃的同样但更精致的土豆；在同一个小锅里烹煮的一切；在灰下烤煮的新鲜鸡蛋，蛋壳上冒出水珠表示它已经熟了；火炭中烤出来的蜂窝饼——“然后，是的，我把它从火里拿出来吃，吃它的金黄，吃它的芳香，直到蜂窝饼在我们的牙齿下碎裂时听到火的噼啪声”（38）；加糖烧热的烧酒——在一个冬天的节日里，父亲把糖渣倒入酒里，当母亲把挂灯熄灭之时，父亲就把酒点起来。

一般的分析包括：作为沉思之地的火；作为思想之发动机的想象；各种各样的情结——表达推动着我们想比父辈知道得同样多和更多的倾向（普罗米修斯情结［complexe de Prométhée］），说明火是真正的知识的发源地（恩培多克勒情结［complexe d'Empédocle］），显示火的发明与有性爱特征的摩擦有关（诺瓦利斯情结［complexe de Novalis］），显示食物在身体里分解然后变成火以及火以恒星为滋养（庞大古埃[1]情结［complexe de Pantagruel］），论述酒精（生命之水和火焰之水）之火以及那些浸泡得如此透彻以至于靠近炉膛就消失得无踪无影的人的自燃（霍夫曼[2]情结［complexe d' Hoffmann］）。

正是这个加斯东·巴什拉，写了《蜡烛之火》来思考（比海德格尔更清晰有力）著名的主体问题。这个用诗意的方式论述奶油柠檬馅饼、马蹄铁匠的锤子、谷仓和洞穴、花园里的鸟、出生的房间、树、卧室、鸟巢、水井、红酒、蜂蜡、小河的人，讲述了人在沉思中的孤独，这个人就着蜡烛的微光，通过一本书，进入了驱散真实的和隐喻性的黑暗的雷鸣般的光亮之中。当他记述在被蜡烛之光照亮的黑夜里思考的神奇之处时，他写道，时间在微微地起伏波动。

在安德烈·帕里诺[3]（André Parinaud）为加斯东·巴什拉

---

［1］ 拉伯雷的著名讽刺小说《巨人传》里的人物。——译者注

［2］ 应该是指E. T. A. 霍夫曼（1776—1822），德国短篇故事作者及小说家，德国浪漫主义代表人物，其著作风格怪异。——译者注

［3］ 安德烈·帕里诺（1924—2006），法国记者、艺术评论家和作家。——译者注

所写的传记中，一本相册使我们能够看到这位哲学家在其人生的不同年龄阶段的状况。有一张底片展示了他的办公室：未曝光而散开的手稿、打开的档案材料、文稿、一瓶华达锭片[1]（pastilles Valda）、一个凸蒙怀表（montre oignon）、一包回形针、一张吸墨纸上面的小污点（它就像一个星座）、一个放大镜、《我知道什么？》一书的背面、纸箱里装着的一瓶墨水，以及一盏床头灯——我们可以看到它的灯罩、金属的脚、卷成螺旋状的 110 伏特的电线和开关。这个壁炉之火和蜡烛之火的思考者改变了整个世界。对他而言，电同样是王道。怀旧？巴什拉留下了一本他将永远也不能完成的关于“火的诗学”的书。我怀念巴什拉。

乔治·鲁吉埃[2]（Georges Rouquier）的两部电影：《法尔比克》（*Farrebique*，1946）和《35 年之后》（*Biquefarre*，1983；1984 年上映）比许多论述乡村世界的终结，维吉尔式农民的没落，壁炉和蜡烛从农村消失，全球化导致的某些地方的衰亡，拖拉机、发动机、电、冰箱、洗衣机和其他消费社会的物品的出现等的观点都走得更远。从一个不同的世界（即战争刚刚结束的世界）到信奉右翼的自由主义价值观的密特朗式[3]的（mitterrandien）社会主义，这条道路清晰地导向深渊。

对于因为融资而变成一种娱乐工业的电影，对于已经变成云雀之镜[4]（miroir aux alouettes）——这种云雀之镜崇高化了景观社会，这个景观社会建构在异化之上，也建构在自我与自我之间的断裂之上，还建构在往往是平庸无奇的真实自我与顾影自怜、狂妄自大的虚构自我之间的断裂之上——的电影，习惯性地转身而去的我发现，

[1] 一种治疗咳嗽、喉咙痛的药。——译者注

[2] 乔治·鲁吉埃（1909—1989），法国著名演员，纪录片导演。——译者注

[3] 密特朗（1916—1995），法国政治家，自 1981 年起至 1995 年连任两届法国总统。——译者注

[4] 云雀之镜是法语中的俚语，它指的是人们打猎时用来捕捉云雀的陷阱，猎人在这些固定的陷阱上放置许多小的碎镜子，当被其吸引的云雀愣头愣脑想看个究竟时，猎人就可以将它捉住。这个俚语后来被用来指代诱饵、陷阱。——译者注

在这个姊妹篇电影里，有某种东西可以命名和展现乡村的犹太教—基督教文明的终结，它让位于一个正在走向大规模全球化，并因而结束了单一维度的世界。

乔治·鲁吉埃明确表达过他对弗拉哈迪[1]（Flaherty）在爱斯基摩人那里完成的影像工作的兴趣——农民和伊努伊特人在这里找到了一个结合点，这显然不能不令我感到开心。他的第一部电影是在阿韦龙（Aveyron）拍摄的，在中央地块（le Massif central），更确切地说，是在鲁埃格（Rouergue），他用了非专业演员（在我看来，这又是一个增值），其中有他的家人、邻居。通过对两到三代人的拍摄，他讲述了家族传奇（saga）：祖辈或父辈说鲁埃格的奥克语（occitan），儿辈能听懂但不会说，我们打赌，如今孙辈肯定既听不懂也不会说。

方言都曾有某种意义，它遵循一种群落生境，它把个体安置在一个大部分时间都封闭着、方圆不超过50公里、出行仅靠自行车的世界的中央——自行车的机械的时代取代了马匹的步伐的时代，以及更古老的，人的步伐的时代，后者的世界终点还要更加短近。当交流所需的所有词汇都存在并且使一个地理的、历史的、部族的群体能够相互理解，在那样一个时代，说一种方言就有意义。

在这个时代，在科西嘉，人们不说科西嘉语。同样，人们过去不说布列塔尼语，而是各种布列塔尼方言。奥克语也一样。因此，所谓的独一无二的科西嘉语，其实是由南部和北部的杂七杂八的方言、博尼法乔方言（bonifacien）、卡尔维方言（calvais）、科西嘉–撒丁岛方言（corso-sarde）构成的，不要忘了，甚至还有撒丁岛上都在讲的嘎鲁哈方言（gallurais）或南科西嘉人的希腊语。布列塔尼语也一样，它隐藏着各种各样的布列塔尼方言：科努瓦耶方言（cornouaillais）、莱昂方言（léonard）、特里格方言（trégorrois）、

[1] 罗伯特·弗拉哈迪（1884—1951），美国著名电影导演，被称为“世界纪录电影之父”、“纪录片之父”和影视人类学的鼻祖。——译者注

瓦恩方言（vannetais）、加洛方言（gallo），某些人甚至还会夹带点儿盖朗德方言（guérandais）。奥克语也一样，它聚集了奥弗涅方言（auvergnat）、加斯科方言（gascon），而加斯科方言又包括贝恩亚方言（béarnais）、朗格多克方言（languedocien）、利穆赞方言（limousin）、普罗旺斯方言（provençal），而后者又包括罗讷河方言（rhodanien）、海上方言（maritime）、尼斯方言（niçois）、维瓦罗－阿尔卑斯方言。科西嘉语、布列塔尼语、奥克语都是民族主义的和民间的雅各宾派的创造物！后来，人们如何用布列塔尼语说拖拉机和核电站呢？如何用科西嘉语说电脑和心肌梗塞呢？如何用奥克语说电视和电动汽车呢？古老的语言遵循一种地方的逻辑，这种逻辑别说不能全球同步，至少不能全国同步。人们不去复活死的语言，而只满足于病危抢救，这虽然延长了生命，但是，哎！死亡已经下过黑手了。通过呈现鲁埃格的奥克语在三四代人中的衰落，乔治·鲁吉埃所展示的是，在"世界的全世界化"（devenir-monde du monde）的形势下，一个语言的和大自然的生态系统的终结。

《法尔比克》拍摄的是大自然的时间。导演运用了一种非常有趣的技术方法：镜头的加速使观众在投影时能够看到田野里植被的生长。植物不受欢迎：它们的生长时间比动物或人类缓慢，显示不出它们的活力、它们的生命、它们的敏感度、它们与世界的互动、它们与明显可感地围绕着它们的东西的智能关系。植物看上去是固定的、原地不动的，受到某种它无法从中抽离的群落生境的检验。实际上，当植物需要解决自然提出的问题时，它就能发展出一种易于在实验中观察到的真正的理解力。如果在植物存在的地方，缺乏水、空气、光或者其他存活和保持其存活所必需的东西，它就会创造出一种解决方法。

因此，通过这些简单明了、不加修饰的镜头，这些赋予植物的缓慢速度以人类速度的快速镜头，乔治·鲁吉埃展示了鲜活植物的生命。自那以后，人们用肉眼就可以看到发芽和幼苗生长，它们冒出土地、分开土块的颗粒、破土而出，在风中摇曳、翩翩起舞、微微颤动，找寻着光明、寻觅着朝向太阳的力量，不断推进、不断生长，变得茂密、碧绿、牢固、强有力。人们看着它们变成高高的牧草、成熟的小麦、随时可以收割的大麦，它们已经度过了植物的一生。然后，农民赋予它们一种使命，它们将变成面粉和草料、面包和干草、人类和牲口的食物。

在这个时代，村庄里的农民用马来耕地。踏着佩尔什人（percheron）、阿登人（ardennais）、布洛涅人（boulonnais）的步伐，乡村法国人的时间跟田野的时间交相毗邻。

双脚每天在犁沟中站立 10 小时以上，劳动者有充足的时间认识自然：拂晓和黄昏、一天之中和艳阳当中之时、下午将近和日落时分的天色和光照的变化、气温和气味的变化；在热浪之中轻舞或在寒冷之中凝结的空气，暴风雨之前空气的芳香，雨后泥土的芬芳；雨季之后脚下一块闷重、丰厚、潮湿的土块的质地，抑或被一季三伏天煅烧后的生脆、干燥的土壤；树篱中的小鸟或耕作者头顶的云雀的歌唱，蝰蛇的洞穴，被犁铧翻过来而在泥里扭来扭去的蚯蚓，从百多公里外的大海直线飞过来、跟在犁后面抢吃所有蠕动着的活物的海鸥所发出的刺耳叫声；不知谁人留下的标记季节变幻的难以察觉的标志；叶子边缘上的第一道红色，叶子的绿色的变化，使叶子卷缩然后飘落的干燥作用；树枝像在空气中的树木的无声呐喊；慢慢地创造着新泥土的腐殖质和腐烂物的气味……

劳作者的身体与其肉眼可见的漫长的循环时间深深契合：田野之子把自己的生命安置在天空和季节、播种和收获、出生和死亡、植物的复苏和翠绿的消失之间壮丽的绵延中。他的心灵与动物和花朵、草原和森林、山谷和山岗的心灵并不是判然有别的，他的心灵是世界的材料、是脱离出来的碎片，但依然跟万有（Grand Tout）联系在一起，后者从来没有被命名为心灵——它甚至从来就没有被命名过。农民的存在论使词语、动词、表达变得经济，但它并不因此就不如存在论。

乔治·鲁吉埃恰如其分地展现了这些工作。电影是黑白的。对变化的节制：颜色的缺席迫使人们注意细微的色差。在烟灰的黑和裹尸布的白中，这个时代曾是地球上兆亿人的时代。摄像机得以在他们彻底消失之前一劳永逸地将他们永恒化。他们臣服于宇宙，遵循万物的秩序，无法反叛他们深知没有任何力量去操控的东西，甚至在书本之子发明“斯多葛派”这个词之前他们就是斯多葛派了，这些农民曾是秩序的尺度，这个秩序的词源学的中心就包含“宇宙”这个词。

正是在这种由祖辈的大自然所施加的秩序中，世界被整理、分类、分离：男人和女人、年少的和年长的、父母和孩子。家庭自身也是按照同样的原则进行安排，村庄家庭、其他地方的家庭、上流的家庭、底层的家庭、这个农场的家庭、那个农场的家庭、法尔比克的家庭、比克法尔[1]（Biquefarre）的家庭。

在这个安排得井然有序的盒子里，等级制就是王道。我们不要忘了，等级制说的是神圣的权力：男人对女人、长者对少者、父母对孩子的权力。就是这样。既不善也不恶，而是传统使然。家产归长子，这对被迫要另外组建家庭的幼子来说就倒霉了。当农场里的劳作成了地狱，而且比有史以来都更像地狱时，做幼子的诅咒变成了祝福。农场的劳作导致无数农民在绳子的末端结束他们的存在，吊死在谷仓的主梁上，他们被庄家放血，被地租弄得家破人亡，由于自幼年起就精疲力竭地劳作而过早衰老。

为了维持这个盒子里的秩序，以便采取行动让人不致厌倦落在他们身上的地位，基督教就变得必要：星期天，在村庄的教堂里，教区居民纷至沓来。牧师解释说，必须屈服、顺从、勤勉、保持缄默、劳作、生孩子、教育孩子、变老、祷告、死去，他用原罪——

[1] 电影《35年之后》中的人物。——译者注

亚当和夏娃——来解释这一切。他在讲台上讲述，天堂等待着屈服者、顺从者、虔敬者、信徒，地狱将收服反叛者，而炼狱将允许——通过祷告者向祈祷室奉送一些黄白之物、弄一些祈祷文——加快一位以往不太信奉天主教的求得者向天堂方向的运动。这个运动起初是徘徊不定的。男人占据教堂的右边，女人在左边——这是异教所支持的遗产，右边具有肯定的含义，左边具有否定的含义。

弥撒散去之后，男人去咖啡馆。异教所独有的东西成了基督教的仪式。人们在那里重塑世界，人们谈天，人们抽烟，人们喝酒，人们在那里彼此邂逅。人们在教堂洗礼，在那里完成他的初领圣餐，他的盛大圣餐，他的坚信礼。人们在那里喜结连理，又在那里为他的孩子们洗礼，孩子们自己也在那里了解圣事。人们还在那里埋葬先辈，通常是曾祖父，然后是曾祖母。一个诞生重述着生命的力量，而生命也需要死亡来展示它的力量。

死亡是生命的一部分。本堂神父进行临终涂油礼，他满腔热情地边数念珠边祷告，请求让死者接近上帝或圣人，穿宽袖白色法衣的合唱团的孩子们帮助本堂神父完成仪式，死者被保管在家里，死者的遗体被披上黑色马衣的马拉着的灵车运到埋葬的地方，这是死者生命中的大事。人们穿着丧服。黑色的袖章和醒目的黑纱。农民们向耶稣、圣母玛利亚、约瑟夫、圣诞节、圣母升天节、耶稣升天节、圣枝主日、复活节祷告，他们不知道，在这个过程中，他们，就像他们新石器时代的祖先一样，是向季节的千年节律献祭；他们不知道，文化已经把异教的真理包裹在基督教的虚构中了。

这位电影工作者记述了1946年的农民的自给自足，就像维吉尔的农民：他们在自己翻耕过并下了种的一块土地上劳作，他们收割小麦，把它碾碎，他们磨出面粉，并做成面包，在家庭的炉灶中烤熟，然后吃自己做的圆形大面包；他们种植和收获自己的土豆；他们建造草垛，作为最原始的房屋，以保存牧草的干草味道；他们修剪葡萄藤，照看葡萄，采摘葡萄，将之收割、压榨、放入大桶，喝自己酿的酒；他们跟去势的雄牛、母牛、绵羊、母鸡、公鸡、马、狗生活在一起，他们可以给笛卡尔和马勒伯朗士提供良好的教益，如果这些哲学家偶尔想看看真正的世界的话；同样，他们也跟野生动物生活在一起，后者是他们日常生活的一部分：刺猬、狐狸、蟾蜍、小鸟。

在这部把动物的生活和人类的生活混合在一起并展示出其中一方的节律也是另一方的节律的电影中，性生活有一席之地。婚姻就是犹太教—基督教通过圣保罗给西方的力比多施加的形式。两个婚姻的向往者在摄影机前交谈："如果春天不再重来怎么办？"女的对男的说，男的提出要在春天办婚礼。"你真傻，"小伙子回答，"春天，总会回到这里的……"

然而，死亡带走了一切：当第一批机器到来，春天再也没有回到农民那里。马消失了，代之以拖拉机；兽粪的气味让位给了燃油的气味；动物鼻孔发出的声音被马达的嘈杂声所取代；与动物的通力合作让位给机器的奴役。此前几千年来，人类用智能和双手创造的工具蕴含着远古的姿势、播种、翻耕、收割，这些工具消失了，被虚无吞没了——维吉尔被农业拖拉机的轮胎碾死了。

1983年的《35年之后》记述了这段世界变迁的历史。祖祖辈辈从中汲水的水井不再有用了，它被堵上了；烤面包的炉灶被废弃了；古老的牲畜棚让位给了最新发明的圈养；挤奶的机器取代了一千多年来用人手接触母牛乳房的挤奶方法；猪不再吃家庭的剩饭剩菜，而是吃一些不明成分的小颗粒；其他动物也进食药膳食物；服务家庭的基本需要的菜园被夷平了；在空地上，新的一代建起了没有灵魂的煤砖水泥房；火堆旁的夜晚，所有人都聚在一起纵情畅聊的晚夕消失了，代之以电视机前的孤处；人们谈论着计算机农场；奶牛商人主宰一切，他们带着庄家的犬儒主义开展工作、思考并作出决定；市场已经世界化了，曾经自给自足的小市镇从此跟新西兰接上了商业关系；肥料播撒得到处都是，毒害了播撒肥料的农民，污染了土壤和底土，这是盈利性使然；喷雾剂所到之处，动物、昆虫大量死去；拖拉机自此成了唯一的牵引力；电话连接了整个世界；装牛奶的大卡车每天都来收购牛奶，将之运送到工厂去；大多数人既不会讲奥克语也听不懂老人们说的奥克语；集约农业把农民变成了包工头，把农业生产者变成了工厂主，他们只关心最少的成本和最大的收益；教堂门可罗雀，男人和女人们鱼龙混杂，都到办公室去了；幼子——无缘留给长子的遗产——学医去了；河里飘过肚子朝上、已经爆裂的鱼，它顺流而下，被为了提高亩产而喷洒的化学产品毒死了；蜗牛也消失了，被化学大屠杀带走了；过去晾晒在厨房中拉起的绳子上的牛肝菌，现在被冰冻起来了；现在用电器给绵羊剪毛，这样速度快；玉米青贮法迫使农民用发酵的、腐烂的、变质的食物来喂养他们的牲畜，因此无论在时间上还是在金钱上这都比以往的草料便宜；牛奶的味道就可想而知了。

《法尔比克》中的炉膛让位给了《35年之后》中的电剪毛器。死去的维吉尔让位给了化学工作者。盈利性、金钱、生产力、产量、收益、收获变成了新一代人的存在论视野。他们也反叛过，于是1968年的“五月风暴”发生了，他们懂得，是等级制、旧的世界、传统造就了他们的时代。他们说得在理。但是，是否因此就必须祭拜新的偶像：机器、马达、电、化学、工业、利润呢？嵌入宇宙运动的古老的生命冲动被嵌入市场运动的死亡冲动所取代。不再有任何农民能够理解维吉尔的《农事诗》了，所有人都要阅读庄家的报告、咨询工程师的技术指导须知和欧洲官僚的法律。

《法尔比克》中的生活并不幸福、不快乐、不有趣，也不迷人；《35年之后》中的生活更是如此。在没有宇宙的新世界中，每天有两个农民自杀。农场消失了。形势每况愈下。那些在自己的田地和牧场，在自己的农场入口处，在自己的院屋中，在自己的小树林里，离自己的小河、池塘、河流不远处，以自己的牛群和羊群为伴，在自己的家禽饲养棚里思考，在古老的宇宙的浅海里做事的人，这些人再也不存在了——或几乎不存在了。

城市居民的圣经激活了巴甫洛夫之犬的向性，让我们回忆起大地之子和大海之子曾携带着人类漫长的世系中流传千年的经验知识，那些人类对自然进行了加工，他们创造了自然，产生了自己的风景、各种家养动物，塑造了自己的外形、形态、力量。城市居民的圣经充满敌意地援引维希政府的贝当元帅的话：“大地，她，从不撒谎。”一旦作出这个引述，农民们就在存在论上被消灭了。谁能够受到如此羞辱而恢复平静呢？受到如此伤害后如何重新站起来？通过创造历史。

因为这句由法西斯国家元首所说的、让法国农民和那些拥护这句话的人付出了无尽代价的话，是一个黑人写的：具体来说就是，埃马纽埃尔·贝尔[1]（Emmanuel Berl）。事实上，正是这个聪明的犹太人（他出生于资产阶级上流社会，跟柏格森和普鲁斯特都有姻亲关系，他是超现实主义者布勒东和马尔罗的朋友，极端左派，支持人民阵线），正是他草拟了贝当的这句有名的话，这句恐怖的话可追溯到 1940 年 6 月 25 日。这句由犹太知识分子写就的话，被一个法西斯独裁者公诸于世，如今正是农民或拥护这句话的人注定承受着耻辱。

对我而言，我是不会说大地从不撒谎的。但我希望人们听见今天某些农民的平静而安详的声音，他们拒绝《法尔比克》中残酷的苦行、野蛮的暴力、粗鲁和粗糙、永恒的眼泪之谷，也拒绝《35 年之后》中的虚无主义、农民对庄家的顺从、他们对农业设备经销商的屈从、他们对杀虫剂贩卖者的服从、他们对种子经纪人的百依百顺。

出路在哪里？一个会阅读居伊·德波的维吉尔。换句话说，一种大自然的思想，它知道，按照犹太教—基督教和笛卡尔主义的陈旧幻想的诸原则，20 世纪让自然非自然化，将其工业化，使其毁坏、

[1]　埃马纽埃尔·贝尔（1892—1968），法国记者、历史学家、散文家。——译者注

臣服。与宇宙的关系已被打断；古老的宇宙不复存在；关于它，不得不有另一种把握，一种不那么神奇、神秘、传奇，而是更加科学的把握。昔日农民以经验方式认识的东西，如今想要得到智慧的人必须用哲学的方式认识它——换句话说：用一种爱智慧的方式。为了这样做，就不得不恢复天空的异教轨道、把乱七八糟的犹太教—基督教的东西从天空中清理出去、与古老的农民和过去的水手为伴，他们曾叩问苍穹并从那里得到了回答。天体物理学家打开了无限的大门，然后，无限便降临大地，为那些知道如何理解它的人。

5

击退迷信：超越的伊壁鸠鲁主义

古代哲学一直起着针对我所受的犹太教—基督教教育的解毒剂的作用。我在知识上、精神上、存在论上都已经被罗马天主教格式化了。在17岁的时候，我想象不出，如果人们不是基督徒，怎么可能会有道德。当然，我很早就知道，做一个基督徒事实上并不以道德为前提条件：睚眦必报的牧师、喜欢搞小男孩的虐待狂、变态，这些例子很早就向我展示了。我所出生的村庄的本堂神父的暴戾，我10至14岁在孤儿院时不得不忍受的沙雷氏派牧师的残暴和恋童癖，还不算我儿时的市镇中那些去参加主日弥撒的当地人的不道德行为，所有这些都使我从经验上很早就知道，自称是基督徒和做一个真正的基督徒之间相差十万八千里。

很可能就是从这个时期起，我不再信任言辞（即便言辞总是争取最大的外延……），而是决定通过行为举止来判断一个人。通过这种极度简单的古尺，许多巧言令色者、修辞家、诡辩家、啰里吧唆的人、（法国拿破仑时期的）法案评议会委员、演说家马上就倒下了。相反，许多谦虚、谨慎、沉静、缄默的人才是日常生活的英雄，因为，毋庸讳言，他们发挥了他们的长处。世俗的智慧是存在的，我已经碰见过。

祛除和打发走普遍历史和特殊历史的艺术，从而也是祛除和打发走哲学建构内趾高气扬的历史和传记的艺术，这首先是一种战术，通过强制性地要求圣言不可为实践所阐明而使圣言具有全能——而这种实践在大多数时间里是自相矛盾的。所有大声嚷嚷他们对微不足道的一小堆秘密（马尔罗[1]［Malraux］，一个说谎

[1] 安德烈·马尔罗（1901—1976），法国小说家、评论家。他能说会道、口若悬河，却从来不谈论自己的家庭出身和早年生活，他终其一生都要人相信他生来就是个成年人。——译者注

大家；萧沆[1]［Cioran］，年轻时亲纳粹；海德格尔，国家社会主义的使者）的鄙视的哲学家，其个人都对人们不会到他们的传记里去发掘的东西感兴趣。由于他们的过去显得跟他们相反，他们就有很好的粗俗的理由，带着蔑视来摆脱所有的实存论的解构，这种解构把生活与著作、人和思想、书面的理论和实际的实践联系在一起。

我的老先生卢西安·耶法尼翁的课让我醍醐灌顶，他让我明白了，一个人即使不是基督徒也可能道德高尚。他曾以惊心动魄的方式向我们讲述卢克莱修的罗马式的伊壁鸠鲁主义。我发现《物性论》就像一次实存论的临终圣餐，从它出发，我可以通过肩负起建立正确生活的责任，通过尊敬友善、公民责任感、正直、诺言、道德张力等罗马价值，来组织我的生活。然后，通过发现地球是圆的——但我那时只有17岁，人在17岁的时候都是非常较真的——我明白了，前基督教的思想（在卢克莱修的时代，虚构还在遥远的分娩期）为后基督教的哲学提供了宝贵的矿石。

我一直都喜爱那些回应我们时代的实存论之当务之急的东西：解决我的死亡问题。“如果我存在，死亡就不存在；如果死亡存在，我就不再存在。”这个朴素、简短、有效、极其有效的观念，一下子就说服了我，它让我相信，真正的死亡实际上并不是死亡的观念，前者（因为真正的死亡可能会很短暂、迅疾、无知无觉、骤然而至）比后者（死亡的观念可能会通过焦虑、畏惧、不安、惊恐而腐蚀生命）更少在生命中在场。要相信必须在等待那个终将到来但还不是直接现实性的日子中活下去；要相信真正的确实性不是死后生活的存在，而是死前生活的存在；要相信必须尽可能利用好我们的生命。

伊壁鸠鲁式的享乐主义就是这么来的。卢克莱修的罗马式的伊壁鸠鲁主义、他的坎帕尼亚[2]式的（campanienne）格言、他迟来

[1] 埃米尔·萧沆（1911—1995），罗马尼亚旅法哲学家，20世纪重要的怀疑论、虚无主义思想家。——译者注

[2] 坎帕尼亚是意大利南部的一个大区，首府是那不勒斯。——译者注

的真理，与伽达拉的费洛迭摩[1]（Philodème de Gadara）或奥南达的第欧根尼[2]（Diogène d'Œnanda）一道，赋予了伊壁鸠鲁的希腊式的伊壁鸠鲁主义不一样的魅力。尼采说，人都有自己量身定做的哲学，伊壁鸠鲁的哲学是一个有病的、脆弱的、身体虚弱的、在一个不知道镇静效果为何物的时代被肾结石弄得极度痛苦的人的思想，它有一定的道理。这就是为什么伊壁鸠鲁的享乐主义是禁欲的、严肃的、极简的，并且首先意味着痛苦的消失。拒绝满足所有的欲望，除了饥饿和口渴，然后从对饥饿和口渴的满足那里获得身体的平静，从而获得心灵的宁静，不生妄念，这就使伊壁鸠鲁的享乐主义成为一种否弃者的智慧。

相反，卢克莱修的罗马式的伊壁鸠鲁主义不理睬它的古希腊形式。我们对这位罗马哲学家的生平一无所知——几乎很难确定他是否属于公元第一个世纪的骑士阶层。是，从他的著作中我们可以推断，他的身体非常康健。卢克莱修可不希望把不生妄念定义为只是对自然且必要的欲望的满足。他希望任何欲望都得到满足，如果他不用付出超级不开心的代价给那些不得不否弃的东西的话。

在伊壁鸠鲁思考用水和一片面包来平息口渴和饥饿的地方，卢克莱修并不排除那些构成赫库兰尼姆（Herculanum）的伊壁鸠鲁主义者们的基本菜单的东西。在赫库兰尼姆，人们发现了装饰着启人哲思的艺术品的别墅：从地中海里捕捞到的沙丁鱼，花园里种植的橄榄榨出的橄榄油，海鱼拌果园里的柠檬、黄油、牛奶、奶油和农场里家禽下的蛋，用葡萄的嫩枝串着烧烤的羔羊肉，人们边吃肉边喝新酿的红酒，用邻近的田野里的小麦做成的面包。由于罗马式的伊壁鸠鲁主义比希腊式的伊壁鸠鲁主义更实用、更具经验色彩、更鲜活有力，对于我这样的年青人，它就是一轮存在论的地中海太阳。

---

[1]　伽达拉的费洛迭摩（约公元前110—约公元前40），一位来自伽达拉的古叙利亚的伊壁鸠鲁主义哲学家。——译者注

[2]　奥南达的第欧根尼（活跃于公元前4世纪），也叫锡诺普的第欧根尼或大第欧根尼，古希腊哲学家，犬儒学派的代表人物。——译者注

伊壁鸠鲁主义的创始人的希腊形式禁阻性欲：对伊壁鸠鲁而言，力比多属于自然欲望的逻辑，为人类和动物所共有，但不是必要的。之所以不是必要的，因为即使不满足它，这既不会阻碍生命的存在，也不会阻碍存在者保持在存在的状态中。人们很容易感觉到伊壁鸠鲁是在为自己辩护，在其辩护词中，性的生命力应该与非性的生命力几乎一样强烈。17 岁时，身体不再是小孩子了，也不像伊壁鸠鲁那样不健康，卢克莱修似乎再合适不过！

《物性论》并不禁止性欲，除非性欲的实施要付出困扰智者的智慧的代价。因此，在卢克莱修那里没有非存在论的姿态（这种姿态是古希腊哲学的特征），只有对效果论的肯定（这是罗马思想的特质）：如果性的欲望困扰了心灵，就必须满足这些欲望；如果这种享乐要付出不快的代价，就要否弃它；反之，如果欲望的困扰由快感而得到解决，那就干脆让我们的欲望放任自流。卢克莱修声称，人们都有自己的性欲，它不好也不坏，性欲的实践不应该产生阻碍哲学家践行其原则的不快。在伊壁鸠鲁的希腊式的圣洁把伦理建立在智者若不为真正存在而否弃世界——一个没有灵魂的外质——就不可企及的顶点，这个罗马哲学家为具体的人类设想了一种具有具体性欲的具体生命。

我第一次读卢克莱修的时候没有看到的东西，正是他赋予科学的这种哲学的慰藉角色。直到今天我才理解他。伊壁鸠鲁主义者们从不关心对过一种哲学生活无用的东西。他们对悠闲的思辨、纯粹的理论、知识性的修辞、脱离现实的思辨毫无兴趣：他们思考是为了产生幸福生活的效果。科学也不外乎这个逻辑：原子的理论、物理学、毕达哥拉斯和希罗多德的信中所传授的知识，都无非以平息恐慌、使焦虑蒸发、粉碎畏惧为目的。

因此，当我发现伊壁鸠鲁的时候，我很伤心他只给我们留下了三封信，其中只有一封是单独谈论伦理学的。由于大学从来只教授哲学史，而从不教授哲学史的历史，对于因犹太教—基督教在盛怒之下宣布古老的唯物主义无效而导致伊壁鸠鲁的全集大大减少（据第欧根尼·拉尔修所言，伊壁鸠鲁写过三百本书），对此人们只能说该说的话。通过把行为与话语相连接，基督徒们已经得到柏拉图曾梦想过的东西：一个与唯心主义的、唯灵论的和宗教的虚构格格不入的巨大的隐喻性的火堆。人们割喉杀死了成千上万的绵羊，剥下它们的皮，并在上面记载已变成宗教的基督教派的文本，而原子论的思想则从羊皮纸上被刮去，写上了《福音书》作者们的剩余物，接着，原子论的思想被抹去、被忽略、被诋毁、被遗忘、被羞辱、被歪曲、被鄙视。有三封可怜的伊壁鸠鲁的信逃过了这些嚷嚷着要爱自己邻人的人的野蛮大屠杀。

这三封信恰好成了通向伊壁鸠鲁主义门徒们的著作全集的摘要。为了实践伊壁鸠鲁主义而必须重拾、教授的东西，这是它言简意赅又清楚明白的概要。《希罗多德书信》（*Lettres à Hérodote*）和《毕达哥拉斯书信》（*Lettres à Pythoclès*）曾让我很不耐烦：所有这些对声音、身体、虚空、排列、仿像、知觉、视觉、天体现象的思考有何益处呢？还有这些断言：据称“没有任何东西是从非存在产生的”、“万物是无限的”；或者告诉我们运动的永恒性；以及其他关于诸世界的形式，“在无限中裁剪下来的”宇宙的形式，诸世界的无限性，日（月）食、流星、恒星的运动和光芒的真正本质，昼夜长度的变化，气象学，霹雳，雷声，闪电，飓风，龙卷风，地震，冰雹，雪，露水，冰，彩虹，月轮，彗星，就地打转的星星，在太空漂泊的星星，流星等的详尽思考，它们又有何益呢？

在不耐烦中，我希望当场立刻就获得实存论的药方、实用且可行的智慧、生活的技巧、具体的精神训练。但我看到的无非是，对伊壁鸠鲁的一次最用心的阅读几乎驱散了我最初的行动：唯物主义的物理学在为一种具体的存在论作准备，它禁止物理学之外的形而上学的荒谬，换句话说，就是一种宗教的荒谬，这种宗教隐藏了物理学的名字，并且给我们保留了本质、概念、理念，以更好地把我们引导、再引导或引领到上帝和奴役的世界中，上帝使奴役合法化，并解释它，为其辩白和辩护。

伊壁鸠鲁写道，科学的知识无须遵从一些非理性的信仰。使知识不断进步，这就有助于使无知不断退让。宗教用来滋养自己的传奇、虚构、寓言就是由无知构成的。如果人们知道，天空里只存在物质、以各种方式排列的原子，如果人们发现诸神也是物质性的并且由于他们毫无烦恼、体验着不生妄念的心境，他们就成了实用智慧的模范，那么人们就会把信仰和神学的神祇逐出天空，人们将不再臣服于虚假的威权所赋予的凌驾于人之上虚假的权力。

名副其实的科学挖着被视为迷信的宗教——换句话说，被视为对虚假神祇的信仰的宗教——的墙脚。真正的神祇只能是物质性的，他们的神圣性在于他们精妙的构造和独特的排列。在《毕达哥拉斯书信》中，在对雷电及其效果作了一番论述之后，伊壁鸠鲁给出了自己的版本。昔日这些东西被视为神圣的东西，因为它们由神祇们设计以向人类发出某种信息。这位原子论的哲学家采用了物质性的和唯物主义的阐释：旋风的聚集，点燃，它们的团块的一部分裂开了，它们的剧烈下降，云朵的密度和挤压，火的动力，天体运动间的互动和山脉的地质学。接着，他如是结束他对具体现象的具体分析："唯有神话该被排除！"（104）。

"唯有神话该被排除！"——这就是我命名为一种超越的伊壁鸠鲁主义的东西的绝对命令。我通常并不支持超越之物，因为这个词常被用于神圣之物、圣洁之物、非物质性的东西、宗教之物的本体论的三角裤！我记得《利特雷法语辞典》是这样赋予这个词词义的："以高于感官印象和观察材料为根据或试图以此为根据的东西。"换句话说：历史上曾经有一种伊壁鸠鲁主义，它可以追溯到且属于很容易推定日期的时期，它连带着一批哲学家、著作、名字和书。伊壁鸠鲁的学生们创立了这个词和它的意义。

让我们从各种各样的伊壁鸠鲁主义出发，从创立者的同时代人，或者稍后的，也就是从公元前3—4世纪到公元3世纪的其他人，比如奥南达的第欧根尼的同时代人出发。我们将看到，在希腊、在罗马或赫库兰尼姆、在小亚细亚的其他地方，伊壁鸠鲁主义的哲学曾有过五百多年的历史。他们一些是颓废的雅典城邦的同时代人，另一些则是忙于征服的罗马帝国的同时代人。让我们这样总结吧，尽管他们有诸多不同之处，但也存在着构成伊壁鸠鲁主义的一股强大的力量线，一股将以另一种方式暗暗滋养着反抗基督教的知识河流的能量。

我把这种力命名为超越的伊壁鸠鲁主义，这种力凝聚在一定数量的不合时宜且非现时的命题周围：世界是可认识的；知识是幸福的建筑术；幸福以摆脱所有神话为前提；神话的唯一解药就是一元论唯物主义；一元论唯物主义与宗教势不两立；宗教生活遵循禁欲主义的准则；禁欲主义的准则要求弃绝活生生的世界；弃绝活生生的世界比真实的终有一死更糟糕；随时准备真实的终有一死；这种准备以哲学为条件——哲学是对真实世界的真实认知，是对寓言和虚构的拒绝，如此等等。

如今，这种超越的伊壁鸠鲁主义预设了这样的事实，即如此经常地被引入纯粹圣言崇拜之歧途的哲学与对科学颇感兴趣的伊壁鸠鲁传统重修旧好。当然，哲学已变得复杂、专门化、分散，对于非专业人士来说很难理解。一个人可以像笛卡尔那样既是一个天才的哲学家又是一个在科学史上青史留名的发明家，这样的时代已经不复存在。但是，无法获知自己所处时代的所有科学知识的这种不可能性并不会妨碍你获得足够的知识，以此来停止对一般的世界或一个特殊的课题胡说八道。

当代哲学家对生物伦理学、全球变暖、基因工程学、页岩气、基因转换、转基因生物体、生物专利、生物多样性、克隆、温室效应、原子核的许多思考，都常常属于非存在论话语。这种非存在论话语诉之于汉斯·约纳斯[1]（Hans Jonas）视若珍宝的“恐惧的启发式教育”，而非诉之于健全理性。巫术思想常常滋养灾变论的修辞学，后者容许一种与科学相分离的话语。对科学所许可的东西的无知准许一种理论的谵妄，它更多地从科幻的角度而非从非虚构的科学角度思考问题。

唯物主义者和原子论者们、德谟克里特和伊壁鸠鲁是从他们的经验知识所提供的信息出发思考问题的。悬浮的颗粒在其中飞舞的光线给了他们直觉的鼓励，以建立一种通往无关上帝和神祇的伦理学的、具体的物理学。一种超越的伊壁鸠鲁主义要求运用诸科学所能够提供给我们以避免纯粹胡言乱语的信息。在一种不合时宜和非现时的伊壁鸠鲁主义的情形中，超越之物是对超验性的纠正。

让我们想想能够说明使这种超越的伊壁鸠鲁主义得以是其所是之物的天体物理学材料——以便建立一种不生妄念的伦理学。人们将发现，2 500 多年前的原子论直觉大体上都被这方面的最新科学发现所证实——但是，两千年来，科学却从未证实过哪怕一个基督教的假设，而是把它们都证伪了——地质学使基督教关于世界的年龄的学说失去了社会地位，天文学使地心说失势，心理学使自由意志学说失势，达尔文的自然主义使人类的神圣起源的学说失势，天体物理学使世界的创世论的起源学说失势，如此等等。

相反，当代科学证明了许多伊壁鸠鲁主义的直觉是有效的：物质一元论；可归结为纯粹而简单的物质性组合的创造；物质的永恒性；物质的排列组合的暂时性；没有任何东西是凭空创造的，也没有任何东西会归于空无，在这种情形下，虚无是不存在的；分解和再化合的交替动力学；作为原始元素而出现在所有现存事物中的原子；宇宙是无限的，因而空间也是无限的；多重世界的存在；已经发生、正存在着并将消失的我们宇宙的可死性特征；按某种秩序安排的宇

[1] 汉斯·约纳斯（1903—1993），犹太裔德国哲学家，师从胡塞尔、海德格尔、鲁道夫·布尔特曼等著名哲学家。——译者注

宙，这种秩序可归结为一种数学算式和自然的法则——这一切都没有造物主上帝。

这就是让-皮埃尔·卢米涅[1]（Jean-Pierre Luminet）给我们讲述的我们所知的宇宙，他的折叠宇宙的假说令我心驰神往。诚然，让-皮埃尔·卢米涅是天体物理学家，但他也是音乐迷、音乐家、诗人、作家、小说家、画家，我们还必须为他加上教育家、讲演家、教授、探索者。他很像文艺复兴时期的那些人，他们完全没有被一般概念刻上烙印，他们畅游在所有知识领域，看上去像漠视一切的浪子，当他们褪去所有存在之物的面具之时。让-皮埃尔·卢米涅在伽利略、开普勒、牛顿、爱因斯坦这些伟人的舞台上工作，但是我们的时代不喜爱他的天赋。

确实，让-皮埃尔·卢米涅经常援引哲学家，他熟知科学的哲学并幸福地徜徉在所有的领域：从前苏格拉底的诗意宇宙学思想到古典宇宙学思想再到当代探索者们的最严格的物理学，从柏拉图到莱布尼茨，从库萨的尼古拉到乔尔丹诺·布鲁诺，从哥白尼到第谷·布拉赫[2]（Tycho Brahé），从爱因斯坦到黎曼[3]（Riemann），从高斯[4]（Gauss）到罗巴切夫斯基[5]（Lobatchevski）。但是，他显示出对阿布德利丹的原子论者，对德谟克里特、伊壁鸠鲁、卢克莱修和他们天才的直觉的一种特别的亲切感。

在天文学方面，过去30年所带来的成果比过去3 000年还要

---

[1] 让-皮埃尔·卢米涅（1951—），法国天体物理学家、作家和诗人，专攻黑洞理论和宇宙学。——译者注

[2] 第谷·布拉赫（1546—1601），丹麦天文学家和占星学家，他曾提出一种介于地心说和日心说的宇宙结构体系，并于17世纪初传入中国。——译者注

[3] 伯恩哈德·黎曼（1826—1866），德国著名数学家，在数学分析和微分几何方面作出过杰出贡献，开创了黎曼几何，并且给后来的爱因斯坦的广义相对论提供了数学基础。——译者注

[4] 约翰·卡尔·弗里德里希·高斯（1777—1855），德国数学家、物理学家、天文学家、大地测量学家，近代数学的奠基人之一，与阿基米德和牛顿并列为世界三大物理学家，并被称为“数学王子”。——译者注

[5] 尼古拉斯·伊万诺维奇·罗巴切夫斯基（1792—1856），俄罗斯数学家，非欧几何的早期发现者之一。——译者注

多——这是观测材料的专门化和新概念的出现使然。我们从中可以很惊奇地看到，最佳的发现点往往跟唯物主义者们的经验假想相符合，当这些唯物主义者看着光线中飞舞的尘埃时，就构想出永远以现实性为基础的一个世界、一个宇宙、一种宇宙学、一种本体论。

如果说哲学家是从一些尘埃出发而推断出真实世界的本质的话，那么天体物理学家则使事物变得明晰。从起源上说，宇宙是由气体、恒星和在空的空间中漂浮的尘埃构成的。太阳还不存在。在这星云中，有唯物主义者们所发现的原子的总体：这就是构成太阳系的所有行星、地球和地球上的一切、人类的身体、写这本书的我的身体、将要阅读这本书的您的身体的东西，在您阅读和当您从这些书页中抬起头的瞬间，您目光所及的一切，这一切都由星云中漂浮着的原子构成。星云产生了我们。那些关于存在物的一元论真理说得不能再好了：从跳蚤到行星，从海底深处的枪乌贼到恒星，从哲学家们乐于展示的蛆到讲述动物领域的进化规律的达尔文，从草的茎干到星系，一切都起源于这种由超新星的大爆炸所聚集的原星体星云。超新星是一颗非常巨大的星体，它的冲击波摇撼着星云的平衡，星云向自身坍塌并引起连锁反应从而产生了太阳——这个滋养着地球上的生命的光明。

这个气体的团块自转、收缩，转动得越来越快，云状物变得扁平并且具有了碟子的形状，这种形状使吸积成为可能，换句话说，小物体的凝集使之变成了更大的物体，直到由于凝集了无数的微尘而出现行星，地球就是其中之一，然后产生了人类……万有引力效应影响着恒星的坍缩运动。在几百万年的过程中，这种凝集运动不断增加。

没有人对伊壁鸠鲁主义者们称为偏斜（clinamen）的东西进行过一种科学的、物理学的、天体物理学的系统阐释吗？当卢克莱修解释道，一切都是原子的并且由原子构成，以便解释人们是从一大堆在虚空中下落的原子过渡到被构成的物体的，他求助于这种科学的假想，这也是一种卓越的科学直觉：偏斜的诗意公设，一个原子碰上另一个原子而发生偏斜，因此而使存在物的聚集成为可能，于是，这个诗意公设就变成处于天体物理学的羽翼之下的科学表述。

使地球上的生命成为可能的太阳也因此有了出生日期：在它之前宇宙已经存在，在它之后宇宙将继续存在。太阳诞生的时候，宇宙已经有 90 亿岁了；太阳的生命时限被计算出来了，它还将持续 50 亿年。在它之前，人类只不过是一种潜在性，还没有思考这种潜在性的意识；在它之后，人类甚至都不可能成为一种回忆，因为没有任何意识去储藏记忆。那时，人类将只不过是一种巨大的原子骚乱中横生的一段曾经的枝节。然而，这段横生的枝节以为自己就是一切并且是一切的中心，而实际上它却被淹没在存在物之中，跟石头和冰川、火山和暴风雨、幻日和彩虹拥有同样的名字。

为了在我们的宇宙中保持局部性和谦虚，让－皮埃尔·卢米涅宣称，人类是有限的但没有边界，他因而创造了一种矛盾的说法，因为终结预设了局限，局限预设了终结，并且人们不可能既有限又没有局限。在一个三维的欧几里得空间里，当然，在这种情形下，我们的概念和思维习惯会把我们约束在某种再现方式中。但是，在一个非欧几何的空间里，上面的矛盾说法就消失了，让位于一种崭新的思维方式，这种思维方式使我们能够——比如，如果我们在一个立方体中——从顶端出去并因此从底部进入。

空间范式的这种变化使许多问题迎刃而解，比如宇宙的形状的问题。让－皮埃尔·卢米涅说宇宙是折叠的。换言之，宇宙比人们想象的要小得多，它被一种装置所折射，这个装置使宇宙在我们眼中比实际的要广大得多。真实，至少在我们看来是真实的东西，是诸多虚构的一种巨大组合，具体来说就是视觉的幻象、拓扑的海市蜃楼、幻影的组合。卢克莱修误以为宇宙是无限的，因为他想，如果从有限向有限与宇宙边界接触的那个点的方向投掷一根标枪，这根标枪会怎么样：它会停下来静止不动吗？它会在可能的墙上被折断吗？但是，一个有限宇宙的这些墙壁的那边又是什么呢？再者，我们如何命名有限之边界后面必然存在的东西呢？非欧几何使问题迎刃而解：向无限的方向投掷出去的卢克莱修的标枪，可能会无限地进入这个有限但没有边界的宇宙：恒久的运动，星体的永恒。

让-皮埃尔·卢米涅解释说，观测所见的东西欺骗了我们：不同的时间在我们看来就像是相同的时间。宇宙的化石光芒假定，我们关于宇宙的所有信息都是由抵达我们目光的光所传递的，而光会被构造着宇宙的力量所扭曲。光的运动无不受引力的影响。因此，直线并不是光的最短路线。引力挖掘了许多力的深渊，它们成了光的线路并使光书写着奇异的分区：在几百万年中被分成层层叠叠的时间里的无数光芒在观测者的时间中抵达我们，在这个独一时间中被千丝万缕地拧成一综：光之时间的杂多汇合成一种观测时间的统一体。因此，我们把往往相同的事物误认为是不同的，因为它们是在许多状态中被我们看见的——就像我们看到一些人从其身在母腹到死亡的一万张相片而误以为是不同的个体一样。这些引力的海市蜃楼表明，广度，就这些海市蜃楼的宽广而言，实际上并非如此，尽管人们看了之后可能信以为如此。

让-皮埃尔·卢米涅举了一个容器的例子，这个容器的内部铺满了镜子，它们反射着唯一一根蜡烛：我们尽管能看到许多折射的蜡烛，然而，这不过是唯一一根蜡烛，有多少面镜子蜡烛就被重复多少次。真实的空间远小于被观测到的空间。这个宇宙是折叠的：诸多镜子的一种游戏放大了小的表象。我们的单一宇宙[1]（univers）是一座巴洛克剧院。

这个世界虽然很小，但世界有许多个，天体物理学谈论的是多重宇宙（multivers）。我们的单一宇宙是从量子虚空中脱离出来的，它遵循自己的时间钟表和奇异的空间几何，而多重宇宙存在于时间

[1] 在全书其他地方，univers 和 cosmos 都被译成宇宙，而将 univers 译成单一宇宙的地方，一般是在它与多重宇宙（multivers）一并出现的上下文中。——译者注

和空间之外，它不断聚集着那些单一宇宙，使它们形成自己的时间和空间，多重宇宙对于一颗在我们的时空中被塑造的大脑来说是完全闻所未闻、绝对不可设想的。

伊壁鸠鲁主义者们相信多重世界和之间世界（intermonde）中的物质神祇。这些微小的原子完全没有人类的形状、人类的感觉，它们体现着伊壁鸠鲁号召大家去模仿的一种不生妄念的模范，因此，圣人的不生妄念是以之间世界的神祇为模范的。因此，这些神祇既不吃醋也不易怒，既不嫉妒也不狂怒，它们在形态和基质上都不是人形的，而只是一种理念形式，可以作为智慧的模范而被激活——智慧最终被归结为纯粹的存在之愉悦。

然而，这些之间世界已被天体物理学证实，那就是黑洞，它是一种引力，这个引力如此强大，以至于它将一切经过它门口的东西都吸进去了，以至于它吞噬和消化了光、物质。时间在那里膨胀，物质解体并被吸收，光线被扭曲。勾勒出黑洞的那条临界线被称为“事件地平线”，因为超过这条线，人们什么也看不见。那里没有内部和外部，没有时间和空间，整个都颠倒过来了。在这个地平线附近，空间就像一只手套，翻转过来。它是时空的变形。

有些人认为，旋转着的黑洞中心并不是被堵住的，那里有“虫洞”，一种连通其他宇宙的隧道。还有人谈论“白色喷泉”，它们跟黑洞正好相反，不吸收任何东西，而是把黑洞所吞噬的物质喷射出来。因此，大爆炸也是巨大的白色喷泉，它可能跟另一个宇宙相连接，而另一个宇宙把它的部分物质偏斜到我们的宇宙中。这就是我们所在的宇宙。

孕育了原星体星云的伊壁鸠鲁主义的原子，作为吸积这种天体物理学现象的诗意直觉的偏斜，在让-皮埃尔·卢米涅的天体物理学所描绘的轨道里飞驰的、向永恒的方向投掷的卢克莱修的标枪，被发现者的多重宇宙所证实的伊壁鸠鲁主义的多重世界，这些无不证明，一种当代的超越的伊壁鸠鲁主义是可能的，即便很难构想，但这证明了物理学，此处具体来说就是天体物理学，是一种伦理学的预备教育。

显然，大家有目共睹，犹太教—基督教的小小天空充斥着与天使有关的小摆设、为享天福的圣身准备的与天堂有关的虚构，这个天空已经失去了社会地位，被天体物理学的各种假想所超越。这部分知识要求谦逊：对于单一宇宙和宇宙，我们几乎一无所知。但我们刚开始知道的事情迫使我们不得不重新审查我们对自由、对自由意志、对选择、对意志、对责任的思考。我们是大自然的果实，这个事情对于所有具有理性的主体来说似乎都无须赘言了。

同样，我们也是宇宙的果实，这个显而易见的道理还远远没有被那些通常对最新的天体物理学发现一窍不通的普罗大众所分享。希格斯[1]（Higgs）玻色子最终将被装上引爆装置，与这方面有关的最新研究应该能迫使最后的神学家们缴械投降并考虑进修一下存在论，只要这种存在论是唯物主义的。跟天堂有关的犹太教—基督教的胡言乱语，即便人们不再从字面意义上相信它，也已经在一千多年的唯心主义所塑造的心灵中留下了痕迹。

巫术思想依然存在于几百万人类的头脑中：从创世论者到新时代的萨满教神职人员、从新佛教徒到伊斯兰有神论者、从为国际大都市量身定做的一神论到通灵论、从笃信精神造物的生物动力农业的支持者（他们信奉人智学）到修剪草地之前还要召唤草地之神祇的神道信奉者、从像雷尔（Raël）那样的形形色色信仰的支持者（他们认为只有克隆人将得到拯救并被允许进入保证得救的宇宙飞船）到伏都教、桑泰里亚教（santéria）和其他美国黑人教派的支持者，世间从不缺乏对被吸收进宗教和宗教事物之中的超自然之物的支持者。

---

[1] 此处原文为 Highs，疑是 Higgs 的错误拼写。彼得·希格斯（1929— ），英国物理学家，以希格斯机制和希格斯玻色子而闻名于世，他于 2004 年获沃尔夫奖，2013 年获诺贝尔物理学奖。——译者注

一种唯物主义的存在论是以这种超越的伊壁鸠鲁主义为根据的，后者确实唤回了人类与自然之间的联系，以及人类与我们所知甚少的宇宙之间的联系。让我们从能够欣赏这种广阔无垠的景观的能力开始吧，这种能力是以崇高感为前提的：崇高感是通向海洋感觉[1]（sentiment océanique）的唯物主义、原子论和无神论的专用车道。海洋感觉把身体重新带回犹太教—基督教分离之前的情形。崇高给予的教益在存在者身上激活了一种被各种一神论遗忘、忽视、鄙视、贬低、围捕的力。从对崇高的研究出发，以便根据享乐主义者的理性秩序重新把它煽动起来，这使得一种后基督教的伦理学成为可能。在这种伦理学中，超越的伊壁鸠鲁主义扮演着不可忽视的角色。

[1] 海洋感觉是源自罗曼·罗兰，后来被弗洛伊德广泛提到的一个心理学词语，主要用来形容一种感觉的无界限，犹如处在海洋之中，这个词特别适用于宗教信仰。罗兰提出，海洋感觉是所有宗教信仰的原动力，让人们感觉到外在和内在无间断的连接。——译者注

第 5 部分

崇高：体验辽阔

崇高 在一个大半岁月中连吃饭都缺钱的家庭里，艺术是不存在的。没有书、没有音乐、没有音乐会、没有电影、没有戏剧、没有展览会。艺术构成了另一个世界，它是其他人的世界，是那些生活温馨、惬意、舒畅的人的世界；它是幸运儿的世界，他们无所用心，能够把自己的存在奉献给琐碎之事、点缀之物、微不足道的东西；它是有钱人的世界，他们富裕得能够在有些作品上一掷千金，这些作品在穷人看来不过是垃圾堆、小屁孩的乱涂乱画、少不经事的顽童的痒风。

在家时，达利与其说是一位超现实主义画家，不如说是一个在电视上做广告的滑稽大胡子男人，他用歇斯底里的措辞大声嚷嚷："我为浪凡（Lanvin）巧克力疯狂。"1966年，让·普拉（Jean Prat）版本的埃斯库罗斯的《波斯人》（*Perses*）在电视上播送，吊着我父母的胃口。邻居更换电视机之后给了我们一台电视机，这部电视片就成了我们第一个电视夜晚的第一个节目。我父亲不甚了了地评论道："这挺特别的……"——就没再说什么了。毕加索毫无结构的肖像画令人惊讶，人们想不通它们为什么千金难买；埃尔维斯·普雷斯利[1]（Elvis Presley）一脚弯曲，扭腰站着，唱的歌全是性题材；强尼·哈立戴[2]（Johnny Hallyday）在舞台上打滚，发出呐喊，毁坏他的吉他，他的听众歇斯底里，在狂热中把椅子摔得稀烂。艺术是我父母的世界之外的世界——因此也是我的世界之外的世界。

我是在学校发现艺术的。我首先知道了诗歌的存在。那是在当时的市立学校中的诗：热内－居伊·卡杜[3]（René-Guy Cadou）、

---

[1] 埃尔维斯·普雷斯利（1935—1977），人称"猫王"，是美国的一位音乐家和演员，摇滚乐之王，每当他演唱情歌时，总会吸引一堆女性歌迷，就像公猫吸引一堆母猫，因此被昵称为"The Hillbilly Cat"，他是20世纪最重要的文化标志之一。——译者注

[2] 强尼·哈立戴（1943—），法国歌手和演员，在法语世界里，他鲜明的摇滚形象使他从演唱生涯一开始就被许多人视为法国的猫王，自1959年出道至今已纵横法国乐坛超过半个世纪。——译者注

[3] 热内－居伊·卡杜（1920—1951），法国诗人。——译者注

莫里斯·方波尔[1]（Maurice Fombeure）、雅克·普莱维尔[2]（Jacques Prévert）、莫里斯·卡雷姆[3]（Maurice Carême）、保罗·福尔[4]（Paul Fort），一种简单而美丽、有力而正直的诗，它学着贴近世界，用不同的目光看待世界。但是，小学教师们也教我们一些古典诗歌，比如缪塞[5]（Musset）的诗和《月之歌》，并且跟我们讲得非常具体：这首诗，这对我而言，首先是我们村庄钟楼上的月亮——我只要看到月亮和夜晚的钟楼就会想到这首诗：

那是朦胧的夜晚，
在映黄的钟楼上，
那轮月亮，
就像 i 上的一点。

月亮是哪方精灵由细线牵着移动，
在昏暗中
移动脸盘和侧影？
……
难道只是一个球？
一个讨厌的大块头，
满天乱滚，
没有胳臂没有手？
……
难道有虫子蚕食，

[1] 莫里斯·方波尔（1906—1981），法国作家、诗人。——译者注

[2] 雅克·普莱维尔（1900—1977），法国诗人、剧作家。——译者注

[3] 莫里斯·卡雷姆（1899—1978），法国诗人，以简单的写作风格以及童诗创作闻名。——译者注

[4] 保罗·福尔（1872—1960），法国诗人、剧作家。——译者注

[5] 阿尔弗莱德·缪塞（1810—1857），法国诗人、小说家、剧作家。——译者注

你的脸部变黑，
拉成长条，
好似羊角面包？

怎么弄瞎一只眼，
难道是昨天夜晚，
你不小心，
撞到一棵树枝尖？

暮晚时分我来观看，
在映黄的钟楼上，
那轮月亮
就像i上的一点。[1]

我当然不知道自己是否已经全懂了，但至少我知道了，人们可以用真实之物——月亮和钟楼——写出美好的东西。最近找到的一本作文本显示，我对这种我曾将之与诗歌相联系的抒情诗有着强烈的渴望。那时我在写作的时候无比自负，带着对语言的夸张口味和对华丽矫饰之词的激情。韵律、节奏、平衡、押头韵为我将来某天理解音乐并与之真正共鸣作了准备。那时我应该挺喜欢学习一种乐器，但就我那样的家庭状况而言，这是不可能的。我现在是以乐盲的音乐家身份写作，把自己无法付诸音乐的一切付诸散文。

常常，在父母、哥哥和我共处一室的房间的黑夜里，我父亲给我们讲他在他很早就辍学的社区小学所学的维克多·雨果的一首诗：

[1] 引自李玉民编选，《缪塞精选集》，济南：山东文艺出版社，2000年，第13-20页。——译者注

……我想住到地下去，
好像孤独的人在墓室里离群索居；
什么也看不见我，我也看不见一切。
于是，挖了个大坟，该隐说：“这才妥帖！”
然后，他独自走下这座黑暗的穹门。
他暗中在自己的凳子上坐下安身
大家又在他头上把地下的门封紧

停顿了些许时间之后，父亲用厚重的嗓音，接下去说：

那只眼睛在墓中直直地望着该隐。[1]

我后来才知道，这首诗叫“良心”，摘录自《历代传说集》（*La Légende des siècles*）。父亲还提到摘录自高乃依[2]（Corneille）的《熙德》（*Cid*）的几句很有名的亚历山大十二音节诗：

我们出征时才五百人；但加上迅速赶来的援军，
抵达港口时我们已经发展到三千人。[3]

学校把这些诗句教给我父亲，然后，在这个小小房间里的没有暖气的夜晚，他把诗歌和文学的神秘、词语令人敬畏的力量传递给我们——这是一笔财富。

---

[1] 引自《雨果文集（九）·诗歌（下）》，程曾厚译，北京：人民文学出版社，2002年，第640页。——译者注

[2] 皮埃尔·高乃依（1606—1684），17世纪上半叶法国古典主义悲剧的代表作家，法国古典悲剧的奠基人。1636年，他推出了轰动整个巴黎的悲剧《熙德》，创立了法兰西民族戏剧的典范。——译者注

[3] 引自《高乃依戏剧选》，张秋红、马振骋译，上海：上海译文出版社，1990年，第72页。——译者注

在后来的岁月里，在一所我感觉有乔治·桑[1]（George Sand）的味道的人民大学读书时，在几个作为《魔沼》（*La Mare au diable*）（父亲读过这部作品）的作者乔治·桑的研究专家的朋友面前，父亲引用了一段口述，记述的是把一匹马埋在草地下，大自然的力量如何如何，来年的植物的苗如何如何更加茂盛。我一直没有找到这个引文，直到欧梅希克[2]（Homéric）的一本关于马的书告诉我，它来自莫泊桑的一个文本——《可可》（*Coco*）。

我崇拜莫泊桑。当我读到他的两卷由七星文库（Pléiade）出版的书时，我也凑合写了一部短篇小说——手稿如今已经遗失。我一再打开这两卷由七星文库出版的书，读一读这本粗犷但对人类心灵描绘得入木三分的小书。莫泊桑给我们展现了一个15岁左右的少年，不甚机灵，但很淘气，饱受邻居们嘲笑，因为他有一匹白色的老马，叫可可（Coco），据说屋子的女主人很希望看见它寿终正寝。

以四页的篇幅，莫泊桑展示了这个淘气鬼的暴虐：他用一条嫩枝抽打那可怜的动物，让马绕着缰绳转得筋疲力尽，向它扔石头，把它拴在小木桩上并减少牧草供给，然后置之不理，让它在木桩旁自生自灭，它一直都在那里。那匹马日渐消瘦，精疲力竭，不断嘶鸣以博取孩子的怜悯，它把头伸向青草，但是，由于缰绳拴得太短，够不着。西多尔（Zidore）是这个施虐狂的绰号，他每天都去看一下他的变态行为产生了怎样的效果。经过几天的虐待，马躺下了，闭上了眼睛，睡着了，接着死掉了。这个坏小子并没有安置这头动物的尸体，而是让它在几天内自行腐烂，他利用这段时间不进农场，而在田野里闲逛。最后，他通知他那无动于衷的老板，要求他派人在可可死的地方挖个坑把它埋了。莫泊桑如此结束他的短篇小说：

---

[1] 乔治·桑（1804—1876），原名露西·奥罗尔·杜邦，法国著名女小说家，她是巴尔扎克时代最具风情、最另类的小说家。她于1846年发表了她的代表作之一《魔沼》。——译者注

[2] 欧梅希克（1954—），原名弗雷德里克·迪翁，法国作家，代表作《蒙古苍狼》获梅迪西文学奖。——译者注

“青草被可怜的尸体所滋养，长得茂密、葱绿、生机勃勃。”

这篇课文可以当作人类境况的一个残酷但恰到好处的寓言来读：我们来到大地之上，在那里耕作、忙碌操劳、受苦受累、遭遇各种烦恼、成为他们恶意的目标、为工作殚精竭虑，慢慢老去并结束他被弱者虐待的一生，弱者以责骂比自己更弱的人为乐。然后，在我们的尸体被大自然回收，重新化为新的生命形态之前，我们被埋进了土里，了此一生。这一切都超越善恶之外，在最完全的无辜之中，在生命循环的逻辑秩序之中。这就是唯物主义存在论的教益。

因此，文学，在该术语的崇高意义上，当它讲述生命之时，它就成了居所的一部分：小马和小学生、墨水和纸张、月亮和钟楼、悔恨和援助、人类的残忍和自然的天真。诗歌曾陪伴我度过少年时代，兰波的诗意生命和波德莱尔的忧郁（我的第一部七星文库丛书，是用我 1975 年假期在工厂上班的第一笔工资买的），超现实主义的疯狂和阿尔托的热烈，博纳富瓦[1]（Bonnefoy）的庄严和儒弗瓦[2]（Jouffroy）的感染力，维昂[3]（Vian）松散的诗歌和米修[4]（Michaux）的人造天堂。但是当代诗歌的理智主义却越来越晦涩、越来越令人费解、越来越精英主义，已使我远离了它们的海岸。

我爱人长期患癌症，30 年间，我陪她到处走，去医院、去预约、去化疗、去病理分析和拿结果、去手术室、去放疗、去扫描、去定期检查，她的癌症使我熟悉了俳句，在这些地狱般的地方，简短的形式便于阅读。在“俳句：对世界的诗意体验”（第 1 章）中，我将展示，这个诗歌传统，在被自由诗派脱去紧身衣之后，在多大程

---

[1] 伊夫·博纳富瓦（1923—2016），法国著名诗人、翻译家和文学评论家。——译者注

[2] 阿兰·儒弗瓦（1928—2015），法国著名诗人、小说家、艺术评论家，曾投身于超现实主义运动，成为其重要的诗人之一，尽管为时不长，但影响深远。——译者注

[3] 鲍希斯·维昂（1920—1959），法国博学多才的诗人、作家、音乐家、歌唱家、翻译家、评论家、演员、发明家和工程师，对法国爵士乐具有重要影响。——译者注

[4] 亨利·米修（1899—1984），法国诗人、画家。借助东方神秘主义与迷幻药进行颠覆性写作，其诗歌直接呈现个体的潜意识与神话原型，语言在他那里似乎不再是工具，而是某种存在的镜子。——译者注

度上成了解毒剂，使诗歌不致变得晦涩难懂。

俳句的作者们既不是诗歌的专职人员，也不是热衷于逻各斯的知识分子，而是像兰波或谢阁兰、华尔特·惠特曼（Walt Whitman）或埃兹拉·庞德（Ezra Pound）那样过着一种诗意生活的作者。对他们而言，写作就是生活，生活也是写作。诗歌不是一种大脑的壮举，而是一种真正的体验的踪迹，这种真正的体验必然要求像针一样插入世界，在世界中在场。这种见缝插针一样的临在以寻觅构成诗歌的顿悟、寻找世界的最佳切入点为前提。他们的诗集贴近世界，他们走向世界，为的是从那里给我们带回世界的财富。俳句的写作是一种心灵的修炼，跟古代哲学家们的心灵修炼相类似。

有几年，我跑遍了欧洲的博物馆，使自己得到艺术的锻炼。对于当代艺术，我领悟得最晚，经历过一段时间才对其有所领会，在那段时间里，由于对当代艺术的一切一无所知，我对它发表过很多无稽之谈——幸运的是，还好没有时间把这些东西写下来。顿悟的时机发生在有一次我被引导着参观了波尔多的当代艺术中心（Centre d'art contemporain［CAPC］），在那次由负责人带领的参观中，我明白了，我根本就没有密码，我对展出的东西一窍不通。一旦获得使用说明（每件艺术品都需要使用说明，不管它是哪个时期的），当代艺术就变成了一块新奇无比的大陆。

再后来，既然我已经在这个通常为那些不善于分享的精英所保留的宇宙中完成了一种启蒙之旅，那我就能够判断、选择、喜爱或者不那么喜爱了。我已经作出了自己的挑选："当代艺术：最后的晚餐"（第2章）将显示，这种艺术在多大程度上与基督教一脉相承，而后者不过是一种历史虚构之上的刺绣，这种历史虚构已经变成比历史现实更加合法的神话现实。整个地建立在一具不存在的尸体的空空墓冢之上的基督教，一直以来都求助于艺术来赋予该虚构以形式和力量——绘画、镶嵌画、彩色装饰字母、故事、诗歌、雕塑、建筑、音乐等。当代艺术的一大部分都属于这个世系，比如现成品、概念艺术、极简艺术、人体艺术、维也纳行为主义。

在“阿尔钦博托：拒绝僵死的自然”（第 3 章）中，我将提出一种反历史的开端，一反从属于犹太教—基督教知识型的这种官方艺术的历史。阿尔钦博托[1]（Arcimboldo）和那些阿尔钦博托主义者们似乎开启了另一条带有万灵论色彩的世系，它从未忘记构成大自然的一切——元素、季节、物质。从护教论成见中分离出来并因此在哲学上无比自负的静物画，从背景解放出来以成为真正主体的风景画，挖掘了这条犁沟，这条犁沟即便不是万灵论和异教的，至少也摆脱了艺术对宗教的附属地位。

“大地艺术：大自然的崇高之境”（第 4 章）将在大地艺术中追寻艺术的反历史的这个开端，大地艺术恢复了与史前渊源的萨满主义的联系。这种艺术再次昭示了世界是物质的，并与世界达成和解。以跟俳句同样的方式，大地艺术教会我们以不同的方式看待世界，教会我们在大自然中找到自己的位置，不是作为一种与自然相分离的存在者，而是作为它的一个部分，这个部分在一种美好的事物死亡后通向崇高、通向美的体验中享受他与整体的关系。卡斯帕·大卫·弗里德里希（Caspar David Friedrich）可以被援引为这些艺术家的源头，这些艺术家通常都是在新世界的风景的广袤之上工作的美国人。

人们可以通过文化而进入自然，只要前者愿意在自己身上开个入口。当许多艺术作品都使我们与世界疏远的时候，大地艺术提供了通向我们与世界的联结之物的访问路径。从自我的建构这个角度来说，走进和凝视这些作品可以起到教育的作用。我选择那些开启了通往世界之心脏的大门的艺术家，而不是关闭这些大门且背向世界、偏好纯粹观念性的反世界（antimonde）或逆世界（contre-monde）

---

[1] 朱塞佩·阿尔钦博托（1527—1593），意大利文艺复兴时期著名的肖像画家，其作品包括挂毯设计和彩色玻璃设计，其作品的特点是用水果、蔬菜、花、书、鱼等各种物体来堆砌成人物的形象。——译者注

这一选项的艺术家——后者是不存在的身体或虚构的身体主题上的两个变种。

在诗歌和绘画之后，一直往崇高的方向去接近最优美高雅之物，我们就碰到了音乐——“俄耳甫斯：让顽石落泪”（第5章）。它是最卓越的时间之艺术。在时间中，音乐把相互追逐的时间包含于自身之中。它也是通过仿像（simulacre）而作用于空间的一门艺术，是与量子力学正好相符的伊壁鸠鲁式的直觉。这些仿像作用于身体，它们穿透身体并赋予身体以形式，以致改变身体的节奏、周期、韵律、气息、血液循环、呼吸。音乐赋予力以时间，赋予时间以形式。音乐是史前之物，它流淌过由大自然的碎片制作的乐器。它们所制造出来的声音在音乐之中占一席之地，它们没有扰乱音乐，而是嵌入真实世界之音乐中，并常常改变那条音乐之河。有了音乐，我们就会最接近于创造性的能量：它给我们提供了创造性能量的一个声音形象。

1

俳句：对世界的诗意体验

对于诗歌在西方所变成的样子，俳句是解毒剂。它为诗歌从现在所处的死胡同里走出来提供了契机。由于成了意义之荒芜的最尖锐的点，在主流的历史编纂中高高在上的诗歌使毫无根据的重复累赘、啰里吧嗦甚嚣尘上，把它当作先锋派标新立异的胆量。在诗歌领域神出鬼没的人中，神秘、晦涩、模糊、谵妄、孤独症、唯我论肆行无忌。

从没有文字的文明之最初时光的抒情史诗的诗行，到使我们时代的虚无主义昭然若揭的精神病患似的新作之词，这条漫长的轨迹，与把文明初期的雄浑有力引向油尽灯枯的犹太教—基督教的当代衰亡之路不谋而合。从《吉尔伽美什史诗》到“一战”刚结束时期的达达主义者们的宣言，诗歌完成了一次莫名其妙的冒险，这个冒险扎根于公元前2500年前的阿特拉哈西斯（Atrahasis）大洪水，并在字母派诗人[1]（lettriste）们的没有所指的能指中坍塌。

当人类还不知道书写的时候，他们创造诗歌以便能够铭记功勋并向聚集起来的人们讲述。因此，诗歌作为一种记忆手段而起作用，而书写尚无法保存和记录本质性的东西。这些口口相传的东西某天将成为书写之物——美索不达米亚语的史诗，它们的希腊语版本，然后是拉丁语版本，就是这么来的，还有别忘了，印度、冰岛、日耳曼、古爱尔兰圈子里的成千上万句诗行，在某天被抄写员誊写下来之前，都已穿越了多少个世纪。

[1] 字母派诗歌是法国现代诗歌流派，由罗马尼亚裔法国诗人伊西多尔·伊苏（Isidore Isou，1925—2007）创立于1940年代中期，主张诗歌的单位不是有意义的词而是字母。——译者注

马拉美[1]（Mallarmé）开创了诗歌的孤独症时代，他在一个宗教崩塌的时代从词语中创造了一种宗教。上帝之死与这种对纯粹能指的崇拜的诞生同时发生。这位《骰子一掷绝不会破坏偶然》（*Un coup de dés jamais n' abolira le hasard*）的作者回应高蹈派[2]（Parnassien）并希望绝不直接呈现事物：他偏好暗示、寓言、象征、隐喻，诸如此类，只要所谓的存在之物的神秘得以保存。为了更好地暗示而欲言又止。这种精英主义、贵族派的诗歌艺术，这种小圈子的逻辑，为由观众来创造图画、由读者来创造诗歌的美学开辟了道路。这种逻辑通向双重绝境：非专业读者的逃离和由此而来的符号学技术专家对诗歌的没收。这就是为什么马拉美在那些喜欢加大符号的烟雾效果、句法的模糊性、词语的混乱的哲学家中享有巨大声誉。

因此，马拉美的诗呈现出一种绝对隐晦难解的迷。对于这位为了纯粹的音乐性而把意义打发走的诗人，人们无解。就像德彪西的一段乐章不意指任何东西，马拉美的许多诗没有任何所指。所指的死亡伴随着对根据优美动听的随想曲的秩序而被安排的能指的崇拜。马拉美心目中的诗歌撵走了身体、肉体的感觉、快感、世界的物质性，它作为一个概念、一种理念、一种本体（noumène）而起作用，在这种本体面前，除了宗教式的认同没有任何其他的可能性。保罗·瓦莱里（Paul Valéry）回想起他曾听马拉美对他谈到过“时间的形式”——然后问他：你有没有发现，这种表达是一种“疯狂的行为”……

在《骰子一掷》中，意义还没有空白、版面设计、印刷格式、纸张的选择、纸张的重量那么重要。如果大家知道对于这位被嘘声、被起哄的英语教师而言，“世界生来就是为了通向一本美丽的书”，那么他们肯定会以一种毫无诗意的方式来理解美丽并且把这句俏皮

[1] 斯特凡·马拉美（1842—1898），法国象征主义诗人和散文家，代表作有《牧神的午后》等。——译者注

[2] 高蹈派，又称帕尔纳斯派、巴那斯派，是19世纪下半叶法国诗坛出现的诗歌流派。——译者注

话视为出自一个珍本藏书家，而不是出自一位诗歌艺术的创造者。对于这个文本，就算我们读上千遍也绝不能获知其意义：写出来就是让人看不懂，这有什么好的，不过是制造一纸约定，方便把那些可能以同样的教派热情前来交流的门徒召集起来。就这样，一种宗教开始了。

因而，世界不在诗歌中，诗歌也没有变成一个世界。尽管在 20 世纪，苏佩维埃尔[1]（Supervielle）、米修、蓬热[2]（Ponge）、普列维尔[3]（Prévert）、桑德拉尔[4]（Cendrars）、雅各泰[5]（Jaccottet）和其他一些诗人表示过反对，反对这种把世界变成词语的以太、纯粹能指的薄雾的现象，但马拉美的谱系还是常常占尽上风：一批接一批这样的诗人，马拉美、查拉（Tzara）、伊苏（Isou）破坏了兰波类型的诗歌，前者以不可穿透的谜、词语的怪诞、玩世不恭的噪音主义取胜。

就这样，在 1916 年的《制造一首达达主义的诗》（*Pour faire un poème dadaïste*）中，查拉号召大家把一篇报纸文章剪碎，把这些纸片放进一个口袋里混合，并摇动这些纸卷，把它们取出来，按它们被取出来的随机顺序来切割句子。然后，一首诗就诞生了，这首诗将与他的作者相似。接着，查拉总结道："你们就是这样一个无限原创的作家，有着迷人的感受力，尽管不为庸众所理解。"在这些

[1] 居勒·苏佩维埃尔（1884—1960），法国现代诗人，他始终与 20 世纪上半叶称霸文坛的超现实主义保持距离。他提倡更具人性、更接近生活的诗歌，摒弃不假思索和让无意识统领一切的写作手法。——译者注

[2] 弗朗西斯·蓬热（1899—1988），法国当代诗人、评论家。在蓬热的思想中，认知占有重要地位，这种认知既针对世界与事物，也是对自我的认知。——译者注

[3] 雅克·普列维尔（1900—1977），法国 20 世纪深受人民群众喜爱的大诗人，其抒情诗从普通人的日常生活出发，在嘲弄的语调下，洋溢着对生活和对劳动人民的挚爱。他用现代口语写诗，语言朴素流畅，同时又把现代艺术，诸如电影和绘画等许多新的艺术手法引入诗歌，对法国现代诗歌语言成功地进行了革新。——译者注

[4] 布莱斯·桑德拉尔（1887—1961），瑞士法语诗人、随笔作家。他曾经创造过一种有力的新诗歌风格，以表现充满奋斗和艰险的人生。美国先锋派作家 H. 米勒认为他是"现代文学的一片大陆"。——译者注

[5] 菲利普·雅各泰（1925— ），诗人，生于瑞士。1946 年被瑞士梅尔蒙出版社派往法国，1953 年定居法国，潜心诗歌、散文、文学批评的创作。——译者注

把恶搞变成了艺术的见多识广的先锋派与对一小撮深受“一战”的创伤、放大虚无主义、拥护而非对抗虚无主义的年青人的各种试验毫无感觉的大众之间，这种对立一直存在着。

随着《第一次超现实主义宣言》（*Premier Manifeste surréaliste*）的发表，超现实主义就赋予了这种主张以一种哲学的谱系。自 1924 年以来，弗洛伊德所思考的梦境和这位维也纳医生所阐述的无意识，对一种方法上的新话语的产生作出了贡献。理性、推理、不矛盾原则、逻辑、演算、意识，让位于神秘学、弗洛伊德主义、通灵论、巫术、秘传学说。无意识影响下的口授大行其道。集体造句游戏放弃了任何有意义的诗行。如果只涉及布勒东和他的一些同样才华横溢的朋友，那么这种方法可能显得富有成效。但是，当这种方法成了掩盖其作者的贫乏的手段之时，它就会产生变质的果实。从来就不缺乏模仿者、追随者、毫无创新的后继者（现在也不缺），他们深信，只要放手去写就足以创作一个诗歌作品。无意识所产生的无非是始动动词（inchoatif）：只有主体的有意的（volontaire）工作才可能从中开采出天然的金矿。

伊苏完成了解构。马拉美号召大家培养模糊晦涩之物；达达派号召大家歌颂偶然随意之物；布勒东号召大家向无意识致敬，但所有这些人至少都保留了词语。伊苏则建议废除词语。1945 年，他的诗歌创造就只剩下按制造声音来排列字母了。第一次世界大战催生了所指的死亡；第二次世界大战则催生了能指的死亡。就这样，在 1947 年一首名为“雪”（*Neiges*）的诗中，伊苏写道，“Khneï Khneï thnacapata thnacapatha”——研究那些事物的理论家们竟然一脸严肃地告诉我们，这个字母序列展现了雪花的降落。

从来不缺乏马拉美的后裔、查拉的孩子、布勒东的子孙、伊苏的后代，他们创作的作品砍掉了一大批公众——两百万曾经追随维克多·雨果的送葬队伍的公众。在法国，正儿八经的诗歌已经变成了小圈子、珍本收藏家、派系的事情——而诗歌的类别却依然最为整个群体所践行。（经常自称具有革命性的）精英和民众间的分离从来没有如此巨大，而在许多国家，比如伊朗，诗歌却依然是一种深得人心的、要求严格的文学样式。

伊朗——或者日本。因为俳句，这种拥有五百年历史的形式，在这个旭日的国度，是一种深得人心的、要求严格的惯例。这些简洁的形式为所有既不是知识分子，也不是先锋派；既不是大学教员，也不是学者和学术权威的读者所特别称许。发行量巨大的报纸定期发表俳句，学生学习创作俳句，人们还会组织一些竞赛，读者众多的杂志会刊登一些上乘之作，为了观察自然并从中抓住顿悟时刻，人们组织出游（Ginkô）、聚会（Kukaï），以便将实践者们聚集起来。这种形式已经征服了世界——凯鲁亚克[1]（Kerouac）的《俳句之书》（*Livre des haïkus*）就是证明。

这些独立于西方的诗歌形式当然是由于不同的地理和历史，但也是且尤其是由于不同的形而上学参照而产生的。西方已深受犹太教—基督教的教化，后者预设了一个造物主与他的受造物、万物之前的主宰和这个主宰之后的事物、不动的第一推动者及其运动、没有原因的原因和原因之结果、上帝和人类居于其中的世界之间的分离。

在主流历史文献中占统治地位的所有哲学都重复着这种二元论的精神分裂：基督教中的灵魂、笛卡尔的思想实体、康德的本体或物自体、黑格尔的概念、弗洛伊德的无意识、海德格尔的存在论，都前仆后继地反对肉体、反对广延实体、反对经验现象、反对物质、反对生殖的原生质、反对存在者。起源的图式肯定性地包含神圣之物及其属性，而否定性地包含尘世之物及其属性。

笛卡尔发明了自治的、独立的主体。这位法国思想家的哲学摧毁了所有可能存在之物，以便发现他能够在其上建立起一种没有上帝的形而上学的东西。笛卡尔发现了“我”。从此，主体性的历险

[1] 杰克·凯鲁亚克（1922—1969），美国作家，美国“垮掉的一代”的代表人物。代表作有小说《在路上》、《达摩流浪者》、《荒凉天使》、《孤独旅者》等。他与其好朋友、“垮掉的一代”的代表诗人艾伦·金斯堡都深受佛教禅宗的影响。——译者注

就伴随着意识的历险，后者打量着世界，跟世界保持距离，并给世界强加上具有某种奇特目光的法则。世界和人分离了：从上帝与其宇宙的对立发展出人与自然的对立。

先于俳句写作的思想没有遭到这种有害的分离：没有先于世界而存在的我，没有使天国和尘世相对立的二元论，没有自我和自然之间的裂缝。世界、自然、小鸟、河流、花朵、日月、鱼类、植物、森林、平原、狗、光、色彩、季节、青蛙、孩童、小家鼠、蜻蜓，无非是同一个唯一的主题曲（即宇宙）的诸多变奏。人类并不独立于宇宙，而是在宇宙之中。基督教将人类不断拖入深渊，而日本的神道教则向来尊重人类。

大家已经看到，在马拉美的时代，发生了某种宗教性超越的崩塌，同时发生的是把这种对超越的需要投入其他地方的企图，这种对超越的需要就使诗歌变成了某种新的宗教的神殿——自为的词语、语言、文本的宗教。在俳句的逻辑中，词语不是一个自在的目的，而是一种手段，通向言外之意和言上之意：抓住某次对世界的顿悟，在其最绚丽的时刻。这种形式要求一种词语的俭省——刚开始是三行分别为五个音节、七个音节和五个音节的诗。因此，它迫使作者把已发生的事情浓缩在最小的文像空间里。

这样的话，在这种风格实践中，抒情诗式的发展是没有它的位置的，这种风格要求直抵本质。当住宅顕信[1]（Sumitaku Kenshin，1961—1987）由于患白血病而在医院承受漫长的痛苦时，他写道：

夜色中高悬
静脉滴液和
白色的月亮

[1] 住宅顕信，原名住宅春美，日本现代俳句诗人。——译者注

这时，他比弗里茨·佐恩[1]（Fritz Zorn，1944—1976）说得更多也更好，至少更加直接，后者在其《火星》（*Mars*）中事无巨细地讲述了最终带走他的生命的淋巴瘤。25 岁去世的那年，顕信留下了 281 首俳句，都是在他生命的最后 20 个月中写就的。这个曾经做过厨师、和尚，结过婚，当过一家之主的人，铸就了一部作品，它在一堆词语中聚拢起一条实存的轨迹，日本人之后就以这条轨迹造就了一个神话。他的最后一首俳句（一个作者的最后一首俳句叫辞世［Jisei］）如下：

夜晚如此悲伤
以至于某个人
被逗得大笑

俳句要求一种至简的现象学——在西方，这是一种矛盾修辞法，因为现象学常常被概括为各种描述的百花齐放，这些描述受到一种多言癖的影响，而多言癖是从德语的表达中获得它的气息、句法和韵律的。法国的现象学（萨特、梅洛-庞蒂[2]［Merleau-Ponty］、列维纳斯[3]［Levinas］、亨利[4]［Henry］、贾尼科[5]［Janicaud］、

[1] 弗里茨·佐恩，原名弗里茨·昂斯特，瑞士苏黎世人，他的自传《火星》于他死后的第二年（1977 年）出版，主要讲述了他被诊断出癌症以后对环境、成长条件、疾痛的思考。——译者注

[2] 莫里斯·梅洛-庞蒂（1908—1961），法国著名哲学家，知觉现象学的创始人，被称为“法国最伟大的现象学家”、“无可争议的一代哲学宗师”。代表作有《知觉现象学》等。——译者注

[3] 伊曼努尔·列维纳斯（1905—1995），生于立陶宛考那斯，1924 年进入法国阿尔萨斯的斯特拉斯堡大学学习，后获法国国籍，他提出了最具激进意义的“他者”理论。代表作有《从存在到存在者》、《总体与无限》等。——译者注

[4] 米歇尔·亨利（1922—2002），法国哲学家、小说家、现象学家，他发展出一套激进的现象学，并将其命名为“生命现象学”、“物质现象学”或“激进现象学”。——译者注

[5] 多米尼克·贾尼科（1937—2002），法国哲学家、哲学史家、现象学家。代表作有《海德格尔在法国》等。——译者注

马里翁[1]［Marion］等）在没有详细地展开一段纯粹的描述之前是从来不会罢休的，他们稀释真实，在过剩的细节、无关紧要的思虑中气喘吁吁，这些思虑把世界的本质淹没在一团被稀释了的语言的浆糊中，而这种语言反而变成了神圣。

当文字的宗教存在时，生活就变得多余，只要不断增加书本，形成一种对语言之神圣性的拜物教就足够了。在20世纪，结构主义给这种文本性的宗教提供了形式框架。世界的真理更多地存在于讲述世界的文本中，而不是在世界之中：对福柯来说，疯癫的真理更多地存在于讲述疯癫的档案中，而不是在疯癫病人的身体里；对德里达来说，绘画的真理更多地存在于塞尚对绘画的论述中，而不是在绘画自身中；列维–斯特劳斯关于美洲印第安原始部落（他并不会讲那里的语言——这是有天让·马洛里告诉我的）的真理，不是到他们日常生活的细节中去寻找，而是到被系统发生过程（根据弗洛伊德的文本）以神秘方式继承下来的所谓隐形结构中去寻找；萨德和施虐狂症的真理跟这位侯爵的生活没有任何关系，因为一切都在他写作的文本中，且作者是怎样的人全在于读者在作品中读到了什么。

俳句的作者是不可能通过第三者而生活在一个世界上的，他必须体验、感觉、感受、体察、活在这个世界，以便能够在其中抓住最精妙的时刻，然后用最经济节省的表达把它们固定在纸上。“青蛙跃入水中的声音”可能是芭蕉[2]最有名的俳句，这首诗在日文字符（日文汉字）的形式中不可能被掌握，因为它似乎生来就该被聆

[1] 让–吕克·马里翁（1947—），法国当代著名学者，法兰西学院院士，他所提出的礼物现象学掀起了现象学的第三次浪潮，开启了现象学的神学转向，并通过“圣象”、“流溢现象”、“启示的可能性”的图像研究和解释学为后现代基督教神学提供了崭新的路径。代表作有《还原与给予》、《偶像与距离》等。——译者注

[2] 松尾芭蕉（Matsuo Basho，1644—1694），日本江户时代早期的一位俳谐师的署名，他的功绩在于把俳句形式推向顶峰，但在他生活的时代，芭蕉以俳谐连歌（由一组诗人创作的半喜剧的链接诗）诗人著称，被称为“俳圣”。——译者注

听/领悟（entendu[1]）——在这个词的双重意义上。那个有名的“扑通（ploc）！”只有对那些在某天听到过这种独具特点的声音的人才有意义。福柯从未遇见过哪怕一个疯子却能够写出《古典时代疯癫史》，因为他埋首于档案之中，这些档案将他包围护卫，使他接触不到世界；俳句诗人首先就得生活，以便能够写作。

在西方主流的诗歌传统中，诗人就是他所诗意创造的世界的造物主，而在俳句写作的逻辑中，自然将其法则强加给诗人。在日本有一部五卷本的《日本诗歌大历书》（*Grand Almanach poétique japonais*），讲的是新年、春、夏、秋、冬。这套词语汇编就像季节的词典，它们告知人们身处其中的一年的节气：新年的第一天，第二天，然后是第三天，还有紧随这三天之后、宣告进入万象更新的一年的那一天；松树的季节；拿去除夕时用来装饰的松枝或竹子；大米饼的时刻；农历的大年或小年；月亮发出茜草红的光辉的时刻；新年的第一个黎明，初生的光明；第一缕阳光，第一天的苍穹，第一个好天气，第一天的薄雾；新生的绿色；富士山上的眺望；麻雀的到来，接着是乌鸦、雄鸡、夜莺、鸽子、鹤；重新开始捕捞龙虾；采摘蓝色的蕨菜、有着巨大叶片的虎皮楠、海葡萄（一种浅蓝或棕色的海洋植物）、小小的侧金盏花、芥菜、浑身长满棉絮似的茸毛的猫掌风、白色的荨麻。

每个季节都有它的标志：因此，对于春天来说，最显著的是，乍暖还寒、春寒料峭、余冰残雪、夜莺高歌、李花满枝、鱼儿重又游向水面的残冰、滋润万物的雨、陡峭的河岸上水獭摆放着的还没有吃的鱼、昆虫启蛰、鹰隼幻化成鸽子，换句话说，造化之力转变成了宁静的能量；接着是春分，春分之前和之后的日子，这个显示着田野之神圣的名字标志着农业劳作的开始，朔望月，黎明和夜晚，白昼的缩短，夜晚的最初时分，夜色温柔和馨，月亮被云彩遮住的

[1] 这个动词在法语里同时具有聆听和理解、领会两种含义。——译者注

夜晚，夜晚天空的澄澈和清明，变长的白昼的宁静，日子拉长，树上现出新芽，百花的季节，春天消退，百花怒放，鸟儿无尽地歌唱，当然，这几个月也是樱花烂漫之时，玉宇澄清，花朵之上寒意顿消，青蛙的季节来临，鹌鹑变成灰褐色，春天渐渐离去，流水落花春去也。

夏天姗然而至，微风过处，变化万千，从湿热的南方吹来的凉爽微风在嫩芽上呼吸，芦花间的清风，来自南方的多雨的微风，竹笋上吹拂的风，庄稼收获时节的风，绵长的雨，溲疏花的腐败，季风带来的疾风骤雨开始了，乌云密布、灰蒙蒙的时节，三个朔望月，夏天的天空，云彩，云雾缭绕的山峰，月亮和星辰，来自山间的风，南方的蓝色的风，晚间的暴雨，雷雨，猛烈的暴风雨，倏忽而至又转瞬即逝的雨，夏天的露水，轻岚和薄雾，彩虹，雷鸣电闪，季风时节的月亮和星星，阴暗的南风，吹拂着黄金麻雀的风，多雨的季节，洒落在葱郁的李树上的雨，无雨的季节，夏天退去，稻谷成熟月份的阴暗，干旱时节的繁星，来自南方的通透的风，干燥、暖煦、清新、平静的风，无风的伏天，天降甘霖，云朵的海洋，紫色的光环，早晨的灰色时光，黎明时分淡红的霞彩，初升的太阳泽被万物，夕阳的火焰，白昼的炙热，天空的明晃，能烤出油的热量。

秋天：山上变化万千，它的色泽，它的颜色，它的效果，开满花朵的花园，繁花似锦的大地和田野，狩猎区，稻田，收割之前从稻田里排出的水，雨后水的清澈，涨水，池沼，盂兰盆节时候的潮汐，悲伤而孤寂的海岸，当地居民称为龙火的大海的磷光，月亮，秋天的五彩缤纷，细浪中云集的沙丁鱼，等待月上柳梢的夜晚，白色星光的胜景，满月，银河系，天河，开始偶有强风了，随之而来的是暮秋的狂风，秋雨，闪电，雾霭，冰露，白霜。

最后，冬天来了：熊躲进了它的兽穴，狼鲈从河里游向下游的大海，胡瓜鱼成群结队沿着河流上溯，霜降时节，海里的竹签鱼冒出头来，吞食的螳螂，苹果树上的蚜虫，昆虫的吟唱，蝈蝈儿跳来跳去，出现了第一条鳕鱼、第一条庸鲽，船丁鱼[1]美不胜收，蛇、爬行动物、两栖动物、蜥蜴都冬眠了，松鼠、榛睡鼠、蝙蝠也都冬眠了，熊、獾、麂子、长毛藏羚、狐狸、浣熊、貂、鼯鼠、兔子转移了，猴子在雾凇中啼鸣，狗和猫、隼和鹰、大雁和苍鹭、伯劳和夜莺、燕子和戴菊莺、猫头鹰和灰林鸮、云雀、天鹅和海鸥、绿头鸭和鸻、田凫和潜水鸟、海鸥、鹤和海雀，海岸附近游过鲸鱼、海豚、鲨鱼、雷鱼、金枪鱼、火鱼、鲂鱼、箭鱼、剑鱼、金色的金眼鲷、鹦哥鱼、马麦酱鱼、寒冷时节的鲻鱼、双眼好像蒙着一层纱的沙丁鱼、蜘蛛蟹、水母、牡蛎，冬蝴蝶、尺蛾、蜜蜂、苍蝇、虻、幼虫、蚊子、跳蚤、田蛙、燕雀、乌鸦、雪里的小鸟、天鹅、寒冷天气的隆头鱼（日本人眼里的“鱼中之王”）、鲤鱼、乌贼、七鳃鳗、蛤。然后便是新的一年循环往复，直到冬天。

在此，人们会发现两件事情：第一，俳句用最少的词构筑了一部世界的百科全书；第二，这部关于世界的百科全书既精细周全又灵动活泛，还具有整体性的辩证法。土壤中幼虫的无限细小比肩于朔望月景观的无限浩大，一只搓脚的苍蝇生动而反复的运动也构成了一种顿悟，就像受到磁场指引的鸟和鱼的盛大而漫长的迁徙所构成的顿悟一样。

原子昭示着宇宙，宇宙昭示着原子：映现着辽阔风景的一滴水；一只抛入无限风景的以太中的孤单的鸟儿的简短鸣唱；稻田边紧窄的小道，述说着一个充满佛教智慧的人的生命轨迹；一棵泡桐的紫色芬芳，这棵树打开了通往失去了的童年世界的门户；富士山的斜坡上蜗牛的蜿蜒；融化了的雪，预示着诗人的身体在坟墓中的境况。

只用 17 个音节，俳句就营造出崇高之境。这种简短的、语言上惜墨如金但从存在论和形而上学的观点看却颇有成效的形式所获得的是，当我们深入研究人类的渺小与自然之循环的浩瀚、人类生命

[1]　此处法语原文为 beauté du gisu，gisu 疑为 kisu 的错误拼写，在日语中 kisu 写作きす，意指一种叫鱚、船丁鱼或白丁鱼的鱼。——译者注

的无穷小与将这些循环涵容于自身内的宇宙的永恒之间的差距时，这种对自我的倾覆感和稀释感就会涌上心头，这种自我的倾覆感和稀释感就催生了海洋感觉（sentiment océanique）。马拉美释放烟雾，芭蕉和其他俳句诗人则把存在从一切存在者中释放出来。

现在，让我们回顾一下规定着俳句并记述着俳句的惊人哲学力量以及它对西方思想不断的打击力的东西：它不是被揭露的自我，不是被展示的自我，不是抒情的发展，不是精神分裂的二元论，不是与世界隔离的自我，不是与自然判然有别的意识，不是与其受造物相对立的造物主，不是语言的宗教，不是概念的诱惑，不是文学的形式主义，不是使世界面目模糊。相反，它是一具能够感受、观看、品味、享受世界、体验真实、抓住自然和宇宙的细节与概观的躯体，是服务于经验生活的词语，是为达到最大诗意而使用的最简现象学，是一种能够产生崇高感的极小的风格主张，是存在之物的一种疏朗澄明。

此外，让我们补充一下，是什么使对世界的诗意经验的描述臻于完善，具体来说就是，俳句在其中扮演着诗意生活的工具的角色：实际上，拥有一个写作某事物的自我与拥有一个完全不同的生活的自我——就像在外省中学教授英语的被人起哄的脾气暴躁的马拉美教师的自我与生活在精英主义的顶峰，用一首诗废除了所有其他诗歌的马拉美的自我——这样一种割裂的生命是不可能的。

芭蕉的写作和生活是浑然一体的：他写他的生活，而不是通过创造一种完全不同的生活来逃避生活，这种全然不同的生活在任何角度上都与宗教的来世相似。作为一个没落武士的儿子，这位笛卡尔的同时代人自 13 岁起就在一座禅寺中学习写作技艺和这种写作技艺的实存实践。后来他独辟门户传授所学。他深知自己大获成功，但拒绝俗世生活，成为一名佛教僧人。然后，他定居在他的第一所乡间茅舍之中，并在那里种了一棵某个学生送的芭蕉——他的姓，芭蕉，就是这么来的，指的就是芭蕉。他在那里过着一种贫困、以文学为友、具有实实在在的精神性的生活，他在一个学习写作的弟子的陪同下走过特别漫长的旅途（2 500 公里）。他口授了自己的最后一首俳句后，就不再进食，他点上香，口授了遗嘱，打发走弟子们，然后溘然长逝，他时年 50 岁，创作了 2 000 多首俳句。

因此，在俳句的逻辑中，生命跟写作是分不开的，因为前者滋养着后者，并且两者相依为命。写作就是生活，而生活就是写作，因为为了写作，必须有生活。这种简短的形式的实践需要长期而专注地浸淫于世界之中。身体应该不断地处于窥伺中，等待某物突然出现，以便在最佳时刻把它抓住。诗人采集钻石——如果我们记得，这种宝石是力量、压力，以地质学的形式层层累积、凝结、固定、集中和释放出来的密度的结晶。

即使这个佛教徒不相信有自我并且教导我们，自我是虚构的，能够说出"我思故我在"的主体不过是个笑话，但他的身体却积极地临在于世界之中。不是沉思式的临在，而是操心着的临在、寻觅着的临在、追逐着的临在，就像人们描述一位鞘翅目昆虫的业余爱好者时会说的那样。如果你不走向真实世界，真实世界是不会来到你面前的。许多人与世界擦肩而过，世界将再也不会来到他们面前：他们在世界中，却存在于世界之外。为了写作俳句，就必须在世界之中，在世界中临在，就像看守火上煮着的牛奶——要等到它溢出来。

常有人倡议出游，以捕捉和抓住顿悟，这个顿悟将变成俳句。这种"出游"构成了逍遥学派[1]的（péripatéticienne）勋章的反面，因为亚里士多德边走还要边教育他的学生，但是散步本身对思想的实现并不算什么。它不过是一种趣闻逸事式的活动模式。然而当你外出到大自然中去时，步行就有助于使自己被一个世界、这个世界所充满，并在其中抓住显现的一切：视觉的、听觉的、嗅觉的、味觉的、触觉的——看到鲤鱼在小河的柔波里缓慢地起伏悠游，听到夜莺在

[1] 逍遥学派为古希腊哲学家亚里士多德所创立，故又称亚里士多德学派。公元前 335 年，亚里士多德在雅典的吕克昂建立了一所学院，该处有一小树林和许多可供散步的林荫道，亚里士多德喜欢在这林荫道上和学生散步、讲课和讨论学问，所以被称为逍遥学派。——译者注

李树上叽叽喳喳，闻到百合花令人眩晕的芬芳，尝到滚烫的红茶，触摸到花园里颗粒状的温热的树皮，并在一口气就能读完的句子的时间里刻录下这些感觉。

因此，诗意的出行就是诗意生活的一部分，就像存在着哲学的生活一样。辞世诗（Jisei）的实践属于同样的实存逻辑，在这种诗歌实践中，诗人在临死前浓缩了他写作生涯所积累的一切。换句话说，作为天地之精华的人，将使天地之精华成为天地之精华，以便把这些分散零乱的密度转化成最后的密度，这种最后的密度轻易就能把终极的智慧转化成一种教益。

下面是一茶[1]（1763—1828）的辞世诗：

那么，这就是
我最后的逗留?
雪上五个脚印

真正的教益当然就在那个问号中！没有标点，第一个词首字母没有大写，没有终点也没有完成：这难道不是佛教禅宗的一个极好的教益吗？它通过一个问号总结了俳句诗人的整个一生，问号把所有精华成分的运行悬置起来，并把浓缩之物浓缩进一个本体论的串钱饰中。佛教给我们谆谆教诲，但这位佛教徒却告诉我们——他只知道告诉我们这个道理——在智慧、求索、沉思、写作的一生之后，最后不过是留下疑问重重。

因此，世界的真理不在讲述世界的文本而在世界之中——一个文本必须传达世界才能真正地成为文本，并成为主要的文本。俳句就讲述世界。它就像一只形而上学的漏斗，世界的广袤进入它，在入口处被纯化为简短但密集的形式，然后以一种问号的形式离开世

[1] 小林一茶（Kobayashi Issa），日本江户时期著名的俳句诗人，本名弥太郎，别号菊明、二六庵等，其写作特点主要是表现对弱者的同情和对强者的反抗，主要作品有《病日记》、《我春集》等。——译者注

界。当然，问号并非单义的：它不意指纯粹的提问，同样也表达以疑问的、（古希腊意义上的）犬儒主义的形式而得到肯定的确定性：我最后的逗留难道还有别处吗？在雪之下。这个重新开启着的问号说的是“抑或”。

抑或我将进入自然的、世界的、宇宙的伟大循环之中？因为《日本诗歌大历书》就是这么告诉我们的？它不是按照西方哲学的模式，而是按照经验的模式来讲述时间：季节的圆形时间，宇宙的循环时间，与西方的箭形时间相对的东方的环形时间，永恒复返的时间，活生生的大自然的时间。因此，俳句远离所有这些理论思考，提出一种关于活生生的时间的经验现象学。

就这样，新年的时光意味着：从一个消逝的世界过渡到一种新生的时间；混沌转化成宇宙；时间回到其起源处；万象更新的轴点——太阳的第一次升起，第一个夜晚，第一次看风景，炉膛里第一次生火……；用七种祛病的植物准备的浓汤；体悟朔望月，换句话说，就是体悟月亮的消逝和重生；回归的生活拉开序幕；白雪和白雪融化的时节；与准备、使用和新桃换旧符相关的一些节日。

大年初一
过去的一年还在
炉子里燃烧

日野草城[1]（Hino Sôjô）如是写道。

春天的时光：从东南吹来的融冰化雪的风；所有鸟儿特别是夜莺的歌唱；鱼儿从水底游向正慢慢融化的冰面；大雨骤降；冰块融化，冰块坼裂；土壤也化开了，草本发芽，树上现出嫩芽；轻雾升腾起来；昆虫出蛰；大地重又变得温暖；桃花开了；最早的蝴蝶开始第一次飞翔；春分过后，白昼变长；麻雀筑巢；樱花盛开；春雷又出现了；

[1] 日野草城（1901—1956），日本现代著名俳句诗人。——译者注

日光越来越亮；植物的生命炸开了；燕子归来；大雁北飞；彩虹初挂；白霜不复出现；花苗破土而出；牡丹花开；水獭醒来了，它捕猎小鱼，衔在嘴里不吃下去，仿佛要把它们奉献给某位非同寻常的神祇。

大大的雨滴
在水獭的祭礼之上
玉宇澄清

高田蝶衣（Tagada Choï）如是写道。

夏天的时光：绿竹生长；桑蚕苏醒；萤火虫又回来了；青蛙呱呱叫；植物达至成熟；该收割了；蚕宝宝开始吃桑叶；种子发芽，谷粒开始萌芽；螳螂和萤火虫出现了；李子成熟；鸢尾花、芬芳的菖蒲、颤蜗一般的松树花渐次开放；药用植物晒干了；猎鹰雏鸟开始捕猎；泡桐发芽了；土壤浸透着水分；三伏天横行肆虐。

秋天的时光：凉风习习；知了吟唱；偶有轻雾笼罩；热力消退；木棉花的雄蕊绽放开来；日光渐渐变暗；露水洒落在晨光中微微颤动的草木之上；开始有鹡鸰的歌唱了；燕子离去；秋分；白昼缩短，夜晚变长；不再有雷鸣；昆虫、爬行动物和两栖动物开始挖掘它们的庇护所，并躲藏在地下；水分变得稀少；气温下降；白露伴着清冷的黎明；大雁从西伯利亚飞回来了；菊花渐次开放；蟋蟀和蝗虫停止歌唱；开始结霜了；露水让位给了寒霜；空气变得冰凉；枫树和常春藤的叶子变成了红色；台风出现了；农民收割稻子；清晨的薄雾拥抱着群山；肉眼所能看到的最大的星星挂上天空；星辰的运动令人遐想联翩。

冬天的时光：西伯利亚吹来的风登陆了；茶梅盛开；水仙花也开放了；第一场飞扬的疏雪小心翼翼地来到；山尖落下了白雪；天空不再有彩虹；树叶被北风吹落；橘子成熟了；大地穿上雪白的大衣；天空低矮沉重；熊冬眠了；鲑鱼成群结队；冬至；按照传统，人们要在晚上的洗澡水里放柠檬并且要吃南瓜；被冰冻烧焦的草丛又长出来；小麦发芽；鹿掉角；兰花的茎干傲然挺立；泉水轻颤；药草和毒芹郁郁葱葱；野鸡鸣叫；冰冻使沼泽坚硬如铁；母鸡孵蛋；有种叫驴掌的植物开花了；大自然准备着她的复苏；仙后座位于苍穹的中央；猎人出发了；野兽从高山上下来接近人的居所；树木光秃，鸟儿最容易找到方向。

这就是《日本诗歌大历书》的五卷本所说的东西：《白雪笼清晨》（*Matin de neige*）说的是新年；《水獭梦初醒》（*Le Réveil de la loutre*）说的是春天；《牛郎织女星》（*La Tisserande et le bouvier*）说的是夏天；《月向西边白》（*À l' ouest blanchit la lune*）说的是秋天；《风自北方来》（*Le Vent du nord*）说的是冬天。这种知识源自18世纪以来皇朝官员智慧的积累。《日本诗歌大历书》的作用就相当于《塔木德》、《圣经》或《古兰经》：在我看来，它是一本文明的奠基之作。它讲述一个世界，宣示一种存在论，勾勒一种形而上学，通过文字来传授几千年的智慧，这种智慧使它免于成为一神论宗教之奠基的所谓圣书的危险。关于独一无二的神的三本书实际上是想让我们在一种远离世界并在世界中创造家政学[1]（l' économie）的话语里阅读世界的真理，对于这位唯一的神的那些谄媚者而言，世界的真理更多地是在那本讲述世界的书中，而不是在世界本身之中。人们从不质疑那本书，就像人们很少质疑真实世界一样，就像那些试图教导人们应该怎么阅读该书的人——拉比、牧师、伊玛目一样。

《日本诗歌大历书》不是一种超越的哲学，而是内在的智慧；它不是源自苦思冥想的大脑产物，而是千年的经验观察；它不是为了知识的形式美学而想出来的理论，而是对一种实存实践的激励，

[1] 此处一般译为"经济学"，但根据上下文，译者认为此处更宜采用其词源学含义，即家政学。"家政学"一词的希腊语为oikonomia，在基督教中意指上帝在尘世的代理，在亚历山大里亚的革利免那里，家政学概念开始与天道融合在一起，意指世界和人类历史的救赎性管理。参见Giorgio Agamben, *What Is an Apparatus and Other Essays*, translated by David Kishik and Stefan Pedatella, Stanford: Stanford University Press, 2009, P8-12.——译者注

它邀请我们最大可能地临在于世界、自然和宇宙；它不是那种为了存放在图书馆、束之高阁、为了逃避世界而闭门谢客的书，而是这样的文本，它激励人们重新找回漫步、观察、沉思、采集草药的道路；它不是奉献给某种纯粹的精神、某种虚无缥缈的灵魂、某种没有身体的大脑的不接地气的反思，而是一种异常生动而具体的精神修炼的点滴记录，这种精神修炼调动着整个感性的身体。

西方思想史可以通过审视伟大的俳句作者的历史来审视自己：松尾芭蕉是笛卡尔的同时代人，与谢芜村（Yosa Buson，1716—1783）是康德的同时代人，小林一茶是黑格尔的同时代人，正冈子规（Masaoka Shiki，1867—1902）是尼采的同时代人，夏目漱石（Natsume Sôseki，1867—1916）是柏格森的同时代人，住宅顕信是德里达的同时代人。无须《谈谈方法》，无须《纯粹理性批判》，无须《逻辑学》，无须《论道德的谱系》，无须《论意识的直接予料》（*Essai sur les données immédiates de la conscience*），无须《论文字学》，俳句诗人们却创造出一种极简的现象学，它形式上庄严崇高，同时又是终极的实存邀请。还有人能想出更好的西方哲学的反历史吗？

但是，非日本人又是怎么看待俳句的呢？因为，哎呀，确实有思考俳句的人！保罗-路易·库肖（Paul-Louis Couchoud，1879—1959）是把这种诗歌形式引入法国的主要人物。这个人在法国思想界具有重要地位：他是否定耶稣的历史存在的理论家，是基督教的神话的解构者，因此也是在理论方面最有效和最恰当的去基督教者。可以说，他被主流的历史编纂学迅速埋葬了，人们很少阅读他，就像很少阅读另一位自由思想家普罗斯佩·阿尔法里克[1]（Prosper Alfaric）一样——当然，不能用另一个神职人员所意指的“自由思想家”这个术语。

保罗-路易·库肖是巴黎高师的学生，并通过会考取得了大学

[1] 普罗斯佩·阿尔法里克（1876—1955），法国基督教史专家。——译者注

或高中哲学教师的职衔，他也是诗人、东方学家、医生、阿纳托尔·法郎士[1]（Anatole France）的朋友（他是此人的通科医生）。24岁的时候，他获得了一笔奖学金，使他能够在1903年9月到1904年5月住在日本。他在那里遇见了一些诗人、贤者、禅师和俳句诗人，其中包括高滨虚子（Kyoshi Takahama，1874—1959），这位俳句诗人主持过重要的俳句刊物《子规》[2]（*Hototogisu*［*Le Coucou*］）。

回到法国以后，他跟朋友雕刻家阿尔贝·蓬桑（Albert Poncin）和画家安德烈·福热（André Faure）进行了一次运河上的小艇之游。在此次旅程中，他们撰写了一系列俳句，记述他们的长途旅行。在写作的过程中，保罗-路易·库肖恢复了那种集体创作和以环环相连的诗歌（连歌[3]［Renga］）为基础的原始实践。1905年，他们发表了自己的作品，该书有30本样刊，没有作者的名字，书名为《顺流而下》（*Au fil de l'eau*）。这72首分布在50页纸上的俳句异常珍贵，其原因不在于它们本身的优美，而更多地在于它们在法国开启了那个文学样式。下面是它们中的第一首：

船队已经滑动。
再见了圣母院！……
哦！……里昂的船港！

接下来是这一首：

亲爱的朋友，亲爱的朋友，
啊！你让我悲痛欲绝！
果园中一场冰雨。

---

［1］ 阿纳托尔·法郎士（1844—1924），法国作家、文艺评论家、社会活动家。——译者注

［2］ 《子规》是由伟大的日本俳句诗人正冈子规创办的。——译者注

［3］ 连歌是日语中的一种组合式的诗歌类型。——译者注

还有另一首，作为结尾：

揭开黑色的奶酪皮
只剩一片烟叶
墨伦（Melun）的奶酪。

把一句通俗的散文切成三段，变成三个叠放的诗行呈现在纸上，这还不足以创造一首俳句。这种诗歌形式并不是没有内容的单纯形式，而是需要极简形式的现象学内容。然而，获得极简的形式远比从实存的现象学内容出发更加简单，后者需要俳句诗人具有捕捉顿悟的独特能力。看见并表达出他所见之事，然后用三行诗把该事物呈现出来，这样的作者连俳句的门都没有摸到，因为他缺乏支撑着俳句的泛神论的世界观。

没有一种跟大自然、宇宙和世界水乳交融的精神境界的俳句就失去了俳句的意义、俳句的味道。在形式上，俳句的古典样式要求三个不可缺少的要素，这三个要素是18世纪确定下来的：由三个分别是5个音节、7个音节和5个音节的诗行构成；必须有一个季语[1]（Kigo）以便定位宇宙时间；必须有一个切字[2]（Kireji）来引入一个中断、呼吸、诗行内部的休止符。随着时间的推移，俳句不断演化：到20世纪初，种田山头火[3]（Santoka Taneda，1882—1940），一个禅宗和尚，废除了把17个音节分成5、7、5的这种要求，他还放弃了季语的使用。最后，他希望有完全自由的形式，因此切字也消失了。

但是形式上的限制的放宽并没有伴随着一种精神境界上的限制

[1] 季语（きご）是在连歌、俳谐、俳句等地方使用的用来表达特定季节的词汇。比如“雪”（冬）、“月”（秋）、“花”（春）等。——译者注

[2] 切字（切れ字），俳句中表示咏叹作用的词，相当于汉语文言文里的兮、也、哉等。——译者注

[3] 种田山头火，日本现代著名俳句诗人。——译者注

的放宽。作为一个禅宗僧人和佛教徒，山头火把俳句作为一种纯粹经验的踪迹——然而，目视并不足以构成一种经验，还必须看见我们所目视之物。眼睛“看视”，但只有感觉（sensibilité）能够“看见”。在这种意义上，一个盲人也许能看到一个健康的观者视而不见的东西。把俳句从其形式中解放出来，何乐而不为呢，但要使俳句摆脱其意义……不敢苟同！

那个诗化了的手法是为日本的贤人们称为“幽玄”（Yûgen）、西方哲学家可能会称之为存在之物的纯粹在场、存在者之存在、现象之本质、仿像之碰撞、力之组合、形式之游戏、生命之辩证法、内在性之力量——若用尼采的词汇来表述的话，可以把它叫作：强力意志的震颤——的东西服务的。

法国俳句在这个时期还有另一个为其鸣锣开道的人，那就是朱利安·沃康思（Julien Vocance，1878—1954），原名约瑟夫·塞甘（Joseph Seguin），一个具有法学和文学学士学位的年青人，巴黎文献学院的学生，拥有卢浮宫学院和巴黎政治大学的文凭。1916 年 5 月，他出版了《战争百态》（*Cent Visions de guerre*），在书中他记述了战壕、死亡、战役、血、火、伤口、腐烂。这是其中一首俳句：

美如你的双眸，柔若你的音声，
灵活，坚定，她的手在包扎；
她在思考，我想。

俳句的这种形式难道是必不可少的？对这种日本传统的参考非如此不可？一种古老的韵文形式似乎恰如其分。但如果只有形式横行霸道而没有任何形而上学与之相随，那就只是对一个平淡无奇的世界的纯粹描述、对一个稀松平常的真实世界的蹩脚速写。因此，当保罗－路易·库肖的老师高滨虚子这样写道时：

一条蛇已逃走。

草丛里只留下它那双

注视过我的眼睛。

他就在存在论上（远远）高出他的学生，后者发表过（不要笑）这样一首法语俳句：

外科医生们

在检查

脚踏车的肠子。

这并没有阻止保罗-路易·库肖进入1920年《新法兰西评论》（*La Nouvelle Revue française*）的“俳谐”（*Haï-Kaï*）那一卷。

俳句表达的是内在性中的超越，它抓住它、使其升华、在一种经济节省的形式中将其转化为词语，但又充满存在论的突破口。这种诗歌片段把一切都完整地摄入一个短语的有节奏和呼吸的节段中，而这个短语镶嵌在一种独一无二的表达中，紧接着，必须再度平复气息。目睹内在性而浑然不知它身上承载着崇高的物质，这无异于只看到事物的质料并把激活它、萦绕它、使它颤动的东西——能量——放在一边。成功的俳句在世界的显现中抓住能量。一首俳句终了，只能保持沉默。

2

当代艺术：最后的晚餐

从犹太教的《圣经·旧约》的预言出发、以纸上耶稣为基础而建立的基督教的虚构，在西方人中产生了一种对寓言、讽喻、神话、象征、隐喻的热爱。耶稣在历史上从来没有存在过，他是被犹太人编造出来的，犹太人以为，被宣告的弥赛亚已经到来，他们以为他是如此真实，以至于经卷上预言的东西已经在历史中实现了。正是这位耶稣创造了一种存在方式、思考方式、绘画方式、雕刻方式。经过基督教神话体系的建构者们的意志，基督教团体在这种已经变成现实的虚构之上得以建构起来。

787 年，第二次尼西亚公会议[1]（Second Concile de Nicée）决定可以对耶稣进行形象化，也就是说可以赋予耶稣以形象，这成了一次降福：现实中从未存在过的东西接着就能够在绘画、雕像、连环画等虚构中存在了。对从未存在过的东西的再现变成了真实：一位真实的独一无二的耶稣的缺席被绘画、连环画、雕像、镶嵌画所描绘的成千上万个耶稣取代了。虚构的真实让位给了变成真实的虚构。艺术曾是一种巨大的宣传工具：在一千多年的时间里，它讲述了一个传奇，描绘了从未存在过的东西，赋予虚构以形象，再现了无数神话。16 世纪的特伦托会议[2]（Concile de Trente）重新激活了 787 年尼西亚公会议所决定的东西。图像和现实都需要重视——但当现实没有立足之地的时候，图像就将变成唯一的现实。

---

[1]　第二次尼西亚公会议（或称第二尼西亚会议）是于公元 787 年在尼西亚召开的基督教大公会议，它也是基督教历史上第七次世界性主教会议。此次会议主要讨论了圣像崇拜的问题，为圣像敬礼传统奠定了重要根基。——译者注

[2]　特伦托会议是指 1545—1563 年在特伦托召开的大公会议，是罗马天主教会最重要的大公会议。该会议的起因是马丁·路德的宗教改革运动，其目的是反对宗教改革运动，维护天主教的地位。该会议对天主教仪式和实践都有显著的影响。——译者注

于是，在壁画、绘画、灰墁画、木刻、青铜雕刻、颜料绘画、镶嵌画、大理石雕像、黄铜雕像、水粉画、黄金塑像、水彩画、钱币、彩色粉笔画中，人们就有了耶稣生平各个阶段（出生、逃往埃及、童年与圣殿里的商人在一起、成年在沙漠里、他作预言时光芒四射、行奇迹、与使徒们或抹大拉的玛利亚［Marie-Madeleine］相遇、与其他人相遇、登上骷髅地、被钉在十字架上、第三天复活、升天、坐在圣父的右侧，等等）的身体，所有状态下（被报喜的鸽子看见、圣母永眠、怀孕、哺乳、悲痛、升天）圣母的身体，所有活动中（唱歌的、拍翅膀的、弹奏某种乐器的、保护孩童的、打倒一条恶龙的）天使的身体。

这种反身体（anticorps）（一个只以象征为食的活人，一个死后三天被复活的死人，一个仍是处女的一家之母，一个背上长着翅膀的没有性别的灵的外质）的泛滥助长了西方基督教对身体的建构——具体来说就是一种神经过敏的身体，因为生命摄入的是卡路里，而不是寓言；当它们死去了，它们是不会重生的；至于女人，如果她们是处女，那她们就不会有小孩，如果她们做了母亲，那她们就肯定失去了贞操。对于天使，应该怎么论辩呢？

每个路人甲的肉身都是由至少一千年的大量的模范教化而成的。哪怕是最小的乡村教堂，所有人都在里面接受洗礼，结婚，让孩子接受洗礼，领受庄严的圣餐，被剥去圣餐，接受坚信礼，埋葬他们的祖父、父亲、朋友、家人，展示这些反 - 身体并邀请大家将之这样形象化：有着花白须发的年迈的上帝的身体；有着白色或棕色须发的年青的耶稣的身体，尽管他源自巴勒斯坦[1]；童贞女和圣母玛利亚的母性身体；满身鲜血的基督身体；面容损毁的十字架上的基督尸体；胖乎乎的小天使或笑容满面的天使的雌雄同体的身体。人们有众多选择（别无选择）！

随着时间的推移和信仰的松弛，艺术史从宗教主题中解放出来

[1] 中东的年青人的须发是黑色的。——译者注

了。这是赞助者使然。钱说了算。资产阶级为自己提供艺术家，有钱的佛拉芒人请人为自己画像；风景在刚开始作为背景出现，就像做生意大发横财的夫妇的首饰盒，然后独立出来，自身成了主题；死气沉沉的自然出现了，从广袤的风景过渡到物质的细部；在印象派那里，绘画从主题中解放出来，它描绘光照在物体上的效果，物体本身变成次要的，这个次要的物体自身也消失了，只要抽象概念就够了：人们不再画任何明确的东西，只有姿态，甚至姿态也变成累赘而终结了，马列维奇[1]（Malevitch）的《白底上的白色方块》（*Carré blanc sur fond blanc*）宣告绘画的终结，画布的死亡，主题、物体和对这个主题的处理的消失。然后，马塞尔·杜尚横空出世，他宣告艺术死了，这种艺术之死悖谬性地转变成当代艺术的诞生。20 世纪的艺术史就是这种悖谬史。

人们也许能够想象，正是去基督教化影响了艺术，至少是从佛拉芒风景画的出现开始的。当然，宗教的主题依然存在，但是人们可以清楚地看到，希腊人[2]（Le Gréco）、帕尔马人[3]（Le Parmesan）、矫饰主义者、巴洛克画家们在多大程度上仍在处理这个主题但却以他们给该主题所施加的形式的主观性、以他们处理方式的特立独行而获得辉煌的成就：署名胜过了一切。艺术家对他所处理的主题一笔带过——当查理五世[4]（Charles Quint）在意大

[1] 卡西米尔·塞文洛维奇·马列维奇（1878—1935），俄国至上主义艺术家、几何抽象派画家。——译者注

[2] 这里的字面意思是希腊人，其实就是指伟大的西班牙画家埃尔·格列柯（1541—1614），他的原名为多米尼克斯·特奥托科波洛斯，因其出生于希腊的克里特岛而被人称为埃尔·格列柯，在西班牙语中意为希腊人。——译者注

[3] 这里指的是意大利画家弗兰西斯科·帕尔米贾尼诺（1503—1540），因其来自帕尔马而得名。他是 16 世纪意大利矫饰主义风格画家，同时也是一名版画家，活跃于佛罗伦萨、罗马、博洛尼亚、帕尔马等意大利诸城。他的作品中往往带有夸张风格，人物肢体修长。代表作有《长颈圣母》、《绅士肖像》等。——译者注

[4] 查理五世（1500—1558），16 世纪欧洲最强大的君王。在欧洲人心目中，他是“哈布斯堡王朝争霸时代”的主角，开启了西班牙日不落帝国的时代。——译者注

利博洛尼亚市大师的画室里俯身捡起一支提香[1]（Titien）手中掉下的画笔时，他并没有弄错。夏尔丹得以画出崇高的僵死自然，而任何东西都无法阻挡迪克斯[2]（Dix）、恩斯特[3]（Ernst）、诺尔德[4]（Nolde）、雷东[5]（Redon）、蒙克[6]（Munch）、席勒[7]（Schiele）、恩索尔[8]（Ensor）、夏加尔[9]（Chagall）、鲁奥[10]（Rouault）、达利、毕加索，还有其他画家去画十字架受难。直至今日，绘画依然在处理基督教主题——我想起了我的朋友罗伯

---

[1] 提香·韦切利奥（约1488/1490—1576），意大利文艺复兴后期威尼斯画派的代表作家。在提香所处的时代，他被称为“群星中的太阳”，是意大利最有才能的画家之一。他对色彩的运用不仅影响了文艺复兴时代的意大利画家，更对后来的西方艺术产生了深远的影响。——译者注

[2] 奥托·迪克斯（1891—1969），德国画家。他早期以各种风格作画，从印象派到立体派，最后以无政府主义者的叛逆表现而转向达达派。后来又转向现代主题，转向一种相对来说更为写实的处理手法。——译者注

[3] 马克斯·恩斯特（1891—1976），德裔法国画家、雕塑家，被誉为“超现实主义的达芬奇”，在达达运动和超现实主义艺术中，均居于主导地位。他的作品展现了丰富而漫无边际的想象力和对世界的荒诞之感，表现出日耳曼浪漫主义和虚幻艺术的梦幻般的诗情画意，令全世界惊异不已。这位不知疲倦的发明家不断地更新自己的表现手法，运用拼贴画、摩擦法、拓印法和刮擦法，创造出一个多变的、彩色的虚幻世界，被誉为具有颠覆性的创新艺术家。——译者注

[4] 埃米尔·诺尔德（1867—1956），德国著名的油画家和版画家，表现主义代表人物之一。——译者注

[5] 奥迪隆·雷东（1840—1916），法国画家，19世纪末象征主义画派的领军人物，被德尼比作“画坛的马拉美”，他在美学上主张发挥想象而不依靠视觉印象。法国作家于斯曼称雷东的画是“病和狂的梦幻曲”。——译者注

[6] 爱德华·蒙克（1863—1944），挪威表现主义画家、版画复制匠，现代表现主义绘画的先驱。他的画作带有强烈的主观性和悲伤压抑的情调。代表作有《呐喊》、《生命之舞》。——译者注

[7] 埃贡·席勒（1890—1918），奥地利绘画大师，师承古斯塔夫·克里姆特，维也纳分离派重要代表人物之一，20世纪初重要的表现主义画家。席勒深受弗洛伊德、巴尔等人的思想影响，其作品多描绘扭曲的人物和肢体，且主题多是自画像和肖像。他的肖像作品中的人物多是痛苦、无助、不解的受害者，神经质的线条和对比强烈的色彩营造出的诡异而激烈的画面令人震撼，体现出“一战”前人们在意识到末日将至时对自身的不惑与痛苦的挣扎。——译者注

[8] 詹姆斯·恩索尔（1860—1949），比利时画家，曾在象征主义和表现主义运动中扮演了重要角色。其早期作品含有恐怖和忧郁的气氛，而1880年代的作品又显示出荒诞意识和强烈的感情活动。——译者注

[9] 马克·夏加尔（1887—1985），白俄罗斯裔法国画家、版画家和设计师。他的作品依靠内在诗意力量而非绘画逻辑规则把来自个人经验的意象与形式上的象征和美学因素结合到一起。他的油画色彩鲜艳，别具一格，常把犹太民间传说融入作品，并从自然界天真朴实的形象中汲取素材。——译者

[10] 乔治·鲁奥（1871—1958），法国画家和雕塑家。其作品常用强烈的色彩和扭曲的线条描绘人类的痛苦，这些感情激烈的作品使他成为艺术大师。——译者注

特·孔巴斯[1]（Robert Combas）。

令我感兴趣的是，犹太教—基督教在杜尚（包括杜尚）之后的艺术中的永久存在。因为装置的胜利、表演的出现（仪式的现实化）、维也纳行为派或身体艺术（导向赎罪的献祭）中对身体的处理、极简艺术（对缺席的呈现）或概念艺术（缺席的胜利）的存在论前提、一定数量的艺术家——克莱因[2]（Klein）、波尔坦斯基[3]（Boltanski）、冯·哈根斯[4]（von Hagens）、塞拉诺[5]（Serrano）、奥兰[6]（Orlan）——关于身体印记（裹尸布）、关于一个消逝者的着装的神圣特征、关于伤痕或尸体（基督的尸体）、关于作为身份之场所的肉（对耶稣的肉身化）的作品，不管他们愿意不愿意，都属于一种犹太教—基督教的视角。让我们具体来看。

据说马塞尔·杜尚离开法国去美国的时候，随身携带着施蒂纳[7]（Stirner）的《唯一者及其所有物》（*L' Unique et sa propriété*）和尼采的《查拉图斯特拉如是说》。成为西方艺术爆破手的古老的诺曼人的绘画废除了画架上的绘画，不管后者的主题是什么，并且使创造性的大门赫然洞开。他强调，“观看者创造图画”，换句话说，

[1] 罗伯特·孔巴斯（1957—），法国当代视觉艺术家和画家，与画家埃尔韦·迪·罗莎一起开创了自由形象派。——译者注

[2] 伊夫·克莱因（1928—1962），法国艺术家，新现实主义的推动者，被视为波普艺术最重要的代表人物之一。他与沃霍尔、杜尚和博伊斯一道，被并称为20世纪后半叶对世界艺术贡献最大的四位艺术家。——译者注

[3] 克里斯蒂安·波尔坦斯基（1944—），法国著名雕塑家，摄影艺术家，画家和电影制作人。——译者注

[4] 君特·冯·哈根斯（1942—），被称为“死亡先生”。自1993年起，冯·哈根斯创立了海德堡大学的解剖学研究所。在这里，他发明了生物塑化技术，即将动物或人的躯体做成可触可摸、形象逼真的标本，这些标本就像一件件艺术品。——译者注

[5] 安德斯·塞拉诺（1950—），美国艺术家、摄影艺术家，从小受到宗教的影响，其作品对种族问题、言论自由、艺术自由、宗教问题等都具有独道的解释，在几乎所有的地区都引发了激烈的争论。——译者注

[6] 奥兰（1947—），法国著名的行为主义女艺术家。——译者注

[7] 马克斯·施蒂纳（1806—1856），原名为约翰·卡斯巴尔·施密特，德国哲学家，其代表作为《唯一者及其所有物》。施蒂纳认为，人都是利己主义者，利己主义是自我意识的本质，是历史发展的趋势和真理。所以“我”（个人）是世界的“唯一者”，是万事万物的核心和主宰，凡是束缚“我”的东西，如国家、上帝、法律、道德、真理等都应抛弃。为了“我”，“我”要把一切都当作自己的所有物。——译者注

艺术家无足轻重，对话者才是全部，或几乎是全部。于是，这个原则很好地解释了现成品（Ready-Made）的作用：在商店里提取的先已制成的东西，比如搪瓷的公共小便池，或者一个沥水瓶架，都可以成为艺术品，只要观看者把该物品放进某种情境中，使其变成艺术品。艺术家不再是艺术的万能上帝，因为上帝已经死了，唯一者把他所注视的东西转变为所有物，就像施蒂纳所召唤的那样。

艺术家国王、高贵材料（雕塑家的大理石、画圣母画所使用的群青、展露圣徒的光环和圣灵的光芒的金子、塑像铸造者所使用的青铜……）的统治已经结束，各种各样的材料出现了，包括那些最微不足道的材料。新的世纪授予一种材料的谵妄理论以权利：灰尘、纸板、纸张、绳子、报纸、沙子、残渣、碎屑、尿液、粪便、唾沫、精液、血液、衣物、塑料、玩具、毛发、死的动物、油脂等。它同样赋予非物质以一种重要的角色：声音、光、观念、概念、电、虚空、语言。

画的底片就安坐在画架上的画布前面，画家手上拿着一个调色板，里面是精心调制的颜色，指间一管画笔，这一切都消失了。艺术家们提出装置或表演。阿兰·雷伊的《法语文化辞典》如是定义当代艺术中的“装置”：“复杂的艺术作品，一般而言是临时地把收集来的物品结合起来。在一个具体的地点（“in situ”）装配起来的装置，通常在某个有限的时间段中被展示。”“表演”也一样：“通过动作、音乐性的声音、身体活动直接制造一个具有艺术性质的事件。”这两个词都可以跟以一套仪式和礼拜为前提的弥撒扯上关系，也就是物品、服装、符号、词语、动作、身体姿势，即圣餐杯、身体盒、圣饼盒、祭披、教士佩戴的襟带，还有大张着的臂膀、在胸前画十字、祝福语及纪念圣体所做的一切。

表演的前提条件是一个特定时间内的公共行为，它启动了一定数量的艺术——舞蹈、歌唱、音乐、舞台、视频、哑剧、朗诵、诗歌、雕塑、电影、多媒体……它涉及在公众面前，有时候是在他们中间，完成一种有形的故事，这种故事常常具有净化的作用，使艺术家们能够逃脱几个世纪以来在西方艺术中占主导地位的阿波罗式的形式，代之以一种狄奥尼索斯式的爆发，一种身体的即兴表演，这种即兴表演使大量被犹太教—基督教文明压抑的生命冲动重新来到表面。

通常，在表演中人们会把一种基督教的反身体呈现出来，这个反身体由于一心想要跟某种传统划清界限而再次涉足那个传统，并赋予它一种新的一贯性，甚至一种难以表达的高贵。在内心有所偏好的哲学家中，萨德侯爵和乔治·巴塔耶起着这种颠覆的积极参与者的作用。这种颠覆是如此依附于它所应颠覆的东西，以至于它与其说否定了它的对象，倒不如说肯定了它。一个眼界开阔的基督徒也许会把维也纳行为派、米歇尔·裘尼亚[1]（Michel Journiac）、吉娜·潘恩[2]（Gina Pane）或奥兰的作品看作致敬。

维也纳行为派艺术家赫尔曼·尼特西[3]（Hermann Nitsch），我曾在普林岑多夫（Prinzendorf）他的奥地利城堡中拜访过他，当时他正在他的纵欲神秘剧院（Théâtre du mystère des orgies）中准备其中一次表演，他使用和过度使用基督教礼拜仪式的物件：祭坛、圣餐杯、身体盒、圣饼盒、祭披、教士佩戴的襟带、圣体显供台——《卡塞尔》（*Kasel*，1973）再现了一件沾满鲜血的祭披；《第 80 次行为的遗物》（*Relikt der 80. Aktion*，1984）展现了在一个流血的祭祀场合中的祭仪物品和服饰。在常常要持续几天的表演过程中——1998 年的表演持续了六天——一些动物被献祭、被屠宰、被开膛破肚、被肢解，就像在异教的献祭逻辑中一样，而异教的献祭逻辑构成了犹太教—基督教的源头。一位身着沾满动物鲜血的白色长袍的求得者被同样浑身血红的几个主祭绑在一个十字架上，手臂分开，

---

[1] 米歇尔·裘尼亚（1935—1995），1960 年代和 1970 年代法国身体艺术运动的发起人之一。——译者注

[2] 吉娜·潘恩（1939—1990），法国著名女性主义艺术家，行为艺术和人体艺术家。——译者注

[3] 赫尔曼·尼特西（1938— ），1938 年出生于奥地利维也纳，维也纳行为派最重要的开路先锋，他通过音乐、绘画和血腥的祭祀仪式的结合来确保人们的精神发泄。——译者注

作基督的姿势。在威尼斯双年展中，这位维也纳行为派的共同创始人再现了今日的奥地利，他的如此信奉天主教的祖国。他已拥有一座专门呈放他的作品的博物馆，坐落在下奥地利州（Basse-Autriche）的扎雅河畔的米斯特尔巴赫（Mistelbach an der Zaya）。

鲁道夫·史瓦兹科格勒[1]（Rudolf Schwarzkogler）和他的朋友赫尔曼·尼特西一样，是维也纳行为派的主要参与者之一。他的第一次表演可以追溯到1965年2月6日，名为“婚姻”。在一张盖着白色织物的桌子上，就像在一张基督教的祭台上一样，艺术家摆放了一面黑色的镜子，在桌子上他摊开一些鱼、一把刀、几把剪刀、几个装着有色液体的杯子、一块海绵、一些鸡蛋、一只母鸡、一块脑花、几个梨、几盆花、一个电煮食炉、几卷纱布、几片有色的塑料、透明胶布、一只注射球。行为艺术就是配制这些物品：剖开这些鱼，清掉肠肚，用纱布包上，把脑花放在一杯蓝色的液体中，给鸡蛋穿孔，并注射蓝色液体，用注射球给一张白布洒上蓝色液体，切开那些梨，打碎那几个花盆，把根部与土分开。单旋律的圣歌弥漫着整个表演的空间。

《3号行为艺术》（*troisième action*）呈现的是一个裸体男人，他把自己的性器官用纱布包起来，插入一条鱼的嘴里，背后挂着一条竹签鱼，浑身缠绕着一条带血的纱布，等等。对艺术家的阳具施加的疼痛似乎是要让人想起奥利金给自己施加的疼痛，这位教父切断自己的生殖器以便严格遵守传达耶稣主张的福音传道者的劝导，这个主张便是：“这话不是人都能领受的，惟独赐给谁，谁才能领受。因为有生来是阉人，也有被人阉的，并有为天国的缘故自阉的。这话谁能领受，就可以领受！”（《马太福音》，19.11-12）。在28岁那年，史瓦兹科格勒从自己公寓的窗户上掉下去摔死了。

艺术家米歇尔·裘尼亚完成了一次揭示这一派生关系的表演：

[1] 鲁道夫·史瓦兹科格勒（1940—1969），奥地利摄影家和艺术家。——译者注

1956年在天主教学院完成神学的学习之后，这位神学院学生于1962年拒绝了教士职位，转向了艺术，于是到索邦大学学习。1969年，他完成了一次名叫“身体的弥撒”（*Messe pour un corps*）的著名表演，在表演过程中，有个助手从他身上抽取了三大管血液，然后伴着洋葱片和动物油烹煮，再把这个混合物灌进一节肠衣里，把肠衣打上结并放在水里煮，然后烤炙一下，切开，切成一小块一小块的，将其当作圣餐面饼招待一群聚集在那里的人，于是他们就把这位艺术家的身体当作活生生的圣餐消费了。

吉娜·潘恩也一样，她的身体艺术作品毫无疑问是步犹太教—基督教的后尘：她的《感伤的行为艺术》（*Action sentimentale*，1973）在米兰完成，前面是一群女性公众，她向她们交替展示一组红色玫瑰和一组白色玫瑰。艺术家不声不响地从直立姿势，也就是人类两足站立的姿势，过渡到胎儿的状态，也就是艺术家的心灵净化式的返老还童。她拿起带刺的玫瑰，慢条斯理地往手臂上扎，她用剃刀在手掌上切了一道口子，鲜血流了出来。对于那些想要得到最直接的象征意义的人而言，手臂和手心是玫瑰的茎和花的寓言，流淌的鲜血则对应于花瓣的肉红色。

对于那些不满足于后现代的花卉语言的人来说，人们同样可以作如是联想，棘刺和掌心的伤口对应于基督的荆冠和圣伤痕。弥赛亚的这种救赎性受苦被艺术家再次背书，艺术家自己也赞同这样的理念，即肉刑通向拯救；痛苦即认识；被毁伤的肉身直接通向神圣的躯体；对身体的肯定就在于对它的否定；真正的生命就是要经历苦行和屈辱。

吉娜·潘恩从未隐藏这一点，即犹太教—基督教的神话学就是她的存在论指南针。当她把自己的一次表演命名为“镀金的传奇，1984—1986”（*La Légende dorée. 1984-1986*，1986）时，她毫不含糊地承认了这部展示了无数圣徒如何通过虐待他们的肉体而赢得他们的天堂、获得他们永恒的生命的作品的直系尊亲：圣丹尼（Denis）

被砍头，圣阿德里安（Adrien）被开膛破肚，圣劳伦（Laurent）被烧烤，圣塞巴斯蒂安（Sébastien）被刺穿，被活埋的圣阿涅斯（Agnès）遭割喉（让·朗贝尔-威尔德[1][Jean Lambert-wild]的一次表演，活埋，但没有割喉），圣阿加特（Agathe）被碎玻璃扎肉、在煤堆里被烧、被钳烙烫乳头，圣色康（Second）和圣卡罗瑟卢斯（Calocérus）被灌下滚烫的柏油和树脂，圣普林姆（Prime）和圣费里西安（Félicien）被灌下熔化的铅，圣克里斯汀（Christine）遭到各种各样的折磨，等等。

在1960年代，吉娜·潘恩的身体艺术属于一种我在《快感的忧虑》（*Le Souci des plaisirs*）中提到的基督教流派，它“作为一种心理的和智识的、存在论的和形而上学的、精神的和哲学的空间”而盛极一时，“在其中人们只享受被摧毁、被切割、被砍断、被折磨、被切除肠肚、被烧焦、被砍去头颅、被切掉肉、被木桩穿透、被溺毙、被五马分尸、被鞭打、被绞死、被钉上十字架、被奸污、被割喉、被石块击毙、被折磨致死、被割成碎片、被窒息而死、被处以磔刑、被刺杀、被打烂、被吞食、被锁链锁住、被捆绑、被棒打、被吊起来、被敲击、被殴打、被撕裂、被锯开、被杀死的身体”。我没有什么要增加的也没有什么要缩减的。

1971年，这位吉娜·潘恩提议在她的工作间里进行一次表演，名为“没有麻醉的攀爬”（*Escalade non anesthésiée*）。她赤脚爬上一道用磨得跟剃刀的刀片一般锋利的钢条做成的梯子。15年后的1986年，她推出了另一场名为“圣劳伦的殉道之梯3号（一具受辐射的身体的划分）”（*L'Échelle du martyre de saint Laurent n° 3 (Partition pour un corps irradié)*）的表演。在这部作品中，梯子一直扮演着重要的角色：人们也许记得，雅各的梯子从有罪的大地通向天堂所在的苍穹，从被原罪毁坏的肉身通往永恒和不朽的荣耀之躯；当她跟基督受难的工具结合在一起时，她说这使她能够进入十字架，进入基督受难

[1] 法国当代喜剧演员。——译者注

时的面容和身体。

在 1974 年的《心灵（试验）》（*Psyché (essai)*）中，这位艺术家慢慢地在她眉棱上的皮肤中切了道槽口，她的双眼流出了带血的泪水。在其他表演中，她赤脚在炭火之上跳舞，以把火踩灭；她吃变质的肉一个多小时；在《死亡控制》（*Death Control*，1974）中，她把脸埋进覆盖着蛆虫的土壤中，观众眼睁睁看着她的脸被那些能使肉腐烂的虫子攻占，它们爬进她的眼睛、鼻孔、耳朵里；1988 年，她的表演被命名为“复活的肉身”（*La Chair ressuscitée*）。两年之后，她患癌症死去。

她的很大一部分作品只能用这样的观点加以理解，即该艺术家把自己的工作铭刻进了一千多年的犹太教—基督教肖像学中无法自拔。符号、象征、寓言、指涉、恭敬、或隐或显的引用、隐喻，都应有尽有：十字架的象征形式、棘刺的存在、割出的血、五伤的制造、圣骨盒和祭台的使用、梯子的使用，当然还有，而且尤其是，她作品的内容本身：与祭祀相关的圣物，在痛苦中、经由痛苦并为了痛苦而产生的救赎，从苦行之理想的角度出发对身体的使用，作为真理的血——在巴黎的多次演出中，吉娜·潘恩实现了圣保罗的伟大胜利！

奥兰，本名为米哈依·苏珊娜·弗朗赛特·波特（Mireille Suzanne Francette Porte），是法国身体艺术的标志性人物。1979 年，她在威尼斯的葛拉西宫（Palazzo Grassi）演出了一个活生生的圣特蕾莎（sainte Thérèse），后者想象着圣奥兰即将来临的道成肉身；1981 年，她在里昂完成了一次名为“为一个圣徒演出”（*Mise en scène pour une sainte*）的表演。她建了一个偏祭台，里面摆放着一些巴洛克风格的小物件：镜子、雕像、起透视法效果的圆柱、鸽子、仿大理石的树脂雕像。五组小天使作为一道屏障在它附近，一位女圣人敞开她的胸脯——这明显源自基督教的肖像学，也就是正在给婴儿耶稣哺乳的玛利亚；1983 年，她进行了一次名为“文献研究”（*Étude documentaire*）的表演，使用了一系列照片，这里是其中一些标题：《褶皱——巴洛克风格或云端带鲜花的圣奥兰》（*Le Drapé-Le Baroque ou sainte Orlan avec fleurs sur fond de nuages*），《褶皱——巴洛克风格或用她的衣服褶皱作花冠和服饰的圣奥兰，带着鲜花和云朵》（*Le Drapé-Le Baroque ou Sainte Orlan couronnée et travestie à l' aide des draps de son trousseau, avec fleurs et nuages*）；同年，她又进行了一次表演，使用了一系列照片，其中就有《人造革及天空和视频》（*Skaï and sky et vidéo*），《盖上人造革和仿大理石的白色处女》（*Vierge blanche se drapant de skaï et de faux marbre*）；1990 年，她作了一场题为"这个就是我的身体……这个就是我的软件……"（*Ceci est mon corps... Ceci est mon logiciel...*）的报告会，在此期间她提出了她的《肉体艺术宣言》（*Manifeste de l' art charnel*）。

1990 年代，她开始着手通过外科手术来雕塑自己的身体，为的是生产出一具可能具有崭新身份的文化肉体：她打算用整形外科手术的力量来改变她肉体的面貌，使其变成对西方绘画的某些符号性面貌的鲜活支撑。前额上的两次植入给了她一种农牧神般的外形。这种通过文化意志而生产出来的新身体将拥有一个新的名字，这个名字是别人选择的，旨在表达一种新的身份。这项巨大的工程名叫"圣奥兰再生"（*La Réincarnation de sainte Orlan*）。

奥兰的终极艺术工程就是把自己被做成木乃伊的身体放置在一个博物馆里——但是，目前还没有哪个合作者表现出对这个表演的兴趣。她等待着这个终极时刻、一个身体艺术家事业的高潮的到来，她说到，通过她的许多表演，她揭露了加在女性身体上的暴力，尽管人们好像并不必然地认为这涉及某种形式的女权主义斗争，但她也没有明确表示她定期光顾外科手术室就是合法的女权主义斗争。此外，奥兰也是艺术和文学的骑士勋章的获得者，法国国家功勋骑士奖和她的出生地圣埃蒂安市的金质奖章的拥有者。

从维也纳行为派到法国的身体艺术，其中运作的肉体依然是犹太教—基督教的。除了明显地对基督教的援引（荆棘、梯子、十字架、血、伤口、创伤、五伤、祭台、圣餐杯、圣饼碟、圣体盒、圣体显供台、单旋律颂歌）之外，人们还能够找到犹太教—基督教本体论的蛛丝马迹：救赎性的牺牲、流血的神圣特性、对肉体的摧残、对为了实现拯救而被处死的身体的模仿、血腥的救赎论、对反逼自我的死亡冲动的崇拜。在这些方面，这些身体艺术的艺术家们，尽管经常被说成是伟大的违反陈规者，但他们还是常常显得特别具有基督教特征。

与用透视法来展现最内在的肉体的身体艺术相反，极简艺术或概念艺术赞颂虚无、稀少、罕见、痕迹、无穷小、理念、概念，它们自身同样遵循犹太教—基督教的认识型。因为极简艺术玩弄缺席之在场，而概念艺术则玩弄缺席之胜利——就像在基督教的虚构中一样，这种虚构整个地建立在一个历史上并不存在的概念性人物身上。基督的身体崇高化了一种与真实的身体相反的寓言。天主教就绕着这个空洞的中心、这个空洞无物的心脏、这个人们在其中只能找到圣言 / 道的核心旋转。否则，如何理解这种断言，即认为圣言会道成肉身呢？基督教的使用说明就存在于圣言向圣体[1]（Chair）的这种转化之中——转化后圣体还是圣言。

让我们回想一下，基督教是以此为条件的，即认为犹太教所宣布的即将来临之物现在已经降临。因此，基督教语料库的构建是为了赋予这种宗教主张以身体和肉。《圣经·旧约》中所预告的弥赛亚的所有特点，都变成了《圣经·新约》中已经降临的弥赛亚的特点。关于基督是什么，没有任何东西不是按照《圣经·旧约》之前的说法而被说出的。言词、注疏、评论、论证、诡辩、经院哲学大量充斥着锻工车间——这个锻工车间使基督教能够成为它所应该是的那样，为这种现象辩护就构成了一种以一个虚构为内容的历史。

概念艺术有着同样的渊源。它的存在无非是因为尼采宣告了上帝之死因而也宣告了美之死——作为大写的偶像的美之死。宣扬存

[1] 原文使用了大写，应该指的是基督的肉身，即圣体，而非一般的身体。——译者注

在着独立于可感现实的纯粹理念的柏拉图主义美学一直滋养着基督教的艺术哲学。美自身曾是典范，一个品位判断只有借由它才能作出：事物被认为更美或没那么美，就是根据它们与美本身更接近还是没那么接近来判断。这种美归结于平衡、和谐、协调，当然也归结于表象与被表象物之间的相似。

基督教使艺术为它的意识形态服务。柏拉图式的理念被用作宗教的建设性的政治内容。只要这种文明得势，艺术就运行于这些原则之上。对此，康德在其《判断力批判》中提出了最完善的理论。美与上帝密切关联——至少美跟上帝处于同样的场所，即在理念的天空、知性的世界、本体的宇宙、概念的阙域中。列奥纳多·达·芬奇把绘画当作一种“精神的事情”，马塞尔·杜尚把这个观念推向了它最后的堡垒。

上帝死后，只剩下一片本体论的虚空领地。恶作剧也好理论也罢，挑衅也好学说也罢，玩笑也好体系也罢，杜尚用现成品展现了一次成功的革命。艺术不再存在于对象之中，对象可能是美的，而存在于观看者之中，观看者才能使对象成为美的——或不美的。既然是观看者在作画，那么画就无关紧要了，甚至全无所谓，而观看者却意味着一切。一个酒瓶架的庸俗性只有通过观看者才能被崇高化，观看者将赋予这个从五金店里抽取出来的物品以一种尊严，这种尊严纯粹是由对物品的策划所引起的。艺术变成了观看者希望其所是的东西。因此，一切都可能成为艺术，换句话说，没有什么明白无误、天经地义的艺术。

杜尚的方法为概念艺术奠定了基础。但是，杜尚依然需要一个支撑物、一个酒瓶架、一把铁锹、一个小便池、一个衣帽架，但是他的追随者们则把他的思想推向了极端。为何还需要一个物品，有什么理由求助于一个支撑物呢？思想应该是自足的。理念远胜于物品，就像在基督教中，圣言比所有其他的现实都占优势，这里的情形一模一样。艺术的策划甚至都不需要对一件作品施工，因为策划本身就是作品了。在画廊的墙上写下一个词，在展览的地方漆上一句话，在一个陈列收藏品的博丽橱柜上展示一份令人迷惑的文件，这就够了。逐渐地，去材料化突然遇到了这么一些人，他们使用白底上的一个白色方块或者使用单色，认为这已经到达了美学的不归之境：然而，在拭擦之后，它们就消失了；踪迹之后，是了无痕迹。

概念艺术家们是艺术寿终正寝之后的神学家。在身体艺术的拥护者试图在对有罪的身体施加的考验中达至活生生的圣洁之地，概念艺术的拥护者却安住在本体论的领地之上。第一种艺术家的模板是什么呢？神秘学。第二种呢？形而上学。一种是想通过肉体达至神圣，他们用透视法把肉体呈现出来，以便否定肉体，从而肯定神圣的身体；另一种则瞄准同样的天空，但想通过否定神学来达至它。在这两种情况中，犹太教—基督教都提供了形式的和意识形态的框架——人血香肠之于身体，就像酒瓶架之于精神：精神是跟天主教紧紧粘在一起的一个范畴。

3

阿尔钦博托：拒绝僵死的自然

在法国南部的一家古董店的杂货堆里，我曾看见，一幅袖珍画作，背面朝上放在一张家具的高处，它一开始看上去是褐色的，特别深的褐色，以至于这种厚重的褐色给我这样的印象，以为它不过是一片涂过棕色染料和上过漆的单色硬壳。我把它拿在手里，首先看到的是一幅有关动物的不规则的拼凑艺术品：一头笑眯眯的小狮子把一只柔嫩的脚掌放在一截砍断的树枝上；一只长尾巴的小鸟，它的尾巴末端有着仿佛被削尖了的羽毛；另一只小鸟，某个种类的乌鸦，回来了；一匹有着焦虑不安眼神的狼，它充满母爱地保护着一条戴着红色项圈的小家犬；一头有角的公山羊背上套着奇特的套车；另外还有两条狗，高大的牧羊犬，也嵌套在这个奇幻的动物园中。我不明白这些动物为什么如此乱七八糟地搅和在一起，姿态千奇百怪，其中一些动物骑在另一些动物上面，这个动物保护着那个动物。在大自然中，没有什么能够对应于类似这样的一种组合，八种动物在一棵树上。

我把图画翻过来，发现一个古老的画布框。有张带着两个数字的标签，还有一些用铅笔写在纸上的其他数字，贴在看似很古老的镶框上，以及一个盖了紫色印章的用哥特式字体的字母写成的铭文。画的背面也很古老。这些神秘难解的符号显示，也许这件作品曾流传过。那位我向其询问过价钱的古董收藏家给了我一个含糊的回应。卖家急着要钱，他把作品从一个有钱人家家宅的墙上摘下来，并想要以便宜的价格尽快脱手，只要现金支付，越快越好。

我又看了一下那幅画，再也看不见任何动物：没有鸟、没有狮子、没有狗、没有公山羊、没有狼——或诸如此类的。但是，取而代之的是：一张人的脸，茂密的黑发，剪得尖尖的胡子。一幅侧面的肖像画。接着我又看到了那些动物，然后发现，那个面孔是由这些动物构成的。鼻子？是公山羊毛茸茸的屁股。发绺和胡子？是两只鸟的身体和箭羽。项背？是几只鸟的其中一只的背部。颌骨？是另一只鸟的腹部。正脸？是狼弯曲的背。耳朵？是蜷缩着的牧羊犬。颈部下行线？是白鹭的带爪子的脚——可能是一只雌雉。眼睛？是那只小家犬的尾巴，它夹在狼的屁股和公山羊的脊柱之间。衣服领口的上端？是树叶。这件衣服领子上的齿形边饰？一段树枝。嘴唇？是两块石头，石头上放着神秘的兽笼。一只人兽或者一个兽人，一个由狗和公山羊、乌鸦和狮子、马丁犬和卷毛犬组成的人。自然，我想到了阿尔钦博托。

我买下了这幅画，尽管我不像艺术品的买主——除了几件非洲艺术品外。但是，随着时间的推移，房子里还是没有它的位置。由于它在材料和主题上充满魔力、如梦似幻、令人不安、神秘如谜、模糊不清、晦暗不明，好像就是为了让观者心生不安，叩问观者，从自己源出的世纪来窥伺观者。哪个世纪？我不知道。当然不是与17世纪大量涌现的阿尔钦博托风格——一种这幅画作所接替的风格——同时代。该作品的技巧看上去像19世纪的，但阿尔钦博托的风格是超越时代的：他可以先于时代，也可能跟时代保持一致，还可能后于时代，因为他在内容和形式上都出离了历史，用一种非历史的方式言说着本体论的、形而上学的、哲学的、生物学的真理。

我接着了解了一下阿尔钦博托和阿尔钦博托派画家们——乔斯·德·蒙佩尔[1]（Joos de Momper）、汉斯·麦耶[2]（Hans Meyer）、老马特乌斯·梅里安[3]（Matthäus Merian l'ancien）、斯

[1] 乔斯·德·蒙佩尔（1564—1635），比利时弗兰德地区风格主义画家，是勃鲁盖尔和鲁本斯之间最著名的风景画家。——译者注

[2] 画家，生平不详。——译者注

[3] 老马特乌斯·梅里安（1593—1650），17世纪瑞士著名油画家、铜版雕刻家和出版商。——译者注

特凡·多夫迈斯特[1]（Stefan Dorffmeister）。我又是查找资料又是阅读，希望发现这幅画的名字，出于好玩而对这幅作品知道得多一点。这是一幅真人的真实肖像吗？那么，这又会是谁呢？因为谁有可能会喜欢看到自己的脸庞被分解并如此这般用鸟的背部和腹部、山羊或狗的脊柱、黑色的羽毛和原色的毛发来重新拼凑呢？谁有可能会觉得这样做有好处，让别人看到自己被画成这样，借助于一种动物寓言？怎样的造型美感有可能让人期望自己的肖像被如此拆开，以便在肖像画的次级意义上重新组合成这样的肖像？谁有可能会喜欢被拆得七零八落然后如此被重组？

这种美学上的解构使本体论上的重构成为可能。阿尔钦博托没有留下任何著作。他只给我们留下了一句看似高屋建瓴的话：Homo Omnis Creatura——人类是大全体（Tout）的造物。不是基督教的上帝，不是一种自然神论式的造物主，不是跟他的创造物相对的创造者，没有参照《圣经》，而是变成了绘画的一种万物有灵论的哲学主张。就像跟他完全同时代的乔尔丹诺·布鲁诺（1548—1600）一样，阿尔钦博托告诉我们，对基督教的参照是空洞无效的，世界不是跟一位将世界从自身分离出来的创造者针锋相对的，世界就是那个创造者，同时也是受造物——在接下来的世纪中，斯宾诺莎将论述被自然产生的自然（nature naturée）和产生着自然的自然（nature naturante）。

如果不先思考阿尔钦博托可能有的思想，那对这部著作的阅读就会停留在事物的表面。分析者们常谈及古怪之事、任意、荒诞、神怪、玩笑、戏谑、魔法、黑色幽默，还有，更理所当然地，谈到风格上矫揉造作的寓言、宫廷政治作品、超现实主义的先驱、微观世界和宏观世界的对位法、为了言说美而刻画丑陋，因此，还谈到崇高之物的某种模态、违反常规的前立体主义者、深奥难懂的艺术家。

[1] 画家，生平不详。——译者注

在罗兰·巴特或芒迪亚格[1]（Mandiargues）和其他人那里，包括布勒东，人们可以谈论这一切，当然，还有其他东西。

因为阿尔钦博托看似一个异教的万灵论者。他用自己的方式图解了文艺复兴。文艺复兴通常被定义为第一层面上的古典的回归，这个回归迫使天主教退居第二层面。当然，人们总是可以阅读《圣经》并以此自夸，但哲学家却建议同时也要与斯多葛主义、伊壁鸠鲁主义、皮浪主义（pyrrhonisme），甚或昔兰尼加主义（cyrénaïsme）进行交流。哲学家们的上帝取代了以撒、亚伯拉罕和雅各的上帝。世界的真理更多地包含在世界之中，而不是言说世界的书本之中——当然，这个世界也可以被称为神，但却是这样一个神，他要么是自然的别名，要么是使自然成为可能的力。

这幅图画表达了物质一元论。用哲学家的词汇，具体来说是用启蒙运动的世纪中那些唯物主义思想家们的词汇再说一遍，对大自然而言只存在一种物质，但物质的形态多种多样。这种唯物主义的本体论认为，鱼和石头、花朵和水果、人类和动物、蔬菜和书本、树木和珍珠，都属于唯一的且同样的物质。在这些东拼西凑的面部肖像画中，阿尔钦博托画的就是这个道理。他运用了每个人都认识的东西：鳐鱼和鹦鹉、玫瑰和柠檬、鹿和洋葱、人参和孔雀、黄水仙和橙子、大象和洋蓟，但是他按照一种新颖的排列方式，产生了一种熟知的形式——脸部，具体来说是费迪南一世（Ferdinand Ier）的脸、马克西米连二世（Maximilien II）的脸、鲁道夫二世（Rodolphe II）的脸，还可能是加尔文（Calvin）的脸，当然还有哈布斯堡（Habsbourg）宫廷的图书管理员和法学家的脸。

这些人是什么？物质的各种排列，同一种物质的不同排列，这同一种物质也构成了世界的其余部分，世界的总体。我们与鸢尾花和龙虾，与板栗和梨，与蘑菇和葡萄，共享着同样的本体构造，这

[1] 安德烈·皮耶尔·德·芒迪亚格（1909—1991），法国作家，代表作有《骑摩托车的女孩》、《恶之女英雄》等。——译者注

种本体构造属于德谟克里特、伊壁鸠鲁和卢克莱修的原子，属于现代物理学家所发现的微粒。自然是一个力的巨大蓄水池，诸多形式就由这些力产生，力同样也由诸形式产生。绘画展示了这些最基本的元素和它们的组合排列。他展示了造物主的这些神秘之处。

这幅物质一元论的画跟那时正叱咤欧洲的基督教二元论正好相反。当他的同时代人——以丁托列托[1]（Tintoret）、拉斐尔、格列柯[2]（Gréco）、委罗内塞[3]（Véronèse）等最为有名——极尽所能粉饰宗教场景，把一种一致性、一种存在、一种可见性、一种实在性赋予了基督教的彼岸世界的全体，而阿尔钦博托却以一己之力，用一个世纪之前的耶罗尼米斯·博斯[4]（Jérôme Bosch）的方式，讲述了这个世界并展示世界的不同部分之间的内在关系。

在《论演说家》（*De l' orateur*）中，西塞罗讲到面孔，认为它是灵魂的镜子。众所周知，在马克斯·皮卡德[5]（Max Picard）之后，列维纳斯对这个古老的罗马概念作了塔木德式的改变。尽管阿尔钦博托极力避免去反对，在我们里面有一颗非物质的并超凡脱俗的美丽心灵、有部分神圣性，它们被镶嵌到一具丑陋的和物质性的、会朽坏的和必然会消失的躯体中，但他还是成了从毕达哥拉斯和柏拉图到奥古斯丁和托马斯·阿奎那、笛卡尔和康德，一直到海德格尔和列维纳斯的主流思想世系中的一把锯琴。

这位画家在脸部画出的心灵，揭示出跟鱼和花朵、动物和物体

---

[1] 丁托列托（1518—1594），意大利威尼斯画派著名画家，原名雅各布·罗布斯蒂，他受业于提香门下，是提香最杰出的学生和继承者。——译者注

[2] 格列柯（1541—1614），西班牙天才画家，其作品反映了西班牙16世纪下半叶动荡的社会和没落的旧贵族的精神危机。——译者注

[3] 保罗·委罗内塞（1528—1588），原名保罗·卡尔亚里，意大利威尼斯画派画家，艺术大师提香的两大弟子之一（另一个为丁托列托），他与老师提香、同门丁托列托被并称为16世纪意大利威尼斯画派三杰。——译者注

[4] 耶罗尼米斯·博斯（1450—1516），原名耶罗恩·安东尼松·范·阿肯，荷兰画家，其画作多描绘罪恶和人类道德的沉沦，常以恶魔、半人半兽，甚至机械的形象来表现人的邪恶。——译者注

[5] 马克斯·皮卡德（1888—1965），瑞士著名哲学家，其思想深受加布里埃尔·马塞尔、海德格尔、里尔克、荷尔德林等人影响。代表作有《沉默的世界》。——译者注

同样的本体论微粒。不管柏拉图如何思考，他，他和他的脸庞，都是由内在的质地构造而成的，世界的不同形态也由这个内在的质地形塑而成——来自大地腹部的矿物、原始森林的植物、原始的动物、宇宙的以太。当代物理学证明了一切存在物都源自同一颗且唯一一颗恒星的自我坍塌，说的就是这个意思。阿尔钦博托让我们回想起：我们是一种独一无二的物质的主旋律上的变奏。

阿尔钦博托的画是重言式的：当他建构一张图书管理员的脸的时候，他使用的是书本——鼻子、上半身、头部、脸颊是用水平、垂直、倾斜的方式排列的书本来表现的，将它们用特殊的方式堆积起来，其中一本平铺打开，而打开的折扇扇面给人头发的印象，有本书上伸出五张书签，这本书背面构成手臂，五张书签就像五个手指，而另外一张书签，构成一只耳朵，络腮胡和山羊胡是几条貂的尾巴，人们用它们来为这些精装的书本除尘。就像园丁用他们的工具，厨师用他们的器皿来工作一样。同样，当他要呈现元素或四季时，这位画家会用当季的水果和蔬菜来表述秋天，用鱼来表达水，用花朵来意指春天。

仅仅用 4 种元素和 4 个季节，8 张画布，在包含不到 20 张画的作品量中，阿尔钦博托却推出了一部异教世界的百科全书。他在寓言和象征方面的才能使得他通过他那些同样的作品，利用针对哈布斯堡家族及其政治的辩护性作品，创造了一幅宫廷画，以及给他发薪水的皇帝们的官方肖像画，《春天》（*Printemps*）中的马克西米连二世，《维尔图努斯[1]》（*Vertumne*）中的鲁道夫二世，但这是以最不学术化的方式创作的。

有了水、火、土、气四种元素，阿尔钦博托就拥有了书写大自然所需的所有词汇的字母表；有了春、夏、秋、冬四个季节，他就拥有了另一张组成大自然词汇的字母表，生命由这些大自然词汇所

[1] 维尔图努斯，古罗马神祇之一，负责四季变化以及植物的生长。——译者注

形塑。一方面，是存在之物，遵循物质之秩序；另一方面，是存在之物的生命，遵循绵延之秩序。这里，是世界之物质；那里，是运作世界之物质的时间。只用了很少的方法，他就能够如此地把总体表达出来。

每张奉献给一种元素的画布都允诺一部百科全书。因此，土元素为一张单独的面孔提供了各种各样的动物：一只印度瞪羚、一只公黄鹿和一只母黄鹿、一头豹子、一条狗、一只鹿、一只大型动物作正脸，一只野山羊作脖子，这些动物的角作发绺，一头犀牛、一头骡子、一只猴子、一头熊、一头野猪、一头骆驼、一头狮子、一匹马、一头大象作额头，一头大公牛作脖子的另一边，一匹狼、一只耗子、一只狐狸作眉毛，一只野兔作鼻子，一只猫的头作上唇，一头老虎作下巴，一条蜥蜴，一头狍子……衣服是一张狮子的皮和一头毛茸茸的绵羊，换句话说，就是从涅墨亚（Némée）狮子[1]身上剥下的皮——涅墨亚狮子曾蹂躏过阿尔戈利斯州（Argolide）并被赫拉克勒斯（Hercule）杀死，这是赫拉克勒斯的 12 项伟绩（Douze Travaux）中的第 1 项——和羊毛，它被称为金羊毛（Toison d' or），当然，这是对古希腊神话的一个参照，但也参照了宫廷里随处可见的炼金术。狮子的皮让人联想起波西米亚王国，它曾是帝国的一部分；金羊毛，让人想起神圣罗马帝国的朝代，因为后者跟哈布斯堡的一个骑士军团[2]有关。

阿尔钦博托就这样用元素的总体来作画：一张侧脸再现了一个女人，作为装饰，她带着一个耳环和一条珍珠项链，海里的珍珠，但是那张脸却黏乎乎、湿漉漉、稠兮兮的，因为它是由许多鱼、海里的果实、甲壳类动物、贝壳，还有蛇形的、有护甲的、浑身长刺的、

[1] 涅墨亚狮子，古希腊神话中的巨狮。——译者注

[2] 指金羊毛骑士团，又称金羊毛勋章，是勃艮第公爵菲利普三世于 1430 年以英格兰嘉德骑士团为典范创立的骑士勋位。该骑士团的领主权后随勃艮第公国并入西班牙哈布斯堡王朝，该王朝绝嗣后，奥地利哈布斯堡王朝和西班牙波旁王朝均声称对金羊毛骑士团拥有领主权，导致该骑士团分为奥地利和西班牙两个分支。——译者注

有触须的、有角的、明胶状的动物构成，在这张女人的肖像画中，还可以看到一只有鳞片的乌龟、一只闪闪发光的青蛙、一只柔软的章鱼、一只海马、一头带着危险的护牙的海象、一条千足虫、一枝紫色的珊瑚、一只好战的海星、一只小眼睛滴溜溜地看着观画者的黄道蟹。所有这些动物的眼睛充斥着画布，有多少眼睛就有多少种目光——惊慌的、恐吓的、野蛮的、深邃的、坚持不懈的、咄咄逼人的、审问式的。那些张开的嘴也一样，各有千秋：有胡子的嘴，软骨的、缫边的大嘴唇，像钳子一样的颌骨。从一条鱼的嘴里喷出两小股水柱，喷到这位女士额头的最高处，就像用华丽的头巾包着的一绺头发。头顶上的一顶花冠表明，这个用鱼画的女人很可能是宫廷里的一位显赫的贵妇人，甚至可能是皇帝的伴侣。我们可以想象，当如此被画的人看到她这种异教的变形，她这个用大海深处的造物画就的最内在的化身时，她会作何评判。

要欣赏这个寓言，就必须知道，里面的造物是一体的。要不是用了象征手法加以突出，人们真不知道该如何赞同对自己作类似的形象化。作品所呈现出来的东西把它肯定包含的东西隐藏起来了。对于少数能够理解这些画的人来说，这里需要理解的东西，很可能就是宇宙起源论的自然——炼金术很可能起着主要的作用。阿尔钦博托在说什么？他是在说政治源于宇宙，政治就是宇宙的形象、化身、人格化（personnification），如果我们没有忘记“persona”在词源学上就是面具的意思的话。阿尔钦博托的宇宙不是一个理念，而是一个物质的和唯物主义的宇宙的现实。

画布的排列本身也可以被视作寓言性的：四季露出脸庞，元素反映四季。夏天炎热而干燥，就像火；冬天寒冷而潮湿，就像水；春天温暖而湿润，就像气。自然由元素构成，元素遵循四季的节奏，四季是时间的自然尺度。帝王保障着这个秩序。他把世界的秩序和运动总括和收拢进他的人格（personne）之中。这个有死之人使永恒的宇宙具体化了。宇宙把它的法则强加到帝王身上，而帝王自身则把自己的法则强加于人。因此，通过国王，宇宙对臣民施行统治，国王是万有（grand Tout）的臣民和积极参与者。

《水》（*L'Eau*）的寓言中帝王的华冠，耳环和珍珠项链；马克西米连二世名字中的字母“M”，在《冬》（*L'Hiver*）的灯芯草编织的大衣的纬纱里；《土》（*La Terre*）中象征着哈布斯堡家族和波西米亚王朝的狮子皮和羊毛；《气》（*L'Air*）中的孔雀和老鹰是皇室的象征；《火》（*Le Feu*）中对同样的象征——金羊毛线的使用。从不缺乏的皇室的象征把这些常常令人不快的形象（《水》中鱼的黏液；《冬》中被剥的皮的脱屑；《气》中由小根须做成的绒毛稀疏的蠕虫，家禽的咯咯叫声；《秋》和《土》中用板栗壳做成的会引起荨麻疹的嘴或者长了霉菌的嘴）与为宫廷辩护的画联系起来。

为言说美而使用丑，为表达皇家的伟大和卓尔不凡而使用奇怪的、畸形的、滑稽的、夸张讽刺的外形，这就是先天地近乎悖谬的东西：用豌豆、洋葱、葫芦、板栗、玉米、石榴、橄榄和其他水果以及烹饪用的蔬菜来作画，以颂扬连接天地的帝王，这可能会显得缺乏尊敬，似是一种无礼、鲁莽、无法接受的放肆。

然而，众所周知，这些帝王各个都非常欣赏阿尔钦博托，他为他们作画，同时也是节日的重要组织者。这些节日使他们能够向最大数量的民众展示他们的荣华和权力。作为工程师、建筑师、布景师、发明家、皇家珍奇屋的设计师，阿尔钦博托与炼金术士和魔术师、占星家和天文学家、图书管理员和博物学家、厨师和侍女、园丁和植物学家一道，都属于把国王的活动变成哲学和政治的戏剧的人。

在柏拉图主义盛行的时代，苏格拉底的形象可能扮演着重要的角色。在《会饮篇》中，阿尔西比亚德把苏格拉底看作一位西勒努斯[1]（Silène）——一种人们会将其脸庞雕刻在首饰盒中的丑陋形象。这种丑陋的外表和美丽的内部、丑恶的外貌和迷人的内在之间的对照，非常巴洛克或矫饰主义，证明了一切存在物之真理的秘密的、

[1] 古希腊神话中的森林之神，是长着羊角和羊蹄的半人半兽神。——译者注

神秘的、神奇的特征。表象之下是真理；在水果和蔬菜、动物和花朵、鱼和猎物后面，是一位帝王及其伴侣的端庄大气；在海底鱼类的黏乎乎之下，是君王的女人所隐藏着的美。

异教的万物有灵论、大自然的百科全书、唯物主义的一元论、内在性的本体论、造物主的创意学、绘画上的苏格拉底主义、阿尔钦博托的美学同样都诉诸一种技术，这种技术用重言式所组成的肖像画构成了该艺术家的标志：可翻转的画。从一种意义上去阅读，它们表达了一种东西；如果翻转过来，头脚倒置，它们又表达了另一种东西。这种颠来倒去的表达技术正好体现了人们命名为透视法的东西。从抨击现实的角度看，透视法从不言说同一个东西——它有时候甚至表达完全相反的东西。

因此，看似描绘宫廷职员的肖像画《厨师》（*Le Cuisinier*）和《园丁》（*Le Jardinier*）也一样。在那里同样有重言式：那个掌勺的被画在一个盘子里，而那个管果园和菜园的是用蔬菜拼凑的。前面那幅是用盘子上摆放的烧烤构成的画，描绘的应该像是一个矮胖的大老粗，有着凶神恶煞似的面孔；后面那幅是用刺菜蓟、菜根、洋葱、板栗、核桃画的，表现的是一个面颊丰满、活得很滋润的人。一旦作品被翻转过来，上面摆放着烤乳猪、家禽和其他肉块的盘子，就变成了厨师帽的翻边。《园丁》那幅也一样[1]，放着各种蔬菜的大碗变成了一顶大盖帽，于是，大洋葱成了脸颊，厚厚的白萝卜成了鼻子，婆罗门参成了一把浓密的胡子。

超越于绘画之上，阿尔钦博托，作为哥白尼（1473—1543）、伽利略（1564—1642）和开普勒（1571—1630）的同时代人，在他的画布上实现了从封闭的世界向无限的宇宙的过渡。这样的宇宙比天国更高、比地狱更低、比彼岸的柏拉图式的理念的天空或此岸的充

[1] 这里的原文是“De même avec le cuisinier”，可能是作者的一个笔误。因为上面已经提到了《厨师》是用装着烧烤的盘子来呈现的，而《园丁》则是用蔬菜来呈现的，所以这里应该是在讲《园丁》这幅画了。——译者注

斥着酒色之徒的大地更多，在这样一个世界，处处都是中心，都充满物质，没有任何地方是边界。在本体论上，那个厨师跟他烹饪的猪肉不相上下，就像园丁就是他所准备的土豆。同样的原子，同样的微粒，同样的物质——只是视角的问题。今天是被烧烤的家禽，某天又是皇家盛宴的负责人；现在是菜园里的大洋葱，某天又变成了园丁的脸颊。人们不再把唯物主义视为享乐至上。

为了继续保持在透视法的范围内，在上面和下面运作的辩证法同样也在近处和远处工作：这就像一张（帝王的）脸只需几步就变成了一个（动物的）集合，只要把鼻子粘贴到作品上。无限大或无限小也一样，只需仔细端详一下一个东西，它就会变得微不足道或硕大无朋。因此，存在之物从不会存在于绝对之中，而是相对的。似乎绝对存在的一具躯体实际上就是现实世界中的一个原子和微粒的集合——尽管这也不是身体的唯一现实。1586 年，吉安巴蒂斯塔·德拉·波尔塔[1]（Giambattista della Porta）发明了望远镜，1590 年汉斯[2]（Hans）和扎恰哈里亚斯·詹森（Zacharias Janssen）发明了显微镜，而与此同时，阿尔钦博托画出了他想通过望远镜看到的东西，好像是在显微镜下看到的那样；他也画出了他想用显微镜看到的东西，好像是在望远镜中看到的那样。

宏观世界表现着微观世界：部分构成整体，但是所有部分自身也都容易分解为更小的部分，更小的部分自身又分解为更小的，如此以至无穷。表现着帝王面容的那个高贵的宏观世界是由黏合在一起的卑微的微观世界组成的——植物、动物、花朵……德罗斯特效应[3]（mise en abyme）把观者劫持了，使他蒙受幻觉，幻觉向他呈

[1] 吉安巴蒂斯塔·德拉·波尔塔（1535？—1615），意大利文艺复兴时期著名学者、科学家、博学家、剧作家。——译者注

[2] 指汉斯·詹森(Hans Janssen)，生卒年不详，荷兰人，与儿子扎恰哈里亚斯·詹森(1585—1632) 一起发明了第一台复合显微镜。——译者注

[3] 德罗斯特效应是一种递归的模式。一张有德罗斯特效应的图片，在其中会有一小部分是和整张图片类似。而在这一小部分的图片中，又会有一小部分是和整张图片类似，以此类推。理论上此效应可以一直重复下去，但实际上此效应会受到图片分辨率的限制，而且类似的图片大小会以等比数列的方式递减。——译者注

现，仿佛它就是现实——或者说，现实向他呈现，仿佛一场幻觉。这种绘画是动态的，它就是被把握在绘画之瞬间中的生命冲动（élan vital）的动力学[1]，这种生命冲动的动力学被刻画在两个瞬间之间——面容的瞬间和鱼肉的瞬间、外貌的瞬间和蔬菜的瞬间、肖像画的瞬间和野味的瞬间……

与同时代另外两个人拉伯雷（Rabelais，1483 或 1494—1553）和蒙田（1533—1592）一样，阿尔钦博托起着百科全书派作家的作用。最接近于表达他们的隐喻就是珍奇屋的隐喻：虚假的混乱，真正的秩序，经过精确计划的表面的凌乱，就像第一眼看一个粮仓，里面堆放着小玩意儿、小摆设、物品、各种东西，因为看上去好像它们在这里被束之高阁了，好像它们都被弃置不用了，但是只要仔细观察，这个粮仓就会显得像世界的一个摘要，世界的一部简短的百科全书，大自然的一个概要，存在物（présences）的一个缩影。一点也不令人惊讶的是，阿尔钦博托对鲁道夫二世的艺术与奇观室的收藏贡献不小，这里面有各种各样的物品，它们表达了唯一且共同的东西——同一的大自然的多样性，全一（Tout-Un）的丰富，它的神秘和神奇，它稀奇古怪的表现形式和奇异的显现方式。

在这个居室里，我们可以看到：一些短颈大口瓶装着一些有两个头的连体双胞胎的尸体，独角兽的角，事实上，常常还有，独角鲸的牙齿，来自遥远国度的身披令人惊叹的羽毛的鸟类，在镂空的金银器上摆放着的巨大的贝壳，其神奇的附属器官由稀有石头构成的锯鳐或箭鱼，即使没有这些奇珍异石，它们也同样弥足珍贵，玻璃瓶中装着的怪物，形状酷肖迷你的人体的曼德拉草的根茎，有人说它们是由自缢者的精液产生的，还有星盘、音乐自动木偶、侏儒或巨人的骨骼、干尸，从遥远的国度印度或美洲带回来的物品、人蜡，等等。

离珍奇屋不远，帝王希望建一个动物公园，养一些异域动物。

---

[1] 这句话可能是仿造黑格尔的名言：哲学是被把握在思想中的它的时代。——译者注

比如，那时候人们常说的猛兽（féroces）：猎豹、熊、狮子、老虎、狼、猞猁；一些猎物：鹿、麂子、野猪；从遥远的国度进口的动物：犀牛、大象、鸟类，当然还要加上海豹和长颈鹿、骆驼或猴子、鸵鸟或猎兔狗。作为同样具有深厚文学修养的雅士，阿尔钦博托在科学方面也博闻强识，他为当时的大科学家们——那个博洛尼亚佬（Bolonais）乌利塞·阿尔德罗万迪[1]（Ulisse Aldrovani）就是其中之一——绘制动物和植物的插图。寓言性的肖像画、可翻转的油画、珍奇屋、动物园缺一不可地构成了异教关于此岸世界的真和美的主题的多样形式。神秘并不存在于死后的生活中，而是在死前的生活中。天堂并不存在于天空，而是在大地之上——只要细心观察和睁开双眼，便可知道。

基督教教导说，世界的真理不在世间，而是在言说世界的大书，也就是《圣经》中。一般而言的文艺复兴，特别是阿尔钦博托，无非都是为了反抗他们对之不屑一顾的大书，而为世界说话。跟1492年在美洲发现的那些“野蛮人”比起来，亚当无足轻重。1562年10月，蒙田在法国的鲁昂港（Rouen）遇见了三个图皮南巴人（Tupinambas），他还在那里收集了不少物品，尤其是巴西的物品。在《关于食人部落》（*Des cannibales*，I.31）中，他给出了这些物品的一张清单，这些物品可能跟他国内的来自鲁昂的诺曼人有关联，因为某个水手和/或某个佃农曾经生活在巴西，这些物品有：吊床、棉线、大头短剑、木制手镯、节拍棒。原罪不再是一件关于形而上学和禁果的事情，而是变成了犹太教—基督教的去自然化（dénaturation）、文化同化、文明化。

自从我买下这幅画以后，它经常注视着我，比我注视它还多。这个人物的面容令我不安（inquiétant）——词源学意义上的“不安”：它令注视它的人深受困扰（trouble）。根据我与它对视的距离，要么我看到的是那个人物，要么我看到的是组成他的那些动物。在某

---

[1] 乌利塞·阿尔德罗万迪（1522—1605），文艺复兴时期意大利博洛尼亚大学自然史教授、科学家，曾在博洛尼亚创建了一个植物园。——译者注

个不确定的时刻，甚至两者都看到了，理解力迟疑一下，看见其中一个，然后是另一个；又是前面那个，然后才能固定在要么这个，要么那个上。买下它之后，画布被长时间放在一个书房的高处，后来我把它弄干净，做了点修复，在一次搬家的时候，我给它包上一张纱纸并包装起来，最后把它挂在一处新居的墙上。每一次，我都感觉这幅画的大小（dimension）看起来发生了变化。我想象它更大、更宽、更开敞。实际上，是小尺寸产生的幻觉。

阿尔钦博托及其追随者们展示了一种可能开启绘画的反历史（contre-histoire）的样式。这条世系似乎独立于官方的和机构的历史，后者带有护教的性质：基督教的寓言已经得到绘画充分的图像化（figurée）。耶稣的虚构只吸取了词语、色彩、石头、书本、歌曲的养分。基督是一种人类的发明，这种发明必须征用艺术来使某种显形成为可能。官方艺术的历史，艺术的官方历史，跟这种寓言性的事业不谋而合。在基督教的建构中，艺术家们扮演着主要角色：那些拜占庭式的圣像、罗马式的教堂、哥特式的大教堂、雅各·德·佛拉金的《黄金传说》、乔托[1]（Giotto）的绘画、但丁的诗歌、巴赫[2]（Bach）的大合唱，像曾经千千万万的其他东西一样，都赋予了一个寓言以身体和肉。君士坦丁使罗马帝国皈依基督教，同时制造了欧洲的文明。艺术家们是这个历史的、精神的、宗教的、意识形态的舞台上的主要演员。

阿尔钦博托似乎是逃离基督教艺术的第一人。在他30多幅著名的画作中，我们没有发现任何或多或少会让人想起基督教的东西。我们看不到任何与耶稣生活之虚构有关的惯常场景：没有天神报喜、没有圣母往见瞻礼、没有童贞女玛利亚、没有耶稣诞生像、没有圣

[1] 指乔托·迪·邦多纳（Giotto di Bondone，约1267—1337），意大利画家和建筑师，被认为是意大利文艺复兴时期的开创者、“欧洲绘画之父”、“西方绘画之父”。——译者注

[2] 指约翰·塞巴斯蒂安·巴赫（Johann Sebastian Bach，1685—1750），巴洛克时期的德国作曲家，杰出的管风琴、小提琴、大键琴演奏家，被普遍认为是音乐史上最重要的作曲家之一，并被尊称为“西方近代音乐之父”，也是西方文化史上最重要的人物之一。——译者注

家庭、没有马厩、没有牧羊人的恒星、没有东方三王、没有逃往埃及、没有受洗、没有使徒、没有神奇捕鱼、没有奇迹、没有光环、没有火舌、没有圣殿的商贩、没有最后的晚餐、没有上十字架、没有耶稣受难、没有下十字架、没有复活、没有升天、没有圣灵降临（Pentecôte）、没有圣母升天（Assomption）。

同样，在这位意大利画家那里，我们也找不到任何构成基督教殉道者们的福乐的东西。在几个世纪的绘画中，在成千上万个地方，这种信息真是你方唱罢我登场：圣丹尼被砍头、圣劳伦被烧烤、圣艾蒂安（Étienne）被乱石击毙、圣皮埃尔被头脚倒置钉上十字架、圣白朗弟娜（Blandine）被狮子吃掉、圣阿尔伯特（Alberte）被活活烧死、圣特罗佩（Tropez）被斩首、圣菲利克斯（Félix）被棒打、圣巴泰勒米(Barthélemy)被剥皮、亚历山大利亚的圣卡特琳娜(Catherine d'Alexandrie）受车轮之刑，还有其他笑话，它们被精心设计以向人展示，真正的基督徒在模仿耶稣受难的殉道行为之时得到拯救。

即使绘画不赞颂基督教的神话，它也纪念、歌颂、颂扬特别虔诚的基督教王子和国王。有几幅归于阿尔钦博托名下的画再现了一些大公夫人，或者描绘了马克西米连二世和他的整个家庭，包括小狗。这些画作整个都处于一种有节制的、表现力非常强的风格中，这种风格与人们所认识的他毫无关系。宫廷肖像画、官方的绘画，这些作品是否源自他手，还没有被证实，但怀疑一直都存在。如果阿尔钦博托是这些画的作者，那么他很可能在作画的时候模糊了自己的风格，擦去了自己的艺术，并创作出一种中性的作品，以便把给他发薪水的皇室家族的正式画像制作出来。这个米兰佬（Milanais），当他画下布拉格宫廷里的那些权贵时，采取了第欧根尼式的反讽，为了记述那些君王们，他迫使自己用榛子和婆罗门参、青蛙和鹦鹉、小黄瓜和海豹来作画。

这种绘画的非基督教的反历史从不接纳僵死的自然之物，因为在大部分时间，僵死的自然之物都征用一些物品，以使它们拥有一种具有基督教教益的话语：桌子边缘放置平衡的刀马上要掉下来了；水果里有虫子；吃腐肉的嘴藏在画布里，嗷嗷待哺；就在前几天还活生生的蝴蝶被安排在一个已经长了黑点的水果上；玻璃杯缺了一个角；柠檬的皮占据着空白处；盘子被翻转过来了；花朵枯萎了；核桃裂开了。问题在于理解，我们就像这些被搬上舞台的物品一样，存在于时间之中，在虚空的边缘，而上帝则悠然自得地徜徉于永恒之中，我们通过一种基督徒的生活可以到达那里。

僵死的自然常常最清晰地表达了上面的观点：人们在那里可以看到一只仙鹤；一只沙漏；一支蜡烛；一些死的动物、鱼或者猎物；一只打开的牡蛎；一块手表；一面镜子；一个烛台，上面有时还有未熄灭的蜡烛。绘画告诉我们，除了对自我拯救的关心之外，一切皆是浮华（vanité），随风飘散。它教育观画者，使他明白，就像一个上好的水晶酒壶的壶身上的映象或被去除了内脏的鱼一样，他也会消逝，他将消逝；让他明白，他将会死去，他几乎已经死了，是时候关心自己的灵魂和死后的生活了。但在阿尔钦博托那里，鱼的肚子是没有被打开的，它有着活灵活现的眼睛，它看着我们，好像在询问我们是否理解，它就是我们，我们就是它。

因此，一种绘画的反历史不涵纳僵死的自然，但是，作为本体论的吗哪[1]（manne），它似乎又接纳风景画。风景画在绘画中已经存在了很长时间，但常常居于次要地位，作为一种装饰、一种背景：对于宗教绘画和佛拉芒人的资产阶级绘画，它起着首饰盒的作用。通过最好的梳妆打扮，穿着有着繁复的褶皱的靓丽衣服，女人们珠光宝气，身穿裘皮大衣，佛拉芒人展现出他们的富足，一切都陈列在、镶嵌在豪华的室内，而室内的窗户旁边挂着出色的风景画，这些风景画往往是单独（而不是作为背景）画在一小块画布上的，被用于装饰这些富丽堂皇的室内。

因此，风景画是肖像画附带的背景，就像剧院的装饰，而主体

[1] 《圣经》中所说的古以色列人经过旷野时所得到的天赐食物。——译者注

（sujet）才是第一位的——全世界人都知道达·芬奇的《蒙娜丽莎》（1503/1506）。接着，风景画占据了越来越重要的位置。在浪漫主义那里，人物占据越来越次要的位置，以至于它变成了不过是辽阔空间里的一个剪影，而整块画布都被这个空间填满了——我们不禁想到 C.D. 弗里德里希（C. D. Friedrich）的《山里的早晨》（*Matin dans les montagnes*，1822）。最后，风景画自身变成了主体，同样是 C.D. 弗里德里希那令人惊异的《晚夕》（*Soirée*，1824）。

大概半个世纪后，伴随着克劳德·莫奈的《日出·印象》（*Impression soleil levant*，1872），印象派画家们使绘画成为一种方法，产生了只描绘景物之上的光的效果的风景画（1892—1894 年绘制的一系列描绘鲁昂大教堂正面的油画就是证明）。然后，光本身也是在象征性的形式中得到展现的：颜色（比如，1917—1920 年的《睡莲池》［*Le Bassin aux nymphéas*］）。接着，抽象艺术的时钟敲响了。1914 年，杜尚用他的第一件现成品《瓶架》（*Porte-bouteilles*）开创了被稀释进纯粹概念之中的抽象艺术，但是，在这个抽象艺术之抽象之前，抽象艺术的时钟就已经敲响。杜尚主义的政变发生后，当代艺术还是给风景留了一席之地，风景自身变成了艺术品的未经加工且浑然天成的材料，被艺术家雕琢。

4

大地艺术：大自然的崇高之境

如今，大地艺术（Land Art）体现了这种对大地的感知的美学，它是贯穿某种艺术的反历史的简明扼要的草图的红线。与肇始于马塞尔·杜尚的超智力化（hypercérébralisation）相反，也与概念艺术、极简艺术、贫穷艺术[1]（arte povera）以及其他趋向于越来越少的材料和越来越多的抽象及理念的变体相去甚远，大地艺术把艺术从博物馆、画廊、封闭和受限的空间、精英主义的文化隔离区解放出来，以展现人类用自己的劳动把自然转变为物质资料的古老姿态。

新石器时代的人类雕琢石头，将石头排列起来，形成一些队列，与太阳、月亮、星星和行星的运动相联系。大地艺术的艺术家们沉浸于新石器时代人类的萨满精神中，与创造卡尔纳克（Carnac）或巨石阵、科西嘉的费利杜萨（Filitosa en Corse）、撒丁岛的努拉盖（nuraghes de Sardaigne）以及巴利阿里群岛（Baléares）和马耳他的其他巨石阵——地球上别的地方到处都有——的祭司、德洛伊教祭司（druide）或圣贤们的意趣一致，他们——迪贝兹[2]（Dibbets）、富尔顿[3]（Fulton）、桑菲斯特[4]（Sonfist）、霍尔特[5]（Holt）、

[1] 贫穷艺术是由意大利评论家杰马诺·切兰（Germano Celant）于1967年提出，用来概括和描述当时一批年轻的意大利艺术家的艺术风格和观念。“贫穷艺术”主要是指艺术家选用废旧品和日常材料或被忽视的材料作为表现媒介，这些艺术家旨在摆脱和冲破传统的“高雅”艺术的束缚，并重新界定艺术的语言和观念。这种以原始而质朴的物质材料建构艺术的方法和形态常常被认为是概念艺术的一个流派。——译者注

[2] 扬·迪贝兹（1941—），荷兰概念艺术家，大地艺术家。——译者注

[3] 哈米什·富尔顿（1946—），英国行走艺术家（walking artist）。——译者注

[4] 艾伦·桑菲斯特（1946—），美国艺术家，大地艺术的创始人之一。——译者注

[5] 南希·霍尔特（1939—2014），美国艺术家，大地艺术的先驱之一，艺术家罗伯特·史密森的妻子。——译者注

德·玛利亚[1]（De Maria）、史密森[2]（Smithson）、林克[3]（Rinke）、尼尔斯－乌多[4]（Nils-Udo）、奥本海姆[5]（Oppenheim）、海泽[6]（Heizer），不胜枚举——复活了铭刻在自然和风景之中的审美姿态。

大地艺术的作品并不进入画廊，它们在那里无法获得回报。只有作品的资料能够被展示、展览和出售：草图、相片、略图、素描、记事本、平面图、各种各样的资料、门票、绳子末端、干植物、石头、几袋沙土。这些用大地和风景、高山和悬岩、大海和波浪、山谷和溪流、雷电和天空、雪地和石头、河流和湖泊、农田和矿场、冰河和树木、冰山和火山、盐湖和森林、树干和树叶、花朵和花粉、沙土和泥浆、小草和砾石、浮尘和阳光、风和云彩、踪迹和阴影进行创作的人，鉴于其作品的特点，他们几乎不可能在一个机构性的作品展览点展示这些作品，而只能把点点滴滴的痕迹进行商业化，聊以自慰。

在大自然中发生的事情被勾画、录影、摄影、记述、描画，艺术家们制造了一些地形学的剖面图、笔记、略图、统计研究、建筑师的草图，所有这些都哺育着概念艺术的一个分支。尽管如此，这个姿态首先关系到的还是大自然的一个片段、世界的一小部分、内在的真实世界的一小截，艺术家以造物主的方式在其上印下自己的标记。艺术家已深入挖掘、触及、收集、挖铲、切割、萃取、挪动、转移四种元素，在它们的所有形式下，在它们的所有状态中，以所

[1] 瓦尔特·德·玛利亚（1935—2013），美国艺术家，大地艺术的创始人之一。——译者注

[2] 罗伯特·史密森（1938—1973），美国大地艺术家，雕塑家，大地艺术的创始人之一。——译者注

[3] 克劳斯·林克（1939—），当代德国著名的身体艺术家和大地艺术家。——译者注

[4] 尼尔斯－乌多（1937—），德国艺术家，早年潜心传统绘画，后转向大地艺术、场域特定艺术。——译者注

[5] 丹尼斯·奥本海姆（1938—2011），美国概念艺术家、表演艺术家、大地艺术家、雕塑家和摄影艺术家。——译者注

[6] 迈克尔·海泽（1944—），美国大地艺术家，与德·玛利亚和罗伯特·史密森一道，被称为“美国大地艺术三巨头”。——译者注

有可能的和可想象的新的形状。

在新墨西哥（Nouveau-Mexique），瓦尔特·德·玛利亚用他创作的《闪电的原野》（*The Lightning Field*，1977）挪动闪电，他竖立了四百根很容易吸引雷雨的可怕能量的钢铁桅杆，用来引导闪电；在他的《螺旋形防波堤》（*Spiral Jetty*，1970）中，罗伯特·史密森创造了一个螺旋形的暗影，他在犹他州的大盐湖中创作了一个高出水面的巨大的漩涡形踪迹；在《圆形表面平面位移图》（*Circular Surface Planar Displacement Drawning*，1970）中，迈克尔·海泽在一个干涸的湖泊的完全平坦的表面上留下了轮胎的痕迹，那些圆圈排列得就像一个纯粹的几何构图；在《尼泊尔的石头》（*Stones in Nepal*，1975）中，理查德·朗[1]（Richard Long）在一座尼泊尔高山的山顶于大自然的乱石堆砌中创造出一种简洁的秩序；在《罗丹火山口》（*Roden Crater*，1992）中，詹姆斯·特瑞尔[2]（James Turrell）在火山口（这是他在亚利桑那州的财产）上塑造了一个完美的圆圈，为了使阳光能从位于中央的一个洞眼照进来，他还使用了挖掘机，而洞眼往下通往地下建筑物；在《切割线》（*Secant*，1977）中，卡尔·安德烈[3]（Carl Andre）设计了一条长约百米的线，就像树林中的一条蛇一样蜿蜒起伏，并与一片有山谷的山野的弧线相映成趣；在《装置六 /05》（*Installation VI/05*，2006）中，鲍勃·费尔舒亨[4]（Bob Verschueren）在意大利的一片森林里创造了一座木桥，这座木桥被夹在峭壁间的小道上，他因此而在大自然中开通了一扇浑然天成的大门；在《椴树，花楸果》（*Tilleul, Sorbes*，1999）中，尼尔斯-乌多在针叶树灌木丛的不高不矮的地方，摆出

[1] 理查德·朗（1945—），英国大地艺术家。——译者注

[2] 詹姆斯·特瑞尔（1943—），美国艺术家，主要以空间和光为创作素材，曾获得过古根海姆奖、麦克阿瑟基金会天才奖和美国国家艺术奖章。——译者注

[3] 卡尔·安德烈（1935—），美国当代著名艺术家，极简主义的代表人物之一，他重新定义了当代雕塑。——译者注

[4] 鲍勃·费尔舒亨（1945—），比利时当代著名大地艺术家。——译者注

了一条由红色果实（花楸果，花楸树的果实）组成的线，这个灌木丛则位于几棵椴树下；在《拉萨尔河》（*Lassalle River*，1996）中，弗朗索瓦·梅尚[1]（François Méchain）把三段树干的树皮和干燥坚硬的地皮混合放在一起；在《带有罗马浆果的鸢尾花叶子》（*Iris Leaves with Roman Berries*，1987）中，安迪·高兹沃斯[2]（Andy Goldsworthy）构造了一个绿色叶子和红色果实的拼贴，叶子和果实成异色方格饰，漂在一方水面上；在《穿过一座沙丘的景观》（*Views Through a Sand Dune*，1972）中，南希·霍尔特在一座沙丘上钻了一个孔，在孔里放了一根混凝土的通风管，管子朝向大海；在《树木大教堂》（*Cattedrale Vegetale*，2001）中，朱利亚诺·毛里[3]（Giuliano Mauri）要求树木服从哥特式的形式，以便构成具有基督教形式的一种异教神殿样式的树木穹顶。这类例子不胜枚举。

雕刻闪电；驯化大海；在一片干涸的湖泊表面画下圆圈；用艺术意志的秩序来瓦解地质的无序；在大地上划下线条；让森林的各部分弯曲，形成一个拱门，门柱上还有环形圆盘线脚；在一大片绿树的绿色之上布局出一条红色果实的饰带；让树皮摇身一变成为大地，或者相反，用植物材料在水面上作画；穿透一座沙丘，在其中放置一个舷窗，透过它让海洋尽收眼底；用树木再造一个一直主导着埃及古老柱廊的形式；当然还包括：切开一条冰河上的冰；挖掘沙漠中的沙；创造一条伸入大海的林荫道；建造一座麦秆的金字塔；在曼哈顿的南部种植一片小麦；创造树枝的旋涡；把满墙常春藤的叶子摘掉，以便在那种植物中创造出一种秋天的形态；捕捉清风，让它来雕刻一条长好几公里的布匹——大地艺术的艺术家们通过汲取艺术最原始的本源而使艺术再次物质化。

对地质学、史前史和自然科学情有独钟的史密森，曾致力于一

[1] 弗朗索瓦·梅尚（1948— ），法国当代艺术家。——译者注

[2] 安迪·高兹沃斯（1956— ），英国雕塑家、摄影家、环境艺术家。——译者注

[3] 朱利亚诺·毛里（1938—2009），意大利当代著名艺术家。——译者注

项计划，即《阿马里洛斜坡》（*Amarillo Ramp*，1973），可惜他自己并没有活着看到它。尽管如此，这件作品还是按照他的设计得到了实施：该作品就是在靠近一片湖泊的地方建造一个巨大的陆地弧线。向作品方向移动的观者的运动不断改变着风景的样貌。在人们可能会想象成完美圆形的地方，却发现这个圆的另一边豁然洞开。看似圆形的东西变成了椭圆形。为了完整地看这个作品，就像看阿尔钦博托的作品一样，至关重要的是找到恰到好处的距离：太近了，可能看到一个东西，但看不到另一个东西；太远了，只能看到另一个，而看不到这一个。

大地艺术的艺术家们不得不到处旅行。为了看到他们的作品，必须出门，到大自然中去，到一些不适合人居住的地方去，翻山越岭、深入峡谷、穿越森林，为了避开人口稠密区而绕行无数公里，穿过沙漠。这些大自然的造物主们邀请人们在几千年的文明之后，在我们已经迷失于其中的象征之地，重现发现意义：凯尔特土地的能量、沙漠之沙的魔力、被征服的顶峰的壮丽、海拔带来的振奋、一览众山小的快乐、沙漠地区的寂静、黑暗森林中的战栗、与元素的接触、与闪电的亲密接触、水的磁力、雪的神秘、冰的力量、植物生长的奇迹、辽阔空间的眩晕——换言之，通向崇高的道路。

杜尚得出的美之死的结论并没有在纯真的艺术领域留下任何新的内容。崇高实际上是通过大门进入的。这个概念很早就存在了，至少是从我们的纪元的第三个世纪，从朗吉努斯（Longin）或伪朗吉努斯（Pseudo-Longin）以来就存在了，但崇高的概念几乎没有立锥之地，因为关于美的美学大行其道。从柏拉图的理念论到马尔蒂尼[1]（Maldiney）的现象学呓语，中间还有康德那本难以消化的《判断力批判》——由于追求普遍之物，康德满足于把自己的品位普遍化，使之成为绝对的品位判断（对于品位他说：凡是没有概念而普遍令

[1] 亨利·马尔蒂尼（1912—2013），法国哲学家、诗人、现象学家和艺术评论家。——译者注

人愉悦的东西就是美的［le beau est ce qui plaît universellement et sans concept］，但是，只要不是西方艺术，如果不是特指欧洲艺术的话，就不是艺术）——崇高都是作为相对于美（Beau［首字母必须大写］）而言的次级范畴出现的。

南希·霍尔特，一位美国大地艺术家，她通过她的工作让古典的美和当代的崇高之间的联结得以实现，特别是她那件重达 22 吨的名为“太阳隧道”（*Sun Tunnels*，1973—1976）的作品。经过漫长的勘察旅行，这些旅行构成了对自我的沉思和体验，她精心挑选了一个地方。接着，她对这个地方作了深入的了解：地质、地貌、动物、植物、天文、天体物理。然后，她在这个地方安营扎寨，把自己置入几百万年前生活于此的人类的精神状态之中，置入一种几乎亘古未变的沙漠自然之中。目之所及处，高山林立，人类曾居住在洞穴里，这些洞穴如今依然在那里。这位艺术家踏上了对这些原始人类的精神气质（spiritualité）的本体论追寻之路。

南希·霍尔特紧接着着手研究太阳的运动，特别是冬至和夏至，她制造了一个作品，使观者能够产生处于宇宙中心的感觉，并意识到自己是万有（grand tout）的微小部分，是一个无限宇宙的微小分子，是一个难以计量的整体的微不足道的碎片。通过将冬至日和夏至日上溯和下溯 10 天——但不仅限于此——这部作品同样能使观者实现这样的体验：使处于天文学概貌中的外部风景与处于宇宙学构造中的内部风景融为一体。

这部放置在犹他州沙漠中的作品，离最近的城市有 60 公里，离最近的公路有 15 公里，离一座魅影般的城市卢辛（Lucin）不远。作品由 4 根固定朝向的管子构成，据此在冬至日和夏至日，阳光可以照进管子。这几个部件所使用的材料的颜色跟此地沙漠中的沙子的颜色差不多。它们被摆放成 X 形，纵向两根，横向两根，被放置在夏天的纵向光和冬天的横向光的对轴线上。每根管子上都有精心穿透的孔，使光亮的主题图案照射到管道内部，人可以走进管道——

管道有5米多长，将近3米多高，人们可以看见天龙星座、英仙星座、天鸽星座和摩羯星座。那么，这个沙漠中的装置有什么审美意图呢？那就是让每个人都能感受并发觉到他归属于宇宙。

要理解这件作品的意义，又要回到尚塔尔·耶格-沃尔基维兹关于人种天文学和/或考古天文学的著作，这些撼动了史前史学者团体的著作。尚塔尔提出了这样的假想，最古老的人类实际上拥有关于天空、太阳和月亮、星星的卓越知识，他们会根据他们所掌握的宇宙运动，去测量时间、预测循环，以此来组织狩猎（动物的迁徙运动）和耕种（播种、种植或收割的时刻）。

在奥瑞纳文化[1]（aurignacien）时期，人类就在驯鹿的骨头上刻下月历，这证明了他们具有认识太阳和月亮与地球的相对位置的能力。在多尔多涅省（Dordogne）塞尔雅克镇（Sergeac）的布朗夏尔（Blanchard）洞穴中所发现的这种类型的可用于考古天文学的罗塞塔石碑，对这些石碑的分析使尚塔尔能够证明，这块骨头的雕刻者已经计算出了区分朔望月和恒星月的互补天数，即由于跟两次恒星月的关系，两次朔望月的互补天数至多五天。然后，尚塔尔·耶格-沃尔基维兹提到了测量宇宙的能力。

这位人种天文学家提出了一个大胆但又非常有诱惑力的论题，用以解释那些史前岩洞中的壁画作品：那些图形是根据天空之图画出来的。对崇拜仪式的地点的选择事实上是根据宇宙的运动进行的——至少一直到基督教教堂的建造者，人们都熟谙这种传统。首先要找到岩洞的原始入口，它们往往因为坍塌、山崩、地质变迁、地震、被水冲蚀而已经移位了。

找到入口后，人们就能看到，冬至和夏至时照进岩洞深处的阳光，这样就可以在岩壁上画出一幅光的舞谱，艺术家们就是用这些舞谱在石头上再造了那些星座。史前的艺术实际上是非常内在的

[1] 一种分布在欧洲和亚洲西南部的旧石器时代后期的文化，距今已有32 000—26 000年。——译者注

（immanente）天文学技术，远不是对超越之物的解读所认为的那样：岩壁作品是史前宗教的神圣遗迹。阿贝·步日耶在那里看到了他的宗教的史前史得以揭示（它从装饰过的岩洞转变成小教堂和神庙），乔治·巴塔耶朝那里投射他津津乐道的观念（色情和死亡、笑和僭越、眼泪和创伤、血和精液、交配和神圣性之间的联系），勒儒瓦－高汉则投射结构主义时代所乐此不疲的观念（符号、密码、能指、数字、结构、象形符号、神话符号），让·克洛特则投射我们新时代的观念（萨满教和鬼魂附体、灵媒和术士、巫师和演奇术者）。

对尚塔尔·耶格－沃尔基维兹而言，她在那里看见的是人类的踪迹，这些人类对宇宙和大自然的知识已足够发达，使得他们的制图术具有惊人的科学精确性。在她看来，正是在春分秋分和冬至夏至这些时节从岩洞口照射进来的阳光使这个地方无比神圣。她还提到宇宙的隐秘秩序和旧石器时代人类对隐秘秩序的发现。那些记录、测量、样品、解释都令人心悦诚服：被夏日灼伤的野牛的伤口；向西移动的犀牛；变成人鸟的发情的老鹰；动物粪便的位置；它们抬起的尾巴的轴线；与该地冬至夏至时太阳升起和落下的方向一致的标枪的定向，洞穴中对这些定向的模仿；作为一种原始的轴心而使用的井，这个被绘制的宇宙就围绕着井而组织起来。所有这些都显而易见地表明，人们所谓的*史前艺术*包含了与宇宙的亲密关系。

西方艺术的历史似乎就是不断地从艺术和宇宙法则之间的这种亲密关系中解放出来的历史，以有利于介于人和宇宙之间的一切——具体来说，就是文本、律法、诸种一神论宗教的书面言语。由于太阳和月亮的光明，光以纯粹内在的方式成了神圣的标志。如果有什么超越之物的话，那么它也存在于内在性最极端的地方。后来，光将从它的宇宙源头解放出来，成为与世界隔离的神的形态。从太阳的光芒到已变成微缩宇宙的复制品的基督教光环的光芒，中间经历了数千年。

大地艺术与这种史前的、原始的、谱系学的传统重新建立了联系。

当然，哲学探究式的注解常常把当代艺术的这个运动当作概念艺术的一个细枝末节，更多地思考它们在画廊中的踪迹，而不是这些崇高的艺术作品在活生生的世界中的在场。但是，如果人们省略当代艺术的博学家们对这种艺术的贬低——这些人认为它贫乏不已，那么他们就会发现，这种艺术首先且尤其教育我们该如何观看大自然、观察世界、理解宇宙、体验宇宙，以使每个人都能发现自己在这个超级规范有序的机械装置中的位置。

在大地艺术的这些代表性艺术家们那里，我们会发现一些最古老的符号被派上了用场：比如说，螺旋形，它在植物王国存在（葡萄的藤蔓，紫藤花的螺旋苗蔓），在动物王国存在（蜗牛的螺旋外壳，贝类动物的螺旋外壳），在宇宙王国中也存在（星云的运动），它象征着某种力量的演进，是被某种力量把握住的形式，特别是生命节律的力量。对于这种力量，博物学家达西·汤普森[1]（D'Arcy Thompson）提出了一个带有文学色彩的、诗意的、哲思的、抒情诗般令人陶醉的版本。

大地艺术使用了一种简单符号的字母表：由于其三维性而可以成为孔洞的点，这个点的移动形成线，这条线可以增多和卷曲。如果线自身关闭就形成圆、弓形、半圆、球面，或者如果线摆脱纯粹而简单的复制，一直保持运动，就可以形成螺旋，而与其他线交叉便产生了十字、三角形、星形、正方形、长方形，以及存在于大自然中的所有形状：地平之线、太阳的圆、新月的半圆、矿物的晶体、满天星斗的苍穹，等等。

螺旋形言说着同一和差异，相同之物的重复，却是在不同的时间之中：点在转动，留下一个圆形的踪迹，几乎反复通过同一个地方，但是这种运动把同一转变成差异——这种运动再现了一切存在之物的运动：生命就是运动，死亡是这种运动的运动和另一个生物的创

[1] 达西·汤普森（1860—1948），苏格兰动物学家，他把自然历史与数学相结合，发展出了一种研究生物进化和成长的新方法。——译者注

生（源自死去的生物）。它把非同一者的永恒轮回符号化，而同一者的永恒轮回似乎是圆圈要表达的，但是不同者（dissemblable）的永恒轮回是在螺旋式缠绕的创造性运动中显明的。

这种摆脱了犹太教—基督教的箭头而谈论时间的方式，与对时间的原始的、泛灵论的、多神论的、万神论的解读重新建立了联系：它们否认箭头，更偏爱运动和宇宙节律的螺旋发展。一件像南希·霍尔特《太阳隧道》那样的作品的生产（production），跟一些史前的作品（这些作品因为其基底［沙、土、木头、植物、贝壳］不是恒久不变的材料而没有留下任何痕迹），或者跟尚塔尔·耶格-沃尔基维兹对其提出过如此令人振奋的解读的那些作品，看起来是同时代的。

大地艺术没有把艺术封闭在文化及其场所中，而是在大自然中，经由大自然并向大自然开放。因此，要走进艺术作品就必须进入与被舞台装置术所摆置的元素的直接接触之中。观看作品的欲望，去往那里的旅程（有时很漫长），到达作品所在的区域，接近作品以及接近的程度——它们意味着一系列的视角，每次的视角都会带来作品的形变，作品在同一个空间内也会显得千变万化，因为这些作品是从各种各样的地点被观察的，所有这些元素都参与到作品中，作品表达的是一种时间和一种空间：循环和螺旋式的时间，不断变化和形态各异的空间。在作品中移动，也就是使作品移动，改变它、创造它、再造它。这种审美实践是一种实存的（existentielle）体验：处于一种运动的时间和一种变化着的空间中的身体，变成了作品的本体论轴心。观者变成了一个点，宇宙从这个点观看自己，每个人都是宇宙的中心。无边无垠的有限宇宙就这样借助于一件（史前史的）当代艺术作品而得到理解、得到体验。

南希·霍尔特明确表示曾受到某些人的影响，其中包括卡斯帕·大卫·弗里德里希。如果人们知道这位正值浪漫主义顶峰时期的德国画家的画作和某些文字，那么南希提到他就再正常不过了。阐释者把这个人视为风景画的悲剧画家，视为孤独个体的哀怨画家。

而在墓碑中发现阳具的象征、在洞穴中发现母亲的子宫的弗洛伊德主义者们，则在其画中看到这个艺术家身上遭到悲剧性挫败的回归欲望——真是一如既往地一派胡言。着迷于他们所缺乏的男子气概的纳粹们，竟把他的绘画与倾心于局部性的男性浪漫主义联系起来，把它当作对抗关心普遍性的女性浪漫主义的完美解药！基督教的虔信者们在他的画中看到了他们的同僚，并且，用他们惯以装腔作势的力量，在宣称高山比喻信仰、夕阳的光芒象征基督之前的世界的终结、冷杉隐喻希望之后，他们把弗里德里希强行收编进他们的神秘教团。上面的解读干脆忘记了卡斯帕·大卫·弗里德里希曾写道："神圣之物无处不在，一粒沙中皆包含神圣之物。"这表明，如果人们想要给他一个标签的话，他是一个万神论者，但绝对不是一个基督教神学家。

他的朋友格奥尔格·弗里德里希·科斯汀[1]（Georg Friedrich Kersting）有幅题为"弗里德里希的画室"（*L'Atelier de Friedrich*，1811）的小幅画作（54 cm × 42 cm），画中的卡斯帕撑在一张椅子上，在他的画架前面，正在画一张油画。房间非常简陋，一扇窗子的下部密闭着、上部打开着，使日光能够照进来。桌子上是他的颜料，装在三个盖上的瓶子里，一块破布放在一只打开的木盒子里，墙上挂着一把角尺、一个T形十字架、一把尺子、两块调色板。另一扇大窗户被堵住了。艺术家用他的右手画画，而左手拿着一块调色板、一支画笔和一条支撑手的长支杆。在这间房间里，在这样一个暗箱（camera oscura）中——但光明将出现在画里，这位身穿睡袍的浪漫主义画家穿着布拖鞋在工作。

另外两张由弗里德里希所画的铅笔和乌贼墨的素描小作品（31.4 cm × 23.5 cm 和 31.2 cm × 23.7 cm）再现了1805—1806年他画

[1] 格奥尔格·弗里德里希·科斯汀（1785—1847），德国画家，以比德迈风格的室内主题创作而闻名，这些作品反映出浪漫主义早期对人物个性的关注，通过空间环境、物和人的互动，表现模特的内心世界。——译者注

室的右边和左边的窗户。因此，人们可以看到他通过这两个开口所看到的东西。在1811年的作品中，右边的开口被堵住了。一些东西挂在墙上，左边是一串钥匙，右边是一把剪刀；两扇窗户的边缘有一面镜子，里面映照着画家脸庞的局部，还有一个画框，里面有一幅模糊的椭圆形的作品，也就是说，这些挂着的东西在1811年的画中都消失了。最晚的那幅画展示的是一间简陋的、被洗劫一空的、干净的、毫无装饰的房间。可能会分散艺术家目光的东西消失了：左边：城市的桥、河流、已靠岸或正顺流而下的船只、横渡的一只小艇；右边：一艘船的桅杆、对面陡峭的河岸、一群房子、树木（可能是杨树）、一只小船和船夫。

《弗里德里希的画室》是一份宣言书。这间他工作的房间是炼金术士的炼丹炉，而术士就是这位画家：他把世界的污泥转变为审美的金子。弗里德里希不是带着画架在大自然中作画（而是穿着睡袍和拖鞋撑在一张椅子上），不是透过窗户看着大自然（他关上一扇窗户，并把另一扇堵住了），没有素描或草图（他只用颜料来画画），而是在他脑袋里去煽动那些徜徉于自然之中时他所储存的记忆、情绪和感觉。

当他的同时代人旅行到罗马去体悟古代的精神时，弗里德里希却试图找回童年时在风景中的漫步；当他的同僚们参考别人的画作作画时，他却关注大自然而不是描绘大自然的其他人的画；当展览会展出画技高超的经典作品时，他却想激起观画者的感觉、情绪、情感、心绪；当其他人满足于复制（reproduire）别人的作品时，他却在自己作品前的参观者身上制造（produit）了某种效果：他创造（génère）了崇高之感。弗里德里希是再现当代之崇高的画家。

在个体和宇宙间的紧张关系的消解中，崇高油然而生。渺小的主体注视着雄伟壮丽的大自然，于是便产生一种情感：崇高感。孑然一身，西方的个体，这个从词源学上来说跟崇高感密不可分的个体，以一种内省的工作走进自己的深处。蒙田是第一人，笛卡尔紧随其后，紧接着是帕斯卡尔，他们质疑作为独立自主的、在自然中但与自然相分离的现实的我（le moi）。没有人关心宇宙。这三个人都以自己的方式信仰着上帝（蒙田信仰法兰西式的上帝，笛卡尔信仰先天的理念，帕斯卡尔信仰神启和天主教），而物质的宇宙并不是他们关心的事情。帕斯卡尔对无限空间的渺然寂静深感恐惧，但他却只是为了更好地通过信仰来驱赶恐惧。信仰以神秘的方式使他卑躬屈膝并沉溺于其中不能自拔。

经过对一切——除了他的国王和奶妈的宗教，谨慎使他不得不这样——的怀疑之后，笛卡尔实施了一种内在的探寻工作，以寻找在其上建造他的哲学大厦的第一真理。这种方法在他那个时代具有革命性，因为它借上帝说事而没有冒险否定上帝，用极端的方式实现了思想的自治。理性成了知识和认识的独一无二的工具。感觉、情感变得可疑，成了身体的事情，而身体是心灵的化身——精神——发号施令的场所。自治主体的理性出现之时也就是大自然和宇宙之日。

崇高一词的词源可回溯到上升到空中之物（ce qui élève en l' air）这层含义，并且，大家知道，在犹太教—基督教社会里，上升（élévation）与上帝和天使、神灵和大天使居住的天空恰好吻合。在这种基督教的老生常谈之外，崇高可回指高雅的（élevé）、伟大的、威严的、高贵的、壮丽的、可敬的、高大的、宽广的、辽阔的、巨大的、恐怖的东西，形容一种思想、一种理念、一种存在、一种行为、一种风格、一种特征、一片风景。在崇高中，心会发生器质性的变化，它会变重变沉，随世界的辽阔程度而变大。这是一件生理上的事情，是生灵中最精致的部分被一种景观所迷醉，这种景观使心灵收缩（contracte），然后再张大（décontracte），直到无边无涯。在这种本体论的动力学过程中，有种情感蔓及全身，并通过某种解剖学的反应表现出来：颤栗、发抖、惊厥。

大家都知道曾影响过《帕尔马修道院》的作者司汤达的司汤达

综合征[1]（syndrome de Stendhal）。事情发生在1813年[2]司汤达离开佛罗伦萨的圣十字教堂时：他在生理上体验到了与艺术作品相遇的崇高感。每件作品都拥有一种瓦尔特·本雅明意义上的灵晕（aura），人们知道有这么个东西，也见过对它的各种再现、影像、照片，但并不必然曾经身临其境。每个人的记忆里都携带着一座虚拟的肖像学博物馆。

由于作品的真实可触的物质性，与作品的真理直面相对可能使处于某种魅影般的在场中的人深受触动。如果这发生在一座满是大师杰作的博物馆里（佛罗伦萨的圣十字教堂就是如此），那么反反复复的震动最终会使观看者强直性痉挛，接下来他会浑身流汗、颤抖不止、目眩神迷、呼吸困难、心律加速、气息不定，直至体验到恍恍惚惚的狂喜之感，甚至，在某些情况下，还会产生幻觉或达到性高潮。幸亏司汤达在一张长椅上坐下来，这才回过神——从此，这种症状便以他的名字命名。

一片景观的巨大力量揭示出某种真理，当认识与这种真理直接相遇时，崇高感就展现了出来——在大自然面前的崇高感，在文化面前的崇高感。笛卡尔和西方传统所赞颂的个体目睹自己的理性被超越、被中断、被避开。身体在它最原始的物质性中接过理性的班。不可否认，大脑能完成某种工作，理性的工作，但植物神经系统占据着优势并且通过一系列的脉冲、搏动、流动、旁逸斜出和横冲直撞的能量而扰乱肉体。崇高感攻占了明事理的、推理性的、合乎情理的理性（raison rationnelle, raisonnante et raisonnable），解放了纯粹的情绪、直接的感觉、有缘起的（généalogique）兴奋、无拘无束的骚动。

---

[1] 1817年，法国大作家司汤达来到意大利，在佛罗伦萨终日沉醉于欧洲文艺复兴时期的大师杰作。一天，他到圣十字教堂参观米开朗基罗、伽利略和马基雅维利的陵墓，刚走出教堂大门，突然感到头脑纷乱，心脏剧烈颤动，每走一步都像要摔倒。医生诊断这是由于频繁欣赏艺术珍品使心脏过于激动所致，这种因强烈的美感而引发的罕见病症从此被称为“司汤达综合症”。——译者注

[2] 此处疑为作者的笔误。经译者查阅多种资料核实，这件事发生于1817年。——译者注

关于崇高感，伯克[1]（Burke）有过自己的理论；康德对崇高感也有过批判，这一点儿也不令人吃惊：前者谈到生理学，后者则进行了某种先验的分析。那位英国的感性论者喜欢能够使人束手无策的崇高感，而这位德国的观念论者则偏爱美（le beau）并把崇高感打发到艺术世界之外。《关于我们崇高与美观念之根源的哲学探讨》（*Recherche philosophique sur l' origine de nos idées du sublime et du beau*，1757）一书的经验主义作者把身体展现为崇高感之可能性的条件，这就是为什么他坚持内在性的主题：痛苦和愉悦、快乐和悲伤、恐惧和黑暗、光明和辽阔、无限和壮丽、五感和无限、黑暗的效果和光滑的美、优美和诗意。而对于写作《判断力批判》（1790）的哲学家而言，他的哲学是在这些概念中推演的：反思判断、限定性判断、判断的分析法、判断的辩证法、先天审美判断、经验性的品位判断、审美判断、目的论判断。但是，康德完全沉浸在他的纯粹理念的世界中，他谈论艺术时，忘了音乐、谴责小说、对建筑不置一词，也没有援引任何艺术家。

卡斯帕·大卫·弗里德里希（1774—1840）是名副其实的（le）崇高的代言画家。他的画教会我们如何注视大自然——就像大地艺术的那些艺术家们一样。没有人物的自然的崇高之画给他提供了一部简短的自然百科全书：彩虹的完美无暇和烟雾朦胧的以太，北极光的微光和冬天的苍白，月光陌异的清辉和朝雾的弥漫，草原的欣欣向荣和山丘的蜿蜒起伏，夜晚的魔力和晚星的永恒轮回，峰顶的纯净和峭壁巉岩的诱惑，落日的宁静和季节的环环相扣，石头的坚实在场和暗礁的威胁，云彩的清晰可感和水中月影，修长的冷杉的庄严和被折断的大树的力量，瑞雪初下的激动和寒冰中海难的悲剧，瀑布一泻千里的力量和湖泊的平静祥和。大自然被展示，没有人类，

[1] 埃德蒙·伯克（1729—1797），爱尔兰政治家、哲学家、作家、演说家、历史学家，曾反对英王乔治三世和英国政府支持美国殖民地及后来的美国革命的立场，后又对法国大革命持批判态度，被视为英美保守主义的奠基者，代表作有《对法国大革命的反思》等。——译者注

一如大自然往昔的样子，也像数千年中将是的样子。纯粹的自然，生生不息，周行不殆。

光阴的嬉戏；直指天空的大树和被连根拔起的橡树的辩证法；太阳起起落落有规律的变换；翻滚的瀑布和宁静的开阔水域的并行不悖；放眼瞭望烟雾中忽隐忽现的自然和阳光普照的风景；一会儿是嫩绿繁茂的叶子，一会儿是朽木的干燥枝条；这里是岩礁如海角伸向天空，那里又是暗礁预示着海难；一会儿是鹳鸟筑巢的橡树，一会儿又成了乌鸦麇集的枯木。所有这些都使熟悉寓言、象征、隐喻或讳莫如深且隐晦如编码的阐释的业余爱好者们可能把弗里德里希的画当作一种基督教的护教论作品来阅览。

不着一字，但又表露无遗，画家言说着善与恶、天空和大地、白昼和黑夜、愤怒和平和、生命和死亡、欢乐和痛苦、出生和去世。但人们也可以想象，他只描绘自然，无非是自然，自然的一切，从不迫使自然说出它不会言说的东西，而只是描绘自然向那些知道如何不用畸形的棱镜来观看自然、注视自然和欣赏自然的人所呈现的东西：自然言说着几千年的循环，古老的节律，宇宙的更迭，重复的时间，在空间中持存的相同者和在个体性中消失的他异者之间的辩证法。

当涉及宗教时，人们也可以要求那些想要把弗里德里希重新引入他们的事业中的笃信者们去观看这些画所表明的东西：这是当然，教会总是威严、强大、有力的，但却往往出现在远景处，迷失在烟雾中，就像想象的建筑、遥远的石头的梦幻。而宗教建筑，当它们不是处于背景而是在前景中时，往往是废墟：一堆坍塌的石头，自然收回了它的地盘；倒塌的圆屋顶让位于欣欣向荣的植物；只有一面墙的修道院消失在满是枯树的风景中，这些枯树即使已经干枯，也比人类这种朝生暮死的造物更加强大；在容纳了人也容纳了许多神圣建筑物的公墓里，修道院也显得像一座废墟；在公墓里，仿佛甚至连死亡也“死”了，因为蔓草占领了一切，枝繁叶茂的树木占据了整个地方；人类修建的墙只不过是一堆石头，被植被重新征服了。如果有什么神圣性的话，那也是使自然周行不殆的力的神圣性，而不是上帝之子的神圣性。

即便画中出现了基督，那也不是在教堂的唱诗班中，不是在一座宗教建筑物的中央，不是在一座哥特式教堂的中堂，而是在大自然的中心。他的木十字架与他身处其中的冷杉丛，是由同样的物质构成的。在森林里或在岩石的峰顶，在白雪覆盖之下或在决眦处有绵延群山的一处风景中，那个被钉上十字架的人好像是从土壤中、从大地上涌现出来的，像一株不朽的植物、一株永恒的植物。十字架连接着湍流和天空、悬崖峭壁和冷杉遍生的峰顶、生机勃勃的大地和白炽的天空。这位自然中的基督更像一位大自然的异教神祇，而不是一位为拯救人类而横空出世的弥赛亚。

在一幅 1817 年左右完成的画作《山顶的十字架》（*Croix sur la montagne*）中，基督出现在一个巨大的十字架上，而十字架稳稳地扎根在山顶上种植的冷杉丛中。远景中还有其他高山。一道彩虹跨过基督的身体，好似从钉在十字架上的人的一只手进去，而从另一只手出来：要么是上帝之子释放了他身上的这股能量，要么是他聚集了一种产生、制造、创造上帝之子的能量——我信仰的正是这股能量。他没有创造自然，他就是自然，就是使宇宙的语言显明的光，尽管宗教大费周折地证明了光最终是人类一直崇拜的东西，不管这种崇拜采取怎样的形式——这种形式都有一个名字：宗教。某种个别教派的现世设施背后总能发现普遍的光的异教崇拜，光乃生命之源——天体物理学意义上而非神秘意义上的源头。

弗里德里希的画作包括没有人类的崇高之境的画，融合进宗教之中的自然的崇高之境的画，甚至融合进自然之中的宗教的崇高之境的画，当然还有带着人物的自然的崇高之境的画。众所周知，这是他的特点之一，弗里德里希在小小的画布上画下许多广袤的风景，在这些风景中所有细小的人物都只有背影。画外的观画者看着画里面的观景者，并看到他们所看到的东西：自然之崇高。

画家只展现大自然中孤独的个体：冷杉林中的一位猎手；一位

隐没在满眼枯树和枯木桩的冬景中的漫步者；一位在岩石之巅注视着一片云海的旅人（也可能是一位穿着工作服的森林和水域监察员），岩石耸立于一片广阔的石头和云雾的风景之上；一个手拄拐仗的人，背靠一堵峭壁，在一片昏暗的天空之景中，一道彩虹的光弧横过天空；一位女子，手臂张开，面对冉冉升起的朝阳，大家更多地会把她视为一位深谙光之存在的女子，而不是一位基督教的虔信者。光，用叔本华的话说，是所有存在物中最令人爽心悦目（réjouissante）的。

在这些画中，弗里德里希利用自己的画的尺寸，提供了通往大自然的崇高之境的空阔辽远的小径：沉浸在一片冷杉林的广阔中，面对一望无际云蒸霞蔚的风景，被暴雨将至的墨黑天空中彩虹那五光十色的弧形惊得目瞪口呆，站在清晨微微泛红的、橙黄色的、黄色的、光亮的天空之下，人物体验着自己的虚假和景观的浩大，由于他进入了所见之物的无限，他突然发现了自己的有限性，在永恒的自然面前他自知生命短暂，他体验到了崇高。而看着这些观景主体的我们，在面对作品的那一刻也体验到同样的东西。

弗里德里希也会用透视法画其他东西：他会画一对人，他们注视着初升的月亮，在暮色苍茫的海边，在清晨的烟雾中；一个男人，一个女人，一对人眺望着远方的城市，在烟雾中，迎着海里的一艘船，或者在高山之巅，守护着他们的羊群，沉浸在群山的景观中，无数的山峰一望无际。他甚至会画一对人和另一个几乎不协调的人物，他们站在一个插入大海的白垩岩绝壁边，两个女人在前景，一个男人在后景，他们正在观看散发着白色光芒的海上升起的明月；或者会画两对人，两个男人和两个女人，看着海上月亮的清辉而陷入沉思。友谊、爱情，这些作品所表现出来的情投意合，都在诉说着崇高的景观不是个体的事情，但可以被分享。

在向弗里德里希和崇高感告别之前，让我们在《海边的僧侣》（*Le Moine au bord de la mer*，约 1809）上停留一会儿。这是这位艺术家的创作中一幅相当大的作品——110 cm × 171.5 cm。天空占据了画面的四分之三，大海和陆地占了剩余的四分之一。天空展现了蓝色的所有色调，从几乎接近白色到近乎黑色，中间还有靛青、天蓝、钴蓝、菘蓝等颜色。僧侣是个非常小的人物，背过身去，面朝着大海，正看得出神——脸不是朝着一个基督像，而是在给予他生命的大自然面前。僧侣既没有读《圣经》，也没有看祈祷书，他不是在一个书房里，他既没有在写作，也没有在誊写，更没有跪地祷告，而是看着辽阔的水域，并且，很可能在这片景观中汲取体验崇高的材料。

真正的宗教是那种把我们重新带回大自然的宗教；真正的祷告是恢复我们与大自然的联系的祷告；真正的神秘体验是异教的，它是把我们重新带回本真之地的体验：不是中心，而是片段；不是世界的中轴，而是微不足道的部分；不是自我，而是宇宙。这幅画就是这种异教宗教的宣言书，这种宗教不是把自然当作上帝的一个造物，而是当作神本身，一位内在的、物质的、具体的神。

1824 年，C. D. 弗里德里希画了《夜》（*Le Soir*）。这张小尺寸（12.5 cm × 21.2 cm）的纸板油画很可能是绘画史上的第一幅抽象画。就在透纳[1]（Turner）或莫奈之前，这位浪漫主义画家就以一幅平淡无奇的《夜》（*Soir*）出离了自然的景观画，并创作了一件庞大的作品：人们可以在画中看到幽蓝深邃的天空被斑马条纹般的黄色光线切割，当然，还有一系列被裁剪进无边无垠的鲜活的蓝色空间中的太阳光柱，但也可以看到一扇门，门上没有趣闻逸事和语言符号，门敞开着，通向人们进入大自然的地方。一扇几厘米见方的本体论之门，一面镜子，穿过它就会发现自己身处物质的世界之中，去领会崇高模式中的世界。就此打住。

---

[1] 约瑟夫·马洛德·威廉·透纳（1775—1851），英国最著名的艺术家之一，他技艺精湛，以善于描绘光和空气的微妙关系闻名于世。——译者注

5

俄耳甫斯：让顽石落泪

凯卢瓦（Caillois）曾使石头说话：对往昔存在的力进行陶化（vitrification），这只启发了地质学家，除此之外，所剩寥寥。然而，千百万年来液体的融合、再冷却，却产生了黑曜石和钻石、石英和碧玉、玉髓和玛瑙、缟玛瑙和磷铝石、天青石和石灰岩的变质岩[1]、紫晶和萤石。一旦被切开并抛光，人们就会发现，如这位诗人所写，石头包含着仿像（simulacre）。在这个开口（ouverture）向世人展示的东西中，可以看到怪兽和脸庞、风景和人物、剪影和树木、小鸟和女性的性器官、眼睛和叶子、主教和龙、螯虾和水流、狗和死神的头，还有梦境和预言。

石头有什么特征？它们沉默不语，尽管有悠远的记忆，它们凝固于一种形式而岿然不动，它们的结构极度缺少变化，它们的生命与生物相差万里，它们是宁静的力量，时间的结晶。还有一种被轻视的关系，诗人和艺术家、作家和音乐家，以及艺术工作者（这一石化的时代只在非常特殊的情况下才对他们感兴趣）持留于这种关系中。

俄耳甫斯能使石头落泪，这就是那位向石头（它们是结晶的自然时间）传达音乐（它是谱写成诗的文化时间）的力量的人。这个传说尽人皆知，不过还是让我们从容道来：俄耳甫斯在词源上意指黑夜、黑暗、隐秘之所。俄耳甫斯既是诗人也是乐师，这更加坚定了我的假设，即没有文字的文明若要记忆冗长的信息，就需要将它们谱写成韵文，然后去唱诵、去吟唱，使之变得更加易于记忆。以

[1] 原文为 paesina，在法语中并不存在这个单词，疑为 paésine 的笔误。这是一种在意大利发现的石灰岩的变质岩。——译者注

其节奏、抑扬顿挫、均衡、乐段，诗歌预示着音乐的出现，或者与音乐一同出现，以言说世界，或者表达关于世界的不得不说的东西。在神话学最古老的人物谱系中，诗歌有一席之地，这证明了它的开创性特点。

这位乐师——掌管抒情诗的缪斯卡利俄佩（Calliope）与一位国王的儿子——由阿波罗亲自启蒙。后者给了俄耳甫斯一把七弦的里拉琴。俄耳甫斯对它进行了完善，他加了两根弦，以向九位缪斯致敬。他还发明了齐特拉琴。在阿耳戈的英雄们（Argonautes）远征去夺取金羊毛（Toison d' or）时，俄耳甫斯用他的歌声为50个划船者的划船节拍伴奏，划船者都是一些英雄——伊阿宋（Jason）、卡斯托耳（Castor）和波吕克斯、赫拉克勒斯等。这同样的歌声也平息了地中海汹涌的波涛。也正是用这歌声，他使塞壬们（Sirènes）的力量化为虚无。塞壬们也是用她们的歌声，吸引水手们的，使他们的船只撞向悬崖峭壁。这些鸟头女人身的食肉者接着便把水手们吃得一干二净。

俄耳甫斯用他的歌声和里拉琴获得了不可思议的结果：他魅惑了树木和森林，它们对他言听计从；他使石头留下了眼泪并赋予它们人类的情感；他使汹涌的河流静止，使它们开始漫不经心地沿着单一河道流动；他使野兽变得温柔平静，狮子不再猎杀小鹿，猎犬不再追逐野兔，任何凶猛的动物都不再凶猛，它们全都认识了温柔、宁静、平静，它们不再血流成河。世界的秩序因此而改变，因为构成自然之天性的东西不再是唯一的法则，自然的法则本身从此唯歌声、曲调、音乐的命令是从。

大家还知道，俄耳甫斯生平的另外一部分，一条毒蛇在他的爱人欧吕狄克（Eurydice）的脚上咬了一口，夺去了她的生命。她的配偶再次通过音乐施展魔法，在冥府与她重聚：他曾使地狱犬（Cerbère）（守护冥府的恐怖的三头犬）、令人望而生畏的欧墨尼德斯们（Euménides）（正义和复仇的女性精灵、宇宙秩序的狂暴的保护者），当然还有哈德斯（冥王）和珀耳塞福涅（Perséphone）（冥府的女王）悄无声息。为了能够再次拥有欧吕狄克并与她生活在一起，他必须跟他的伴侣一起，他在前她在后，朝光明的地方走去，在到达地面之前，任何情况下都不能转身或跟她说话。当这位乐师听不见爱人的脚步声，以为爱人没跟上时，深感不安的他回过头来，就这样永远地失去了他深爱的人。身陷鳏寡的他心灵得不到抚慰，这个阴郁的人对失去的爱人坚贞不渝。酒神巴库斯的女祭司们大为光火，她们把他撕碎、肢解了他并把他的尸体分成碎片撒落在不同的地方，以惩罚这种死后的坚贞。有人说，在他的坟墓里，他的头依然时而会高声歌唱。俄耳甫斯成了某个教派的源头，这个教派灌溉了毕达哥拉斯的思想，灌溉了柏拉图的思想……也灌溉了原始基督教。

塞壬凶险的歌声和俄耳甫斯有益的歌声形成了后来跨越整个历史的一个对偶：一边是作为魔鬼和邪恶之工具的音乐；另一边是作为诸神和善之工具的音乐。在塞壬这边，圣奥古斯丁在他的《忏悔录》中论述了音乐如何由于“耳朵的享乐”（X）而成为一种远离上帝的有毒工具。无数沙漠教父们[1]、教会的教父或圣徒（比如，哲罗姆［Jérôme］和安波罗修、巴西流和约翰一世[2]［Jean Chrysostome］、德尔图良和亚历山大里亚的革利免，以及英国的清教徒或伊斯兰律法的博士们）皆步奥古斯丁的后尘。在俄耳甫斯这边，音乐的拥护者们在异教的、巴克斯的、狄奥尼索斯或哥利本神的[3]（corybantique）崇拜仪式上狂欢庆祝——柏拉图在《伊安篇》（*Ion*）中对之大加挞伐。《伊安篇》攻击音乐，其借口是，音乐使其听者

[1] 3—4 世纪时期，早期教会的一批信徒离开“异教世界的城市”，隐居在埃及沙漠，过着极度刻己的苦修生活，他们被称为“沙漠教父”。这其中最著名的沙漠教父是圣安东尼，他是迄今所知的最早的一位苦行者，被称为“隐修士之父”。——译者注

[2] 又译为圣金口若望（347—407），正教会的君士坦丁堡牧首，重要的基督徒早期教父。他以其出色的演讲与雄辩能力、对当政者与教会内部滥用职权的谴责，以及严格的苦行而闻名于世。后人称其为“金口”，以赞誉其口才。——译者注

[3] 哥利本神，希腊神话中自然女神库柏勒（Cybèle）的祭司。——译者注

忘乎所以，进入一种十足魔鬼般的惚兮恍兮的状态。基督徒们后来将音乐的这个受诅咒的方面看作撒旦般的邪恶。

因此，音乐的力量就是一种控制身体的力量。它攫取整个肉身，包括心灵。肌肉的紧张、神经的兴奋、血液的流动、心脏的跳动、呼吸的频率、心灵的物质结构，无一不因此而改变。唯物主义理论得到了一次最好的证明：在伊壁鸠鲁主义的意义上，音乐构成的仿像或者说脱离了基体的微粒群，这些微粒群在空气中循环运行，并改变着灵魂由之构成的仿像。原子的这种互动，同时也是能量的互动，便产生了一种力量，作用于身体的流动。音乐是物质性的力学装置，它作用于同样也是物质性的肉身的物质流。我们能够理解，苦修理想的支持者们——从柏拉图到基督徒再到布列兹[1]（Boulez）——都不信任音乐对异教徒的身体的享乐主义的力量。

波爱修斯[2]（Boèce）在其《论音乐》中记述，有一天，毕达哥拉斯正在像往常一样观察星星和探索宇宙，他发现了一位陶尔米纳（Taormina）的年青人，正听着弗里吉亚调式（phrygien）——用当代的术语说就是 ré 调式——他像醉酒一样如痴如迷。这个西西里佬（Sicilien）想要放火烧掉一间房子，因为房间里有个妓女向他的情敌们卖弄风骚。他的朋友们根本无法阻止他狂怒的蠢行。贤明的他，并且在此场合他刚从他所思索的星空回到人间，这位深谙星体之音乐的所有效果的哲学家建议乐师演奏另一种能让他平静的音乐调式。通过运用扬扬格（spondée），即过渡到多利安调式（dorien）——mi 调式，他成功地办到了。音乐调式通过使人兴奋或使人平静而影响人的故事在古典时期（Antiquité）比比皆是：柏拉图、亚里士多德、

［1］ 皮埃尔·布列兹（1925—2016），法国作曲家、指挥家，以善于准确清晰地诠释 20 世纪音乐而著称。——译者注

［2］ 全名亚尼修·玛理乌斯·塞味利诺·波爱修斯（480—524 或 525），6 世纪早期罗马哲学家，代表作有《哲学的慰藉》。他博学多才，编写了许多关于伦理学、数学、几何学和音乐的书籍，他对神学尤有深邃的研究，著有许多神学著作。——译者注

普鲁塔克、金口迪翁[1]（Dion Chrysostome）、圣巴西流、西塞罗、杨布里科斯[2]（Jamblique）、波爱修斯等。

俄耳甫斯的神话告诉我们，音乐是一种世界秩序，在世界之中，并把诸种秩序赋予世界。音乐不言说什么、不表达什么、不意指什么，它只是存在之物的一种样态。在词源学的意义上，它形成形式，它赋予某种形式，通过在量度上刻下它的快慢、它的飞逝和静止、它的旋涡和静态，音乐传递着真实世界（le réel）的信息。它赋予时间以形式，又赋予形式以时间。它随心所欲地拉长和缩短绵延。它是与存在之物的数字相互冲突的世界的密码。

如果人们离开神话学而进入历史，那么真实世界就证实着虚构：音乐的魔力对所有存在者都能产生效应，包括动物。在音乐的历史方面，我们拥有的最古老的踪迹可上溯到四万年前：人们是在法国阿里埃日省（Ariège）蒙泰斯基厄阿旺泰（Montesquieu-Avantès）的"三兄弟洞穴"（la Grotte des Trois-Frères）的一幅壁画中发现它的。在壁画上，我们可以看到一个有着公牛头的人，牛头人身怪物米诺陶（Minotaure）的前身，正演奏着一种看似弧弦琴的乐器，民族音乐研究者们非常熟悉这种乐器，因为在撒哈拉以南的非洲的某些地方依然还有人演奏这种乐器。总而言之，这个人是与自然力密切相连的一位萨满，他的乐器对他而言就是媒介，他借之解读、叩问、激发、召唤这些自然力，通过传递和传输自然力、导引能量之流，并使其朝向存在的其他策源地流去，从而取得它们的眷顾。

因为萨满教是宗教的宗教，是所有信仰之母，是信仰之源头，那些在其谱系上的教派的仪式，即使在后现代时期，依然存在于地

[1]　金口迪翁，又叫布尔萨的迪翁（Dion de Pruse，约 30—约 116），古希腊修辞学家、雄辩家。"Chrysostome"在希腊语中意为"金口"，表示某人善于雄辩。——译者注

[2]　杨布里科斯（约 250—约 330），新柏拉图主义哲学的重要人物，该学派的叙利亚分支的创始人，他致力于把新柏拉图主义创始人普罗提诺的哲学和各种宗教的一切礼拜形式、神话、神祇结合起来，发展成一种神学体系。在新柏拉图主义者中，他是第一个用巫术和魔法来取代普罗提诺的纯精神和灵智的神秘主义者。他认为除了普罗提诺学说中与"善"几乎同义的"太一"之外，还有一个超出人类认识范围的、无法形容的"一"。——译者注

球上一些保存良好的地方——西伯利亚、南美洲、北美洲、澳大利亚、北极。萨满教展现了许多情境，在其中一个身穿礼服的人带着动物形象的面具，弹奏着一种乐器——通常是一只鼓。但是，“三兄弟洞穴”中的图像提供了重要的信息。

这个乐器以一段被弄弯了的树枝的形状出现，它紧绷着，两头之间绷着一根弦。开口起着一个共鸣箱的作用，可以通过敞开和闭合来调整音调。一根树枝用来敲击绷紧的弦，弦震动并发出某种音调。没有拿小木棒的那只手，拿着一块小木片，放在弦上，通过弦的松紧而改变声响。乐师的歌声伴随着口腔中婉转变化的旋律和手的收放。于是，作为战争和狩猎工具的弓，就变成了与万物——天空和大地、石头和空气、风和雨、生者和死者、猎物和家畜、树木和河流、高山和森林、雷电和云霓等——之神灵沟通交流的工具。

在洞穴里，人们可以想象，使用这种乐器来传授宗教奥义的仪式起着连接两个世界的媒介作用：我们所来自的世界（冥冥无知的黑暗）和我们将去往的世界（知识的光明之境）；人们还可以想象这种颠倒的活动中的一切：在洞穴的幽暗中学习光明，而在日常生活的光明中，无知却占着统治地位。从一个世界去往另一个世界，并从那个世界返回，由此建构了从无知少年向有知识的成人的世界过渡的仪式，司祭功能的受托人——史前的哲人——赋予这些仪式以形式。

我们还知道其他史前的乐器，都是用大自然的东西做成的：石头、骨头、木料、兽角、贝壳。其他乐器都由于生物降解而消失不见了：鼓的陶土和兽皮，管乐器的壳。但是，在一个人类尚未与自然相分离、相区别和针锋相对，人类整个地都来自大自然的时代，乐器在本体论上就类似于人类身体的一部分，同时也是作为大自然之万有（grand tout）的大身体（grand corps）的一部分。

于是，制造音乐就是通过把随心所愿的混合的震动调整为大自然中产生的非主观所意愿的震动（这当然包括：小鸟极度复杂的鸣唱，它们在空中拍击翅膀的低沉圆润的声音；打雷的隆隆声，闪电划过天际的噼啪声，随之而来的雨声；时而柔和且具有印象主义风格，时而稠密如击鼓万点、乱石交错的水流的啪啪声；小溪源头处的喃喃低语；夏季河流如丝般的轻响或冬季涨水时的巨大声响；微风轻抚树叶或暴风雨猛烈摇撼树枝时的声音；鱼儿跃出平静的池塘水面吞食一只昆虫然后整个身体落回水中时的短暂声响；夜晚时枝叶的神秘嘎吱；雷电点燃的大火的噼啪声；风煽动森林大火时猛烈的火的交响乐）的方式来补充自然的嘈杂声和声响的不足，所有这些自然的音声，如果我们想听，如果我们将其制作出来，都将成为音乐。

这个时期的万物有灵论思想认为，自然、世界、天空、大地，还有万事万物——鸟儿的歌唱，它们展翅飞翔的声响；雷鸣和闪电，雨和风，等等——都被赋予了灵魂。一只灰雀的叽喳不可能只是一只灰雀的叽喳，而很可能是来自神灵世界的一位已逝祖先的声音；一只椋鸟的鸣唱同样可能传达着一个死去的婴孩的话语，他如此表达自己，向生者诉说着萨满教生者聆听的东西。

今天，原始部落中罗姆博斯[1]（rhombes）的存在使我们能够得出结论，史前的人类就使用过它们。这些光滑的石板，呈卵形，为了能穿上一根线而被凿了洞，它们被举上头顶，做圆周运动。旋转使空气能够涌进孔洞并产生一种嗡嗡声，这些部落音乐家们把这种声音当作已逝的祖先的声音，祖先们以这种方式回到人类的社群中。

这个时期的人类还制造了被称为刮乐器（racleurs）的乐器——与爵士乐演奏者的“洗衣板”有着同样的乐理。他们有规律地切凿兽骨或鹿角，以此创造出一根齿杆，并用一根木棒或一根轻薄的骨头来刮擦。就是这种乐器，依然是这种乐器，如此被回收利用的动物身体的某些部分使动物的精灵(esprit)能够以声音的形式延续下去。萨满乐师所捕获的韵律起着咒语、呼唤被召集在集会周围的神灵这

[1] 一种古老的乐器。人们将木（有时是石块）块（常被切成菱形）缠上弦，在演奏时不断旋转木块，使其发出嗡嗡声。——译者注

样的作用。

史前的人类还发明了哨子。它们是作为乐器，还是打猎时的呼唤工具，抑或是作为部落间相认的工具呢？或者一物两用？穿了孔的驯鹿趾骨同样像罗姆博斯那样既可以用来请神灵或者使活动中的猎人们能够确认自己的方位（就像1944年6月抢滩登陆战中美国大兵[1]［GI］的蝗虫嗡鸣），也可以用来召唤已经死去但却以其神力（mana）、魔力而依然活着的先祖或动物的灵魂。

因此，那些可能改进了鸟儿歌声的人并不费心如何模仿鸟儿的歌唱；当他们拍打着鼓的鼓面（这个鼓面是用被围追、捕获、杀死并剥皮的动物的一张皮，经过鞣制、裁剪、绷紧、敲击而制成的）时，并不费心如何模仿雷鸣和闪电。鼓声是被献祭的动物的语言，用来敲鼓的骨头（一根肋骨、一根股骨、一根胫骨）并不是一种稀松平常的工具，而是死去的野牛、被箭射死的驯鹿或者被锋利的燧石所猎杀的原牛的灵魂的一部分，是其神灵的一部分。那种音乐不模仿什么，不笨拙地仿效什么，而是融入自然的嘈杂声中，给自然添加意之所向、心之所往的声音合奏，这些音声，就这样成了音乐。吹奏用一头原牛、一头野牛、一只羱羊的角做成的号角的人，他吹奏的就是音乐，他也使已逝的动物的灵魂欣喜若狂，他再次赋予其灵魂以生命，他召唤其灵魂回到它从未离开的生者的世界，但他必须知道如何召唤它。35 000年前，就有男人或女人吹奏猛犸象的象牙、天鹅或秃鹫的骨头雕刻的笛子，就像在德国的施瓦本汝拉山（le Jura Souabe）的霍赫勒·菲尔斯洞穴（la grotte de Hohle Fels）里发现的乐器一样，他们并不满足于只吹奏音乐，而是要激活猛犸象、天鹅和秃鹫的神灵，召唤它们的灵魂，使它们回到乐师（因此也是一位萨满、一位祭司）希望它们回到的地方。

由陶土、木料和用植物纤维拉紧的兽皮做成的鼓，用凿空和钻

［1］ GI应该是General Issue或General Infantry的缩写，是对美国军人略带戏谑的称呼。——译者注

了孔的牛角制成的号角，用白桦树的皮做成的喇叭，用猛禽、野天鹅的骨头或猛犸象的象牙雕刻成的笛子，穿了孔的大贝壳——法螺壳，以及人的声音，它们都发出自己的语言，为的是把它们的音声加入世界的合奏之中。它们使世界充满音乐并言说着世界的语言。

如果俄耳甫斯让石头掉泪的话，那么今天我们根据人种矿物学家和远古音乐学家可知，在史前时代，石头也会唱歌。就像现代人利用管风琴的管子一样，洞穴人类也会利用某些钟乳石，漫长的凝结使之产生了一种或长或短，或粗或细的形态，跟或高或低的音调相关联。这些地质奇观的多样性很自然地提供了一种声音材料，很容易通过敲击激发出来。

但是，对石头在音乐上的使用的最新发现要归功于人种矿物学家埃里克·冈帝耶（Erik Gonthier），他以前在旺多姆（Vendôme）广场为一些珠宝商作宝石琢磨工，如今转业到自然史博物馆。这个人明白，储存室里保存的这些通常由在南非任职的军人收集、贴上标签并被归类为杵、斧的石头，实际上是曾经的石板琴（lithophone），其字面意思就是“会发声的石头”（pierres à voix），大家可以用它们来演奏，就像打击乐器的演奏者们把木板当木琴（xylophone）来演奏——木琴的字面意思就是“会发声的木头”。

这些石头被放在一种支撑物上，使它们能够悬空，这种支撑物现在是苔藓，过去很可能是动物材料（皮或毛）或者植物（苔藓或草），这些可能有上万年历史的石头会发出水晶般的声音。其中有一块重4.5公斤的黑色石头，在离其采掘地1 500公里的地方被发现。精细的打磨抛光很可能需要两年的工夫。这位远古音乐学者将其命名为斯特拉迪瓦里[1]（Stradivarius）。某些石板是层状的，另外一些则是圆柱形的。它们长80厘米到1米不等，重量可达7.5公斤。在一个木槌的敲击下，它们会发出类似于青铜钟或玻璃的声音。

---

[1] 这是以意大利著名的弦乐器制作大师安东尼奥·斯特拉迪瓦里（1644—1737）的名字命名的乐器，以示其精良和珍贵。——译者注

作为俄耳甫斯的爱开玩笑、充满创造力的后辈，埃里克·冈帝耶让石头唱起了歌。为了庆祝法国国家管弦乐团（Orchestre national de France）成立80周年，他与作曲家菲利普·费奈龙（Philippe Fénelon）合作，后者曾写过一个用23把石板琴（包括著名的斯特拉迪瓦里琴）演奏的作品，由法国广播电台（Radio-France）的四位打击乐演奏家演奏。这首石头之歌使我们能够废除罗杰·凯卢瓦昔日在其作品《石头记》（*L'Écriture des pierres*）中所作的区分：这位思想家实际上是反对宝石、奇石和简单、平淡无奇的石头的。因为在石板琴这一构造中，平淡无奇的石头变成了宝石、奇石。

石头的言语、石头的声响、石头的声音，这就是思考作为音乐本质之所是的东西的材料：一种发自内心的声音，一种被向往、被欲求、被建构、被精心构造的声音，它嵌入世界的巨大的、寂静的合奏中，不是为了扰乱世间的和谐，而是为了从这种和谐中获得花样繁多的材料。音乐提供了进入完全开放的世界的入口。它是通往物质因果的不可见世界的通道，这不是一种超越或超验的不可见世界，而是物质之变幻的不可见世界，润物无声的生命体的不可见世界，在生命中意欲生命之物的不可见世界。音乐提供了特殊的真实世界的一个攻角（angle d'attaque）。它远非毕达哥拉斯学派的星体的音乐，而是被截取、被捕获、被释放、被赠予且转瞬即逝的芸芸众生的寂静之声。音乐被恰如其分地掌握、给予、制作、阐释，它已经足够羽翼丰满，而不至于早夭。

在史前时期，音乐与世界和人类不可分离到了这种程度，它在仪式当中必不可少，就像今天的音乐会，它是很多毫无生气和枯燥乏味的活动所必备的博物馆似的表演。音乐成了世界，他们的世界的组成部分；音乐是将其声音融入世界的旋律，以便在那里发现它的位置的艺术。因此，音乐使人们能够介入并丰富大自然的奏鸣曲、自然力的交响乐、动物的大合唱、水的叙事抒情歌曲、火的歌剧、风的摇篮曲，并诉说着不拘泥于言辞的大自然的语言。音乐是一个除其自身之外别无所指（signifié）的能指（signifiant）。

在万物有灵论这种没有庙宇的宗教消失的同时，音乐成了一件文化的事务，而不再是自然的事务。音乐的历史与对声音的驯化的历史难分经纬，后者以塞壬而不是以俄耳甫斯为标志。确保着世界的出场、光大了在世界中的此在（être-là dans le monde）的音乐，逐渐地让位于一种注定使我们与世界疏远、使我们离开真实世界以便让我们进入上帝的宇宙的音乐。天主教会处心积虑地要在音乐中杀死狄奥尼索斯，使其忍受阿波罗的秩序和节制，这种处心积虑就构成了西方音乐史的红线。

作为让人如癫如狂、心醉神迷的音乐，作为巴库斯式的纵情狂欢的音乐，作为让人不禁手舞足蹈的具有身体经验的音乐，幽灵的慑人力量所要求的身体动作已遭到基督教权威们的迫害。这些权威们掀起了没完没了的论战。在原始教会的最初几个世纪中，他们反对音乐，认为它赋予人绝对应受谴责的快感，因而是有罪的，他们把音乐的发明跟撒旦联系在一起，指责音乐与异教崇拜沆瀣一气。在中世纪，他们拥护经格里高利改革后的礼拜仪式的无伴奏齐唱，使祷告的文本能够走到前台，他们反对复调音乐，因为它有把享乐主义和狄奥尼索斯式的舞步放在祈祷文的阿波罗式的意义之上的嫌疑。到了文艺复兴时期，在特伦托会议（1545—1563）上，由教皇约翰二十二世（Jean XXII）颁布纪律敕令，禁止教堂里有任何形式的音乐，其借口是音乐猥琐、不纯洁；伊拉斯谟（Érasme）则痛斥教堂里演奏与古代狂欢式的狂热相关的音乐。到了巴洛克时期，为了得到天使般的声音，借口魔鬼的声音是低沉的、男性的，他们不惜阉割一些小孩。到了18世纪，他们又谴责半音化的音乐（chromatisme），即使用通过半音（demi-ton）来推进的音阶，其借口正如贝尼托·费约[1]（Benito Feijoo）所言，它具有“如女人

[1] 全名黑山的贝尼托·哲罗姆·费约（1676—1764），西班牙僧侣，启蒙运动的西班牙领袖。——译者注

气般的软绵绵和邪恶的淫荡”。到了19世纪，他们公然反对增四度（triton），贝多芬、李斯特、瓦格纳、普契尼所使用的恶魔般的间奏（增四度或减五度）。

对这些基督徒来说，音乐是站不住脚的，除非服务于宗教祷告。歌剧包含着对基督教禁欲主义的音乐理想的异教式的反抗。从其巴洛克源头到当代的一些作品，歌剧充满了犯罪和背叛、情欲和爱情、春药和奇观、异教的神祇和淫荡的舞蹈、狂饮乱舞和斩首杀戮、毒药和梦游者、蠢行和乱伦、弑婴和变态、放浪形骸之人和恶魔、男扮女装的人和歇斯底里的人、折磨和牢狱、短刀和鲜血、病人和垂死之人、结核病和火灾、情人和死尸、自杀和谋杀、断头台和妓院、宴会和仆人。一旦幕布升起，整个世界就在厚重的紫色幕布后面被搬上舞台。它占据着存在、生命、爱情、死亡的一切；人类忙碌操劳的一切：雄心壮志、支配控制、荣誉名声；令他们失望的一切：背叛、不忠、背信弃义；引诱他们的一切：性爱、金钱、权力；损害他们的一切：谎言、欺骗、伪善。所有这一切都被歌唱、呐喊、低语、窃窃议论、诉说、嚎叫、嘟哝，就好像对我们通常所是的东西进行戏剧处理，将其变成戏剧表演，一旦它们在舞台上得到再现并且在剧院的范围内被演出，就能使我们得到净化，成为我们之所是。歌剧，异教的净化（catharsis）和完整的艺术，一直是俄耳甫斯精神观照下音乐的某种纯粹表现的可能场所。

基督教对禁欲主义理想的激情，对赋予生活以品味的享乐主义的拒绝，夹杂着自诩为卢梭或马克思的革命者对音乐的仇恨。卢梭——一个音乐迷、作曲家；一种新的音乐写作方式的发明者；一部歌剧的作者（歌剧的剧本亦由他所写）；靠音乐课养活自己的人——在他的《论科学与艺术》（*Discours sur les sciences et les arts*）中抨击歌剧，其理由是，歌剧使风气萎靡不振，并且使已经如此堕落腐化的市民更加没有节操。与沙龙音乐和贵族的歌剧相反，卢梭想要一种简单乐器的简单演奏，使农民，这些大地之子们，在拮据的聚会中也能够跳舞。

革命者们对这种想法身体力行。1793 年，随着国家音乐学院的创立，音乐变成了国家的活动，服从它必须为之服务的意识形态。自己就是音乐家的戈赛克[1]（Gossec）极力为这个项目辩护，他重提过去人们对君主时代沙龙音乐的批判，认为这种音乐柔软无力，并提出了一种与之针锋相对的、有着革命者的孔武有力和男子气概的、爱国的且具有民族性的音乐。与沙龙里听到的“女性化的声音”相反，戈赛克提倡军人的音乐。由此，这位作曲家创作过一部贫民的音乐作品就不足为奇了。任何音乐大作都无法逃过法国大革命一劫，后者使任何音乐作品的创作和表演都成为不可能。我们应该感到惊奇吗？

这种反享乐主义的禁欲主义理念，这种对俄耳甫斯音乐的拒斥，这种对塞壬音乐的偏爱，毫不令人惊讶地重新出现在苏维埃的俄国和纳粹的德国：同样是对软化人的音乐、古典时期著名的弗里吉亚调式的谴责，同样是对在意识形态上为共产主义或种族国家项目服务的音乐的欢呼雀跃。苏联和纳粹帝国从未产生过任何音乐大作——甚至任何文学或诗歌大作。然而，在 1917—1989 年这 70 多年间，布尔什维克拥有绝对权力，纳粹在 1933—1945 年这 12 年间也一样。

对俄耳甫斯的憎恨和对塞壬的歌颂这条革命世系催生了十二音体系，而十二音体系则扼杀了音调（tonalité）、和音（consonance）、和声（harmonie）、谐音的（euphonique）平衡，取而代之的是对十二个音如何联系和衔接的博学的精打细算。再没有比这种提法更反享乐主义了：音乐依然是一种意识形态，并且大家看得很清楚，哲学家阿多诺——他自己就是十二音体系音乐的作曲家——在 1948 年的《新音乐的哲学》中是如何诉诸意识形态而把后来被超拔

[1] 弗朗索瓦－约瑟夫·戈赛克（1734—1829），法国音乐家、作曲家，擅长歌剧、弦乐器、交响乐的创作。——译者注

为理想形象的勋伯格[1]（Schönberg）当作出色的革命者，同时针锋相对地把已转变为人人得而诛之的阶级敌人的斯特拉文斯基[2]（Stravinsky）当作恶毒的反动派。

勋伯格把音乐保留给了音乐学家，而使音乐爱好者们望而却步。这个在创世之光引领下求助于创世主，并以不正派的方式身处这条轨迹中的人，坚信创世的完美和创世的密码，企图抓住自然并把它重新誊写进半音音列为其提供的数字中。同样是这个人，他声称："是艺术就不是为大众准备的，为大众准备的就不是艺术。"大家可以想象，在与上帝平等对话并鄙视人民大众时，这个十二音体系之父登峰造极，成了塞壬的预言家，当然，他同时也成了俄耳甫斯的谋杀者。

俄耳甫斯并没有被这个十二音体系的项目杀死，他依然发挥着自己的影响。但却是在远离古典音乐会大厅的地方。在音乐会大厅中，约翰·凯奇[3]（John Cage）的标志性的寂静合奏《4'33"》（1952）显示了自韦伯恩把寂静当作第二维也纳乐派的主词之后，这种为音乐学家而存在的音乐被导向的死胡同。这些含有稀奇古怪的音乐的七零八碎的东西，总有一天会通向寂静。而寂静则被研究作曲的知识分子们的啰里吧嗦转变成了音乐的纯净时刻。这种实验性的乐曲在一些音乐会上依然以卖弄学问者和冒充内行的人所擅长的一本正经而得到演奏，这就告诉我们为什么时下许多音乐爱好者如此憎恨音乐！

与这种为音乐学家而存在的精英分子的音乐相反，流行的、电子化的、节庆的、吼叫的、迷幻的、像萨满集会上那样伴随着如梦

[1] 阿诺德·勋伯格（1874—1951），奥地利作曲家、音乐教育家、音乐理论家，勋伯格在音乐史上的重要性在于他开创了第二维也纳乐派，编写了《和声学》（1911），深远地影响了20世纪音乐的后续发展。——译者注

[2] 伊戈尔·费奥多洛维奇·斯特拉文斯基（1882—1971），俄国作曲家，20世纪现代音乐的传奇人物，革新过三个不同的音乐流派：原始主义、新古典主义和串行主义，被誉为音乐界的毕加索。——译者注

[3] 约翰·凯奇（1912—1992），美国先锋派古典音乐作曲家，勋伯格的学生。他最有名的作品是1952年的《4'33"》。全曲共三个乐章，却没有任何一个音符。虽然他是一个颇具争议的人物，但仍被普遍认为是他的时代中最重要的作曲家之一。——译者注

似幻的特质的、使大众能够在露天的充满喧嚣的庆典中如痴如醉的音乐，证明了俄耳甫斯的力量的经久不衰。我们都记得伍德斯托克音乐艺术节（Woodstock）。爵士、民歌、摇滚同样通过与身体的音乐建立联系而接过了俄耳甫斯的火把。

美国的重复和极简音乐今天为音乐史提供了一种享乐主义的出口。这种音乐建立在重复和差异之上，它呈现出一系列关于生命主体的无尽变体，一系列的增殖、变化、递进、增多、加倍、突变、变音、蜕变。这种狄奥尼索斯式的音乐呈现出一种完全相同的重复形式，直到极其微小的变化将这种安排岔开，将其去中心化，使其紊乱。没有人注意到，这种几乎听不出来的偏离[1]（clinamen）把我们引向一个不同的声音世界。

我们的最初形式通向我们的最后形式，我们从我们的源头——虚无——出发再次抵达这个我们从之而来的虚无，同样，极简和重复音乐使我们理解我们中的每个人的命运。短的乐曲也好，长的乐曲也罢，无关紧要：我们从虚无中来，我们向虚无回归并且我们什么也不剩下。在两个虚无之间，某些原子结合在一起幻化出生命的仿像（simulacre）。这些仿像顶着我们的名号，一段时间。画了三个小小的圆圈，然后就消失了。宇宙，它没有我们，也照样熙熙攘攘，就像曾经没有我们，它也熙熙攘攘一样；就像它将来没有我们，也会熙熙攘攘一样。

[1] 这个单词借自伊壁鸠鲁的原子偏离运动学说。他认为，一个原子时常会受到类似于自由意志的某种东西的作用，微微地脱离一直向下的轨道，而与其他原子相撞。——译者注

结语

智慧：一种无关道德的伦理学

哲学是一种城市的活动。雅典之于苏格拉底，罗马之于塞内卡，斯德哥尔摩之于笛卡尔，阿姆斯特丹之于斯宾诺莎，佛罗伦萨之于马基雅维利，柏林或耶拿之于黑格尔和德国观念论，哥本哈根之于克尔凯郭尔，伦敦之于马克思和恩格斯，维也纳之于弗洛伊德，巴黎之于经院派、启蒙运动时期的沙龙、乌托邦式的社会主义、20 世纪的法国思想，马德里之于奥特加·伊·加塞特[1]（Ortega y Gasset），纽约之于阿伦特[2]（Arendt）。证明哲学是城市的分泌物的例子不胜枚举。

哲学都是吗？一切哲学？不是的，主要是指主流哲学。因为滋养我的、使我愉悦的哲学的边界显示，思想也可以是田野的第五元素：在他的吉耶纳（Guyenne）村庄的塔楼顶上思考世俗智慧的蒙田；在阿登省（Ardennes）埃特雷皮尼镇（Étrépigny）他的本堂神父住宅里为无神论奠定基础的梅叶；在离地中海不远的遍地旅馆和客栈的欧洲或者他在其上发明了一种后基督教思想的瑞士的高山中流浪的尼采；在树林中建了一间小木屋以便在那里过一种与自然为邻的哲思生活的梭罗；思考自然力时经常想起自己的出生地勃艮

[1]　奥特加·伊·加塞特（1883—1955），20 世纪西班牙最伟大的思想家之一，他在文学和哲学方面皆有深厚造诣，他的思想和政治理念影响了西班牙的知识分子，有人将他誉为西班牙的陀斯妥耶夫斯基，而法国的存在主义作家加缪则称他为继尼采之后欧洲最伟大的作家。加塞特还是现象学传播史上至关重要的人物。——译者注

[2]　汉娜·阿伦特（1906—1975），原籍德国，20 世纪最伟大、最具原创性的思想家、政治理论家之一。她早年在马堡和弗莱堡大学攻读哲学、神学和古希腊语，后转至海德堡大学雅斯贝尔斯的门下，获哲学博士学位。1933 年纳粹上台后流亡巴黎，1941 年到了美国。代表作有《极权主义的起源》、《人的境况》等。——译者注

第（Bourgogne）的巴什拉；提帕萨（Tipasa）的精神之子，在巴黎就像石头一样闷闷不乐且于去世前不久在普罗旺斯卢尔马兰镇（Lourmarin）的南方太阳的炙烤下找回了一点儿生活乐趣的加缪。这些哲学家都证明了，在城市之外也可以思考。在海边、在田间、在自然之中，远离城市，思想绝不一样。我们无法想象萨特或伯纳德－亨利·莱维[1]（BHL）在巴黎之外，生活于康塔勒（Cantal）或阿登。

拿维特根斯坦来说吧：大部分的哲学机构把他当作生活在维也纳的逻辑思想家，而忘了他还是而且尤其是一个孜孜于过一种哲思生活的人，特别是在挪威的乡村，这说明他的有些作品常常被忽视。

然而，这位撰写《逻辑哲学论》的哲学家同时也是《剑桥和斯寇尔登笔记》（*Carnets de Cambridge et de Skjolden*）的作者。他为自己住在维也纳的姐姐画过房屋设计图，这座房子到处是棱棱角角，这座房子之于空间就像蒙德里安的作品之于绘画——更少的颜色，他建造这座住宅就像赋予了韦伯恩的一首作品以三维的形式。就是这个人、这个人物、这个存在，因此也是这样一个个体，他曾生活在挪威的一座小木屋里，这座覆盖着植被的小木屋位于一条峡湾的深处。这个纷繁多样、有着多种面相的人，在大部分时间只在一种面相中被展示：逻辑学家的面相。在这种观念的秩序中，正是皮埃尔·阿多[2]（Pierre Hadot），这位哲思生活、精神实践以及把思想视为实存（existence）的预备教育的思考者，自1959年以来一再强调维特根斯坦哲学的实存维度。

而逻辑本身就是——就像几个世纪前在伊壁鸠鲁那里一样——一条去往哲思生活的通道。但谁曾说过这样的话？维也纳的逻辑学家和斯寇尔登的实存者，奥地利城市里的耗子和挪威田野中的耗子，形式逻辑命题的严肃思考者和忍受着在世存在（être au monde）

[1] 伯纳德－亨利·莱维（1948—），法国哲学家、作家、导演、编剧和演员，常被人昵称为BHL。——译者注

[2] 皮埃尔·阿多（1922—2010），法国哲学家、哲学史家，专攻古代哲学，特别是新柏拉图主义。代表作有《作为生活方式的哲学》。——译者注

的痛苦寻找着重新回归自我之中心的解决之道的人，实现着这两个维特根斯坦之间的过渡？许多大学教员都在苦苦思索着《逻辑哲学论》最后一句话“凡是不可说的东西，就应该对之保持沉默”的意思，他们不明白，凡是不可说的东西，就应该把它活出来！如果不是这样，又如何理解他 1919 年给路德维希·冯·蒂克（Ludwig von Ticker）写道：“尤其是我没有写的才是我的作品”？

他的生平就是一件作品，尽管只是所涉及的存在的形式而已，这是最简单和最谦逊乃至于一个文明的最上等的存在。无须媲美亚历山大或凯撒、米开朗琪罗或伦勃朗、亚里士多德或笛卡尔、荷马或但丁……英雄气概（héroïsme）无须战争或战役，无须美学的或建筑学的大作，也无须文学的或哲学的大作，在一个存在者反抗着死亡而没有唉声叹气、叫苦连天、自怨自艾的地方，英雄气概就在那里。一个屹立不倒的存在者，那就是英雄，真正的英雄气概常常是沉默的、有分寸的、简单的、审慎的。一个哲学家的人生作品可作为叙事、作为有用的故事，而不是描摹的样板。

我对田野哲学家的趣味使我很赞赏那些非专业哲学家和勤于哲思的人，我以一切方式在他们身上比在哲学学科的包工头们身上学到更多东西，如果不是必不可少的东西的话：日本的俳句作者，从斯宾诺莎的同时代人芭蕉到住宅顕信（1961—1987）；中国的诗人，包括女诗人薛涛[1]（Xue Tar，770—832），或韩国诗人，比如奇亨度（1960—1989）；门德的纪尧姆（Guillaume de Mende），一位 13 世纪的主教，他在一个充满激情的概论中揭示了教会的象征；当然还有查尔斯·达尔文，1859 年，他用他的《物种起源》把哲学切成两半，这是那些哲学专业者们并不总能看到的，以及且尤其是公社[2]那一年面世的《人类的由来》在我看来最为重要；达西·汤普

[1] 薛涛，字洪度，唐朝著名女诗人，幼时天赋过人，8 岁即能赋诗，14 岁时，其父薛郧逝世，薛涛与母亲裴氏相依为命，迫于生计，薛涛凭自己过人的美貌及精诗文、通音律的才情开始在欢乐场上侍酒赋诗、弹唱娱客，被称为“诗伎”。——译者注

[2] 指巴黎公社，一个在 1871 年 3 月 18 日到 5 月 28 日短暂统治巴黎的政府。——译者注

森，生物数学家，在其《论生长和形态》[1]（*Forme et croissance*）中，思考生物的形态变化，使我们能够在先验的范畴之外学习有关生命的东西；让－亨利·法布尔，以其《昆虫记》（*Souvenirs d' un entomologiste*）开启了当代动物行为学的大门——我对他给儿童写的书成为学校课程的那个时代感到惋惜；以其《基督的神话是如何形成的》（*Comment s' est formé le mythe du Christ*，1947）使我相信耶稣在历史上并不存在的还俗的本堂神父普罗斯佩·阿尔法里克（Prosper Alfaric）；《机警的猎手》（*Chasses subtiles*）的作者恩斯特·荣格尔[2]（Ernst Jünger）；罗杰·凯卢瓦的所有作品，当然包括《石头记》和《符号的场域》（*Le Champ des signes*）。

幸亏有理查德·乔弗瓦（唐·培里侬酒窖的主人）和邓尼斯·摩拉（这些液体作品的慷慨大方的档案管理员），我才学到了关于时间的东西；在我的朋友让－皮埃尔·卢米涅那里，我学到了关于宇宙的形式、宇宙的传奇故事、恒星的坍塌或多重宇宙通过黑洞的交通；在地中海的阳光下与米歇尔·西弗伊的一次相遇，让我知道了内在的时钟和真正的绵延以及它们跟计时器时间的关系；在让－马希·佩尔特那里，我学到了关于植物的生命和人类的植物起源的知识；在我的摄影师朋友阿兰·斯奇克祖克钦斯基（Alain Szczuczynski）那里，我知道了茨冈人的存在学，他全心全意地为这个没有土地的民族拍摄了不少照片；在海洋生态学家埃里克·范腾的著作中，我学到了关于鳗鱼的秘密生活的东西；在与国家科学研究中心（CNRS）的研究员弗里德里克·托马斯（Frédéric Thomas）合作的导演伊夫·以利亚（Yves Élie）的电影里，我知道了关于线虫捕食的东西；在有着乱蓬蓬的眉毛、说话时就像一位神谕使者的老

[1] 达西·汤普森的代表作，其英文标题为“On Growth and Form”，法语作者作了小小的改动，此处按英语译出。——译者注

[2] 恩斯特·荣格尔（1895—1998），德国作家、思想家。曾参加过两次世界大战，是狂热的军国主义者，早期作品大都美化战争、支持民族主义，后期转而反对希特勒和军国主义。——译者注

萨满让·马洛里那里，我大致了解了没有历史的民族，特别是伊努伊特人；在尚塔尔·耶格－沃尔基维兹的朴实但充满启发的书中，我了解到史前洞穴的那些秘密；在大地艺术的艺术家和美国的重复极简音乐作曲家，比如费尔·格拉斯（Phil Glass）和斯蒂芬·莱许（Steve Reich）那里，我知道了通往崇高的道路。

因此，本书受惠于那些在都市的人行横道线之外进行哲思的人们：几位诗人和动物行为学家，一位生物数学家和几位博物学家，一位在任的主教和一位还俗的本堂神父，几位生态学家和植物学家，几位养蜂者和一位摄影师，茨冈的偷鸡者和非洲的舞蹈者，一位天体物理学家和一位地质学家，一位昆虫学家和一位石头收藏家，几位电影艺术家和一位人种学家，一位古天文学家和几位当代音乐作曲家。哲学家呢？非常少，总而言之。我的书房更像一间珍奇屋，而不是一个落满尘埃的档案室。对思考来说，把一条鱼尾巴缝缀在一具婴儿的尸体上而制作的一个不合逻辑的塞壬骨架，也比大学教员所写的关于拉莫拉雷[1]（La Mothe Le Vayer）的珍奇屋的文章更有价值。

本书（本系列的第1卷）是对某种*在场之物的概述*（Abrégé des présences）。当然，缺席之物永远都比在场之物多得多。即便它反讽性地简短，对更多的事情保持沉默而不是言说它，这仍然是所有百科全书的特性。本书既不是万神论的，也不是自然神论的；既不是异教的，也不是万物有灵论的，无论是在这些术语的古老意义还是当代意义上，它也不想对一种新时代的素材（corpus）作出贡献，或者去培养一种基督教全体教会合一的运动，这东西曾经把自然当作一位人们要在他面前屈膝下跪、顶礼膜拜的神祇。

本书属于明确的无神论的和直截了当的唯物主义的田野，我历来都如此：不存在任何超验，只有物质。我不是门捷列夫元素周期表的狂热信徒，而是针对那些类似于这种表格的在场之物的沉思冥

[1] 弗朗索瓦·拉莫拉雷（1588—1672），法国作家，以其假名欧罗西乌斯·图贝罗（Orosius Tubero）闻名于世，1639年获准进入法兰西科学院，是路易十四的家庭教师。——译者注

想者。我不是科学家，但是我知道，没有科学教给我们的这些东西，我们或许永远不知道怎么思考。我唯一的目标就是增加在世上享乐主义式地在场的价值，而其他人却劝导我们相反或几乎相反地行动。就让我们回到自我的中心，以便在那里发现实存的力量并将它升华。

马上就要说再会了，在这样的时刻，我希望把这个概述简缩为一些箴言，使一种无关道德的伦理学成为可能。为此我不得不概括一下这本大部头的一些论点，同时方便各位反思这些原则、伦理，而不用去想规定性（prescription）、道德。本系列的第3卷将被命名为“智慧”（*Sagesse*）。它将提供一种对罗马的而不是希腊的前基督教精神实践的分析（前者跟后者比起来更实用主义，后者往往太理论化），同时使之成为可能，即具体而微地劝导大家进入一种后基督教的实践哲学。这个概述的目标何在？就在于让每个人都找到自己在自然中，然后是在宇宙中的位置。进而，每个人都能够与自己，因此也与他者建立一种正当的、结构稳固的关系。

所以，此处就是对本系列第1卷这一概述的概述。根据在本书中出现的顺序，不考虑它们有相交、有重复和互为前提的地方：

雕刻自然，而不是杀死自然；认识我们身上的生物法则；接受我们作为哺乳动物的命运；让文化为生命的冲动服务；反抗一切死亡冲动；认识到生命是在善恶的彼岸展开的；活出星辰的时间而不是钟表的时间；意愿一种自然的生活，以作为受损生活的对症之药；为活着而工作，不要为工作而活着；把最有可能的东西与世界的运动相契合；全心全喜活在当下的瞬间，存在而不必占有；在存在中活着而不是在占有中苟延残喘；创造个人的闲暇（otium）时间；对纯粹的物质心知肚明；认识物质性的心灵的功能；区分自己力所能及的事情和无能为力的事情；意愿意愿着我们的意愿，当我们只能依之而行事时；反意愿着我们的意愿而行动，当我们能够掌控它时；要明白，个体都倾向于意愿种群所意愿的东西；遵循最可能之物的超越善恶的计划；要知道，我们不是在自然之中，我们就是自然；识别捕食者以预防它的攻击；拒绝所有神神叨叨的思想；发现生物钟的机制；依照异教的圆形时间的循环而生活；不要对我们的物质性心灵的避光原则一无所知；认识异教天空的律法；从天上返回大地；跳出基督教的认识型；利用物理学来罢黜形而上学；重新回到宇宙，超越虚无主义；摆脱汗牛充栋的使我们远离世界的书籍；思索少量使我们复归世界的书籍；考察各种前基督教的智慧，以获得一种后基督教的知识；摈弃一切从实存的视角看毫无用处的知识；运用理性反对迷信；再次实现伊壁鸠鲁主义的"四味药"[1]（Tetrapharmakon）：死亡不是坏事，痛苦情有可原，神祇不足畏惧，幸福是可能的；赞同一种完全的唯物主义；拒绝为人们提供来世的宗教；相信活得像行尸走肉比某一天死去更糟糕；通过充分的生活来准备自己的死亡，不断进行哲思，以真正地学习死亡；通过沉思宇宙来体验崇高；知道人和动物并没有本质区别；把动物当作不一样的他我；拒绝做一个猎食动物；不要对一个生物施加痛苦；不要拿一只动物的死亡来取乐；与动物和睦相处；向动物学习；把动物行为学当作人类的第一科学；构建一种饮食上的简朴；践行一种诗意的生活；其次是践行哲思的生活；增加在世界中的出场；向艺术家吸取进入世界的方式；不要再身处世界之中却活在世界之外。

这么一大堆实存的箴言，它们构成了利用自我并为自我服务而不关涉他人的自我的使用说明，旨在让每个人都能够找到自我的中心——并且清楚地知道，宇宙已经在那里，就在自我的中心。

[1] 在古希腊，"四味药"原指一种由四种药物（蜂蜡、油脂、树脂、松香）制成的药，到了罗马时期被伊壁鸠鲁主义者们用来喻指治疗心灵的四种药，伊壁鸠鲁主义者斐洛德谟（Philodemos）将其表述为：（1）不要畏惧神祇；（2）不要担心死亡；（3）善是很容易达到的；（4）恶是很容易忍受的。——译者注

我们就这样向星辰攀登。

Sic itur ad astra

维吉尔，《埃涅阿斯纪》，第九卷，第 641 行

阿尔让丹，繁花路 31 号，尚布尔市，阿尔让丹路

卡昂，抵抗运动广场，2013—2014 年

重返世界的书籍：参考书目

序　章

巴什拉在这部作品中处处陪伴着我——但他不是唯一一个。《科学精神的形成》（*La Formation de l' esprit scientifique*）（Vrin）对整个认识论哲学（philosophie de la connaissance）来说是一本重要的著作，它甚于康德的《纯粹理性批判》（七星文库）。他对“认识论障碍”的展开使人们能够理解……三种一神论的宗教虚构，弗洛伊德的神话，一些施虐爱好者和另一些施虐崇拜者的昏厥，无数知识分子连对“现实已然发生”这样的事实表示赞同都无能为力。

他针对世界的物质所写的文字在我看来，是在思考者和现实之间保持足够距离的典范：《蜡烛之火》（*La Flamme d' une chandelle*）（PUF）、《火的精神分析》（*La Psychanalyse du feu*）（Gallimard），我年少时疯狂阅读的书，当然还有《水与梦》（*L' Eau et les Rêves*）、《气与梦幻》（*L' Air et les Songes*）、《土与意志的幻想》（*La Terre et les Rêveries de la volonté*）、《土与安眠的幻想》（*La Terre et les Rêveries du repos*）（均在José Corti出版社出版），然后是《空间的诗学》（*La Poétique de l' espace*）、《梦想的诗学》（*La Poétique de la rêverie*）、《做梦的权力》（*Le Droit de rêver*）（PUF）。安德烈·巴利诺（André Parinaud）的严肃传记《加斯东·巴什拉》（Flammarion）所重塑的这位伟大的杰出人物曾经的样子，比让·莱斯屈尔（Jean Lescure）的深情的文本《与巴什拉共度的一个夏天》逊色得多（鲁诺·阿斯各［Luneau Ascot］语）。

被哲学家们所看见、思考、设想和分析的时间是一个自成一体的世界。它促使诞生了许多论文或大部头的著作。我曾另辟蹊径研究时间，更多地从那些活出时间的人那里而不是思考时间的人那里学习。我想起了米歇尔·西弗伊的《时间之外》（*Hors du temps*）（Julliard）。米歇尔·西弗伊在这个主题上比那些只运用自己的概念理性的人收获要多得多，他以经验的方式把整个身体都融入进去。这位洞穴学家遇见了时间的原始物质性，他详细地记述了这次相遇，这产生了办公室哲学家们一直一无所知的科学发现。

记录香槟品尝体验的“1921”，揭示了同样的精神气质：不是寻找毫无用处的纯粹理念而是寻求有用的经验事实，由之出发去追寻已逝的时间。在《时间的形式：索尔泰纳酒理论》（*Les Formes du temps. Théorie du Sauternes*）（Mollat 出版社，然后是 Le Livre de poche 出版社）中，我就进行了这样的实践，已然有巴什拉的特征，这本书在法国被归入酿酒学的范围，而德国人把它翻译并放在福柯、德勒兹或鲍德里亚丛书里。但是，从体制性的观点看，为了思考时间，我更愿意评论到时间的存在之所——在洞穴里或玻璃杯里，还有其他地方——寻找时间的其他哲学家谈论时间的书籍。

或者到那些以特别的方式活出时间的人那里，在一种特别的存在学的拥有者茨冈人那里。至少某些反抗狂暴的基督教同化的茨冈人依然拥有那种特别的存在学。这批书目常常是人类学或历史学的，甚至是趣闻逸事。我偏爱返回那些口述性的书籍：《茨冈人的千年故事》（*Mille Ans de contes tsiganes*）（Milan jeunesse）中的故事，拉伊科·朱里克[1]（Rajko Djuric）的《没有房子，没有坟墓》（*Sans maison sans tombe*）（L' Harmattan）中的诗歌，还有亚历山大·罗曼奈斯（Alexandre Romanès）如此广阔、如此丰富的作品（他对自己

[1]　拉伊科·朱里克（1947—），塞尔维亚裔罗马尼亚作家，学者。——译者注

不懂写作从不避讳），他在伽利玛出版社出版了《一个流浪的民族》（*Un peuple de promeneurs*），《在天使的肩膀上》（*Sur l' épaule de l' ange*）和《丢失的话语》（*Paroles perdues*）。

洞穴学家的洞穴，酒窖主人的木桶，茨冈人营地的篝火，是思考时间的绝佳地方。就像花园一样。当然，还有我父亲的花园，第一花园，花园中的花园，我童年时代的花园，但它已不复存在。为了找回少许感觉可以阅读：奥利维耶·德·赛尔（Olivier de Serres）的《园景论》（*Le Théâtre d' agriculture et mesnage des champs*, 1600），安东尼-约瑟夫·德扎耶·达让维尔（Antoine-Joseph Dezallier d'Argenville）的《园艺的理论和实践或论美丽花园的基础》（*La Théorie et la Pratique du jardinage*, 1709）和让-巴蒂斯·德·拉·昆提涅（Jean-Baptiste de La Quintinie）的《果园和菜园指南》（*Instruction pour les jardins fruitiers et potagers*，1690）（所有三本书均由 Actes Sud 出版社出版）。

弗里德里希·尼采的一本小卷本的《关于永恒轮回的遗稿》（*Fragments posthumes sur l' éternel retour*）（Allia）造成了经尼采同意出版的文本与作品残篇和笔记间的混乱。这种混乱导致这本小书的作者们认为，尼采并不想把永恒轮回的学说装饰成一个体系。语境化的缺席以及把作品的文献视作研究的结果，导向了这个困境。因为在尼采出版的关于这个主题的书里，他给出了一个系统的形式：在《快乐的知识》（*Gai Savoir*）和《查拉图斯特拉如是说》（*Ainsi parlait Zarathoustra*）（Gallimard）里。

皮埃尔·埃贝尔-苏福兰[1]（Pierre Héber-Suffrin）出版了一部出色的概论，提供了关于这本书的所有钥匙：四卷本的《查拉图斯特拉如是说》解读，另加汉斯·希尔登布兰（Hans Hildenbrand）对此书的翻译。卷一：《从沉睡的美德到苏醒的美德》（*De la vertu*

[1] 皮埃尔·埃贝尔-苏福兰（1942—），法国哲学家，尼采研究专家。——译者注

sommeil à la vertu éveil），卷二：《寻找一位救生员》（*À la recherché d' un sauveteur*），卷三：《思考、意愿和言说永恒轮回》（*Penser, vouloir et dire l' éternel retour*），卷四：《超人喊救命》（*Au secours des hommes supérieurs*）（Kimé）。

德勒兹贡献了两本关于尼采的书：1962年的《尼采与哲学》（*Nietzsche et la philosophie*）；1965的《尼采》（*Nietzsche*）（PUF）。同样还可以看看他于1964年参加的罗奥蒙特（Royaumont）研讨会，《尼采：关于强力意志和永恒轮回的论断》（*Nietzsche: Conclusions sur la volonté de puissance et l' éternel retour*）（Minuit）。

作为虚无主义的僵死时间之解药的一种享乐主义的反时间：本特·丹尼尔森（Bengt Danielsson）和玛丽－特蕾莎·丹尼尔森（Marie-Thérèse Danielsson）的《高更在塔希提和马克萨斯群岛》（*Gauguin à Tahiti et aux îles Marquises*）（Éditions du Pacifique）。亨利·布耶（Henry Bouillier）的《维克多·谢阁兰》（*Victor Segalen*）（Mercure de France）。除发表在让·马洛里（Jean Malaurie）的卓越丛书"人世"（Terre Humaine）里的《远古人》（*Les Immémoriaux*）（Plon）外，还可以看看关于高更、包法利主义、兰波、异域情调、联觉的文本，它们被收入两卷本的《全集》（*Œuvres complètes*）（Laffont）中。

我们将在玛丽·多雷（Marie Dollé）和克里斯蒂安·杜梅（Christian Doumet）编辑的超赞的《维克多·谢阁兰德意志联邦共和国日记》（*Cahiers de l' Herne Victor Segalen*）中读到关于谢阁兰的政治学、宗教、诗学的文章。在致给他寄送父亲作品的谢阁兰儿子的信中，巴什拉写道："我现在如此确定，诗人是哲学家的真正导师！他们直击目标。围绕着他们的发现，我们才能够建立概念、体系。但他们才是拥有光明的人。"

第2部分　生命：超越善恶

让－玛丽·佩尔特（Jean-Marie Pelt）的全集提供了大量关于植

物世界的非常具体生动的信息。这个伟大的世界向来为哲学所遗忘，除非我们把歌德的作品纳入这个领域。歌德的《植物的变形和其他植物学文字》（*La Métamorphose des plantes et autres écrits botaniques*）（Triades）使我们能够用形态学的术语来思考历史，在一个被最简单的机械论（mécanisme）所主宰，乃至机械师至上主义（mécanicisme）司空见惯的世界中，这是一条很有趣的哲学路径。唯物主义者的话语。

活力论理应得到更多其他的捍卫者（与它经常所拥有的那些人相比），即非理性和不理智的业余爱好者。柏格森的活力论值得关注——看看《全集》（*Œuvres complètes*）和《杂集》（*Mélanges*）（PUF）；还有德勒兹的活力论，众所周知，他是个伟大的柏格森主义者，《柏格森主义》（*Le Bergsonisme*）（PUF）的作者。《柏格森主义》在他的哲学装置中是一个重要部件，尽管看上去不像。

由于比较关心那些超越哲学而思考生命的人，在我令人惋惜的朋友阿兰·里歇尔[1]（Alain Richert），这个曾经在整个地球上建造了非凡园林的人的建议下，我阅读了达西·汤普森（D'Arcy Thompson）的《论生长和形态》（Seuil），这是一项在力的物理学和形态的诗学（甚至形态的物理学和力的诗学……）间寻找决定形态学的法则的出色研究。

在同样的精神引领下，阿道夫·波特曼[2]（Adolf Portmann）在《动物的形态》（*La Forme animale*）（Éditions La Bibliothèque）中分析了软体动物的壳或蝴蝶的眼状斑、一只鸟的被毛斑纹或侧脸、鹦鹉的羽毛或哺乳动物的绒毛、鹿的角或水母的触须，还有其他类似的谜。另一种有趣的唯物主义活力论或活力论唯物主义的样式。

我对鳗鱼的认识几乎全部来自同一本书，一本这个主题上的百科全书：埃里克·范腾（Éric Feunteun）的《鳗鱼的梦，一个濒危的

[1] 阿兰·里歇尔（1947—2014），法国作家，植物学家，曾参与法国的许多园林的创建和修复。——译者注

[2] 阿道夫·波特曼（1897—1982），瑞士动物学家。——译者注

哨兵》(*Le Rêve de l' anguille, une sentinelle en danger*)(Buchet-Chastel)。这位国家自然历史博物馆的布列塔尼海洋生态学教授走遍了世界的所有海域，就是为了弄清楚这种逃避阳光的动物的生活。

关于线形虫，这种恐怖的寄生虫的知识，全部来自弗雷德里克·托马斯（Frédéric Thomas）的研究，他是国家科学研究中心（CNRS）的研究者。这些研究最后拍成了一部电影：《操纵者》（*Le Manipulateur*），由伊夫·以利亚（Yves Elie）执导。一种不那么具有国家科学研究中心特点的样式，一种在《线形虫多多》（*Toto le Némato*）这个标题下显得更加散漫的样式。

平行阅读或重读亚瑟·叔本华的《作为意志和表象的世界》（PUF），在这本书中，哲学很好地解释了鳗鱼和线形虫，还解释了一切，在达尔文的精神气质中但在达尔文之前，它使人们能够细想，在人和动物间不存在本质的差别，只存在程度的差别，叔本华可能会加上一句：石头和植物间也一样。

与叔本华或尼采这些具有非理性主义气质但并非非理性主义的思想相反，我们发现了鲁道夫·施泰纳（Rudolf Steiner），他常常引用这两位作者来合法化他的人智学。这种使生物动力学的红酒、与之相伴的农业，更不用说遍及全球的药剂施泰纳学校，成为可能的学说，是骇人听闻的。读读《农业，生物动力学方法的精神基础》（*Agriculture, fondements spirituels de la méthode bio-dynamique*）和《宇宙和人类的节律》（*Rythmes dans le cosmos et dans l' être humain*）（Éditions Anthroposophiques Romandes），就可以臆测损害的广度。阅读或重读巴什拉的《科学精神的形成》就可以揭露这些无稽之谈。

活力论是最初思想的哲学。极其欧洲中心主义的种种哲学史，开始于希腊和前苏格拉底哲学家们，它们大部分时间都不知道，在印度、中国和许许多多其他国家，曾经存在过一些思想者，他们孕育了种种世界观，这些世界观随着陆路和海路贸易四处传播。

伽利玛出版社的“诸民族的黎明”丛书出版了许多关于已消失的、

被摧毁或遭遇大屠杀的民族的谱系学书籍：阿伊奴（Aïnou）民族的歌谣，一个波利尼西亚的小岛的神话、传说和传统，北欧的神话故事，中世纪高卢的故事集《艾达》（*L' Edda*），乌拉尔山脉的小部族的歌谣、诗歌和祈祷文，爱斯基摩人的哲学，萨克索·格拉马提库斯（Saxo Grammaticus）的《丹麦人的业绩》（*La Geste des Danois*），《吉尔伽美什史诗》（*L' Épopée de Gilgamesh*），芬兰史诗《卡勒瓦拉》（*Kalevala*），还有《黑非洲的神圣文本》（*Textes sacrés d' Afrique noire*）。还缺一本展现最初思想史的书：它也许可以把这些文本归入一个单一文集，以便显示，在书本和各种书籍的种种思想之前就存在某种思想。

这些通常是寄存在纸上的非常古老的口头传统，没有遭受人种学家们的主观性的损害，这些人常常使他们对之说话的民族臣服于他们的顽念：马塞尔·格里奥尔（Marcel Griaule）的《水神：与奥戈特美里的对话》（*Dieu d' eau. Entretiens avec Ogotemmêli*）（Fayard）就是这种情况。伊莎贝尔·菲梅尔（Isabelle Fiemeyer）发表的传记《马塞尔·格里奥尔：多贡市民》（*Marcel Griaule. Citoyen dogon*）（Actes Sud），简直是一部圣徒传记，对格里奥尔与维希政府的关系和其他敏感话题一带而过。

为了接近让·鲁什（Jean Rouch）所谓的“电影真实”，蒙巴纳斯出版社（Éditions Montparnasse）用三张DVD出版了：《疯狂仙师》（*Les Maîtres fous*，1956）、《水妈咪》（*Mammy Water*，1956）、《原始鼓手 / 图鲁和比蒂》（*Les Tambours d' avant / Tourou et Bitti*，1972）、《以弓猎狮》（*La Chasse au lion à l' arc*，1967）、《美洲狮》（*Un lion nommé l' Américain*，1972）、《美洲豹》（*Jaguar*，1955）、《我是一个黑人》（*Moi, un Noir*，1959）、《积少成多》（*Petit à petit*，1971）、《人类金字塔》（*La Pyramide humaine*，1961）和《十五岁的寡妇》（*Les Veuves de 15 ans*，1966）。

还可以看看这家出版社出版的四张DVD，里面包含了《非洲探索：在黑人巫师的国度》（*Une aventure africaine: Au pays des mages noirs*，1947）、《旺则贝的魔法师》（*Les Magiciens du Wanzerbe*，1949）、《割礼》（*Circoncision*，1949）、《鬼神附身舞的启蒙》（*Initiation à la danse des possédés*，1949）、《大河上的战斗》（*Bataille sur le grand fleuve*，1951）、《耶南地：造雨者》（*Yenendi : les hommes qui font la pluie*，1951）。关于马塞尔·格里奥尔的：马塞尔·格里奥尔的《在多贡人的土地上》（*Au pays des Dogons*，1931），马塞尔·格里奥尔的《在黑色面具下》（*Sous les masques noirs*，1939），弗朗索瓦·迪·迪奥（François di Dio）的《马塞尔·格里奥尔教授的多贡葬礼》（*Funérailles dogon du professeur Marcel Griaule*，1956），让·鲁什的《绝壁上的墓地》（*Cimetières dans la falaise*，1951），《安巴拉的小鹿》（*Le Dama d' Ambara*，1974），《西贵人概况（1967—1973）》（*Sigui synthèse (1967-1973)*），让·鲁什和乔迈恩·迪尔特兰（Germaine Dieterlin）的《语言和死亡的发明》（*L' Invention de la parole et de la mort*，1981）。

为了拆穿鲁什的神话，可以读读让·绍伟（Jean Sauvy）的个人回忆录《我所认识的让·鲁什》（*Jean Rouch tel que je l' ai connu*）（L' Harmattan），特别是加埃塔诺·西阿西亚（Gaetano Ciarcia）的《人种志备忘录：多贡地区的异域情调》（*De la mémoire ethnographique. L' exotisme du pays dogon*）（Éditions de l' EHESS）。

米歇尔·莱里斯（Michel Leiris）发表了《非洲幽灵》（*L' Afrique fantôme*），在七星文库第二卷出版的《成人时代》（*L' Âge d'homme*）（Gallimard）中，我们可发现博学的注释。在《成人时代》中，我们没有发现《黑色的非洲》（*Afrique noire*），后者曾出现在马尔罗（Malraux）编辑的“形态的宇宙”（L' Univers des formes）丛书中。莱里斯在自我书写、自我描述和自我叙述中度过了一生。因此，我们将读到他的《日记：1922—1989》（*Journal. 1922-1989*）（Gallimard）以获知他的存在，以及阿列特·阿梅尔（Aliette Armel）写的传记《米歇尔·莱里斯》（Fayard）以了解他不曾提及的东西。

罗杰·凯卢瓦（Roger Caillois）和安德烈·布勒东（André Breton）之间的对立构造着两个学派：《想象界的近处》（*Approches de l' imaginaire*）（Gallimard）这本大书的作者的学派，不是《魔幻艺术》（*L' Art magique*）（Adam Biro）的作者的学派。在使他们针锋相对的“会跳的豆子”事件中，凯卢瓦对这个神秘的事情表露出心醉神迷，在这件事上他迎合了理性；而布勒东则更喜欢抛弃理性以保持神秘。前者把豆子切开，发现一只寄生昆虫；后者则拒绝这么做以保持其魔力——一个体现了启蒙运动的根深蒂固的精神；另一个则体现着魔术思想的精神。宗教和秘传学说、占星术和特异功能学、不明飞行物学和精神分析就是由这些魔术思想构成的。

此外，凯卢瓦值得一读。在大量的书目中还有这些：他的尼采主义——《强者的圣餐》（*La Communion des forts*）（Sagittaire）、《本能和社会性》（*Instincts et société*）（Denoël）；他的“概而论之的美学”——《巴别塔》（*Babel*）在先，《美学词汇》（*Vocabulaire esthétique*）（Gallimard）在后，《冒险的连贯性》（*Cohérences aventureuses*）（Gallimard）；他对弗洛伊德式梦的解释的批评——《来自睡梦的不确定性》（*L' Incertitude qui vient des rêves*）（Gallimard）；他的诗学艺术——《圣-琼·佩斯的诗学》（*Poétique de Saint-John Perse*）（Gallimard）；他的具体诗学——《石头》（*Pierres*）（Gallimard）、《石头记》（*L' Écriture des pierres*）（Skira）；他的宇宙论——《符号的场域》（*Le Champ des signes*）（Hermann）。

第 3 部分　动物：不一样的他我

关于动物问题的哲学出版物极大地增多了。1991 年，读了第欧根尼的教导《犬儒主义》（*Cynismes*）之后，我开始为一本关于思想史上对动物的比喻性使用的书摘录笔记。在这个时期，我在书房或图书馆并没发现关于动物的大作。过了段时间，《动物的缄默》（*Le Silence des bêtes*）出现了，还有《抵挡动物性的哲学》（*La philosophie à l' épreuve de l'animalité*, 1998）（Fayard），伊丽莎白·德·冯德奈（Élisabeth de Fontenay）的一本百科全书式的书。我放弃了这个计划。

如今哲学已占领了这个主题。这样再好不过了。彼得·辛格（Peter Singer）以他的《动物的解放》（*La Libération animale*）（Grasset）拉开了舞会的序幕。我们还可以读到他的《实践伦理学的问题》（*Questions d' éthique pratique*）（Bayard）、《拯救一条生命》（*Sauver une vie*）（Michel Lafon）和《一个达尔文主义左派：进化、合作与政治学》（*Une gauche darwinienne. Évolution, coopération et politique*）（Cassini）。但是，正是在《反物种歧视手册》（*Cahiers antispécistes*）（2003年2月，第22号）这一期刊上的一篇题为“动物之爱”（Amour bestial）的文章中，这位哲学家才为人与动物间的性关系辩护，见：http://www.cahiers-antispecistes.org/spip.php?article199

查尔斯·帕特森（Charles Patterson）的《永恒的特雷布林卡》（*L' Éternel Treblinka*）（Calmann-Lévy）将纳粹集中营和屠宰场之间的关联理论化。在上面已经提到的伊丽莎白·德·冯德奈的作品中，以及在她的《绝不冒犯人类：对动物利益的种种反思》（*Sans offenser le genre humain. Réflexions sur la cause animale*）（Albin Michel）和雅克·德里达的《我所是的动物》（*L' Animal que donc je suis*）（Galilée）中，都可以发现这个观点。亚历山德林娜·齐瓦尔-拉西涅（Alexandrine Civard-Racinais）出版过一本名为“动物之苦难的恐怖词典”（*Dictionnaire horrifié de la souffrance animale*）（Fayard）的令人毛骨怵然的小书。他没有一根筋地在奥斯维辛和屠宰场之间作危险的比照，因为这种比照建立在把被关押在集中营中的人在本体论上与肉猪相对等之上，我们可以用这本小书来测量人类能对动物做出何种出格的事情。

塞尔苏斯（Celse）与奥利金之间的斗争代表了使异教和基督教分离的东西，不仅仅是在动物问题上。奥利金的《反对塞尔苏斯》（*Contre Celse*）（五卷本，Cerf）的巨大价值在于，为了反对塞尔苏斯，他援引了如此多后者的文本，因此而挽救了他所大肆攻击的原始文本，使其中的 80% 以上没有湮没于遗忘。参见塞尔苏斯的《反对基督徒》（*Contre les chrétiens*）（Phébus），路易·鲁吉耶（Louis Rougier）的《塞尔苏斯反对基督徒》（*Celse contre les chrétiens*）（Le Labyrinthe）和《基督教教条的起源》（*La Genèse des dogmes chrétiens*）（Albin Michel）。

即使不是故意为之，达尔文在解决塞尔苏斯和奥利金之间的问题时清楚明确地偏向前者！是的，达尔文。全都是达尔文。我做梦都想手拿《一位博物学家的环世之旅》（*Voyage d' un naturaliste autour du monde*）（La Découverte）重走“小猎犬号”（Beagle）的旅程！必须读读《物种起源》（Garnier Flammarion），这是当然，以及且尤其是《人类的由来》（*La Descendance de l' homme*）（Schleicher frères）、《人和动物的感情表达》（*L' Expression des émotions chez l' homme et les animaux*）（Rivages）和《本能》（*L' Instinct*）（L' Esprit du temps），动物行为学，因此也是哲学的了不起的教益。还要从中理出哲学的结论/后果（conséquences）。这是有待去做的事情。可参见约翰·鲍比（John Bowlby）的《查尔斯·达尔文：一个全新的传记》（*Charles Darwin. Une nouvelle biographie*）（PUF）。

经过斯宾塞（Spencer），达尔文主义已经成为自由资本主义的意识形态。这就忘了达尔文曾经说过，在自然界中还存在受伤的、弱小的动物与它们健康的、强壮的同类之间倾向于合作、互惠和互助这样一种自然向性。这就是为什么彼得·辛格能够谈论一种“左派的达尔文主义”的原因。无政府主义领袖彼得·克鲁泡特金（Pierre Kropotkine）曾撰写过一本有关这种自然的合作向性的著作：《互助论：进化论的一个方面》（*L' Entraide. Un facteur de l' évolution*）（Alfred Costes）。

为了在哲学上为到他那时为止被约定俗成地命名为物种歧视的东西辩护，使之合法化，笛卡尔做了大量工作。参见《全集》（*Œuvres*）（七星文库，Gallimard），以及两卷大部头《通信集》（*Correspondance*）（Gallimard）。实际上，在动物问题上，这位哲学家在书信中比在公开的哲学著作中表达得更多。他的传记都或多或少恰如其分地讲述了笛卡尔在鲜肉店后院解剖动物，甚至人的尸体的经验。特别需要提到的是热内维埃夫·罗迪－刘易斯（Geneviève Rodis-Lewis），他毕生都在研究这位哲学家，研究最新的《笛卡尔先生》（*Monsieur Descartes*），著有《笛卡尔》（*Descartes*）（Calmann-Lévy）。弗朗索瓦丝·希尔德歇莫（Françoise Hildesheimer）在《理性的寓言》（*La Fable de la raison*）（Flammarion）一书中没有增加任何新的东西。

右派的笛卡尔主义者，请允许我这样表述，马勒伯朗士，这个借口狗是一台没有知觉的机器而猛踢自己的狗的屁股的人，有幸在“七星文库”（Gallimard）出版了两卷《全集》（*Œuvres*）。让·梅叶（Jean Meslier）则是左派的笛卡尔主义者，这个无神论的本堂神父留下一本皇皇巨著《遗著》（*Testament*，三卷本，Anthropos），捍卫那些受苦者：被打的儿童、被虐待的女人、被剥削的穷人，因此还有被鞭打、虐待、剥削的动物。

边沁在他广为人知的文本中声称，在他的《道德和立法原则导论》（*Introduction aux principes de morale et de législation*，1789）中，他是第一个捍卫动物利益的人，而早在边沁之前，梅叶似乎是第一个在他的《遗著》——这本书于1729年以遗作形式面世——中捍卫这些论题的人，比边沁早70年。证明这个被广为接受的文本的例子有：特里斯坦·加西亚（Tristan Garcia）的《我们，动物和人类：杰里米·边沁的现实意义》（*Nous, animaux et humains. Actualité de Jeremy Bentham*）（François Bourin）。

除了莫里斯·多芒杰（Maurice Dommanget）已经非常陈旧的《本堂神父梅叶：路易十四统治下的无神论者、共产主义者和革命家》

（*Le Curé Meslier. Athée, communiste et révolutionnaire sous Louis XIV*）（Julliard）外，书目寥寥无几。同样还可以参见由《遗著》的节选构成的简短版，题为“回忆录”（*Mémoire*）（Exils），以及蒂耶里·吉拉贝尔（Thierry Guilabert）的《让·梅叶（1664—1729）的真实历险：本堂神父、无神论者和革命家》（*Les Aventures véridiques de Jean Meslier (1664-1729). Curée, athée et révolutionnaire*）（Les Éditions libertaires），后面这本书的结论中竟敢提出这样的假设：这位动物的朋友是自杀的。

拉美特里（La Mettrie）的唯物主义著作使他在整个18世纪都保持着原子论的话语，在这种话语中，似乎不可能把人和动物之间的差别当作本质差别，人和动物只有程度上的差别。他的著作考察了这些差别：《人是机器》（*L' Homme-machine*），不过还有不那么知名的，《人是植物》（*L' Homme-plante*）或者《人甚于机器》（*L' Homme plus que machine*，两卷本，Fayard）。当然，还可参见任何一本传记，以及两本旧书：聂热·克帕（Nérée Quépat）的《论拉美特里：他的生活和作品》（*Essai sur La Mettrie. Sa vie et ses oeuvres*）（Librairie des Bibliophiles）和皮埃尔·勒梅（Pierre Lemée）的《朱利安·奥弗雷·德·拉美特里：从圣–马洛（1709）到柏林（1751），医生、哲学家、论战者》（*Julien Offray de La Mettrie. Saint-Malo (1709)-Berlin (1751). Médecin. Philosophe. Polémiste*）（没有出版社的名字，这可能意味着出版社就是以作者命名的）。

对动物施加的合法的残酷行为，包括斗牛术。这方面的书目很丰富。捍卫者们仰赖许多作家（梅里美［Mérimée］、大仲马、戈蒂埃［Gautier］、蒙特尔朗［Montherlant］、海明威），诗人（拜伦、洛尔迦［Lorca］、里尔克［Rilke］、夏尔［Char］），画家（戈雅［Goya］、马奈、毕加索、波特罗［Botero］），思想家（巴塔耶、莱里斯、凯卢瓦、波朗［Paulhan］），还有许多哲学家。

这些著作有：费尔南多·萨瓦特尔（Fernando Savater）的

《公牛伦理：一种斗牛的伦理学》（*Toroética. Pour une éthique de la corrida*）（L' Herne），巴黎高师哲学学院院长弗朗西斯·沃尔夫（Francis Wolff）的《斗牛的哲学》（*Philosophie de la corrida*）（Fayard）（我们只要读其内容的四分之一就够了），还有《塞维利亚的召唤：普适性的斗牛哲学话语》（*L' Appel de Séville. Discours de philosophie taurine à l' usage de tous*）（Au Diable Vauvert）。与之同声相应的有：西蒙·卡萨斯（Simon Casas）的《墨痕与血迹》（*Taches d' encre et de sang*）（Au Diable Vauvert）或者同一家出版社出版的《完美的斗牛》（*La Corrida parfaite*）。米歇尔·莱里斯的文本家喻户晓：《斗牛术之镜》（*Miroir de la tauromachie*）（Fata Morgana）和《斗牛》（*La Course de taureaux*）（Fourbis）。

令人惊讶的是，反对斗牛的上乘之作根本没有。两个世纪以来没有任何解剖这种可悲的激情的恰到好处的小册子和书籍。在"我知道什么？"（Que sais-je?）丛书中，有本洛阳纸贵且一直不断再版的超赞的书，埃里克·巴拉太（Éric Baratay）和伊丽莎白·哈德温－弗吉耶（Élisabeth Hardouin-Fugier）合著的《斗牛》（*La Corrida*）（PUF），这本书配得上在出版业中杀出一条血路。这两个作者还出版了一本特别棒的书，《动物园：西方动物园的历史（16—20世纪）》（*Zoos. Histoire des jardins zoologiques en Occident (XVIe-XXe siècle)*）（La Découverte）。

第4部分　宇宙：清扫星空

通过《人种天文学：对史前艺术的全新理解——旧石器时代的艺术如何揭示宇宙的隐秘秩序》（*L' Ethnoastronomie : nouvelle appréhension de l' art préhistorique. Comment l' art paléolithique révèle l' ordre caché de l' Univers*）（Éditions du Puits de Roulle），尚塔尔·耶格－沃尔基维兹（Chantal Jègues-Wolkiewiez）提出了一种关于这个世界的真正闻所未闻的解读，对于这个世界，从修道院院长步日耶（Breuil），到

乔治·巴塔耶或勒儒瓦–高汉（Leroi-Gourhan），再到让·克洛特（Jean Clottes）都曾大量撰文讨论过。2003年，尚塔尔在由让·马洛里——他是“自由的自由”（liberté libre，兰波语）的强大保证——担任责任编辑的一份国家科学研究中心（CNRS）的期刊上发表了一篇题为“对史前艺术的一种基于人种天文学的理解”（Une appréhension de l'art préhistorique grâce à l'ethnoastronomie）的文章，他把史前艺术破天荒地解读为一种宇宙学的行为，这值得大家最广泛地认识和讨论。

美洲印第安人的太阳节极可能是史前时期的神圣仪式之类的东西的遥远回声。参见赫哈卡·萨帕（Héhaka Sapa，1863—1950）（也叫瓦皮提·诺瓦）的《印第安苏人的秘密仪式》（*Les Rites secrets des Indiens Sioux*）（Payot）。这位苏人部落（la tribu des Sioux）的伟大精神和政治人物在30岁时参加过小大角（Little Big Horn）战役，并且在1890年的伤膝河（Wounded Knee）大屠杀中受伤。他于86岁去世，对于使自己民族的思想为整个世界所知作出了巨大贡献。

为了思考从史前到今天的太阳崇拜之经久不衰的问题，包括经历过基督教后，地球上依然存在萨满教的问题，参见路易·鲁吉耶（Louis Rougier）的《天文学和宗教在西方》（*Astronomie et Religion en Occident*）（PUF）。

我曾经的导师卢西安·耶法尼翁（Lucien Jerphagnon）在他那个时代，也就是1980年代初，曾向我建议看看安德烈·内顿（André Neyton）的讲座《基督教的异教秘钥》（*Les Clefs païennes du christianisme*）（Belles Lettres）。这本以简单明了和博学多闻著称的书，显示出基督教怎样从异教那里回收利用了其数量令人难以置信的知识和智慧、节庆和仪式、风俗和实践。耶稣生命的全部事件——我特意写：全部……（la totalité）——罪和洗礼，预言和神迹，圣三位一体和圣灵，童贞女和天使，撒旦和反基督，告解和圣餐，世界末日和最后的审判，天堂和地狱里的人物，所有基督教的节日、仪式和象征，动物寓言和十字架，所有这一切都源于古代诸宗教。

这本书很大程度上把我导向对基督教的一种极端的历史化，导向对耶稣的历史非存在性的神话论论点。对于这个主题，参见普罗斯佩·阿尔法里克（Prosper Alfaric）的作品，其中有《耶稣存在过吗？》（*Jésus a-t-il existé ?*）（Coda）、《基督的神话是如何形成的？》（*Comment s'est formé le mythe du Christ ?*）和《耶稣的问题》（*Le Problème de Jésus*）。

不言而喻，在西方艺术中，赋予基督无形的身体以形象的基督教象征，在“十二星座”（Zodiaque）丛书的几本极美的书里得到了有力的展现，比如热拉尔·德·尚波（Gérard de Champeaux）和塞巴斯蒂安·施德克斯（Sébastien Sterckx）的《象征的世界》（*Le Monde des symboles*）。大家还可以加上一些有益的解读：雷蒙德·乌尔瑟尔（Raymond Oursel）的《罗马建筑的发明》（*Invention de l' architecture romane*），梅尔西奥尔·德·沃格（Melchior de Vogüé）阁下和让·诺夫维尔（Jean Neufville）阁下的《汇编》（*Glossaire*），以及克劳德·让-奈斯米（Claude Jean-Nesmy）阁下的《罗马的动物寓言》（*Bestiaire roman*）。

在教会的创立方面，参见一个13世纪名叫门德的纪尧姆·杜兰德（Guillaume Durand de Mende）的主教的不可或缺的作品，《大教堂和教堂的象征符号理解手册》（*Manuel pour comprendre la signification symbolique des cathédrales et des églises*）（MdV éditeur）。这本书在中世纪影响极大。任何想要理解教堂是什么，以及它的功能，它是如何建立起来的，它的每个组成部分有什么意义的人，都应该读读这本书。

关于建立的仪式，参见米凯尔·钱德里（Mickael Gendry）的《教会，一份罗马的遗产：论基督教建筑的原理和方法》（*L' Église, un héritage de Rome. Essai sur les principes et méthodes de l' architecture chrétienne*）（L'Harmattan）。关于教堂的建立与宇宙、与太阳的起落的关系，参见让-保罗·勒蒙德（Jean-Paul Lemonde）的《柱

子的暗影和大地的棱角：如何破解罗马和哥特式教堂》（*L' Ombre du poteau et le carré de la terre. Comment décrypter les églises romanes et gothiques*）（Dervy）。

在公元500年左右的《天阶序论》（*La Hiérarchie céleste*）（Aubier）中，雅典最高法院法官伪狄奥尼索斯（Pseudo-Denys l'Aréopage）详细地描述了基督教天国的居住者。13世纪，雅各·德·佛拉金（Jacques de Voragine）发表了《黄金传说》（*La Légende dorée*）（七星文库）：作为欧洲的畅销书，这本书记述了那些居住在基督教的天国并且成为教团模仿的典范的殉道士们，因为他们通过模仿基督受难而到达天堂。多少个世纪中，就连最小的乡村教堂也成为这些虚构的现实化场所。这本书启发了所有西方基督教艺术的艺术家。

为了清空充满杂物的基督教的天空，再没有比卢克莱修（Lucrèce）和他的《物性论》（*De la nature des choses*）（Imprimerie nationale）更好的了，当然，这本书也讲神祇，但是这些神祇是由物质构成的并且生活在"之间世界"（intermonde），是人们所效仿的身体上不生妄念（ataraxie physique）的模范。对于这个充满了天使、大天使、天国守卫者、六翼天使的天空，伊壁鸠鲁主义一直是一种战斗武器。

对天空中真正存在之物的思考已经由伽利略、乔尔丹诺·布鲁诺和瓦尼尼（Vanini）铺平了道路，他们付出了巨大的代价。在《异端伽利略》（*Galilée hérétique*）（Gallimard）中，皮埃特罗·雷东狄（Pietro Redondi）告诉我们，教会自身更多地谴责的是伽利略的唯物主义，而不是他的太阳中心论；让·罗琦（Jean Rocchi）在《逃亡与异端——布鲁诺的命运》（*L' Errance et l' hérésie ou le destin de Giordano Bruno*）（François Bourin）和《宁死不屈的乔尔丹诺·布鲁诺：直面反抗宗教裁判所》（*Giordano Bruno l' Irréductible. Sa résistance face à l'Inquisition*）（Syllepse）中证明，对于这位思想家来说，物质构成心灵的本原，宇宙是无限的，存在多个世界；埃米尔·纳默（Émile Namer）在《儒勒·凯撒·瓦尼尼的生平和著作：1619年在图卢兹被烧死的自由主义王子》（*La Vie et l'Œuvre de Jules César Vanini. Prince des libertins mort à Toulouse sur le bûcher en 1619*）（“哲学史丛书”，Vrin）中，否定灵魂的不朽和自然的永恒。这是清除天空中的基督教疫气所必需的东西。

因此，对于所有正常的心灵来说，后基督教的宇宙从今以后就是科学家们的宇宙。它也可以赋予我们智慧的教益。人类产生的对宇宙的意象（image）不计其数。当然，这些意象不断变化并且相互矛盾。

让－皮埃尔·卢米涅（Jean-Pierre Luminet）的著作汗牛充栋，他既是诗人又是画家，既是小说家又是音乐家，如果有机会，他也会是一个绝好的朋友。这些作品已令我折服。他的著述颇丰，从国际顶级刊物刊登的曲高和寡的科学文献到诗歌的上乘之作《天空中的巨大窟窿》（*Un trou énorme dans le ciel*）（Bruno Doucey），还有标题各异的书，比如关于哥白尼、伽利略和牛顿的小说。我只能权且录几个标题了：《折叠的单一宇宙》（*L' Univers chiffonné*）（Folio），这个标题同时也是另一本书中的一个部分的标题，即《单一宇宙的命运》（*Le Destin de l' Univers*）（两卷本，Folio），《启迪：宇宙和美学》（*Illuminations. Cosmos et Esthétique*）（Odile Jacob），以及最近的一本具有非常巨大的启蒙作用的通俗作品《单一宇宙》（*L' Univers*）（“科学百问”丛书，La Boétie）——几年的作品综合成两千页，可以作为小说来读。

第 5 部分　崇高：体验辽阔

许多糟糕的书把俳句铭刻进一种新时代的形态（configuration）中。它们提供了一种东方智慧的大杂烩，以满足我们后基督教的虚无主义时代的精神供给。一点儿佛教、禅宗、神道（shintoïsme）、萨满教和俳句，就成了这种可怜兮兮的精神的文学的替代品。

有一本书鹤立鸡群，它把俳句铭写到它真正的精神性中，那就是《俳句的艺术：一种瞬间的哲学》（*L' Art du haïku. Pour une philosophie de l' instant*）（Livre de poche），里面有经文森特·布罗恰（Vincent Brochard）（他也是译者）和帕斯卡尔·森克（Pascale Senk）阐释的芭蕉、一茶和子规的文本。

要阅读俳句可以去读：两本小卷本的选集《日本短诗》（*Anthologie du poème court japonais*）（Gallimard），由科林娜·阿特兰（Corinne Atlan）和杰诺·比阿奴（Zéno Bianu）阐释、拣选和翻译。由多米尼克·齐波（Dominique Chipot）和见目诚（Makoto Kenmoku）翻译并阐释的日本俳句诗选《胭脂书》（*Du rouge aux lèvres*）。大家还可以阅读莫里斯·科瓦约（Maurice Coyaud）编的《没有影子的蚂蚁：俳句之书——俳句散集》（*Fourmis sans ombre. Le livre du haïku. Anthologie promenade*）（"Libretto/Phebus"丛书），只读俳句，忽略里面的注解。

我大量使用过阿兰·科尔维恩（Alain Kervern）翻译和改编的《日本诗歌大历书》（*Grand Almanach poétique japonais*）（Folle Avoine）：《白雪笼清晨：新年（卷一）》（*Matin de neige, Le Nouvel An*, livre I）、《水獭梦初醒：春天（卷二）》（*Le Réveil de la loutre. Le printemps*, livre II）、《牛郎织女星：夏天（卷三）》（*La Tisserande et le Bouvier. L'été*, livre III）、《月向西边白：秋天（卷四）》（*À l' ouest blanchit la lune. L'automne*, livre IV）、《风自北方来：冬天（卷五）》（*Le Vent du nord. L'hiver*, livre V）。阿兰·科尔维恩还出版了《非日本人为何写俳句？》（*Pourquoi les non-Japonais écrivent-ils des haïkus?*）（La part commune）——问题问得好，但是没有提供答案。

杰克·凯鲁亚克（Jack Kerouac）在《俳句之书》（*Le Livre des haïku*）（La Petite Vermillon）中尝试过俳句写作，鱼龙混杂、好坏参半。

让我们致敬蒙达伦出版社（Éditions Moundarren），他们出版的书无论在内容和形式上都是奇珍异宝。在他们出版的俳句作者中有：山头火（Santoka）、一茶（Issa）、漱石（Soseki）、良宽（Ryokan）、芜村（Buson）等。

住宅顕信的 281 首未完成的俳句从未在法国刊行。它们在 1999 年的《神户高等学校研究简报》（*Bulletin de recherche de l' École supérieure de Kōbe*）的第 6 期出现过。我读了那位住进医院的年青人的这些俳句，他深知自己将死于癌症，面对着医院里纷飞的落叶，医院就在我爱人所住医院的隔壁，她自己也即将死于癌症。

弗朗索瓦·比奥（François Buot）所著的传记《特里斯唐·查拉》（*Tristan Tzara*）（Grasset）使我们能够窥探一个人的生命，这个人全身心地致力于加快其时代的虚无主义步伐。从理论上讲，对他而言，只要彻底推进马拉美的自闭的和概念的后果就足够了。用越来越多的词汇来表达越来越少的意义。在这种毁灭的激情中，未来主义接踵而至，然后是超现实主义。安德烈·布勒东的《超现实主义宣言》（*Manifeste du surréalisme*）和《第二宣言》（*Second Manifeste*）出现在七星文库中。在《导论：一种全新的诗歌和音乐》（*Introduction à une nouvelle poésie et à une nouvelle musique*）（Gallimard）中，伊西多尔·伊苏（Isidore Isou）发起了这样一种运动：一切词语表达一切意义（plus du tout de mot pour plus du tout de sens）。虚无主义的辩证法完成了，与之相伴的是意义的虚无化。

要理解当代艺术必须要有当代艺术独有的书目。为了懂得什么是极简艺术、什么是概念艺术、什么是贫穷艺术、什么是身体艺术、什么是大地艺术，必须参见艺术家们的许多专著。我在丰富的书目中选择了一本综合性的著作：弗洛伦斯·德·梅瑞迪欧（Florence de Mèredieu）的《现代艺术的物质和非物质史》（*Histoire matérielle et immatérielle de l' art moderne*）（Larousse），一本没有费解的行话的极好的研究著作。对我来说，这是现代艺术史的最佳著作。

在大地艺术方面，参见安迪·高兹沃斯（Andy Goldsworthy）的《艺术的避难所》（*Refuges d' Art*）（Fage，Musée Gassendi），然后是吉尔斯·A. 蒂伯海因（Gilles A. Tiberghien）的《大地艺术》（*Land Art*）（Carré），科莱特·加罗奥德（Colette Garraud）的《当

代艺术中的大自然观念》（*L' Idée de nature dans l' art contemporain*）（Flammarion），安娜–弗朗索瓦丝·彭德思（Anne-Françoise Penders）的《在路上：大地艺术》（*En chemin. Le Land Art*）（卷一：《出发》［*Partir*］；卷二：《回归》［*Revenir*］）（La Lettre Volée）。

为了初步显露一种绘画的反历史和具有尼采所谓的"大地的意义"的艺术，要从阿尔钦博托（Arcimboldo）开始。关于这个课题的书目大部分时间都围绕着奇迹和谜团、神秘和魔幻转，安德烈·布勒东的《魔幻艺术》就是这样。人们不理解的东西，就总是觉得它很魔幻……关于这个主题还有：安德烈·皮耶尔·德·曼迪亚古斯（André Pieyre de Mandiargues）和雅沙·大卫（Yasha David）的《奇迹人物阿尔钦博托》（*Arcimboldo le Merveilleux*）（Laffont），勒格朗（Legrand）和斯雷斯（Sluys）的《阿尔钦博托和阿尔钦博托主义者》（*Arcimboldo et les arcimboldesques*）（la Nef de Paris），以及《罗兰·巴特的阿尔钦博托》（*Roland Barthes Arcimboldo*）（Franco Maria Ricci）。

在卡斯帕·大卫·弗里德里希（Caspar David Friedrich）所关心的东西中，象征令他神魂颠倒。一直以来，他都避免思考被简单地言说的东西，就像在阿尔钦博托那里一样：无非就是一种单一物质的不同形态。对于这位德国画家而言，彩虹、十字架上的基督和雾霭，都是由同样的物质构成的，就像在那位米兰人那里，没有什么被丢失，也没有什么被创造，一切都在相互转化。参见查尔斯·萨拉（Charles Sala）的《卡斯帕·大卫·弗里德里希和浪漫主义绘画》（*Caspar David Friedrich et la peinture romantique*）（Terrail）和沃纳·霍夫曼（Werner Hofmann）的《卡斯帕·大卫·弗里德里希》（*Caspar David Friedrich*）（Hazan），以及卡斯帕·大卫·弗里德里希的一个文本《沉思一本画集》（*En contemplant une collection de peinture*）（José Corti）。

美本身死后，我们仅剩下崇高。崇高概念在古典时期就由伪朗吉努斯（Pseudo-Longin）在《论崇高》（*Du sublime*）（Rivages）中思考过了，然后是伯克（Burke）的《关于我们崇高与美观念之根源的哲学探讨》（*Recherche philosophique sur l' origine de nos idées du sublime et du beau*）（Vrin），康德《判断力批判》（Vrin）中的先验论，"崇高者的分析论"，与伯克的经验方法相去甚远。巴拉迪·圣-吉洪（Baldine Saint-Girons）在这个课题上出版过一本概论，《要有光：关于崇高的哲学》（*Fiat lux. Une philosophie du sublime*）（Quai Voltaire），《古典的崇高在我们时代》（*Le Sublime de l' Antiquité à nos jours*）（Desjonquères）一书中还有没那么像博士毕业论文的版本。

巴斯卡·基亚（Pascal Quignard），前无古人后无来者的大音乐迷，贡献了许多对音乐的思考。他的《仇恨音乐》（*Haine de la musique*）（Calmann-Lévy）是一本跨学科的研究著作，他知道如何出色地完成它。在这里请允许我，如果不是向菲利普·博尼费斯（Philippe Bonnefis）的全部著作致敬，至少也向《巴斯卡·基亚：他独一无二的名字》（*Pascal Quignard. Son nom seul*）（Galilée）和《管风琴的愤怒：巴斯卡·基亚与音乐》（*Une colère d' orgues. Pascal Quignard et la musique*）（Galilée）致敬。菲利普·博尼费斯是我很早就去世了的朋友，是巴斯卡·基亚的思想和其他很多主题上深思熟虑的行家。他开发出了一种了不起的技术，能够用一根从密集的线团中牵出的线来把握一个作品或一种思想的整体，并用语言传达出来，言如其人：精确而严肃，同时又像沙特尔大教堂（cathédrale de Chartres）中的天使一样神秘且面带微笑。

我不知道他是否喜欢我在本书的结语中赞美过的美国的重复音乐——斯蒂芬·莱许（Steve Reich）或费尔·格拉斯（Phil Glass）的音乐，我们也没有时间谈论它，但是我确定，他知道它。他音容宛在，就像这种音乐的回声。

图书在版编目（CIP）数据

自然的弃儿：现代人生存启示录 /（法）米歇尔·翁弗雷著；缪羽龙译 . -- 武汉：长江文艺出版社，2019.11

（拜德雅）

ISBN 978-7-5702-1258-3

Ⅰ . ①自… Ⅱ . ①米… ②缪… Ⅲ . ①自然哲学—研究 Ⅳ . ① N02

中国版本图书馆 CIP 数据核字（2019）第 202293 号

拜德雅

自然的弃儿：现代人生存启示录

ZIRAN DE QIER: XIANDAIREN SHENGCUN QISHILU

［法］米歇尔·翁弗雷 著

缪羽龙 译

特约策划：邹 荣 任绪军 何啸锋

责任编辑：邹 荣

责任校对：刘 刚

封面设计：左 旋

责任印制：李雨萌

出版：长江出版传媒 | 长江文艺出版社

地址：武汉市雄楚大街 268 号 邮编：430070

发行：长江文艺出版社

http://www.cjlap.com

印刷：湖北新华印务有限公司

开本：1240mm × 890mm 1/32 印张：16.5

版次：2019 年 11 月第 1 版 2019 年 11 月第 1 次印刷

字数：429 千

定价：88.00 元

Cosmos: Une ontologie matérialiste, by Michel Onfray, ISBN: 9782081290365

版贸核渝字（2016）第 237 号